高等职业教育“十四五”规划教材
辽宁省职业教育“十四五”规划教材
辽宁省高水平特色专业群建设项目成果

花卉生产与应用

桂松龄　杨　明　主编

中国农业大学出版社
·北京·

内 容 简 介

“花卉生产与应用”是高职园艺类专业的主要专业课，也是园林类专业的专业核心课，以花卉生产过程及主要应用方式为导向，突出培养学生综合职业能力。本教材是辽宁省高水平特色专业群建设项目成果教材。全书划分为花卉生产、花卉应用、实验实训指导3部分。设计了8个项目，分别为花卉分类与识别、露地花卉生产、盆栽花卉生产、切花生产、花卉病虫害防治、花卉的室内应用、花卉的室外应用、花卉经营与管理。实验实训指导共47项。

本教材实践性强，配套了在线教学资源，收集了大量的新技术，可供高职院校园艺、园林类专业使用，还可作为广大园林工作者和花农、花卉爱好者的参考用书。

图书在版编目(CIP)数据

花卉生产与应用/桂松龄，杨明主编. —北京：中国农业大学出版社，2020.12(2025.1重印)
ISBN 978-7-5655-2506-3

Ⅰ.①花… Ⅱ.①桂…②杨… Ⅲ.①花卉-观赏园艺-高等职业教育-教材 Ⅳ.①S68

中国版本图书馆CIP数据核字(2020)第271850号

书　　名 花卉生产与应用
作　　者 桂松龄　杨　明　主编

策划编辑 张　玉　张　蕊　　**责任编辑** 张　玉
封面设计 中通世奥图文设计
出版发行 中国农业大学出版社
社　　址 北京市海淀区圆明园西路2号　　**邮政编码** 100193
电　　话 发行部 010-62733489,1190　　读者服务部 010-62732336
编辑部 010-62732617,2618　　出　版　部 010-62733440
网　　址 http://www.caupress.cn　　**E-mail** cbsszs@cau.edu.cn
经　　销 新华书店
印　　刷 涿州市星河印刷有限公司
版　　次 2021年2月第1版　　2025年1月第2次印刷
规　　格 787×1 092　16开本　24.75印张　610千字
定　　价 69.00元

编 写 人 员

主　编　桂松龄（辽宁职业学院）

　　　　　杨　明（辽宁职业学院）

副主编　张世英（辽宁职业学院）

　　　　　潘百涛（辽宁省农科院　沈阳艾特农业技术有限公司）

　　　　　孙　芳（辽宁职业学院）

编　者　淡亚妮（深圳云淡风轻花店）

　　　　　高　丹（辽宁农业职业技术学院）

　　　　　桂松龄（辽宁职业学院）

　　　　　郭　玲（辽宁职业学院）

　　　　　潘百涛（辽宁省农科院　沈阳艾特农业技术有限公司）

　　　　　孙　芳（辽宁职业学院）

　　　　　杨　明（辽宁职业学院）

　　　　　郁　泓（深圳芳华花艺学校）

　　　　　张世英（辽宁职业学院）

总　　序

《国家职业教育改革实施方案》指出，坚持以习近平新时代中国特色社会主义思想为指导，把职业教育摆在教育改革创新和经济社会发展中更加突出的位置。把发展高等职业教育作为优化高等教育结构和培养大国工匠、能工巧匠的重要方式。以学习者的职业道德、技术技能水平和就业质量，以及产教融合、校企合作水平为核心，建立职业教育质量评价体系。促进产教融合校企"双元"育人，坚持知行合一、工学结合。《职业教育提质培优行动计划（2020—2023年）》进一步指出，努力构建职业教育"三全育人"新格局，将思政教育全面融入人才培养方案和专业课程。大力加强职业教育教材建设，对接主流生产技术，注重吸收行业发展的新知识、新技术、新工艺、新方法，校企合作开发专业课教材。根据职业院校学生特点创新教材形态，推行科学严谨、深入浅出、图文并茂、形式多样的活页式、工作手册式、融媒体教材。引导地方建设国家规划教材领域以外的区域特色教材，在国家和省级规划教材不能满足的情况下，鼓励职业学校编写反映自身特色的校本专业教材。

辽宁职业学院园艺学院在共享国家骨干校建设成果的基础上，突出园艺技术辽宁省职业教育高水平特色专业群项目建设优势，以协同创新、协同育人为引领，深化产教融合，创新实施"双创引领，双线并行，双元共育，德技双馨"人才培养模式，构建了"人文素养与职业素质课程、专业核心课程、专业拓展课程"一体化课程体系；以岗位素质要求为引领，与行业、企业共建共享在线开放课程，培育"名师引领、素质优良、结构合理、专兼结合"特色鲜明的教学团队，从专业、课程、教师、学生不同层面建立完整且相对独立的质量保证机制。通过传统文化树人工程、专业文化育人工程、工匠精神培育工程、创客精英孵化工程，实现立德树人、全员育人、全过程育人、全方位育人。辽宁职业学院园艺学院经过数十年的持续探索和努力，在国家和辽宁省的大力支持下，在高等职业教育发展方面积累了一些经验、培养了一批人才、取得了一批成果。为在新的起点上，进一步深化教育教学改革，为提高人才培养质量奠定更好基础，发挥教材在人才培养和推广教改成果上的基础作用，我们组织开展了辽宁职业学院园艺技术高水平特色专业群建设成果系列教材建设工作。

"辽宁省高水平特色专业群建设项目成果教材"以习近平新时代中国特色社会主义思想为指导，以全面推动习近平新时代中国特色社会主义思想进教材进课堂进头脑为宗旨，全面贯彻党的教育方针，落实立德树人根本任务，积极培育和践行社会主义核心价值观，体现中华优秀传统文化和社会主义先进文化，弘扬劳动光荣、技能宝贵、创造伟大的时代风尚。突出职业教育类型特点，全面体现统筹推进"三教"改革和产教融合教育成果。在此基础上，本系列教材还具有以下 4 个方面的特点：

1. 强化价值引领。将工匠精神、创新精神、质量意识、环境意识等有机融入具体教学项目，努力体现"课程思政"与专业教学的有机融合，突出人才培养的思想性和价值引领，为乡村振兴、区域经济社会发展蓄积高素质人才资源。

2.校企双元合作。教材建设实行校企双元合作的方式，企业参与人员根据生产实际需求提出人才培养有关具体要求，学校编写人员根据企业提出的具体要求，按照教学规律对技术内容进行转化和合理编排，努力实现人才供需双方在人才培养目标和培养方式上的高度契合。

3.体现学生本位。系统梳理岗位任务，通过任务单元的设计和工作任务的布置强化学生的问题意识、责任意识和质量意识；通过方案的设计与实施强化学生对技术知识的理解和工作过程的体验；通过对工作结果的检查和评价强化学生运用知识分析问题和解决问题的能力，促进学生实现知识和技能的有效迁移，体现以学生为中心的培养理念。

4.创新教材形态。教学资源实现线上线下有机衔接，通过二维码将纸质教材、精品在线课程网站线上线下教学资源有机衔接，有效弥补纸质教材难于承载的内容，实现教学内容的及时更新，助力教学教改，方便学生学习和个性化教学的推进。

系列教材凝聚了校企双方参与编写工作人员的智慧与心血，也体现了出版人的辛勤付出，希望系列教材的出版能够进一步推进辽宁职业学院教育教学改革和发展，促进辽宁职业学院国家级骨干校示范引领和辐射作用的发挥，为推动高等职业教育高质量发展做出贡献。

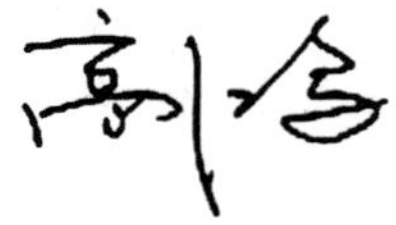

2020 年 5 月

前　　言

党的二十大报告明确提出“深化教育领域综合改革，加强教材建设和管理”，体现了对教材建设的高度重视。本教材根据《国家职业教育改革实施方案》提出的“三教”改革任务，以培养适应行业企业需求的复合型、创新型高素质技术技能人才，提升学生的综合职业能力为目的，从产教融合的角度找准突破口，统筹规划教材编写。

《花卉生产与应用》教材以“花卉的识别、生产、应用过程”为主线，在介绍花卉生产基础理论知识的基础上，将新理念、新技术、新方法、新领域融入教材，设计了花卉识别项目、露地花卉生产项目、盆栽花卉生产项目、切花生产项目、病虫害防治项目、露地花卉应用项目、室内花卉应用项目及花卉经营与管理项目。主要体现以下特色：

1. 教材秉持绿色发展理念，倡导实施科学管理，强化价值引领，教学目标突出思想性和目的性。

2. 教材项目任务来源于真实生产实际项目与需求，坚持目标导向、任务导向，注重解决实际问题的可教性与便于组织运行的可操作性，从而全面提升学生职业素养。

3. 教材将花卉生产与应用相关行业、职业、岗位的标准与要求融入教材，保持教学内容与行业企业的紧密性与同步性。

4. 教材配套数字化教学资源，提供丰富的学习内容，为适应学习方式转变，拓展学习领域，实现学习内容的可选择性、便捷性、多样性提供保障。

本教材分为花卉生产、花卉应用、实验实训指导三部分，花卉生产和花卉应用由 8 个项目组成，每个项目有若干个任务。

本教材由辽宁职业学院桂松龄、杨明任主编，张世英、潘百涛、孙芳任副主编。具体编写分工如下：桂松龄编写课程导入，项目二的任务一、任务二、任务三，项目三的任务一、任务三、任务四；杨明编写项目一，项目三的任务二、任务五、任务七；张世英编写项目二的任务五，项目四，项目六的任务二、任务三、任务四，项目七；郭玲编写附录实验实训指导；孙芳编写项目五，项目八；淡亚妮编写项目六任务一中的知识点一至知识点三、子任务一、子任务二；高丹编写项目二的任务四；潘百涛编写项目三的任务六；郁泓编写项目六任务一中的知识点四、知识点五、子任务三、子任务四。全书由主编桂松龄统稿。

本书在编写过程中得到辽宁农业职业技术学院、深圳芳华花艺学校、沈阳艾特农业技术有限公司等单位的大力支持，在此一并表示感谢。

由于编者水平有限，加之编写时间仓促，如有错误和遗漏，敬请各位同行和广大读者批评指正，并诚恳欢迎提出宝贵建议。编者 E-mail：116050321@qq.com。

编　者

2025 年 1 月

目　　录

第二部分　花卉应用

第三部分　实验实训指导

课程导入　概述

一、课程性质

“花卉生产与应用”是高等职业教育园艺、园林专业的一门理实结合的核心课程，主要培养学生的花卉生产、应用能力，使学生通过理论的学习与教学实践，能够独立完成花卉生产的各个操作环节；通过校企合作共同培养，实现学生就业与花卉生产企业岗位的零对接。

二、课程教学目标

本课程以就业为导向，以能力为本位，以园艺技术专业的职业活动、花卉生产企业相关岗位的能力需求及后续专业课程的学习需求为依据，着力培养学生认识花卉、生产花卉、应用花卉的专业能力，同时注重培养学生的方法能力、社会能力及园艺行业的职业素养，为今后在工作中分析和解决实际问题打下良好的基础。

(一)能力目标

①根据花卉的图片或形态、生态习性等知识，能够识别花卉与花卉的种实，为进一步的花卉生产与应用打下基础。

②根据具体的时间、地点，运用所学的露地花卉应用、盆花应用及插花技术等相关知识，设计布置花坛、花境、会场等环境。

③根据花卉常见病害特征与虫害特点，运用病虫害分类与防治的知识，能准确判别主要花卉的病虫害并加以防治。

④根据各种花卉生产技术规程，国家农业行业生产技术标准，运用花卉生产栽培理论知识，能掌握主要花卉生产养护技术及应用技术。

⑤了解当前花卉行业的发展趋势，熟悉当前花卉生产上推广应用的新技术、新品种、新设施等。

⑥根据花卉行业生产经营现状与企业生产标准，运用营销理论知识，能进行花卉生产、经营与管理。

(二)知识目标

①了解认识花卉生产与应用在人类生活中的意义与作用，了解国内外花卉生产应用现状与发展趋势。

②掌握花卉分类的知识，花卉的生长发育与环境条件的关系，掌握花期调控的原理。

③掌握各类花卉的特征、特性及应用知识。

④掌握花卉生产栽培基本知识，了解花卉病虫害的种类及为害症状。

⑤了解花卉应用的主要形式，知道花坛、花境等风格、形式、外形设计等知识，了解盆花装饰的含义及种类，掌握盆花装饰技艺的相关知识；了解插花的分类、花材的整理、插花的造型原则；了解花卉组合盆栽的要求。

⑥掌握花卉租摆含义、操作方法与要求，了解花卉产业结构与经营方式、花卉营销渠道，掌握花卉生产计划制定的要点。

(三)素质目标

①求真务实的工作态度——测定、记录数据要真实。

②严谨认真的工作作风——工作不能马虎，不放过一点点的问题。

③安全、环保意识——安全使用机械设备，不违规操作；对花卉实训基地及实训室的危险药品、设备规范使用；合理使用农药，具有环境保护意识。

④自主学习能力——自主学习《中华人民共和国农业行业标准》及《辽宁省花卉生产栽培技术规程》，熟悉相关法规、政策，了解行业发展动态。

⑤团结协作能力——正确处理同学、小组成员之间的关系，同心协力，互帮互助，保证工作质量，提高工作效率。

⑥交流沟通能力——对花卉生产管理、应用过程中出现的异常情况进行交流分析，提出解决措施。

三、教学条件

校内外各类花卉的生产场地、工具、材料；校内多媒体教室，网络平台。

四、前导知识

(一)花卉及花卉生产的含义与范围

花是植物的繁殖器官，卉是草的总称，狭义的花卉是指可供观赏的花草。广义的花卉指凡是具有一定观赏价值，达到观花、观叶、观茎及观果的目的，并能美化环境，丰富人们文化生活的草本、木本及藤本植物。

花卉生产是指以花卉为主要生产对象，以获取经济效益或美化环境为主要目的，从事育苗、栽培、养护管理、销售等一系列与生产有关的活动。根据应用目的不同分为生产栽培、观赏栽培和标本栽培。

生产栽培是以商品化生产为目的的，如切花生产、盆花生产、种苗和种球生产等，是从栽培、采收到包装完全标准化、商品化，并且产品能进入市场流通，为社会提供消费的栽培方式。

观赏栽培是以观赏为主要目的的花卉栽培形式，在公园、城市绿地、各种公共游憩场所、各类庭院等人类生活环境中栽培的花草树木都属于观赏栽培。

标本栽培是以种质资源收集、科学研究和科普教育为主要目的的花卉栽培形式。各级植物园、专类园、品种圃、标本植物温室等特定区域内进行的花卉栽培都属于这种栽培。

(二)花卉应用的含义

花卉应用是指将以花卉为主的植物材料，根据花卉的特征、特性及美学原则，运用现代的园林技术，经过加工造型、植物组合、花卉陈设等处理来装饰室内及室外环境，通过模仿自然环境而达到美化绿化的效果。

花卉应用的形式多种多样，最常见的是利用花卉植物丰富的色彩、变化的形态来布置不同的景观。从平面到立体的应用，如花坛、花境、缀花草坪、花丛、花台、花柱、花球、花塔、花墙、花廊、花篱、棚架、吊篮、壁挂篮、花槽等，能体现出平面和空间的美，增加绿化、美化的面积，起到改善环境的效果；从室内到室外的应用，室内应用小到居室的厅、廊、案几，大到写字楼、宾馆、商场等商业空间等，盆花与插花的装饰让人们置身于仿自然的美景中，心情愉悦；室外应用的花园、岩石园、水景园、专类园、公共广场绿地的花坛和花境等，表现出现代花卉艺术之美。

（三）花卉在人类生活中的意义与作用

1. 在园林绿化中的作用

花卉是园林景观中必不可少的元素，是城乡园林绿化的重要材料，在环境美化、绿化、香化方面有重要的作用。尤其草本花卉，花色艳丽，装饰效果好，美化速度快，在园林绿地中常用来布置花坛、花境、花台等。形形色色、姿态各异的花木多用来布置广场、绿地、街边、公园等场所。

花卉具有改善环境的生态效益，可以调节温度和湿度；吸收二氧化碳和各种有害气体；增加氧气、吸附尘埃、分泌杀菌素等，起到净化空气的效果；园林花卉可以降低噪声；另外花卉的绿色还可以帮助人们保护视力。

园林中花卉的布置和装饰常为节日或庆典活动增添欢快和热烈的气氛。

2. 在文化生活中的作用

花卉是人类精神生活中不可缺少的内容。它们有的花型整齐，有的奇异；有的花色艳丽，有的淡雅；有的小巧玲珑，有的高大挺拔……观赏花草，能使人精神焕发，消除疲劳。

人们之所以爱花、养花，不仅因为花之色、貌、香味和神韵，还因为它在人们心中寓意着美好事物。以花卉为主题或对象的文化领域中的一个特殊成分即为花文化。中国的花文化从一出现，就深受中国绘画、书法、文学、造园工艺等传统文化艺术的影响并随之而发展，所以中国花文化是在浓厚的传统文化基础上发展起来的，中国是花文化高度发达的国家。

3. 在社会经济中的作用

花卉产业是一项朝阳产业，有极大的发展潜力，可带来巨大的经济效益。我国的特产花卉如漳州水仙、兰州百合、云南山茶花等均有大量的出口。荷兰的郁金香、百合、风信子，日本的百合、菊花、香石竹、月季，新加坡的热带兰等，其生产额在外贸产品中占重要的位置，是国民经济的重要收入。园林树木、草坪与地被植物、水生花卉也逐渐引起人们的注意，其效益越来越被看好。

花卉产业的发展也带动了其他相关产业如花肥、花药、花盆、基质等方面的发展与壮大，同时对化学工业、塑料工业、玻璃工业、陶瓷工业等也有极大的促进作用。

（四）国内外花卉生产应用现状与发展趋势

1. 世界花卉业的概况与发展趋势

（1）世界花卉业发展现状　花卉业现已是当今最具活力的产业之一，花卉产品已成为国际大宗商品。全球有四大公认的花卉批发市场，即荷兰的阿姆斯特丹、美国的迈阿密、哥伦比亚的波哥大、以色列的特拉维夫。国际花卉生产布局基本形成，世界各国纷纷走上特色发展道路。

以荷兰为代表的发达国家在当今花卉的生产和市场竞争中仍占据主导地位，引导着世界花卉业的发展，它们都有自己的主打产品，如荷兰的郁金香、风信子和唐菖蒲等，美国的一、二年花卉和庭园植物。

世界花卉的消费以发达地区为主，在欧洲德国是鲜花消费最多的国家；在美洲美国是花卉消费的中心；亚洲的花卉消费以日本和中国香港为中心，消费渐趋稳定，总量有所增长。

(2)世界花卉业发展趋势

①国际花卉生产布局基本形成,世界各国纷纷走上特色化的道路。由于发达国家的土地和劳动力成本的增加,使花卉生产的成本提高,花卉生产逐渐向低成本的发展中国家转移。其中荷兰的花卉生产逐步转移到邻近的西班牙、意大利等南欧国家;日本市场消费的大量中高档花卉转移到澳洲以及中国等地;地处热带高原的国家如哥伦比亚、肯尼亚、以色列等国由于气候适合鲜切花的周年生产,逐渐成为花卉的生产和出口大国。其中美国进口的花卉占哥伦比亚全国总产量的95%。

没有特色就很难占有花卉市场已逐渐成为花卉界的共识。荷兰在花卉种苗、种球、鲜切花、自动化生产方面占有绝对的优势;美国在草花及花坛植物育种方面走在世界前列;日本凭借"精致农业"的基础在花卉的生产、储运、销售方面都能做到标准化管理;丹麦在盆花自动化生产和运输方面处于世界领先地位;泰国的热带兰实现了工厂化生产;以色列、哥伦比亚、肯尼亚则在温带鲜切花生产方面实现了专业化。

②花卉生产的品种向新优花卉发展,种类、品种日趋多样。切花的种类已由过去的四大鲜切花为主,发展为以月季、百合、菊花、香石竹、郁金香、热带兰等为主要种类;观叶植物的生产也发展迅速;野生花卉资源越来越受到关注,花卉生产国都注重培育生产型的新品种,以满足各种不同的要求。

③世界花卉生产向着现代化、工厂化和专业化方向发展。荷兰花卉生产的一大特点就是高度的专业化水平,不少种植者专门生产一种花卉,甚至是某一种花卉的一个品种,技术与水平得到传承与发展。先进的国家凭借着工厂化、专业化与现代化的生产,显著提高了产品的质量与产量,获得了丰厚利润。

2.我国花卉业的概况与发展趋势

(1)我国花卉栽培史　我国花卉栽培历史悠久,早在商代的甲骨文中已有"园、圃、枝、树、花、果、草"等字。秦汉年间的《西京杂记》所记载的果树、花卉已达2 000余种,其中梅花就有侯梅、朱梅、紫花梅等很多种。唐朝的梅花、菊花和牡丹等已东传日本,成为友好的使者。北宋诗人范仲淹的诗:"绿树碧帘相掩映,何人知道外边寒?"说明当时冬天的室内也有花卉的布置与装饰了。明朝出现了大量的花卉专类书籍与综合性著作,如王象晋的《群芳谱》、程羽文的《花小品》等,有了第一部论述插花的专著——袁宏道的《瓶史》。晚清时期,我国的花卉资源被掠夺,在花卉栽培方面受到较大的影响。但国外的花草及温室花卉也随帝国主义的侵略而进入我国,使我国的花卉资源也在不断增多。

1984年我国成立了中国花卉协会,通过花协的大量组织协调和促进工作,使花卉的生产、经营与教学、科研工作不断获得新的发展。1987年举办了第一届花卉博览会,评选出我国十大传统名花,即梅花、牡丹、菊花、兰花、月季、杜鹃、山茶、荷花、桂花、水仙。1999年在昆明举办世界园艺博览会,获得国内外有关学者和专家的高度赞誉。各地纷纷成立花卉产业协会,积极组织、引导花卉产业的生产栽培,实现花卉的周年生产。我国许多城市选定了市花、市树,为花卉进入千家万户起了积极的推动作用。

(2)我国丰富的花卉资源及对世界的贡献　中国是世界花卉种类和种质资源最丰富的国家之一。我国土地辽阔,气候各异,地势起伏,形成的花卉种类极多,既有热带、亚热带、温带、寒带的花卉,又有岩生、高山、沼泽、水生花卉。目前世界范围已栽培的花卉植物,初步统计原产于我国的有113科523属,达数千种之多。而且由于原产于我国的花卉广泛应用在欧美的园林中，因此我国被称为“世界园林之母”“花卉王国”。

(3)我国花卉产业的现状与发展前景　1997—2007 年期间，全国花卉种植面积由 8.6 万 hm^2 增加到 75 万 hm^2，增长近 10 倍。2008 年全国花卉生产面积达到 77.5 万 hm^2，总产值达到 667 亿元，出口创汇接近 4 亿美元。2010 年我国花卉销售额为 862.0 亿元，比 2000 年的 162.9 亿元增长了近 4.3 倍，平均每年以约 18.1%的速度快速增长。

近十几年来，我国花卉生产规模每年都以 30%左右的速度递增，花卉生产面积占世界花卉生产面积的 30%左右，居世界之首，花卉从业人员达到 430 多万人。并且在切花生产、盆花生产、观叶植物生产上都有较强的发展优势。

我国花卉产业结构中按生产面积算，观赏苗木占 55%、食用药用类占 15%、盆栽植物占 10%、工业用花占 7%、鲜切花类占 6%、草坪类占 4%、其他占 3%。

与发达国家比较，中国花卉产业存在的主要问题是宏观指导不利；布局和品种不合理；专业化、规模化生产水平不高；特色名牌产品不多；产品质量差，科技含量低，从业人员专业技术水平低；新优花卉种苗大量依赖进口；花卉的产业链没有完全形成，产后销售及售后服务不完善。以上这些方面亟待提高。

随着科学的发展和社会的进步，我们可以利用资源优势，降低花卉生产的成本；可以进行集约化生产来提高产品品质；加强科研工作，研发特色品种；完善市场体系，规范市场管理，以花卉市场的发展带动花卉产业的发展。

复习思考题

1. 什么是花卉？

2. 花卉栽培分哪几类？

3. 为什么说我国是“世界园林之母”？

4. 国外花卉发展现状有哪些特点？我国花卉发展现状如何？谈谈怎样才能使我国成为世界花卉生产强国。

第一部分

花卉生产

项目一　花卉分类与识别
项目二　露地花卉生产
项目三　盆栽花卉生产
项目四　切花生产
项目五　花卉病虫害防治

项目一

花卉分类与识别

项目背景

熟练识别花卉的种类，了解花卉的特征、特性及用途是花卉生产与应用的基础。只有认识了花卉才能根据花卉的生长生活习性进行花卉的生产与养护应用。花卉的种类繁多，特征特性既有相同又有不同，为了便于学习和研究需要，把花卉进行系统的分类，在以后学习的过程中可以举一反三。

知识目标

1. 明确花卉分类的基本方法；
2. 掌握各类花卉的特点及其在室内外的应用方式；
3. 掌握常见花卉的识别要点。

能力要求

1. 具备对花卉进行分类的基本能力；
2. 熟练识别常见花卉 200 种以上，并能对常见的花卉进行分类。

学习方法

以网络资源、书籍为载体，或到花卉市场、花卉基地、不同的园林绿地调查学习所应用的花卉植物种类。通过教师的指导，收集资料，观察记载并整理，不断学习与积累，充实花卉专业知识。

任务一　花卉分类

任务分析

世界花卉资源丰富，种类繁多，这些花卉由于原产地气候的差异形态、习性各异，栽培条件要求各不相同。为了学习与应用方便，要先学会花卉的分类知识。本任务将对花卉按不同方法进行分类。

任务目标与要求

知识目标：了解花卉生物学特性分类、观赏用途及应用分类、原产地气候型分类的基础知识。
能力目标：学会依生物学特性分类法对花卉进行分类。
学习要求：线上主动学习，线下认真听辅导。遵守纪律，遵守实训室、实训基地等相关规则，做好笔记，注意安全。

相关知识

我国地大物博，优越的地理环境和丰富的自然资源孕育了种类繁多的花卉植物。它们各具特色，需要一定方法对其进行分类，才能更好地识别、利用与保护。花卉的分类方法很多，依据不同，分类结果也各异。可按植物学分类法分类，按生物学特性分类，按原产地气候型分类，按开花季节分类，按观赏部位分类，按栽培方式分类等。植物学特性分类在先导课“植物生产与环境”中已包含，在这里省略。生物学特性分类法易理解，且不受地区和自然环境条件的限制，需要重点掌握。

一、依花卉生物学特性分类

（一）草本花卉

二维码 1-1
花卉分类

草本花卉是茎草质，木质化程度低，柔软多汁易折断的一类花卉。

1. 一、二年生草本花卉

（1）一年生花卉　指在一年内完成个体生长发育周期的花卉。即当年播种，当年开花结实，当年秋冬死亡的花卉。如百日草、鸡冠花、凤仙花、波斯菊、万寿菊等，也包含一串红、矮牵牛等多年生作一年生栽培的花卉。

（2）二年生花卉　指需跨年度才能完成个体生长发育周期的花卉。它们大多在秋季播种，第二年春季开花、结实，夏季死亡。如三色堇、金鱼草、金盏菊、报春花、虞美人等。

2. 多年生草本花卉

个体生命能延续多年的草本花卉，包括多年生常绿草本花卉和地上部开花后枯萎，以芽或根蘖于地下越冬、越夏的落叶花卉。依据地下部器官的形态特征又可分为宿根花卉和球根花卉。

（1）宿根花卉　地下部分没有发生变态的多年生常绿花卉和入冬后地上部分枯萎，以休眠芽或根系在土壤中宿存越冬，第二年春天萌发的花卉，如菊花、芍药、荷包牡丹、桔梗、荷兰菊、玉簪等。

（2）球根花卉　地下根或地下茎变态为膨大的根或茎，用于贮存养分和水分度过休眠期的花卉，具体依变态形式分鳞茎类（百合、郁金香等）、球茎类（唐菖蒲等）、块茎类（马蹄莲等）、根茎类（美人蕉等）、块根类（大丽花等）5类。

（3）多年生常绿草本花卉　植株枝叶四季常青，无落叶现象，地下根系发达，此类花在南方温暖地区作露地多年生栽培，北方于温室中作多年生栽培，如竹芋类、网纹草、吊兰、万年青、君子兰等。

3. 水生花卉

水生花卉指生长于水体中、沼泽地或湿地上，观赏价值较高的花卉。水生花卉种类繁多，有一年生花卉、宿根花卉、球根花卉，是水景园的重要组成部分。与其他花卉明显的不同习性是对水分的要求和依赖性远大于其他各类。可分为挺水类(根生于泥中，茎叶挺出水面，如荷花)、浮水类(根生于泥中，叶片浮于水面或略高于水面，如睡莲、王莲)、漂浮类(根伸展于水中，叶浮于水面，随水流动，如浮萍、凤眼莲等)、沉水类(根或根状茎生于泥中，植物体生于水中，如苦草、金鱼藻等)。

4. 蕨类植物

蕨类植物是高等植物中比较低级而又不开花的一个类群，主要以孢子繁殖为主，是优良的室内观叶植物。蕨叶常是插花的重要材料。蕨类也常用来布置阴生植物园和专类园，如肾蕨、鹿角蕨、铁线蕨、鸟巢蕨等。

5. 兰科花卉

兰科是仅次于菊科的一个大科，该科中有许多是观赏价值较高的植物，目前栽培的兰花仅是其中的一小部分，自然界中仍有许多有观赏价值的种类有待开发、保护和利用。栽培的种类为了生产及应用，按其性状和习性不同，又可分为以下两类：

中国兰　原产于亚洲的亚热带地区，如春兰、蕙兰、建兰、墨兰、寒兰等地生兰。

洋兰　指中国兰以外的兰花，主要是热带兰，如卡特兰属、蝴蝶兰属、兜兰属、石斛属、万代兰属等。

(二)木本花卉

木本花卉是指植物的茎木质化、枝干坚硬、不易折断的一类花卉。其大部分都归入观赏树木中，通常所说的木本花卉是以花或果供观赏的木本植物，一般都可以矮化盆栽，根据形态可分为乔木类、灌木类、藤木类、竹类、棕榈类 5 类。

(三)仙人掌类及多浆植物

植物的茎、叶具有发达的贮水组织，呈现肥厚而多浆的变态植物，多原产于热带、亚热带干旱地区，也有少量产于森林中。在植物分类系统中有 40 多科均含有多浆植物。常见栽培的有仙人掌科、百合科、景天科、萝藦科、大戟科的许多属种，其中仙人掌科就有 140 余属，2 000 种以上。为了管理和分类方便，常把仙人掌科植物另列一类，称仙人掌类，分为沙漠型和附生型两大类，如仙人掌、金琥属于沙漠型，昙花、荷花令箭、蟹爪兰属于附生型。而将仙人掌科以外的其他科多浆植物称为多浆植物，如虎刺梅、沙漠玫瑰、芦荟、十二卷、石莲花等。

二、按花卉应用分类

(1)切花花卉　主要用于插花艺术应用的花卉。这类花卉有专用的种类与品种，如切花菊、切花月季、切花百合、勿忘我等。

(2)花坛花卉　主要用于布置各种花坛、花境、花台的花卉，以一、二年生花卉为主。如一串红、孔雀草、细叶美女樱、矮牵牛、三色堇、羽衣甘蓝等。

(3)盆栽花卉　用容器栽培的花卉，用于装饰室内或庭院。可分普通盆栽花卉和盆景类花卉。普通盆栽观花、观叶花卉，如绿萝、仙客来、君子兰等；盆景类花卉，如南天竹、小叶榆、根榕等适合盆景造型的花卉。

(4)庭院花卉　主要用于庭院绿化装饰的树木、花草。包括花灌木、攀缘植物、多年生宿根或球根花卉等。如桂花、海棠、樱花、地锦、蜀葵等。

(5)药用花卉　自古以来花卉就是我国中草药的一个重要组成部分，如芍药、桔梗、金银花、连翘等。

(6)香料花卉　主要用于香料工业的花卉，如玫瑰、栀子、白兰花等。

(7)食用花卉　用于做食用原料的花卉，如百合、菊花、桂花、玫瑰、萱草等。

(8)茶用花卉　如菊花、玫瑰、茉莉等。

> ●花木如诗
>
> 浓绿万枝红一点，动人春色不须多。
>
> ——宋·王安石《咏石榴花》

三、按观赏部位分类

(1)观花花卉　植株开花繁多，花色鲜艳，花型奇特美丽，以观花为主的花卉，如月季、菊花、唐菖蒲、郁金香等。

(2)观叶植物　以叶为主要观赏对象的植物，是室内花卉装饰的主要材料，包括蕨类、观叶的草本和木本植物。蕨类植物如肾蕨、鸟巢蕨、铁线蕨、卷柏等；木本植物如苏铁、橡皮树、一品红、棕竹、散尾葵等；草本植物如百合科的吊兰、天南星科的绿萝、竹芋科的花叶竹芋、凤梨科的果子蔓、鸭跖草科的吊竹梅等都是观叶植物。

(3)观茎花卉　植株的茎奇特，变态为肥厚的掌状或节间极度短缩，以观茎为主的花卉，如富贵竹、佛肚竹等。

(4)观果花卉　植株的果实形状奇特，果色鲜艳，挂果期长，以果实为主要观赏器官的花卉，如金橘、冬珊瑚、佛手、观赏椒等。

(5)观根花卉　以变态根为主要观赏部位的花卉，如根榕、龟背竹、春羽等。

(6)芳香类　香味浓郁，花期较长的花卉，如米兰、栀子花、含笑、茉莉、桂花等，是布置芳香园的主要材料。

(7)其他观赏类　如观赏银芽柳银白色、毛茸茸的芽，象牙红、马蹄莲、叶子花的苞片，鸡冠花膨大的花托，美人蕉瓣化的雄蕊，合欢、红千层的花丝等。

四、按花卉原产地气候特点分类

花卉的生态习性与原产地气候有密切关系，如果花卉原产地气候相同，它们的生活习性也大体相似。设施栽培创造类似原产地的条件，可使花卉生产取得更高的效益。

(1)中国气候型花卉　又称大陆东岸气候型花卉，属于这一气候型的地区有中国的华北、东北，还有日本、北美东部、巴西南部、大洋洲东部、非洲东南部。此地区的气候特点是冬寒夏热，年温差较大，夏季降雨较多。这一气候型花卉因为产地冬季的气温不同分为温暖型与冷凉型。

温暖型　包括中国长江以南、日本西部、北美洲东南部、巴西南部、大洋洲东部、非洲东南部等地区。原产于这一气候型的花卉有中国水仙、报春、石蒜、百合、山茶、半枝莲、凤仙、一串红、中国石竹等。

冷凉型　包括中国华北及东北南部、日本东北部、北美洲东北部等地区。原产花卉有菊花、金光菊、芍药、荷包牡丹、荷兰菊、翠菊、花毛茛、百合、贴梗海棠、蛇鞭菊等。

(2)欧洲气候型花卉　又称大陆西岸气候型花卉。属于这一气候型的有欧洲大部分、北美洲西海岸、南美洲西南部、新西兰南部。此区冬季气候温暖，夏季温度一般不超过 15～17℃，雨水四季均匀，北美洲西海岸地区雨量较少。原产花卉有三色堇、紫罗兰、雏菊、勿忘我、毛地黄、羽衣甘蓝等。

(3)地中海气候型花卉　以地中海沿岸为代表，与地中海相似的地区有南非好望角、大洋洲东南和西南等地。此区从秋季至次年春末为降雨期，夏季很少降雨，为干燥期。因夏季气候干燥，多年生花卉常进入休眠。主要原产花卉有风信子、天竺葵、仙客来、羽扇豆、鸢尾、石竹、香豌豆、君子兰、酢浆草、鹤望兰等。

(4)墨西哥气候型花卉　又称热带高原气候型，常见于热带与亚热带高山地区。此气候型除了墨西哥以外，还有南美洲的安地斯山脉、中国的云南山岳地带等。原产于这一地区的花卉耐寒性较弱，喜冬暖夏凉气候，主要花卉有大丽花、晚香玉、万寿菊、百日草、旱金莲、云南山茶、一品红、香水月季等。

(5)热带气候型花卉　包括亚洲、非洲、大洋洲、中美洲及南美洲热带地区。此气候区周年高温，温差小，离赤道渐远，温差加大；雨量大，分为雨季和旱季，也有全年雨水充沛区，是不耐寒一年生花卉及观赏花木的分布中心。主要花卉有鸡冠花、彩叶草、变叶木、花烛、猪笼草、紫茉莉、朱顶红、美人蕉、大岩桐、牵牛花、卡特兰、万代兰等。

(6)沙漠气候型花卉　属于这一气候型的地区有非洲、黑海东北部、大洋洲东部、墨西哥西北部等。周年降雨量很少，气候干旱，多为不毛之地。该区是仙人掌和多浆植物的分布中心，原产植物有芦荟、龙舌兰、十二卷、伽蓝菜、仙人掌、光棍树等多肉多浆植物。

(7)寒带气候型花卉　此气候区主要有阿拉斯加、西伯利亚等地。冬季漫长而严寒，夏季短促而凉爽；植物生长期只有 2～3 个月；夏季白天长，风大，植物低矮，生长缓慢，常成垫状。主要花卉有细叶百合、龙胆、雪莲、点地梅等高山和岩生花卉。

五、按开花季节分类

(1)春花类　花期在 2—4 月的花卉，如瓜叶菊、杜鹃、金盏菊、紫丁香、三色堇、山茶、郁金香、报春等。

(2)夏花类　花期在 5—7 月的花卉，如石榴、锦带、凤仙、荷花、大花萱草、紫茉莉等。

(3)秋花类　花期在 8—10 月的花卉，如秋菊、桂花、大丽花等。

(4)冬花类　花期在 11 月至翌年 1 月的花卉，如一品红、仙客来、水仙、蟹爪兰、墨兰等。

任务实施

1. 准备工作

按照任务要求，定向准备 50 种花卉的相关资料，让学生认真学习记载。也可以学生自己收集，为考核做准备。

2. 实施工作

按照项目学习目标与要求，依据设计“花卉分类”的各种花卉，以网络、书籍为载体，或到本地城市广场、街道、植物园、公园、居住区、绿化单位等地进行实地调查完善所学知识。

3. 作业

根据调查，填写下表 1-1。

表 1-1　花卉按生物学特性及观赏部位分类(因地制宜确定 50 种花卉让学生分类)

序号	一、二年生花卉		宿根花卉		球根花卉		水生花卉		蕨类植物		木本花卉		多肉多浆花卉	
	种类名称	观赏部位	种类名称	观赏部位	种类名称	观赏部位	种类名称	观赏部位	种类名称	观赏部位	种类名称	观赏部位	种类名称	观赏部位

☞ **考核方法与标准**

1. 根据学生的表格填写情况进行评分(20 分)；
2. 表格填写完整(25 分)；
3. 花卉分类正确(25 分)；
4. 其他任务单内容(30 分)。

任务二　一、二年生花卉识别与应用

任务分析

一、二年生花卉是花卉露地应用的主体，因其花色鲜艳，植株低矮、生长整齐，成为布置花坛、花境、花台等的主角；有的一、二年生花卉可盆栽观赏或作室内外布置装饰，有的是鲜切花的花材。熟悉识别一、二年生花卉，了解它们的生物学特性，为花卉的生产、养护及应用奠定基础。

任务目标与要求

知识目标：掌握常见一、二年生花卉的识别要点，了解一、二年生花卉应用的基础知识。

能力目标：识别一、二年生花卉至少 30 种。

学习要求：线上主动学习，线下认真听辅导。遵守纪律，遵守实训室、实训基地等相关规则，做好笔记，注意安全。

◈ 相关知识

一、一、二年生花卉的含义与类型

(一)一年生花卉

一年生花卉是指在一个生长季节内完成从营养生长、开花结实到死亡的一个生活周期的花卉。包括典型的一年生花卉和多年生作为一年生栽培的花卉。

典型的一年生花卉从播种到开花、结实、死亡在当年内完成。一般春天播种，夏秋开花结实，入冬前死亡，如百日草、鸡冠花、半枝莲、翠菊、牵牛花等。

有的多年生花卉，在原产地露地环境中多年生长，在栽培地需在温度不适季节进行保护。此类花卉具有当年播种就可以开花的特点，所以常作为一年生栽培，如一串红、矮牵牛、藿香蓟、矢车菊等。

(二)二年生花卉

二年生花卉指经两年或两个生长季节才能完成一个生活周期的花卉，即播种后第一年形成营养器官，次年开花结实而后死亡。包括典型的二年生花卉和多年生作二年生栽培的花卉。

典型的二年生花卉一般秋天播种，经营养生长在第二年的春天或初夏开花、结实，在炎夏来临时死亡，如风铃草、毛地黄、紫罗兰、须苞石竹、桂竹香等。

多年生花卉中一些喜欢冷凉的种类，常作为二年生花卉栽培，如雏菊、金鱼草、蜀葵、三色堇、四季报春等。

有些花卉既可以作为一年生栽培也可以作为二年生栽培，如月见草、蛇目菊在北京地区春播和秋播生长一样，只是植株的花期和高矮有区别；香雪球、霞草秋播生长状态好于春播；华北地区的翠菊、美女樱只要冬季在阳畦中保护一下，也可以秋播。

二、常见一、二年生花卉的识别

二维码 1-2
一、二年生花卉识别

1.凤仙花

【别名】指甲草、透骨草、金凤花、洒金花、急性子、小桃红

【科属】凤仙花科凤仙花属

【识别要点】一年生草本，株高 20～80 cm，茎直立，肥厚多汁，光滑有分枝，浅绿或酒红褐色晕；单叶互生，披针形，缘有锯齿；花两性，单朵或数朵生于上部密集叶腋处，具短柄；花色有白、黄、粉、紫、深红等或有斑点；有单瓣、复瓣、重瓣，蔷薇型及茶花型等。蒴果尖卵型。种子球形，褐色，千粒重约 8.47 g。

同属栽培种还有何氏凤仙、新几内亚凤仙。属多年生草本，也有矮生种，花单生或两朵簇生，是温室盆栽的良好植物。

【应用】宜植于花坛、花境，也可布置花丛和花群，矮性品种亦可进行盆栽。

2.鸡冠花

【别名】鸡髻花、老来红、红鸡冠、鸡冠海棠

【科属】苋科青葙属

【识别要点】一年生草本，株高 20～150 cm，茎直立粗壮少分枝，叶互生，长卵形或卵状披

针形，全缘或有缺刻，有叶柄；穗状花序肉质顶生，具丝绒般光泽，花序呈扇形、肾形、扁球形等，整个花序有深红、鲜红、橙黄、黄、白色等。叶色和花色常有相关。种子细小，亮黑色，千粒重约1.00 g。

【应用】适用于布置花坛、花丛和花境，也可盆栽，还可作切花或制成干花。白色鸡冠花有一定的药用价值。

3. 万寿菊

【别名】臭芙蓉、蜂窝菊

【科属】菊科万寿菊属

【识别要点】一年生草本，株高20～90 cm，茎直立粗壮多分枝，叶对生或互生，羽状全裂，裂片披针形或长矩圆形，有锯齿，叶缘背面具油腺点，有强臭味。头状花序顶生。花序梗上部膨大，花色有乳白、黄、橙至橘红乃至复色等，深浅不一。花期6—10月。瘦果黑色，有光泽。种子千粒重2.56～3.50 g。

同属常见栽培的还有孔雀草，花坛花境应用较普遍。

【应用】宜植于花坛、花境、花丛或作切花。矮生品种作盆栽。

4. 一串红

【别名】墙下红、撒尔维亚、爆竹红、西洋红

【科属】唇形科鼠尾草属

【识别要点】多年生草本作一年生栽培，茎直立，光滑四棱，高25～80 cm。叶对生，卵形至心脏形，先端渐尖，叶缘有锯齿，有长柄。顶生总状花序，每序着花2～6朵轮生，花冠唇形有长筒伸出萼外，苞片红色，萼钟状宿存，与花冠同色；花有鲜红、粉、红、紫、淡紫、白等色。花期7—10月。种子为浅褐色或黑褐色，卵形，似鼠粪，千粒重为2.80～4.00 g。

【应用】适合布置大型花坛、花境、花带、花台，景观效果特别好。近年来新品种的花色纯正、多色，使花坛的色彩产生了质的变化。矮生品种盆栽，用于窗台、阳台美化和屋旁、阶前点缀，色彩娇艳，气氛热烈。

5. 半枝莲

【别名】太阳花、龙须牡丹、松叶牡丹

【科属】马齿苋科马齿苋属

【识别要点】一年生草本。株高10～30 cm。茎下垂或匍匐生长，叶圆柱形，长2.5 cm左右，互生，有时成对或簇生。花色有紫红、鲜红、粉红、橙黄、黄、白等色，单生或数朵簇生枝顶，花径2～3 cm，单瓣或重瓣，花期6—10月。蒴果成熟时盖裂，种子细小、银灰色，千粒重约0.10 g。

【应用】半枝莲色彩丰富鲜艳，株型低矮，适宜布置毛毡花坛、花境，也可盆栽观赏，还可与草坪组合，形成模纹效果。

6. 矮牵牛

【别名】碧冬茄、灵芝牡丹

【科属】茄科碧冬茄属

【识别要点】多年生草本作一年生栽培。株高10～60 cm，全株被腺毛，茎稍直立或倾卧，叶片卵形，全缘，近无柄，互生，嫩叶略对生。花单生于叶腋或枝端。花冠漏斗形，有单瓣、重

瓣、半重瓣。花色有白、红、粉、紫及复色。花期4—10月。蒴果尖卵形，二瓣裂，种子细小，千粒重0.10～0.16 g。

【应用】矮牵牛花色丰富，种类多样，温室栽培四季开花，常布置花坛、花境，也可自然式丛植。也可用于盆栽。

7. 紫茉莉

【别名】草茉莉、胭脂花、地雷花

【科属】紫茉莉科紫茉莉属

【识别要点】一年生草本，高可达1 m，主茎直立，圆柱形，多分枝，无毛或疏生细柔毛，节部膨大。单叶对生，叶片卵形或卵状三角形，全缘。花数朵顶生，总苞萼状，宿存；花漏斗形，缘有波状5浅裂。花色有白、黄、红、粉、紫等，并有条纹或斑点状复色，花期6—9月。果实圆形，似地雷，成熟后黑色，表面皱缩。

【应用】可用于自然丛植，布置花境。

8. 三色堇

【别名】人面花、猫脸花、鬼脸花

【科属】堇菜科堇菜属

【识别要点】多年生草本作二年生栽培，北方作一年花卉栽培。株高10～30 cm，茎光滑，分枝多。叶互生，茎生叶披针形，具钝圆状锯齿，基生叶卵形，有叶柄，叶基部羽状深裂，托叶宿存。花冠呈蝴蝶状，花色通常为黄、白、紫三色复色，单色还有纯白、浓黄、紫堇、蓝、青、古铜色等。花型美，花色鲜艳，花期3—8月。蒴果椭圆形，呈三瓣裂，种子倒卵形，种子千粒重1.16 g。

同属常见栽培的种还有香堇、角堇。

【应用】三色堇色彩丰富，开花早，是优良的春季花坛材料，也可盆栽作为冬季或早春摆花之用。

9. 羽衣甘蓝

【别名】叶牡丹

【科属】十字花科甘蓝属

【识别要点】二年生草本植物，株高可达30～60 cm，无分枝，叶平滑无毛，呈宽大匙形，且被有白粉，外部叶片呈粉、蓝、绿色，边缘呈细波状皱褶，内叶的叶色极为丰富，通常有白、粉红、紫红、乳黄、黄绿等颜色。叶柄比较粗壮且有翼。总状花序着生茎顶，花葶比较长，有小花20～40朵。观赏期在秋冬或春季，花期4月。长角果，种子球形，千粒重1.60 g。

【应用】羽衣甘蓝耐寒性较强，且叶色鲜艳，观赏期长，是布置秋冬季花坛、花境的主要材料，也可用作插花花材或盆栽观赏。

10. 虞美人

【别名】丽春花、赛牡丹、小种罂粟花

【科属】罂粟科罂粟属

【识别要点】一、二年生草本，具白色乳汁。株高30～80 cm，茎枝细弱，全株被糙毛。叶互生，羽状深裂，裂片线状披针形，叶缘具粗锯齿，主要着生于分枝基部。花单生于茎顶，有长梗，未开放时下垂，花冠近圆形，边缘呈浅波状，花径5～6 cm，花色有红、深红、紫红、粉、白和复色。花果期 3—8 月。蒴果杯形,种子倒卵形,褐色,千粒重 0.33 g。

【应用】虞美人花色艳丽,花姿轻盈,是早春花坛或花境的良好材料,也可盆栽观赏。

11. 福禄考

【别名】草夹竹桃、小洋花、洋梅花

【科属】花荵科福禄考属

【识别要点】二年生草本花卉,茎直立,被短柔毛,株高 15～45 cm;叶互生,长椭圆形,上部叶抱茎。聚伞花序顶生,花冠圆形五浅裂,花径约 2.5 cm,花色有红、玫瑰红、白、蓝、紫、粉等色。蒴果圆形,种子倒卵形或椭圆形。千粒重 1.55 g。

同属常见栽培的还有宿根福禄考:多年生草本,粗壮,直立,花期 7—8 月。丛生福禄考:多年生草本,植株丛生成毯状,叶片多而密集,多数长仅 1.2 cm,花期 4—6 月。

【应用】植株低矮,花色多样,姿态雅致,可布置花坛、花丛,也可庭院栽培或盆栽观赏。

12. 茑萝

【别名】羽叶茑萝、绕龙草、游龙草

【科属】旋花科茑萝属

【识别要点】一年生缠绕草本,茎细长光滑,长达 6 m,叶互生,羽状细裂,裂片条形,长 4～7 cm。腋生聚伞花序,具花数朵,花冠高脚碟状,檐部呈五角星状,深红色、白色、粉红色等。花期 8—11 月;蒴果卵圆形,种子黑色,千粒重 14.88 g。

【应用】适于篱垣、花墙和小型棚架布置,也可用作地被。

13. 翠菊

【别名】江西腊、七月菊、蓝菊

【科属】菊科翠菊属

【识别要点】一年生草本。株高 20～100 cm,茎粗壮直立、被白色糙毛;叶互生,上部叶匙形无柄,下部叶阔卵形或三角卵形有柄。枝顶单生头状花序,花径 5～8 cm,花有白、黄、橙、红、紫等色。春播花期 7—10 月,秋播花期翌年 5—6 月;瘦果楔形,浅褐色,千粒重 2.00 g。

【应用】翠菊品种多,花色艳,花型多变,观赏价值可与菊花媲美,常布置花坛、花境,也可盆栽,高型品种是良好的切花材料。

14. 金鱼草

【别名】龙头花、龙口花、洋彩雀

【科属】玄参科金鱼草属

【识别要点】多年生草本作一、二年生栽培。株高 15～120 cm,茎直立,微有茸毛。叶对生,上部螺旋状互生,叶全缘光滑。顶生总状花序,长达 25～60 cm,花具短梗。花冠筒状唇形,外被茸毛,花基部膨大呈囊状,花有深红、玫红、粉、黄、橙、淡紫、白等色。花期 5—7 月。蒴果卵形,成熟时顶裂,种子千粒重 0.16 g。

【应用】金鱼草花色鲜艳丰富,中、高性品种是插花的良好材料,水养时间持久;矮性品种可成片丛植于各类花坛、花境,作为背景或中心布置,也可盆栽丰富冬季室内用花。

15. 百日草

【别名】百日菊、步步登高

【科属】菊科百日草属

【识别要点】一年生草本，株高 15～120 cm，茎直立粗壮。叶对生，卵形至长椭圆形全缘无柄，基部抱茎。枝端单生头状花序。花径 4～15 cm，舌状花多轮花瓣呈倒卵形，有白、绿、黄、粉、红、橙等色，管状花集中在花盘中央黄橙色；花期 6—10 月。瘦果扁平叶状，种子千粒重 4.67～9.35 g。

【应用】用于布置花坛、花境或花带，也常用于盆栽观赏。

●花木如诗

穿花蛱蝶深深见，点水蜻蜓款款飞。

——唐 · 杜甫《曲江二首》

16. 雏菊

【别名】春菊、马兰头花

【科属】菊科雏菊属

【识别要点】多年生草本作一、二年生栽培。植株矮小，株高 7～20 cm。茎叶光滑或具茸毛，叶基生，长匙形或倒长卵形，边缘具皱齿。花茎自叶丛中央抽出，头状花序单生高出叶面，舌状花一轮或多轮，有白、粉、红等色；筒状花黄色。花径 3.5～5 cm。花期春季，瘦果扁平，千粒重 0.17 g。

【应用】宜植于花坛、花境，也可用于盆栽室内观赏。

17. 石竹

【别名】中华石竹、洛阳花、石菊、死不了

【科属】石竹科石竹属

【识别要点】宿根性不强的多年生草本花卉，常作一、二年生栽培，株高 15～70 cm。茎直立，有节，叶对生，灰绿色线状披针形。花单朵或数朵簇生于茎顶，形成聚伞花序，花白色至粉红色，花期 5—9 月。蒴果，种子扁圆形，黑褐色，千粒重 1.25～1.50 g。

同属植物 300 余种，常见栽培的品种有须苞石竹（美国石竹、五彩石竹）、锦团石竹（繁花石竹）、常夏石竹、石竹梅。

【应用】园林中可布置花坛、花境、花台，也可点缀岩石园和草坪边缘，还可作为景观地被材料成片栽植。

18. 美女樱

【别名】铺地马鞭草、铺地锦、美人樱

【科属】马鞭草科马鞭草属

【识别要点】多年生草本作一、二年生栽培。高 30～50 cm，茎四棱、横展，低矮粗壮。叶对生有短柄，长圆形或披针状三角形，基部常有裂刻。穗状花序顶生，多数小花密集排列呈伞房状。花冠漏斗状，花有白、粉红、深红、紫、蓝等不同色，略具芬芳。花期 6—9 月。蒴果，种子千粒重 2.80 g。

同种常见栽培的有细叶美女樱，多年生草本作一年生栽培，茎基部稍木质化，丛生外倾匍匐，节部生根，株高 20～30 cm。叶二回深裂或全裂。花蓝紫色。叶形细美，株丛整齐，很适合草坪边缘自然带状栽植。

【应用】宜植于花坛、花境、花带、花丛，矮生品种也可盆栽观赏。

19. 藿香蓟

【别名】蓝翠球、胜红蓟

【科属】菊科霍香蓟属

【识别要点】多年生草本作一年生栽培，高 15～60 cm，全株被毛，茎基部多分枝。叶对生卵形。头状花序顶生，小花全部为管状花，花色有淡蓝、粉、白等。温度适合全年开花。瘦果，褐黄色，果熟期 9 月。

【应用】宜植于花坛、花境、花带，还可作为地被植物点缀岩石园，高生种可盆栽观赏或作为插花材料使用。

20. 千日红

【别名】火球花、千年红、千日草

【科属】苋科千日红属

【识别要点】一年生草本，全株有灰色长毛，高 30～80 cm。茎直立，上部多分枝。叶对生，椭圆形至倒卵形，两面有细长白柔毛。1～3 个圆球形头状花序顶生，花小密生于总花梗上，主要观赏其膜质苞片。苞片紫红膜质，有光泽，干后不落，色泽不褪。花期 7—10 月。胞果卵圆形被絮状长毛，内有棕色细小种子 1 粒。

【应用】宜植于花坛、花境，也可做干花，可做花茶。

21. 瓜叶菊

【别名】千日莲、千里光

【科属】菊科瓜叶菊属

【识别要点】多年生草本作一、二年生栽培。全株被毛，茎直立。叶大，叶形似瓜类叶片，叶柄长。头状花序簇生成伞房状，有蓝、紫、红、粉、白等色。花期从 12 月至翌年 4 月，盛花期 3—4 月。种子 5 月下旬成熟，瘦果黑色，千粒重约 0.19 g。

【应用】瓜叶菊株型丰满，花色艳丽，是冬春常见的盆花，可供冬春室内布置，也常用于布置会场，点缀厅、堂、馆、室。

22. 彩叶草

【别名】锦紫苏、洋紫苏、五色草

【科属】唇形科锦紫苏属

【识别要点】多年生常绿草本常作一年生栽培。株高 20～60 cm，栽培中多控制在株高 30 cm 以下。茎四棱形，基部木质化。叶菱状卵形对生，有粗锯齿，两面有软毛，叶面绿色，有淡黄、桃红、朱红、紫等色斑纹。总状花序顶生，花小，蓝色或淡紫色。小坚果平滑，种子千粒重 0.15 g。

【应用】色彩鲜艳、品种多。除了可在花坛、花境中配置图案或镶边，也可盆栽观赏。

23. 金盏菊

【别名】金盏花、长生菊

【科属】菊科金盏菊属

【识别要点】二年生草本花卉，株高 30～60 cm，全株被毛。叶互生，长圆形至长圆状倒卵形，有不明显锯齿或全缘，基部抱茎。头状花序单生，花梗粗壮，舌状花有黄、橙、白等色，也有重瓣、卷瓣、绿心、深紫色花心等栽培品种。花期 4—6 月。瘦果弯曲船形，种子千粒重 9.35 g。

【应用】春季开花早，常供花坛布置。

24. 波斯菊

【别名】扫帚梅、格桑花、秋英

【科属】菊科秋英属

【识别要点】一年生草本花卉，株高 1～2 m。茎无毛或稍被柔毛。叶二次羽状深裂，裂片线形或丝状线形。头状花序单生，花径 3～6 cm；花序梗长 6～18 cm。花色紫红、粉红或白；花期 6—8 月。瘦果黑紫色，长 8～12 mm。

【应用】植株高大，花朵轻盈艳丽，是良好的地被花卉。也可用于花群、花丛、花境布置，或作花篱及基础栽植。由于耐瘠薄能力强，是公路和铁路绿化的好材料。

25. 旱金莲

【别名】旱荷花、旱金莲花

【科属】旱金莲科旱金莲属

【识别要点】多年生的半蔓生或倾卧植物，作一、二年生花卉栽培。株高 30～70 cm。单叶互生，叶柄着生于叶片的近中心处，叶片圆形似莲叶，直径 3～10 cm。花单生或 2～3 朵成聚伞花序，花黄色、橘红色，在环境条件适宜的情况下，全年均可开花。露地花期 6—10 月，果期 7—11 月。果扁球形，成熟时分裂成 3 个有一粒种子的瘦果。

【应用】花叶兼美，盆栽可布置阳台、窗台。露地栽培可布置花坛、花境，也可植于栅栏旁或假山石畔。

26. 麦秆菊

【别名】蜡菊、干巴花

【科属】菊科蜡菊属

【识别要点】一年生草本，株高 30～90 cm。茎多分枝，全株被微毛。叶互生，条状披针形，全缘，无叶柄。头状花序单生枝顶，苞片多层、膜质、覆瓦状排列，外层苞片短，内部各层苞片伸长酷似舌状花，有白、黄、橙、粉、红及暗色等。花期 7—9 月。瘦果灰褐色，光滑。花白天开放，傍晚闭合。

常栽培的有：毛叶麦秆菊，具蔓延茎，叶片倒卵圆形，头状花序单生银白色；伞花麦秆菊，基部有些灌木状，叶片卵圆形，头状花序伞呈房状，总苞苞片长圆形，先端钝，乳白色。

【应用】花色绚丽光亮，干燥后花形不变、花色不褪，可切取做干花；也可用于布置花境或在林缘丛植。可制作花茶。

27. 紫罗兰

【别名】春桃、草桂花

【科属】十字花科紫罗兰属

【识别要点】多年生作二年生栽培，是欧洲名花之一。株高 20～70 cm，全株有灰白色星状柔毛。茎直立多分枝。叶互生，倒披针形或矩圆形，全缘。总状花序顶生或腋生，花梗粗壮，花径 3 cm，具香气。花期春季。

【应用】花朵茂盛，花色鲜艳，香气浓郁，花期长，花序也长，常用于布置花坛、台阶、花径，适宜于盆栽观赏，也是鲜切花的好材料。

28. 花烟草

【别名】大花烟草、烟草花

【科属】茄科烟草属

【识别要点】多年生草本作一年生栽培，株高 80～150 cm。全株被黏毛。茎直立，叶互生，基生叶匙形，茎生叶中长披针形。假总状花序，疏散生几朵花；花萼杯状或钟状，花冠高脚碟状，外面紫红色，内部白色。花期 6—8 月，蒴果卵球状，种子细小灰褐色。

【应用】由于植株紧凑，连续开花，是优美的花坛、花境材料，广泛用作庭院、草坪绿化。

29. 南非万寿菊

【别名】雨环菊

【科属】菊科蓝目菊属

【识别要点】多年生作一、二年生栽培，矮生种株高 20～30 cm，高生种株高 60 cm 左右。茎绿色。头状花序顶生，多数簇生成伞房状。花单瓣，花径 5～6 cm，有白、粉、蓝、红、紫、紫红等色。

【应用】可布置花坛、花境，也可用于盆栽布置室内，高生种在原产地做切花栽培。

30. 黄帝菊

【别名】美兰菊、皇帝菊、小百日草

【科属】菊科蜡菊属

【识别要点】一年生草木，株高 20～30 cm。株型紧凑，全株粗糙；叶对生，长卵形或阔披针形。茎分叉点处抽生花梗，头状花序顶生，总苞黄褐色，半球状，周边花舌状，金黄色。花期夏秋，花多。

【应用】适于成片或成条种植，突出其多花的优点。园林上特别适于种植在低矮花灌木前，作为与草坪连接的地被花径，密生的金黄小花与绿色的草坪、灌木形成鲜明对比，景观效果突出。也可用于布置花坛或盆栽观赏。

任务实施

1. 材料准备

铅笔，笔记本，一、二年生花卉 50 种。

2. 方法步骤

(1)教师在实训场地现场讲解、指导学生学习识别常见一、二年生花卉，利用多媒体图片作补充说明。

(2)学生课余时间到实训场地熟悉每种花卉，识别花卉的形态、习性。上网上课程平台学习一、二年生花卉图片识别内容。

3. 作业

完成一、二年生花卉识别表 1-2。

表 1-2　一、二年生花卉种类识别

序号	花卉名称	科属	花色	花期	应用

☞ 考核方法与标准

1. 正确识别所见一、二年生花卉(50 分)；
2. 能够说出花卉的主要识别特征(20 分)；
3. 表格填写完整(20 分)；
4. 学习态度与报告完成情况(10 分)。

任务三　宿根花卉识别与应用

◈ 任务分析

宿根花卉是园林花卉应用中的主要部分，寿命长，一次栽植多年应用，管理也简便，合理搭配品种完全可以达到“三季有花”的花境设计目标，是城镇绿化、美化极适合的植物材料。认识常见的宿根花卉，可以为花境、花丛等绿地的植物布置打下良好的基础。

◈ 任务目标与要求

知识目标：掌握宿根花卉的概念与特点；了解宿根花卉的应用知识。

能力目标：记住常见的宿根花卉识别要点。

学习要求：线上主动学习，线下认真听辅导。遵守纪律，遵守实训室、实训基地等相关规则，做好笔记，注意安全。

◈ 相关知识

一、宿根花卉的概念及类型

宿根花卉是指地下器官形态未变态成球状或块状的多年生草本观赏植物。

宿根花卉可分为耐寒性宿根花卉和不耐寒性常绿宿根花卉。芍药、萱草、鸢尾、玉簪等属于耐寒性宿根花卉，秋冬季节，地上的茎、叶全部枯死，地下部分进入休眠，翌年春季，地下的芽或根蘖再萌芽、生长、开花，能够露地栽培。鹤望兰、红掌、君子兰等属于不耐寒性常绿宿根花卉，10℃左右停止生长，5℃以下受冻甚至死亡。在寒冷地区不能露地越冬，多盆栽或在保护设施内生产养护。

二、宿根花卉的应用

宿根花卉一次栽种可多年观赏，因此是园林绿化、盆栽摆设和切花生产的好材料。有些可用于布置花坛、花境、花丛，如芍药、玉簪、萱草等；有的可布置成专类园，如鸢尾、芍药等；一些景天类花卉还可布置岩石园；菊花、香石竹、非洲菊等都是销量较大的鲜切花种类。天竺葵、君子兰等是优良的盆栽花卉。

二维码 1-3
宿根花卉识别

三、常见宿根花卉识别

1. 菊花

【别名】黄花、秋菊、节华、鞠、金蕊

【科属】菊科菊属

【识别要点】多年生宿根草本或亚灌木，高 30～180 cm。茎直立，多分枝，青绿色至紫褐色，被柔毛。叶互生，有柄，依品种不同其叶形变化较大，羽状浅裂至深裂，背面有绒毛，边缘有锯齿，基部楔形。头状花序单生或数个聚生茎顶，微香；舌状花有白、粉红、雪青、玫红、紫红、墨红、黄、棕、淡绿及复色等颜色，心花为管状花，多为黄绿色。花期因类型和品种而异。自然花期 9—11 月，温室栽培选合适品种与栽培技术可以周年供花。

【应用】特定的小菊品种群作露地地被栽培，采用丛植、带植、片植、花坛及盆栽摆花布置景点。切花菊是世界四大鲜切花之首，产量效益很高，是插花艺术主要应用的种类。

盆栽菊可作独本和多本栽培，也可培养案头菊，某些品种采用特定的技术措施可培养成大立菊、塔菊、悬崖菊等。

2. 香石竹

【别名】康乃馨、麝香石竹

【科属】石竹科石竹属

【识别要点】多年生根宿草本，株高 25～100 cm，茎直立多分枝，基部半木质化。茎上有膨大的节。叶全缘，线状披针形对生，基部抱茎，呈灰绿色具白粉，有较明显的叶脉 3～5 条。花多为单生茎顶，也有小花数朵簇生者，花色有白、粉、红、紫、黄及复色，花径 3～9 cm，具香味，有单瓣重瓣之分。自然花期 4—6 月，现在培育的品种多为四季开花，15～18 对叶时现蕾。

【应用】主要用于切花栽培，矮生品种用于盆栽观赏。是母亲节期间全球销量最大的花卉。

3. 花烛

【别名】红掌、安祖花、灯台花

【科属】天南星科花烛属

【识别要点】多年生常绿宿根花卉，形态变化较大，有茎或无茎，直立，稀蔓性。叶常绿革质，全缘或有分裂。佛焰苞是主要的观赏部位，生于花茎顶部，卵圆形、椭圆形或披针形，革质鲜艳有光泽，开展或弯曲，颜色有红色、粉色、白色、绿色，肉穗花序圆柱形至球形，似动物的尾巴，或似灯盏中的蜡烛，终年开花不断。

【应用】花烛佛焰苞硕大，肥厚，覆有蜡层，色彩光亮鲜艳，叶形秀美，是主要的切花材料，也有盆栽观赏的品种。

4. 非洲菊

【别名】扶郎花、灯盏花

【科属】菊科大丁草属

【识别要点】多年生常绿宿根草本，株高 30～80 cm，叶基生丛状，全株有茸毛，叶片长椭圆状披针形，具羽状浅裂或深裂。头状花序单生，高出叶面 20～60 cm，舌状花 1～2 或多轮呈重瓣状，花色有大红、橙红、淡红、粉色、黄色、白色等。四季开花，以春秋两季最盛。

【应用】是主要的鲜切花种类，也有适合盆栽观赏的品种，也有些品种用于露地的花坛及花境的布置。

5. 鹤望兰

【别名】极乐鸟花、天堂鸟

【科属】旅人蕉科鹤望兰属

【识别要点】多年生常绿草本植物，株高 1～2 m。肉质根粗壮，茎极短不明显。叶革质全缘有长柄，对生两侧排列，叶蓝绿色，宽椭圆形或卵状披针形，叶背和叶柄被白粉。花茎顶生或生于叶腋，高于叶片，总状花序着花 3～9 朵，佛焰苞绿色边缘晕红，花萼橙黄，花瓣蓝紫色，露出苞片之外。秋冬开花，花期长达 100 d 以上。

【应用】品种多样，花形独特，似仙鹤翘首，是重要的盆栽观赏花卉和名贵切花材料。

6. 芍药

【别名】将离、没骨花

【科属】芍药科芍药属

【识别要点】多年生宿根草本，株高 60～120 cm。具粗壮肉质纺锤形的块根，并于地下产生新芽越冬，新芽于早春抽出地面，初出叶红色，茎基部有鳞片状变形叶，下部为二回三出羽状复叶，枝梢部分成单叶，通常三深裂、椭圆形、狭卵形至披针形。单花着生枝端或顶部 2～3 叶腋处，花色白、粉、红、绿、紫及复色等，有单瓣复瓣品种，花型多样，花期 4—5 月。

【应用】园林常用配置花境，常与牡丹一起布置专类园，在林缘或草坪边缘可自然丛植，也做切花栽培。

7. 荷包牡丹

【别名】铃儿草、兔儿牡丹

【科属】罂粟科荷包牡丹属

【识别要点】多年生宿根草本，株高 30～60 cm。地下茎稍肉质，茎带红紫色。叶对生，一至数回三出羽状复叶，具长柄，绿色常有白粉。总状花序顶生，长约 15 cm，于花序轴的一侧下垂，着花 5～15 朵，花瓣 4 枚，外两瓣合成心形囊状物，桃红、红、黄或白色。花期 4—6 月。

【应用】花似玲珑荷包，优雅别致，适合丛植布置花境、花坛，低矮品种可盆栽。

8. 鸢尾

【别名】蓝蝴蝶、扁竹叶

【科属】鸢尾科鸢尾属

【识别要点】多年生宿根草本，高 30～50 cm。根茎浅黄色匍匐状，粗而节间短。叶多基生，呈二纵列交互排列，基部互相包叠；叶剑形淡绿色，质薄。花茎自叶丛中抽出，单一或二分枝，每枝有花 1～4 朵；花蝶形，花冠淡蓝色或紫白色，外轮裂片较大，倒卵形外折；内轮裂片较小，直立。中央面有一行鸡冠状白色带紫纹突起。花期 5 月。

【应用】种类、品种多样，适用于花坛、花境、地被、岩石园或池畔栽种。

9. 蜀葵

【别名】一丈红、蜀季花、端午锦

【科属】锦葵科蜀葵属

【识别要点】多年生草本。高达 2 m，茎直立不分枝。全株被毛，叶心脏形具长柄，互生，叶片粗糙。总状花序顶生，花单生于叶腋，单瓣或重瓣，颜色有紫、粉、红、白等。花期 6—8 月。种子扁圆，肾脏形，千粒重 4.67～9.35 g。

【应用】宜植于建筑物旁、假山旁或点缀花坛、草坪，成列或成丛种植。矮生品种可作盆花栽培。

●花木如诗

玉簪，花如其名，宛如女子插在头发上的发簪，清新脱俗。“玉簪香好在，墙角几枝开”，在古代这些散发着清香的花儿，常被采来送给爱人，以表示坚贞的爱情。

10. 玉簪

【别名】玉春棒、白鹤花、白玉簪

【科属】百合科玉簪属

【识别要点】多年生宿根草本，株高 50～70 cm，叶基生或丛生，叶片卵形至心状卵形具长柄，基部心形，具弧状脉；花葶高出叶片，总状花序顶生，着花 9～15 朵，花白色具芳香，管状漏斗形，径约 2.5～3.5 cm，花期 6—8 月。有重瓣和花叶的品种。

同属常见栽培的还有紫萼玉簪，花淡紫色。叶片黑绿色，花瓣紫色，有花边紫萼和花叶紫萼，适于配置花坛、花境和岩石园。

【应用】是典型的喜阴花卉，多丛植于林下、庭院及建筑物、岩石背阴处，花香叶美，是园林绿化的极佳材料。矮生及观叶品种可盆栽。

11. 桔梗

【别名】梗草、僧冠帽、六角荷

【科属】桔梗科桔梗属

【识别要点】深根性多年生草本，块根肥大肉质，呈锥形，不分枝或少分枝。茎直立，高 15～70 cm，通常不分枝或稍分枝，全株有白色乳汁。叶互生、对生或轮生，背有白粉，叶片卵状披针形，边缘有不整齐的锐锯齿。花单生枝顶或数朵组成总状花序，具有鲜明的蓝色、白色或雪青色。现蕾时，膨胀呈气球形，花冠钟形，先端五裂。花期 7—9 月，果期 8—10 月。

【应用】低矮品种适合于布置花坛，株型较高的适合于花镜点缀或少量植于林缘、溪边。与观赏草类、泽兰、马兰等野趣比较浓厚的植物搭配使用也能营造比较好的观赏效果。

12. 宿根福禄考

【别名】天蓝绣球、锥花福禄考、草夹竹桃

【科属】花荵科福禄考属

【识别要点】多年生草本植物，茎直立，基部半本质化，株高 30～60 cm，叶对生，有时三轮生，长圆状披针形；塔形圆锥花序顶生，多花密集，蝶状花冠，有淡红、红、白、紫等色，花期 6—9 月。

【应用】植株较矮，花色丰富，姿态雅致，花期正值其他花卉开花较少的夏季，可用于布置花坛、花境，亦可点缀于草坪中，是优良的庭园宿根花卉。

在疏阴下生长强壮，尤其是庇阴或西侧背景，或与比它稍高的花卉如松果菊等混合栽种，更有利于其开花。

13. 萱草

【别名】黄花菜、忘忧草等

【科属】百合科萱草属

【识别要点】多年生宿根草本，叶基生，对排成两列，宽线形，宽 2～3 cm，长可达 50 cm 以上，背面有龙骨突起，嫩绿色。花葶细长坚挺，高 90～110 cm，着花 6～10 朵，呈顶生聚伞花序，花大，漏斗形，直径 10 cm 左右，花色橘红至橘黄色，花期 6 月上旬至 7 月中旬，花早上开晚上谢，有“一日百合”之称。

园艺常见栽培的品种及变种有重瓣萱草（千叶萱草）、大花萱草、常绿萱草、矮生金娃娃萱草。

【应用】花境是大花萱草的主要应用形式。与其他一、二年生花卉和球根花卉搭配组成花境；几丛连续或不连续的点缀于草坪中，也可与灌木和亚灌木进行组合。

萱草属品种繁多，花期长，可依不同品种、花期设置专类园，可实现多季观花。作为庭院、公路、公园的地被，可形成大面积的景观。

矮生的金娃娃萱草多应用于花坛的布置或做花带。

14. 紫露草

【科属】鸭跖草科紫露草属

【识别要点】多年生草本植物。株高 25～50 cm；茎直立分节，多分枝，肉质，淡绿色，光滑；叶线形互生，每株 5～7 片线形或披针形茎叶，淡绿色，叶面内折。花蓝紫色，多朵簇生，花期为 6—10 月。

同属常见栽培的有无毛紫露草、白花紫露草。

【应用】花期长、株型奇特秀美。可于树丛下片植，或与鸢尾花配植。用于花坛、道路两侧丛植效果也较好，也可盆栽供室内摆设，白花紫露草作垂吊式盆栽。

紫露草抗逆性强，而且繁殖系数高，又能露地越冬，因此可在我国的东北、华北、华中及华东地区的城乡绿化中大力推广应用。

15. 冷水花

【科属】荨麻科冷水花属

【识别要点】多年生草本，具匍匐茎。茎肉质，纤细，中部稍膨大；叶纸质，同对的近等大，叶柄纤细，常无毛，稀有短柔毛；上面深绿，有光泽，下面浅绿色，钟乳体条形。花雌雄异株，雄花序聚伞总状，有少数分枝，雌聚伞花序较短而密集。花被片绿黄色，花期 6—9 月，果期 9—11 月。

【应用】冷水花适应性强，容易繁殖，株丛小巧素雅，叶色绿白分明，纹样美丽，是相当时兴的小型观叶植物。茎翠绿可爱，可作地被材料。耐阴，可作室内绿化材料。

具吸收有毒物质的能力，适于在新装修房间内布置。盆栽陈设于书房、卧室，清雅宜人。也可悬吊于窗前，绿叶垂下，妩媚可爱。

16. 景天类

【科属】景天科景天属

【识别要点】景天属是景天科中最大的属，约 600 种，广布于全球温带和热带的高山地区。草本或小灌木，茎直立或匍匐。叶互生，有时排列成覆瓦状。叶色、叶形和花色各有特点，株高 10～60 cm 不等，生长类型有直立型和匍匐型两种。大部分的景天属植物都有繁密的花，为星状花，花色有白色、黄色、粉色或红色等，叶片颜色有深绿、浅绿、金色、金边、斑驳色等。

景天类品种多样，常见栽培的种类识别要点如下：

(1)佛甲草　多年生肉质草本，高 10～20 cm，茎初生时直立，后下垂，有分枝。3 叶轮生，无柄，线状至线状披针形，阴处叶色绿，日照充足时为黄绿色。花瓣黄，花期 5—6 月。

(2)八宝景天　落叶多年生肉质草本。高 30～50 cm，地上茎簇生，粗壮而直立，全株略被白粉，呈灰绿色。叶轮生或对生，倒卵形，肉质，具波状齿。伞房花序密集如平头状，花序径 10～13 cm，常见栽培的花色有白、紫红、玫红品种，花序紧凑。花期 7—10 月。

(3)圆叶景天　常绿多年生肉质草本，匍匐生长，叶片对生，尖端钝圆，全光照条件下，叶片秋季变红，花瓣黄色或白色，花期 4—6 月。

(4)凹叶景天　常绿多年生肉质草本。地下茎平卧，上部茎直立。叶对生，近倒卵形，顶端微凹。小花多数，花瓣黄色，花期 6—8 月。

(5)垂盆草　别名卧茎景天、狗牙齿、爬景天,常绿多年生肉质草本。匍匐型生长,枝较细弱,匍匐节上生根。3叶轮生,倒披针形至长圆形,花少,黄色,花期5—7月。

【应用】景天属有许多品种,它们茎叶肥厚多汁。矮小的景天是布置岩石园的理想材料,大面积应用作为地被时有特别的质感和色彩;大型的景天可以作为花境材料。

佛甲草可生长在岩石石缝间和屋顶的缝隙里。近年来在屋顶花园上应用甚广,园林中也可盆栽或用于岩石园中,也是模纹花坛的材料之一。

圆叶景天可作屋顶花园地毯式配置,是地被或花坛镶边良好的宿根花卉。

凹叶景天可作地毯式屋顶花园、地被栽培或花坛镶边植物。

垂盆草是很好的地被植物,可布置花坛、花境,还可盆栽作垂吊植物。

17. 大花君子兰

【别名】剑叶石蒜、达木兰

【科属】石蒜科君子兰属

【识别要点】多年生常绿草本。具粗壮而发达的肉质须根,叶宽大,剑形,厚而有光泽,二列叠生成假鳞茎,主脉平行,侧脉横向,脉纹明显。花葶自叶丛中抽出,粗壮,直立扁平,每个花序着花7～30朵。小花有柄,花漏斗状,黄色或橘黄色,全年可开花,以春夏季为主;浆果球形,果实成熟期10月左右,成熟时紫红色,种子百粒重80～90 g。

同属常见栽培的还有细叶君子兰和垂笑君子兰。

【应用】君子兰是优良的观花观叶花卉,华南地区可布置花坛或做切花,华东地区及长江流域以北作室内盆栽。

18. 天竺葵

【别名】洋绣球花、石蜡红

【科属】牻牛儿苗科天竺葵属

【识别要点】多年生草本花卉,基部常木质化,茎肉质,密被细毛。单叶互生,叶圆形或肾形掌状,表面具马蹄形环纹,边缘有波纹,具长柄,托叶在叶柄基部两侧,全株有气味。伞形花序总梗自叶腋抽生,花梗长,花有单瓣或重瓣,颜色有红、粉红、玫瑰红或白色等。花期自初冬直至夏初,环境适宜周年开花。

同种常见栽培的有蹄纹天竺葵和盾叶天竺葵。

【应用】蝴蝶梅、蹄纹天竺葵等茎直立性品种适合作盆栽、花钵装饰,也可地栽布置花坛。盾叶天竺葵属悬垂性品种,适合作吊盆或窗台美化,在欧式装饰中常用,效果很好。

19. 四季海棠

【别名】蚬肉秋海棠、玻璃翠、四季秋海棠、瓜子海棠

【科属】秋海棠科秋海棠属

【识别要点】多年生肉质草本,株高15～30 cm,茎直立无毛,基部多分枝;叶卵形或宽卵形,基部略偏斜,边缘有锯齿,叶色因品种而异,有绿、红、褐绿等色,并具蜡质光泽。花顶生或腋出,雌雄异花,雌花有倒三角形子房。花色有橙红、桃红、粉红、白色等,花期特长,几乎全年能开花,但以秋末、冬、春较盛。

【应用】四季海棠是秋海棠植物中栽培最普遍的种类。株型圆整、叶色娇嫩光亮,花多而密集、四季开放,且稍带清香,为室内外装饰的主要花卉之一,极易与其他花坛植物配植、观赏

期长，应用于花坛布置，效果极佳。特别是做花球或花柱的主要材料。

20. 铁线莲

【别名】铁线牡丹、番莲、金包银、山木通、威灵仙

【科属】毛茛科铁线莲属

【识别要点】多数为落叶或常绿草质藤本，长 1～2 m。茎棕色或紫红色，具六条纵纹，节部膨大，被稀疏短柔毛。二回三出复叶，小叶片狭卵形至披针形，顶端钝尖，基部圆形或阔楔形，边缘全缘，极稀有分裂，两面均不被毛，脉纹不显。花单生于叶腋，花色一般为白、粉、紫、红，有芳香气味，花期从早春到晚秋(也有少数冬天开花的品种)。

【应用】铁线莲攀缘能力强、抗污染、适应性强并具有一定耐阴能力，享有“藤本花卉皇后”之美称，是垂直绿化的主要材料。用于廊架绿亭、立柱、墙面、造型和篱垣栅栏式布置。可作展览用切花，或攀缘常绿或落叶乔灌木上，也可作地被。

用色彩调和的观赏类型与蔷薇搭配进行篱笆栅栏式布置，能够带给人不同凡响的景观效果。

21. 银叶菊

【别名】雪叶菊

【科属】菊科千里光属

【识别要点】多年生草本植物，茎多分枝，高度一般在 50～80 cm，叶匙形或一至二回羽状深裂，正反面均被银白色柔毛。叶质较薄，叶片缺裂，如雪花图案。头状花序单生枝顶，花小黄色，花期 6—9 月，种子 7 月开始陆续成熟。

【应用】银叶菊银白色的叶片远看像一片白云，与其他纯色花卉配置栽植，效果极佳，是重要的花坛观叶植物。

任务实施

1. 材料准备

铅笔、记录本、宿根花卉 30 种(实物与图片相配合)。

2. 方法步骤

(1)教师在实训场地现场讲解、指导学生学习识别常见宿根花卉，利用多媒体图片作补充说明。

(2)学生课余时间到实训场地熟悉每种花卉，识别花卉的形态、习性。上网上课程平台学习宿根花卉图片识别内容。

3. 作业

完成宿根花卉识别表 1-3。

表 1-3　宿根花卉种类识别

序号	花卉名称	科属	花色	花期	应用

☞ **考核方法与标准**

1. 正确识别所见宿根花卉(50 分);
2. 能够说出花卉的主要识别特征(20 分);
3. 表格填写完整(20 分);
4. 学习态度与报告完成情况(10 分)。

任务四　球根花卉识别与应用

任务分析

球根花卉的种类繁多,花色艳丽、花期较长,栽培生产容易,有适应各种环境条件的种类,在园林植物造景中常用于花坛、花境、岩石园、基础栽植或点缀草坪等,有的种类又是重要的切花材料,大多数可供盆栽,也有适合水培的种类。认识常见的球根花卉,了解其习性特点,可更好地对其进行生产和应用。

任务目标与要求

知识目标:熟悉球根花卉的概念及类型;掌握球根花卉的识别要点。
能力目标:认识常见的球根花卉,能说出其主要的应用形式。
学习要求:线上主动学习,线下认真听辅导。遵守纪律,遵守实训室、实训基地等相关规则,做好笔记,注意安全。

相关知识

一、球根花卉的概念与分类

球根花卉是植株地下部分变态膨大,形成球状物或块状物,以其贮藏水分、养分的多年生草本花卉。可按形态与变态部位分为鳞茎类、球茎类、块茎类、根茎类及块根类。

鳞茎类　是地下茎的变态,底部是短而平扁的圆盘状鳞茎盘。茎盘上面由多层鳞片层层抱合,呈球状体。鳞片内贮藏丰富的营养,可供植物体生长初期利用。芽着生于鳞片之间的节上。鳞茎盘的下部有木质化的底盘,新根由此发出,如郁金香、风信子、百合、朱顶红等。

球茎类　地下茎为实心球或扁球,球茎上有横纹状茎节,节上有芽着生,外有木栓化皮膜包被,基部有底盘,是发根处,多见鸢尾科,如唐菖蒲、番红花、香雪兰等。

块茎类　地下茎呈球状或扁平不规则块状,外部无膜包被,基部无底盘,根生于中下部,皮较厚,上有不明显的节和芽、芽眼。块茎增生子球能力弱,不进行每年的更替,多年后死亡,如仙客来、大岩桐等。

根茎类　地下膨大部分为短缩的茎，肥厚多肉，贮藏大量养分。茎上有明显的节、节间，根茎呈水平状生长，且可以形成分枝，四处伸展，节间部不断发生新的茎和芽，形成侧枝，如美人蕉、姜花、铃兰、六出花等。

块根类　地下部分是由膨大的根变态而来，膨大部分形似人参（萝卜），其芽着生于根颈部位，如大丽花、花毛茛等。

二、球根花卉的应用

球根花卉广泛应用于花坛、花境、花带、岩石园或作地被、基础栽植等园林布置，还是商品切花和盆花的优良材料。

三、常见球根花卉的识别

二维码 1-4
球根花卉识别

1. 唐菖蒲

【别名】菖兰、剑兰、扁竹莲、十样锦

【科属】鸢尾科唐菖蒲属

【识别要点】多年生草本，地下球茎球形至扁球形，外被膜质鳞片。株高 60～150 cm，茎粗壮直立，无分枝或少有分枝，叶剑形硬质，互生嵌叠为二列抱茎。穗状花序顶生，着花 8～20 朵，排成二列，侧向一边，花冠筒呈膨大的漏斗形，花色有红、黄、白、粉、紫、蓝等深浅不同的单色或复色，或具斑点、条纹或呈波状、褶皱状。花期夏秋，切花生产选不同的品种及播期可周年供应。

【应用】世界四大切花之一，花色繁多，是重要的线状花材，广泛应用于花篮、花束和艺术插花，也可用于布置花境或庭院丛植。

2. 百合

【科属】百合科百合属

【识别要点】多年生球根花卉，地下具鳞茎，鳞茎由肉质鳞片抱合成卵球形或扁球形，白色或淡黄色，多数须根生于球基部。茎多直立不分枝，株高 50～100 cm。单叶，互生或轮生，叶片有线形、披针形等，无柄或有柄，直接包生于茎秆上，平行脉。总状花序着生于茎顶端，花簇生或单生，花冠较大，花筒长，呈漏斗形、喇叭形、杯形，花常具芳香，有黄色、白色、粉红、橙红等，有的品种花有紫色或黑色斑点。花期初夏至初秋，温室生产可周年供花。

【应用】百合有“百事合意，百年好合”之意，深受世界各国人民的喜爱。其种类与品种很多，有色有香，应用广泛。最宜大片纯植或丛植于草坪边、亭台畔以及建筑的基础栽植。亚洲百合杂种系、东方百合杂种系、麝香百合杂种系是常见的切花种系，百合的切花大量应用于花篮、花束及艺术插花的制作；近年来百合的盆栽也很盛行，有专门的品种。

3. 郁金香

【别名】洋荷花、草麝香

【科属】百合科郁金香属

【识别要点】多年生草本花卉，鳞茎偏圆锥形，具棕色或褐色皮膜。茎叶光滑，被白粉。叶 3～5 枚，带状披针形或卵状披针形，全缘并呈波状，常有毛，2～3 枚叶基生。花单生茎顶，花冠杯状或盘状，基部常黑紫色。花色有粉红、洋红、紫、褐、黄、橙等，深浅不一，单色或复色。花期一般为3—5月，有早、中、晚花品种。

【应用】郁金香是重要的秋植球根花卉，花期早，花色多，是主要的鲜切花种类，也可用于布置花坛、花境，或在草坪边缘自然丛植。矮生品种可用做盆栽供应元旦、春节市场。

4. 仙客来

【别名】萝卜海棠、兔耳花、一品冠

【科属】报春花科仙客来属

【识别要点】多年生草本花卉，株高20～30 cm。肉质块茎初期球形，随着株龄增长变扁球形，外皮暗紫色木栓化，肉质须根着生于块茎底部。叶片由块茎顶部生出，心形、卵形或肾形，全缘或有钝圆齿，叶面绿色，具有白色斑纹，叶背绿色或暗红色，叶柄较长，肉质。花单生，由块茎顶端叶腋内生出，花梗肉质细长。花蕾下垂，开花时花冠向上反卷而扭曲，形如兔耳。花色有白、粉、红等。有些品种花有香气；花期冬春。受精后花梗下弯，蒴果球形，种子褐红色。

【应用】仙客来品种多样，花叶俱美，花期长达4～5个月，适逢元旦、春节等传统节日，极受人们喜爱。主要用于盆栽点缀室内。

5. 马蹄莲

【别名】水芋、慈姑花

【科属】天南星科马蹄莲属

【识别要点】多年生草本。地下具肥大深褐色肉质块茎，株高60～70 cm。叶基生，卵状箭形，全缘，鲜绿色，叶柄一般为叶长的2倍，下部呈鞘状折叠，抱茎着生。花梗着生叶旁，高出叶丛，肉穗花序黄色圆柱形，包藏于佛焰苞内，佛焰包白色，开张呈马蹄形。花期11月至翌年5月，3—4月最盛。

同属常见栽培的有彩色马蹄莲，佛焰包黄色、红色、紫红色；花期夏季，冬季休眠。

【应用】叶形优美，花形奇特，适于盆栽观赏；有些品种也可做切花、切叶栽培，是优良的插花、花束材料。

6. 大岩桐

【别名】六雪尼、紫蓝大岩桐、落雪泥

【科属】苦苣苔科大岩桐属

【识别要点】多年生草本，株高12～25 cm，地下具扁球形块茎，地上茎极短，全株密被白色绒毛。叶对生，肥厚而大，长椭圆、卵状或长椭圆形，缘有钝锯齿；叶脉间隆起，花梗自叶间长出，每梗一花，花冠阔钟形或复瓣。花色有粉红、红、紫蓝、白、复色等。花期4—7月；蒴果，花后1个月种子成熟；种子褐色，细小而多。

【应用】花期适逢夏季高温少花季节，适宜盆栽观赏。

7. 朱顶红

【别名】对儿红、朱顶兰、百枝莲、华胄兰

【科属】石蒜科孤挺花属（朱顶红属）

【识别要点】多年生草本，地下鳞茎球形，直径7～8 cm。叶带状，略肉质，与花同时抽出或花后抽出。花葶粗壮直立而中空，自叶丛外侧抽生，高于叶丛，顶端着花4～6朵，花大型漏斗状，也有复瓣品种，呈水平或下垂开放，花色红、粉、白、红色具白色条纹等。花期5—6月，蒴果球形，种子扁平。

【应用】朱顶红花大似百合，花色鲜艳，盆栽用于室内、窗前装饰，也可作切花。温暖地区适宜地栽，形成群落景观，增添园林景色。在欧美朱顶红还是十分流行的罐装花卉。

8. 水仙

【别名】中国水仙、凌波仙子、玉玲珑、金盏银台

【科属】石蒜科水仙属

【识别要点】多年生草本，地下部分的鳞茎肥大，卵形至近球形，外被棕褐色皮膜。叶基生狭带状，绿色或灰绿色，基部有叶鞘包被。花茎直立，伞形花序外具膜质总苞，着花4～6朵，花多为黄色或白色，侧向或下垂，具浓香。花期冬季至春季。

【应用】水仙花耐寒性强，在温暖地带可散植在草地或布置花坛，花期适逢元旦、春节等传统节日，可水养盆栽，增添节日气氛。

9. 文殊兰

【别名】十八学士、文珠兰、翠堤花、白花石蒜

【科属】石蒜科文殊兰属

【识别要点】多年生草本，鳞茎长柱形。株高可达1 m。叶20～30枚，剑形无柄，肥厚且长，边缘波状，暗绿色。花茎直立，几与叶等长，伞形花序，佛焰苞状总苞片披针形，长6～10 cm，膜质，着花20～30朵，花被线形，白色清香。花期夏季，盛花期在7月。

> **●花木如诗**
>
> 江南二月多芳草，春在濛濛细雨中。
>
> ——宋·释仲殊《绝句》

常见栽培的还有红花文殊兰，花为紫红色。花期6—8月。

【应用】文殊兰花叶兼美，具有较高的观赏价值，暖地可作园林景区、校园、机关的绿地、住宅小区的草坪的点缀品，又可作庭院装饰花卉，还可作房舍周边的绿篱；盆栽可置于庄重的会议厅、宾馆、宴会厅门口等，雅丽大方，满堂生香，令人赏心悦目。

10. 风信子

【别名】洋水仙、五色水仙

【科属】百合科风信子属

【识别要点】多年生草本植物，地下鳞茎球形或扁球形，由粉、紫、蓝色或白色光泽的膜质外皮包被，与花色有关。叶基生，4～6枚，带状披针形。花茎肉质中空，从鳞茎抽出，高15～45 cm，总状花序顶生，周围着小花5～20朵，小花钟形，基部膨大，裂片长圆形、反卷，像个卷边的小钟，并能散发出阵阵香味。花色有紫、白、红、黄、粉、蓝等，深浅不一，单瓣或重瓣。花期4—5月。

【应用】花色艳丽，有独特的蓝紫色品种，适合早春布置花坛、花境及作园林饰边材料；也适合冬春盆栽或水培观赏。

11. 晚香玉

【别名】夜来香、月下香、玉簪花

【科属】石蒜科晚香玉属

【识别要点】多年生球根花卉，在原产地为常绿，地下部为圆锥状块茎（上半部呈鳞茎状，下半部呈块茎状）。茎高75～80 cm，基生叶带状披针形，茎生叶较小，越向上越短并呈苞状。穗状花序顶生，花葶直立，花对生、白色漏斗状，具浓香，夜晚香气更浓。花期7—11月，盛花期

8—9 月。

【应用】晚香玉翠叶素茎，碧玉秀荣，含香体洁，幽香四溢，使人七月忘暑，心旷神怡。花茎长，花期长，是切花的重要材料，还是布置花坛的优美花卉。可布置夜花园。

12. 美人蕉

【别名】红艳蕉、小花美人蕉、小芭蕉

【科属】美人蕉科美人蕉属

【识别要点】多年生草本，株高 80～150 cm，具有肉质根茎，地上茎肉质不分枝；叶阔椭圆形，螺旋状排列，有明显的中脉和羽状的平行脉，叶柄呈鞘状抱茎，绿色或紫红色，茎叶具白粉。总状花序顶生，花单生或双生，花稍小，花色有乳白、黄、橘红、粉红、大红至紫红、洒金等。花期自初夏至秋末。

【应用】美人蕉叶片翠绿，花朵艳丽，宜作花境背景或栽于花坛中心，也可成丛或成带状种植在林缘、草地边缘。矮生品种可盆栽或作阳面斜坡地被植物，也可用于水边绿化，效果很好。

13. 花毛茛

【别名】芹菜花、波斯毛茛、芹叶牡丹

【科属】毛茛科花毛茛属

【识别要点】多年生草本花卉，株高 20～40 cm，地下小块根纺锤形，常数个聚生于根颈部；茎单生，或少数分枝，具毛；基生叶阔卵形或椭圆形或三出状，缘有齿，具长柄，茎生叶无柄，羽状细裂；花单生或数朵顶生，单瓣或重瓣；品种较多，花色有黄、红、白、粉、橙等色。花期 4—5 月。

【应用】暖地地栽布置春季花坛、花带，北方多盆栽观赏。

14. 石蒜

【别名】蟑螂花、老鸦蒜、红花石蒜、彼岸花

【科属】石蒜科石蒜属

【识别要点】多年生草本植物，地下鳞茎近球形，外被褐色薄膜。叶基生线形，深绿色，中央具一条淡绿色条纹，晚秋自基部抽出，至春枯萎。秋抽出花茎，花茎直立，高 30～60 cm，伞形花序顶生，着花 5～7 朵，鲜红色，花被裂片狭倒被针形，上部向外反卷，边缘波状而皱缩。花期 8—10 月。

【应用】园林中不可多得的地被植物，素有中国的“郁金香”之称，可作林下地被，自然片植、布置花境、庭院丛植、山石间自然式栽植。矮生种可作盆栽，有适合切花的品种。

15. 大丽花

【别名】大丽菊、天竺牡丹、大理花、西番莲

【科属】菊科大丽花属

【识别要点】多年生草本，地下部具粗大纺锤状肉质块根。株高为 40～150 cm，中空直立或横卧，光滑多分枝。叶对生，1～3 回羽状分裂，裂片卵圆形或椭圆形，边缘有粗钝锯齿，表面深绿色，背面灰绿色。头状花序生于枝端，直径 5～25 cm，具总长柄，花有白、黄、粉、橙红、紫等多种颜色，花期夏季至秋季。瘦果黑色，长椭圆形。

同属常见栽培的有小丽花，株高 30～60 cm。茎直立，多分枝。叶对生，1～3 回羽状分裂。头状花序顶生，有单瓣和重瓣两类，花色丰富，常见栽培有大红、粉红、墨红、黄、白各色品种，花期 7—10 月。

【应用】大丽花花大色艳，花型丰富，品种繁多，是花坛、花境或庭前丛植的好材料，也是重要的盆栽花卉，有些品种也可用做切花。

16. 番红花

【别名】藏红花、西红花

【科属】鸢尾科番红花属

【识别要点】番红花为多年生球根草本，球茎圆或扁圆形，直径约 3 cm，有干膜质或革质外皮。叶基生，9～15 枚，条形，灰绿色，叶丛基部包有 4～5 片膜质的鞘状叶。花单生于茎顶，常与叶等高，花大芳香，花色雪青、红紫或白色，花期秋季或春季。

园艺上按番红花属花期将栽培种分为春花和秋花两大类。

春花类花期 2—3 月，花葶常先叶抽出。其中有番黄花、番紫花、金番红花。

秋花类花期 9—10 月，花葶常于叶后抽出。其中有美丽番红花、番红花。

【应用】番红花叶丛纤细刚劲，花朵娇柔优雅，花色多种，具特异芳香，是点缀花坛和布置岩石园的好材料，也可盆栽或水养供室内观赏。因其株型极为矮小，性强健，所以可作为冷天时的室内装点。

番红花为著名的珍贵中药材，主要药用部分为小小的柱头，因此显得十分珍贵。干燥柱头味甘性平，能活血化瘀，散郁开结，止痛。

17. 葡萄风信子

【别名】葡萄水仙、葡萄百合、蓝壶花

【科属】百合科蓝壶花属

【识别要点】多年生小型球根花卉，有皮鳞茎卵圆形，白色。叶基生，半圆柱状线形，肉质，暗绿色，边缘常内卷。株高 15～30 cm，花茎自叶丛中抽出，花茎直立，高 15～20 cm，顶端簇生 14～25 朵小球状花，花梗下垂，花冠小坛状顶端紧缩，花色有白粉、青紫、淡蓝、蓝紫等。花期 3—5 月。

【应用】花期早、花期长，常作疏林下的地面覆盖或用于花境、草坪的成片、成带与镶边种植，也用于岩石园作点缀丛植，家庭花卉盆栽亦有良好的观赏效果。

18. 葱莲

【别名】玉帘、葱兰

【科属】石蒜科葱莲属

【识别要点】多年生草本花卉，鳞茎卵形，直径约 2.5 cm，具有明显的颈部，叶狭线形，肥厚，亮绿色。花茎中空，花单生于花茎顶端，为褐红色的佛焰苞状总苞包被；花梗长约 1 cm；花白色，花期夏季至初秋。暖地常绿，长江流域可露地越冬。

同属常见栽培的还有韭兰，株高 15～30 cm，成株丛生状，叶片线形，极似韭菜。花茎自叶丛中抽出，花形较大，粉红色，花期 4—9 月。

【应用】葱莲与韭莲株丛低矮、终年常绿、花朵繁多、花期长，繁茂的花朵高出叶端，在丛丛绿叶的烘托下，异常美丽，花期给人以清凉舒适的感觉。适用于林下、边缘或半荫处作园林地被，也可作花坛、花径的镶边材料，在草坪中成丛散植，可组成缀花草坪，也可盆栽供室内观赏。

19. 球根鸢尾

【别名】艾丽斯、荷兰鸢尾

【科属】鸢尾科鸢尾属

【识别要点】为多年生草本，地下鳞茎长卵圆形，外被褐色皮膜。茎粗壮。叶片线形，被灰白色粉，表面中部具深纵沟。花葶直立，高 45～60 cm，着花 1～2 朵，花有梗，垂瓣圆形，中央有黄斑，基部细，爪部甚长，旗瓣长椭圆形，与垂瓣等长。花紫色、淡紫色或黄色。花期春夏季。

【应用】球根鸢尾是著名的切花材料，也是春季花境、花丛布置的上好材料。

20. 嘉兰

【别名】嘉兰百合、鸡爪百合、火焰百合、蔓生百合

【科属】百合科嘉兰属

【识别要点】多年生攀缘植物，地下具横走根状茎，肉质，常分叉，粗约 1 cm。地上茎长 2～3 m 或更长。叶互生、对生或 3 片轮生，卵状披针形翠绿无柄，基部钝圆，顶端呈卷须状渐尖。花两性，大而下垂，单生或数朵生于顶端组成疏散伞房花序。花瓣向后反卷，瓣缘呈皱波状，上半部亮红色，下半部黄色，宿存。花期 6—9 月，每朵小花可开 10～11 d。

【应用】嘉兰是优美的垂直绿化材料，被广泛应用在室内外的庭院绿化和美化方面。嘉兰花的造型奇特，看起来像燃烧的火焰一般，艳丽而高雅，花色变幻多样，花期较长，非常适合装饰盛大豪华的场面。

任务实施

1. 材料准备

铅笔、笔记本、球根花卉 20 种(实物与图片)。

2. 方法步骤

(1)教师在实训场地现场讲解、指导学生学习识别常见球根花卉，利用多媒体图片作补充说明。

(2)学生课余时间到实训场地熟悉每种花卉，识别花卉的形态、习性。上网上课程平台学习相关球根花卉图片识别的内容。

3. 作业

完成球根花卉识别表 1-4。

表 1-4　球根花卉种类识别

序号	花卉名称	科属	花色	花期	应用

考核方法与标准

1. 正确识别所见球根花卉(50 分)；
2. 能够说出花卉的主要识别特征(20 分)；
3. 表格填写完整(20 分)；
4. 学习态度与报告完成情况(10 分)。

任务五　水生花卉识别与应用

◈ 任务分析

园林景观中水面的绿化布置是十分重要的。水生花卉是布置水景的主要材料，不仅可以改善小气候，净化水质，还可以增加经济收入。认识常见的水生花卉，是应用水生花卉布置池塘、湖泊、沼泽等水体，保持景观的基础。

◈ 任务目标与要求

知识目标：了解水生花卉的识别要点，掌握它们的应用知识。

能力目标：能识别常见水生花卉 20～30 种。

学习要求：线上主动学习，线下认真听辅导。遵守纪律，遵守实训室、实训基地等相关规则，做好笔记，注意安全。

◈ 相关知识

常见水生花卉识别

二维码 1-5
水生花卉识别

1. 荷花

【别名】莲花、芙蕖、水芙蓉、莲等

【科属】睡莲科莲属

【识别要点】多年生水生花卉，根状茎横生于水底泥中，肥大多节，节间膨大，内有多数纵行通气孔道，节部缢缩，上生黑色鳞叶，下生须状不定根。在节上抽生叶、花和侧芽。叶盾状圆形，表面深绿色，被蜡质白粉，背面灰绿色，全缘，具 14～21 条辐射状叶脉。叶柄圆柱形，密生倒刺。花单生于花梗顶端、高出水面之上，有单瓣、复瓣、重瓣及重台等花型；花色有白、粉、黄、淡绿、深红或间色等；花期 6—9 月，单朵花期 3～4 d。果熟期 9—10 月。

【应用】荷花是园林水景中造景的主题材料。可以在大水面上片植，形成“接天莲叶无穷碧，映日荷花别样红”的壮丽景观。小水面可丛植。也有适宜盆栽、缸栽的品种，用于布置庭院。碗莲品种适于种在碗中观赏。

2. 睡莲

【别名】子午莲、水芹花

【科属】睡莲科睡莲属

【识别要点】多年生水生花卉，块状根茎生于泥中。叶丛生，具细长叶柄，浮于水面，纸质或革质，近圆形或椭圆形，直径 6～11 cm，全缘，无毛，叶面浓绿，幼叶有褐色斑纹，背面暗紫色。热带睡莲叶缘齿状。花单生于细长的花柄顶端，有的漂浮于水面，有的挺出于水面；花色有深红、粉红、白、黄、蓝、紫等。群体花期 6—9 月，单朵花期 3～4 d。

【应用】是重要的浮水花卉，适宜丛植，点缀水面，尤其适宜在庭院的水池中布置。可盆栽或做切花。

3. 王莲

【别名】亚马逊王莲

【科属】睡莲科王莲属

【识别要点】多年生浮水花卉，地下有直立的根状短茎和发达的须根，叶丛生，初生叶呈针状，2～3 片叶呈箭状，4～5 片叶呈戟形，6～10 片叶呈椭圆形至圆形，11 片叶后叶缘上翘约 0.1 m，呈圆盘状浮在水面，直径可达 1～2.5 m，叶面绿色略带微红，有皱褶无刺，背面紫红色，叶柄绿色，叶背和叶柄具坚硬的刺，叶脉为放射网状。花单生，初开于夜间，每朵花开 2 d，第一天白色，第二天花瓣变为淡红色至深红色，第三天闭合并沉入水中。果实呈球形，种子黑色。

【应用】王莲以巨大的盘叶和美丽浓香的花朵而著称。观叶期 150 d，观花期 90 d，若将王莲与荷花、睡莲等水生植物搭配布置，将形成一个完美、独特的热带水体景观。孤植于小水体效果好。在大型水体多株型成群体，气势恢弘。

不同的环境也可以选择栽种不同品种的王莲。克鲁兹王莲株型小些，叶碧绿，适合庭院观赏；亚马逊王莲株型较大，更适合大型水域造景。

4. 凤眼莲

【别名】水浮莲、水葫芦

【科属】雨久花科凤眼莲属

【识别要点】多年生漂浮植物，须根发达，悬垂于水中。茎极短，具匍匐枝。叶丛生而直伸，叶片卵形、倒卵形至肾形，质厚且全缘，有光泽的鲜绿色，叶柄长，中下部膨胀呈葫芦状海绵质气囊，基具鞘状苞叶。花茎单生，高 20～30 cm，近中部有鞘，端部着生短穗状花序，小花堇紫色，中央具深蓝色块斑，斑中又具鲜黄色眼点。

生于浅水的植株，根可扎入泥中，植株挺水生长，叶柄气囊状膨胀不明显。

【应用】可用于水面绿化，片植或丛植，还可用于鱼缸装饰。有净化污水的能力。也可盆栽观赏或作切花。但若控制不住，会排挤其他植物，根除难度大。

5. 慈姑

【别名】燕尾草、茨菰、箭搭草

【科属】泽泻科慈姑属

【识别要点】多年生挺水植物，地下具根茎，其先端形成球茎即慈姑，球茎表面具膜质鳞片，端部为长嘴状顶芽，稍弯曲。叶基生，出水叶片戟形，端部箭头状，基部具二长裂片，全缘。叶柄特长，肥大而中空。花茎直立，着生三出轮状圆锥花序，花白色，不易结实。以观叶为主，花期 7—9 月。

【应用】叶形奇特，适应性强，宜水边栽植，也可盆栽观叶。

6. 千屈菜

【别名】水枝柳、水柳、对叶莲

【科属】千屈菜科千屈菜属

【识别要点】多年生草本花卉，粗壮的根茎横卧于地下。茎四棱形直立，多分枝，全株青绿色，略被粗毛或密被绒毛。叶对生或三叶轮生，披针形或阔披针形，全缘，无柄。长穗状花序顶生，花梗及总梗极短，花色红紫色或淡紫色，花期7—9月。蒴果扁圆形，很小。

【应用】株丛整齐，耸立而清秀，花朵繁茂，花序长，花期长，是水景中优良的竖线条材料。最宜在浅水岸边丛植或池中栽植；也可露地作花境材料及切花；也可盆栽。

7. 香蒲

【别名】东方香蒲、猫尾草、蒲棒、水蜡烛、蒲菜

【科属】香蒲科香蒲属

【识别要点】多年生水生或沼生草本，株高1.3～2 m。根状茎乳白色，叶片条形，光滑无毛，上部扁平，下部腹面微凹，背面逐渐隆起呈凸形，横切面呈半圆形，细胞间隙大，海绵状，叶鞘抱茎。雌雄花序紧密连接。花果期5—8月。

【应用】香蒲叶绿穗奇，常用于点缀园林水池、湖畔，构筑水景，宜做花境、水景背景材料，也可盆栽布置庭院。另外香蒲与其他一些野生水生植物还可用于模拟大自然的溪涧、喷泉、跌水、瀑布等园林水景造景中，使景观野趣横生，别有风味。

因其对湿地系统生态功能的保护，成为湿地公园规划的主要植物材料。

8. 水葱

【别名】莞、莞蒲、翠管草、冲天草

【科属】莎草科莞草属

【识别要点】多年生挺水花卉，匍匐根状茎粗壮，具许多须根。地上茎圆柱状，中空，粉绿色。最上面一个叶鞘具叶片。叶片线形生于茎基部。聚伞花序顶生，稍下垂，花果期6—8月，观赏期5—10月。

【应用】用于水面绿化或岸边、池旁点缀，是典型的竖线条花卉，也常用于盆栽观赏。

9. 萍蓬草

【别名】黄金莲、萍蓬莲、水粟

【科属】睡莲科萍蓬草属

【识别要点】多年生浮水花卉，地下具块茎。叶基生，浮水叶近于圆形，先端圆钝，基部开裂且分离，近革质，表面亮绿色，叶背紫红色，叶柄长，上部横切面呈三角形，基部半圆形。花单生于叶腋，伸出水面，花梗具有白色的长柔毛；花金黄色，果实壶形，种子卵形，草绿色。花期5—7月。

【应用】花初夏时开放，是夏季水景园中极为重要的观花、观叶植物。多用于池塘水景布置，与睡莲、莲花、荇菜、香蒲、黄花鸢尾等植物配植，形成绚丽多彩的景观。又可盆栽于庭院、建筑物、假山石前，或在居室前向阳处摆放。根具有净化水体的功能。

●花木如诗

你得闭上眼，向那素净的花心嗅闻，它将在你心中悄声叮咛，叫你牢记故乡。

——德·黑塞

萍蓬草耐污染能力强，尤其适宜于淤泥深厚肥沃的环境中生长，因此，在湖泊环境生态恢复工程中，可作为先锋植物品种进行配置和应用。

10. 香菇草

【别名】铜钱草、水金钱、盾叶天胡荽、钱币草等

【科属】伞形科天胡荽属

【识别要点】多年生挺水或湿生观赏植物。植株具有蔓生性，株高 5～15 cm，节上常生根。茎顶端呈褐色。叶互生，草绿色，具长柄，圆盾形，缘波状，叶脉 15～20 条，放射状。小花白色，果为分果。花期 6—8 月。

【应用】生长迅速，成形较快，常于水体岸边丛植、片植，是庭院水体造景，尤其是景观细部设计的好材料，可用于室内水体绿化或水族箱前景栽培。盆栽观赏效果很好。

香菇草具有超强的适应能力和繁殖能力，侵占力很强，在地上生长的部分，能形成高密度的植株丛，根茎和大量的不定根也呈密集网状交错，从而排挤其他植物，降低群落物种多样性。根除难度大，选择其做湿地造景装饰植物时应当谨慎。

11. 再力花

【别名】水竹芋、水莲蕉、塔利亚

【科属】竹芋科再力花属

【识别要点】多年生挺水草本植物，植株高 100～250 cm。叶基生，4～6 片，叶片卵状披针形至长椭圆形，硬纸质，浅灰绿色，边缘紫色，全缘，叶背表面被白粉，叶腹面具稀疏柔毛，叶基圆钝，叶尖锐尖，横出平行叶脉，叶柄较长。花柄可高达 2 m 以上，复总状花序，花小，紫堇色。全株附有白粉。花期 4—8 月。

【应用】再力花外观十分美丽，植株高出水面，花朵、叶子都有着极高的观赏价值，既可以盆栽，也可以种植在湿地和水池中作点缀，又可以净化水质，具“水上天堂鸟”的美誉。

12. 金鱼藻

【别名】细草、鱼草、软草、松藻

【科属】金鱼藻科金鱼藻属

【识别要点】多年生沉水性水生植物。全株暗绿色，茎细柔，有分枝，直立舒展于水中，分枝长度 20～60 cm。叶轮生，每轮 6～8 叶，在小枝上呈松针状，无柄，裂片线状，具刺状小齿。花小，单性，雌雄同株或异株，腋生，无花被。小坚果，卵圆形，光滑。花期 6—7 月，全生育期以观叶为主。

【应用】用于人工养殖鱼缸布景。既可用于观赏又是观赏鱼产卵的附着物。有净水作用。

13. 旱伞草

【别名】水竹、实心竹、木竹、黎子竹

【科属】莎草科旱伞草属

【识别要点】一年生或多年生常绿草本花卉。株高 60～100 cm，茎干直立丛生，三菱形，无分枝，上部较为粗糙，下部包于棕色的叶鞘之中。总苞叶状，约 20 枚，呈伞状着生在秆顶，带状披针形，叶脉平行。穗状花序，扁平多数聚生成大形复伞形花序，花小，淡紫色。果实为小坚果，椭圆形近三棱形，花果期为夏秋季节。常见的变种有：

矮伞草　植株低矮，高 20～25 cm，茎干细，总苞伞状。

花叶伞草　与伞草相似，只是茎干和叶上有白色条纹。

大旱伞草　又名纸莎草，湿地多年生草本，高达 2～3 m，茎干直立簇生，粗壮，光滑，钝三菱形，叶退化为鞘状，茎干顶端着生 3～10 枚总苞片，呈伞状簇生，总苞片叶状披针形，顶生花序伞梗极多，细长下垂。

【应用】旱伞草可配上假山奇石，制作小盆景，极具自然美感。在南方多露地布置在小溪边、假山、石缝中装点。可种在庭院中的水池里面，既可以观赏，又可以净化水质，营造一种清新自然的生活环境。

14. 菖蒲

【别名】泥菖蒲、香蒲、野菖蒲、臭菖蒲、山菖蒲、白菖蒲

【科属】天南星科菖蒲属

【识别要点】多年生草本植物。根茎横走，稍扁，分枝，外皮黄褐色，芳香，肉质根多数，具毛发状须根。叶基生，叶片剑状线形，基部宽、对褶，中部以上渐狭，草质，绿色，光亮，中肋在两面均明显隆起，侧脉平行纤弱，大都伸延至叶尖。花序柄三棱形，佛焰苞剑状线形，肉穗花序斜向上或近直立，狭锥状圆柱形，花黄绿色，浆果长圆形，红色。花期 6—9 月。

【应用】菖蒲是园林绿化中常用的水生植物，其品种丰富，观赏价值高。菖蒲叶丛翠绿，端庄秀丽，具有香气，适宜水景岸边及水体绿化，也可点缀于庭园水景和临水假山一隅，有良好的观赏价值。也可盆栽观赏或作布景用。叶、花序还可以作插花材料。

任务实施

1. 材料准备

铅笔、笔记本、水生花卉 20 种（实物与图片）。

2. 方法步骤

（1）教师在校园实训场地现场讲解、指导学生学习识别常见水生花卉，利用多媒体图片作补充说明。

（2）学生课余时间到实训场地熟悉每种花卉，识别花卉的形态、习性。上网上课程平台学习相关水生花卉图片资源内容。

3. 作业

完成水生花卉识别表 1-5。

表 1-5　水生花卉种类识别

序号	花卉名称	科属	花色	花期	应用

☞ 考核方法与标准

1. 正确识别所见水生花卉（50 分）；
2. 能够说出花卉的主要识别特征（20 分）；
3. 表格填写完整（20 分）；
4. 学习态度与报告完成情况（10 分）。

任务六　木本花卉识别与应用

任务分析

木本花卉在室内外的布置中都具有重要的地位，我国十大传统名花中牡丹、杜鹃、山茶、梅、桂花、月季都是木本花卉，月季还是主要的切花花卉，棕榈科、桑科榕属的观叶植物也是重要的室内盆栽花卉。认识常见的室内外木本花卉，有利于我们进行庭院的布置、室内的装饰和相关花卉的生产。

任务目标与要求

知识目标：了解常见木本花卉的识别特征。
能力目标：能够认识常见的木本花卉，说出它们主要应用价值。
学习要求：线上主动学习，线下认真听辅导。遵守纪律，遵守实训室、实训基地等相关规则，做好笔记，注意安全。

相关知识

木本花卉识别

二维码 1-6　北方常见木本花卉

二维码 1-7　南方常见木本花卉

1. 牡丹

【别名】花王、木芍药、洛阳花、富贵花、谷雨花

【科属】芍药科芍药属

【识别要点】落叶灌木或亚灌木，根系肉质，粗而长，须根少。当年生枝黄褐色光滑，老枝灰褐色，粗脆易折。叶互生，叶片通常为三出复叶，顶生小叶多呈广卵形，侧生小叶狭卵或椭圆形具长柄。花单生于当年枝顶，花大两性，花色有白、黄、粉、红、紫红、紫、墨紫（黑）、雪青（粉蓝）、绿、复色等，野生种多为单瓣，栽培种有复瓣、重瓣及台阁花型。蓇葖果，种子黑褐色，花期4—5月，果熟期8—9月。

栽培的牡丹有牡丹系、紫斑牡丹系、黄牡丹系等品系；通常分为墨紫色、白色、黄色、粉色、红色、紫色、雪青色、绿色等八大色系；按照花期又分为早花、中花、晚花类；依花的结构分为单

花、台阁两类，又有单瓣、重瓣、千叶之异。牡丹品种也越来越丰富，中国有五百余种，著名品种有姚黄、魏紫、赵粉、二乔、梨花雪、金轮黄、冰凌罩红石、瑶池春、掌花案、首案红、葛巾紫、蓝田玉、乌龙卧墨池、豆绿等。

【应用】牡丹是国民之花，色、姿、韵俱佳，花大色艳，花姿绰约，韵压群芳。在园林绿地中可自然式孤植、丛植或片植。也适宜布置花坛、花境、花带、盆栽观赏、专类园。

中国荷泽、洛阳均以牡丹为市花，荷泽曹州牡丹园、百花园、古今园及洛阳王城公园、牡丹公园和植物园，每年于 4 月 15—25 日举行牡丹花会。

2. 月季

【别名】玫瑰花、月月红、蔷薇花

【科属】蔷薇科蔷薇属

【识别要点】常绿或落叶灌木，直立、蔓生或攀缘。茎具钩刺或无刺，奇数羽状复叶互生，小叶一般 3～5 片，叶为椭圆形、倒卵形至阔披针形，叶缘有锯齿，托叶与叶柄合生。花单生于枝顶或成伞房、复伞房及圆锥花序，栽培品种多为重瓣，萼与冠的基部合成坛状、瓶状或球状的萼冠筒，颈部缢缩有花盘。花有浓郁香气，花色有白、黄、红、橙、复色等深浅不一的类型，个别品种有蓝色花和绿色花。按开花性状有四季开花种类、两季开花种类和单季开花种类。

现代月季按植株习性、花单生或多朵成花序及花径大小而划分几个系，各系均有极多的品种，应用广泛。①大花月季系：占栽培月季种类的 3/4，是当今栽培月季的主流。②聚花月季系：即丰花月季系，与大花月季相似，主要区别为花径较小且多花聚生。花数朵至 30 朵集生。③壮花月季系：丰花月季与大花月季的杂交系，一枝多花且大。④攀缘月季系：茎杆粗壮，长而软，需设立支柱才能直立。一般单花或有较小的花序，花朵大，每年一次花或不断开花。⑤微型月季系：株高仅 25 cm，一枝多花，径 4 cm，色彩丰富。⑥地被月季系：分枝特别开张披散或匍匐地面的类型，是很好的地被类型。

【应用】月季品系多，品种多，应用广泛。有的适用于布置花坛、花境、庭院布置，盆栽品种适于月季盆栽观赏，切花品种是制作花篮、花束的主要材料，藤本的月季可用于垂直绿化。

3. 山茶

【别名】曼陀罗树、耐冬、晚山茶、茶花

【科属】山茶科山茶属

【识别要点】灌木或小乔木，枝条黄褐色，小枝呈绿色或绿紫色至紫褐色，光滑。叶革质互生，卵圆形至椭圆形，边缘具细锯齿，叶片正面为深绿色，背面较淡，叶片光滑无毛，叶柄粗短，有柔毛或无毛。花两性单生或成对生于叶腋或枝顶，花梗极短或不明显，被茸毛，花单瓣或重瓣。花色有白、红、淡红等。蒴果球形。花期 2—4 月。

【应用】山茶树态优美，枝繁叶茂，四季常青，花大色艳是我国十大名花之一。由于品种多，花期长，是丰富园林景色的好材料。可孤植、丛植，也可片植为山茶专类园，北方地区多盆栽观赏。

4. 米兰

【别名】碎米兰、树兰、米仔兰、伊兰

【科属】楝科米仔兰属

【识别要点】常绿灌木或小乔木，分枝多而密。奇数羽状复叶互生，厚纸质；小叶 3～7 枚，具短柄，倒卵形，叶面亮绿，全缘。圆锥花序腋生，花极小，黄色芳香，花期 5—12 月或四季开花，果期7月至翌年3月。

【应用】在我国长江流域及以南各地均能露地栽培，是南方庭院中极好的风景树。亦可盆栽陈列于客厅、书房和门廊，清新幽雅，舒人心身。

5. 一品红

【别名】象牙红、老来娇、圣诞花、猩猩木

【科属】大戟科大戟属

【识别要点】常绿灌木，高50～300 cm，茎光滑，含白色乳汁。单叶互生，卵状椭圆形至披针形，全缘或波状浅裂。杯状花序顶生，聚伞状排列，总苞淡绿色，有黄色的腺体，雄花具柄，雌花单生，位于总苞中央，下方有一大型花瓣状总苞片，是主要的观赏部分，总苞片有白、粉、红及复色。花期12月至翌年3月。

【应用】一品红是冬、春季重要的盆花，花色艳丽、花期长，花期又正值元旦、春节，深受国内外人们的欢迎。在温暖地区还可用于园林绿地，布置花坛、花境、基础栽植。

6. 茉莉

【别名】抹丽

【科属】木樨科茉莉属

【识别要点】常绿小灌木或藤本状灌木，枝条细长，略呈藤本状。单叶对生，表面有光泽，卵圆形或椭圆形，有短柔毛。聚伞花序，顶生或腋生，花冠白色，极芳香。大多数品种的花期6—10月，由初夏至晚秋开花不绝，初夏由叶腋抽出新梢。

【应用】茉莉叶色翠绿，花色洁白，香味浓厚，为常见庭园及盆栽观赏芳香花卉。多用盆栽，点缀室容，清雅宜人，还可加工成花环等装饰品。

茉莉的花极香，为著名的花茶原料及重要的香精原料。

7. 叶子花

【别名】宝巾、三角花、九重葛

【科属】紫茉莉科叶子花属

【识别要点】常绿攀缘状灌木，枝条上具刺。单叶互生，叶全缘，绿色平滑有光泽，卵形或卵圆形。花顶生，常3朵簇生于叶状纸质苞片内，苞片椭圆形、披针形，有红、淡紫、橙黄、白等色，俗称为“花”，为主要观赏部分，花梗与苞片中脉合生，花期11月至翌年6月初，瘦果具五棱。

【应用】叶子花苞片大而美丽，盛花时节艳丽无比。在我国南方，可置于庭院、立交桥路边等，是十分理想的垂直绿化材料。在长江流域以北，是重要的盆栽花卉，还可作盆景、绿篱及修剪造型。

8. 含笑

【别名】香蕉花、小叶含笑、含笑梅

【科属】木兰科含笑属

【识别要点】常绿灌木或小乔木，分枝多而紧密组成圆形树冠，树皮和叶上均密被褐色绒毛。单叶互生，叶卵状椭圆形，厚革质，全缘，叶柄极短。花单生叶腋，直立，淡黄绿色，边缘常带紫晕，花径2～3 cm，花开而不全放，故名“含笑”，有香蕉气味。花期4—6月，果熟期9月。

【应用】含笑枝叶扶疏，四季常青，花不全开，有含羞之态，别具风姿。暖地可布置庭院，北方地区多室内盆栽。一盆置案，满室芳香，为盆栽之佳品。

9. 常春藤

【别名】爬墙虎

【科属】五加科常春藤属

【识别要点】常绿攀缘藤本，可长达 20 m，茎枝有气生根，幼枝被鳞片状锈色柔毛。叶互生，革质，具长柄，营养枝上的叶三角状卵形或近戟形，全缘或三浅裂；花枝上的叶椭圆状卵形或椭圆状披针形，先端长尖，基部楔形，全缘。伞形花序单生或 2～7 个顶生，花小，淡绿白色，芳香。浆果圆球形，黄色或红色。同属常见栽培种类特征如下：

西洋常春藤　常绿藤本，茎长可达 30 m，叶长 10 cm，常 3～5 裂，花枝的叶一般全缘。叶面深绿色，叶背淡绿色，花梗和嫩茎上有灰白色星状毛，果实黑色。

加拿利常春藤　常绿藤本，茎向高处攀缘，具星状毛。叶卵形，基部心脏形，全缘，浅绿色，总状或圆锥花序，果黑色。

革叶常春藤　常绿灌木，叶阔卵形，全缘，下部叶偶见 3 裂，革质，绿色，有光泽，果实大。

日本常春藤　常绿藤本，叶深绿色，有光泽，嫩叶 3～5 裂，花枝上叶圆形至披针形。顶生伞形花序，黄绿色。有花叶的变种。

【应用】在庭院中作垂直绿化，也可盆栽观赏，是家居净化空气的好材料。

10. 梅花

【别名】红梅、干枝梅、春梅

【科属】蔷薇科李属

【识别要点】落叶小乔木，稀灌木，有枝刺，高可达 4～10 m，干呈褐紫色，多纵驳纹。树冠近圆头状。小枝呈绿色无毛。叶广卵形至卵形，基部楔形或近圆形，边缘具细锯齿。花 1～2 朵腋生，无梗或具短梗，原种呈淡粉红或白色。早春 2—3 月开花，多先叶开放。核果长圆球形，黄色或绿色，被柔毛，味酸，核面具小凹点，6 月果熟。

【应用】梅花最宜植于庭院、草坪、低山丘陵，可孤植、丛植、群植。也可盆栽观赏或整枝修剪做成各式桩景，作切花瓶插供室内装饰用。

11. 扶桑

【别名】朱槿牡丹、朱槿、佛槿、大红花

【科属】锦葵科木槿属

【识别要点】常绿灌木，高可达 1～3 m，分枝多，小枝圆柱形，疏被星状柔毛。树冠近圆形，单叶互生，广卵形或狭卵形，边缘有锯齿及缺刻，花单生于上部叶腋处，单瓣花呈漏斗状，雄蕊柱和花柱长，伸出花冠外，有重瓣品种，花色有玫瑰红或淡红、淡黄等，花期全年。

【应用】华南地区多散植于庭院、池畔、林缘、道旁等处，长江流域及以北多盆栽，是布置花坛、公园及家庭的好材料。

12. 八仙花

【别名】绣球花、紫阳花、阴绣球、粉团花

【科属】虎耳草科八仙花属

【识别要点】半落叶灌木，高 1～4m，小枝粗壮，有叶迹和皮孔。叶对生，浅绿色，呈椭圆形或倒卵形，边缘具钝锯齿，叶柄粗壮。顶生球状伞房花序，有总梗。每一簇花的中央为可孕的两性花，呈扁平状；外缘为不孕花。八仙花初开为青白色，渐转粉红色，再转紫红色，花期 6—7 月。

【应用】八仙花花大色美，是长江流域著名观赏植物。园林中可配置于稀疏的树阴下及林阴道旁，片植于阴向山坡。因对阳光要求不高，故最适宜栽植于阳光较差的小面积庭院中。于建筑物入口处对植两株、沿建筑物列植一排、丛植于庭院一角，都很理想。更适于植为花篱、花境。八仙花也是新兴的切花材料。

13. 橡皮树

【别名】印度榕树、橡胶树

【科属】桑科榕属

【识别要点】常绿小乔木，树皮平滑，叶片较大，厚革质，全缘椭圆形至长椭圆形。叶面亮绿色，叶背淡绿色。幼芽红色，具苞片，隐花果长椭圆形，无果梗，熟时黄色。变种有花叶橡皮树和黑金刚橡皮树。

【应用】橡皮树叶片肥厚而绮丽，叶片宽大美观且有光泽，观赏价值较高，是著名的盆栽观叶植物，是点缀宾馆大堂和家庭居室的好材料。南方常配置于建筑物前、花坛中心和道路两侧等处。在温暖的地区可露地栽培作行道树或风景树。

14. 杜鹃

【别名】山石榴、映山红、山踯躅、山丹丹

【科属】杜鹃花科杜鹃花属

【识别要点】常绿或落叶灌木，主干直立，单生或丛生。枝条互生或假轮生。单叶互生全缘，革质或纸质。单花、少花或集成总状伞形花序，花冠漏斗形、钟形、蝶形或管形等。花色丰富，花期 3—6 月。在我国，依形态、性状、亲本和来源分为东鹃、毛鹃、西鹃、夏鹃四个类型。

东鹃　来自日本，体形矮，高 1～2 m，枝纤细紊乱，叶薄色淡，花期 4—5 月。品种有石岩杜鹃及其变种。

毛鹃　株高 2～3 m，枝粗壮，幼枝密被棕色刚毛，叶长椭圆、多毛，花大、单瓣。品种有锦绣杜鹃、白花杜鹃及其变种。

西鹃　最早在荷兰、比利时育成，系皋月杜鹃、映山红、白花杜鹃等反复杂交而成。株型紧凑，花色丰富，花期长，2—5 月开花。

夏鹃　枝叶纤细，分枝稠密，树冠丰满整齐，叶狭小，自然花期 5—6 月。

【应用】杜鹃花最适宜丛植于树丛、林下、溪边以及草坪边缘。在建筑物的阴面可作花篱、花丛配植。与观叶的槭树配合，组成群落景观，如红枫之下植以毛白杜鹃，青枫配以红花杜鹃，色彩鲜明，愈觉动人。有些杜鹃可做盆景材料，也可盆栽观赏。

15. 虾衣花

【别名】虾夷花、虾衣草、狐尾木、麒麟吐珠、红虾花

【科属】爵床科麒麟吐珠属

【识别要点】多年生草本或常绿亚灌木，株高 1～2 m，茎细弱，多分枝，全株被毛。叶卵形或椭圆形，全缘。穗状花序顶生、下垂，长 6～9 cm，具棕、红、黄绿或黄色宿存苞片，花白色、唇形，其苞片重叠成串下倾，花序长约 10 cm，似龙虾、狐尾，十分有趣。常年开花。

【应用】虾衣花层层叠叠的外形特点十分引人注目，又因其花期长，观赏价值高，所以适宜盆栽，放在室内高架上观赏，也可作花坛布置、庭院栽植，作为园林的修饰都可以发挥它的独特作用。

16. 栀子花

【别名】鲜栀、栀子、越桃、玉荷花、白蟾花、碗栀

【科属】茜草科栀子属

【识别要点】为常绿灌木，枝叶繁茂，叶色四季常绿，花芳香，为重要的庭院观赏植物。栀子植株大多比较低矮，干灰色，小枝绿色。单叶对生或主枝三叶轮生，叶片呈倒卵状长椭圆形，革质，翠绿有光泽。花单生枝顶或叶腋，有短梗，白色，大而芳香，花冠高脚碟状，一般呈六瓣，有重瓣。花期从5—8月，果熟期10月。

【应用】栀子花为庭院中优良的美化材料。它适用于阶前、池畔和路旁配置，也可用作花篱、盆栽和盆景观赏花，栀子枝叶可做插花和佩带装饰。

17. 玉兰

【别名】白玉兰、望春、玉兰花

【科属】木兰科玉兰属

【识别要点】落叶乔木，高达25m，胸径1 m，树皮深灰色，粗糙开裂；小枝稍粗壮，灰褐色；冬芽及花梗密被淡灰黄色长绢毛。叶纸质，倒卵形、宽倒卵形或倒卵状椭圆形，网脉明显；花蕾卵圆形，花先叶开放，直立芳香，花冠杯状，花梗显著膨大，密被淡黄色长绢毛，花白色到淡紫红色。花期2—3月(亦常于7—9月再次开花)，单朵花期10 d左右，果期8—9月。

【应用】中国著名的花木，南方早春重要的观花树木，为美化庭院的理想花型。古时常在住宅的厅前、院后配置，名为“玉兰堂”，亦可在庭园路边、草坪角隅、亭台前后或漏窗内外、洞门两旁等处种植，孤植、对植、丛植或群植均可。

巨石山是中国最大的野生白玉兰基地。在每年的农历二月初二都会举办白玉兰节，供游客观赏。

18. 桂花

【别名】岩桂、木樨

【科属】木樨科木樨属

【识别要点】桂花是中国木樨属众多树木的习称，代表物种木樨，又名岩桂，系木樨科常绿灌木或小乔木，质坚皮薄，叶长椭圆形面端尖，对生，经冬不凋。花生叶腋间，花冠合瓣四裂，形小，其园艺品种繁多，最具代表性的有金桂、银桂、丹桂、月桂等。

【应用】中国传统十大名花之一，集绿化、美化、香化于一体，是观赏与实用兼备的优良园林树种。桂花清可绝尘，浓可远溢，堪称一绝。尤其是仲秋时节，丛桂怒放，夜静轮圆之际，把酒赏桂，陈香扑鼻，令人神清气爽。

在园林中应用普遍，常作园景树，有孤植、对植，也有成丛成林栽种。在中国古典园林中，桂花常与建筑物、山、石矶配植，以丛生灌木型的植株植于亭、台、楼、阁附近。旧式庭园常用对植，古称“双桂当庭”或“双桂留芳”。在住宅四旁或窗前戎植桂花树，能收到“金风送香”的效果。在校园取“蟾宫折桂”之意，也大量地种植桂花。

19. 碧桃

【别名】千叶桃花

【科属】蔷薇科桃属

【识别要点】属于观赏桃花类的半重瓣及重瓣品种，统称为碧桃。落叶乔木，高3～8 m，整形后控制在3～4 m，树冠宽广而平展，树皮暗红褐色，老时粗糙呈鳞片状，小枝细长，绿色无

毛，有光泽。叶片长圆披针形、椭圆披针形或倒卵状披针形，叶柄粗壮。花单生或两朵并生于叶腋，先于叶开放，花重瓣粉红色，罕为白色、深红、洒金等；花期3—4月，果实成熟期因品种而异，通常为8—9月。

华东地区碧桃花期是3—4月，花朵丰腴，色彩鲜艳丰富，花型多。常见的品种有红花绿叶碧桃、红花红叶碧桃、白红双色洒金碧桃等多个变种。

【应用】花朵美丽，品种众多，具有很高的观赏价值。园林应用中常将碧桃片植或者丛植、孤植，经常和紫叶李和矮樱等一起使用，绿化的效果是非常好的，一般当年即可见效。碧桃是制作成盆景的植物材料。

20. 锦带花

【别名】五色海棠、山脂麻、海仙花

【科属】忍冬科锦带花属

【识别要点】落叶灌木，高1～3 m，枝条开展，树形圆筒状，有些树枝会弯曲到地面，小枝细弱，幼时具2列柔毛。叶椭圆形或卵状椭圆形，端锐尖，基部圆形至楔形，缘有锯齿，表面脉上有毛，背面尤密。花冠漏斗状钟形，紫红色或玫瑰红色。花期4—6月。

【应用】锦带花的花期正值春花凋零、夏花不多之际，花色艳丽而繁多，花期可长达两个多月，故为东北、华北地区重要的观花灌木之一。在园林应用上适宜庭院墙隅、湖畔群植，也可在树丛林缘作花篱、丛植配植，点缀于假山、坡地。花枝可供瓶插。

21. 凌霄花

【别名】藤萝花、紫葳花、女葳花

【科属】紫葳科凌霄属

【识别要点】木质藤本，茎长约10 m，借气根攀附于其他植物上。茎黄褐色具棱状网裂。叶对生，奇数羽状复叶，小叶7～11枚，卵形至卵状披针形。圆锥状聚伞花序顶生，花大型，花冠漏斗状钟形，短而阔，鲜红色或橘红色，花期6—8月，果熟期9—11月。

【应用】攀缘力强，适应性强。树形优美，花色艳，大而香，花期长，为攀缘观赏植物中之上品，是各地园林绿化植物中的佼佼者。宜于居民住宅、机关、厂矿、医院和学校选作庭院攀缘绿化树种，尤宜用来营造凉棚、花架，绿化阳台和廊柱。

22. 榆叶梅

【别名】榆梅、小桃红、榆叶鸾枝

【科属】蔷薇科桃属

【识别要点】灌木稀小乔木，高2～3 m，枝条开展，具多数短小枝；小枝灰色，一年生枝灰褐色，无毛或幼时微被短柔毛；叶宽椭圆形至倒卵形，先端3裂状，缘有不等的粗重锯齿；花单瓣至重瓣，紫红色，1～2朵生于叶腋，花期4—5月，果期5—7月。

【应用】叶片像是榆树叶，花朵又像是梅花，所以得名“榆叶梅”。其枝叶茂密，花繁色艳，宜植于公园草地、路边，或庭园中的墙角、池畔等。将榆叶梅植于常绿树前，或配植于山石处，能产生良好的观赏效果，也可盆栽或作切花使用。

23. 西府海棠

【别名】海红、子母海棠、小果海棠

【科属】蔷薇科苹果属

【识别要点】落叶小乔木，高可达2.5～5 m，小枝细弱圆柱形，嫩时被短柔毛，老时脱落，紫红色或暗褐色，具稀疏皮孔。叶片长椭圆形或椭圆形。伞形总状花序，有花 4～7 朵，集生于小枝顶端，嫩时被长柔毛，逐渐脱落，花瓣近圆形或长椭圆形，粉红色。果实近球形，红色。花期 4—5 月，果期 8—9 月。

【应用】西府海棠在海棠花类中树态俏立，似亭亭少女。花红、叶绿、果美，孤植、列植、丛植均极美观。一般多栽培于庭园供绿化用。新式庭园中，以浓绿针叶树为背景，植海棠于前列，则其色彩尤觉夺目，若列植为花篱，鲜花怒放，蔚为壮观。

24. 樱花

【别名】山樱花、福岛樱

【科属】蔷薇科李（樱）属

【识别要点】是蔷薇科李（樱）属几种植物的统称。大乔木，高 4～16 m，树皮灰色，小枝淡紫褐色，无毛，嫩枝绿色，被疏柔毛。叶片椭圆卵形或倒卵形，花常于 3 月与叶同放或叶前开花。花 3～5 朵成伞状花序，花瓣先端缺刻，花色多为白色、粉红色。

樱花可分单瓣和复瓣两类，单瓣类能开花结果，复瓣类多半不结果。

樱花品种相当繁多，数目超过 300 种以上，全世界共有野生樱花约 150 种，中国有 50 多种。全世界约 40 种樱花类植物野生种源，原产于中国的有 33 种。其他的则是通过园艺杂交所衍生得到的品种。

【应用】樱花色鲜艳亮丽，枝叶繁茂旺盛，是早春重要的观花树种，常用于园林观赏。可群植于山坡、庭院、路边、建筑物前，盛开时节花繁艳丽，满树烂漫，如云似霞，极为壮观。樱花还可作小路行道树、绿篱或制作盆景。

25. 紫藤

【别名】藤萝、朱藤、黄环

【科属】豆科紫藤属

【识别要点】落叶攀缘缠绕性大藤本植物，干皮深灰色，不裂，茎右旋，枝较粗壮，嫩枝被白色柔毛，后秃净。奇数羽状复叶，小叶 3～6 对，纸质，卵状椭圆形至卵状披针形，托叶线形，早落。总状花序发自一年短枝的腋芽或顶芽，花序轴被白色柔毛，苞片披针形，早落，花梗细，蝶形花冠紫色，芳香。花期 4 月中旬至 5 月上旬，果期 5—8 月。

【应用】紫藤是优良的观花藤本植物，一般应用于廊与棚架的垂直绿化，春季紫花烂漫，别有情趣。

26. 连翘

【科属】木樨科连翘属

【识别要点】落叶灌木，株高可达 3 m，枝干丛生，拱形下垂，小枝土黄色或灰褐色，略呈四棱形，疏生皮孔，节间中空，节部具实心髓。叶对生，单叶或三小叶，卵形或卵状椭圆形，缘具齿。花冠黄色，1～3 朵生于叶腋。果卵球形、卵状椭圆形或长椭圆形，先端喙状渐尖。花期 3—4 月，果期 7—9 月。

同属栽培较多的还有金钟花，别名黄金条、迎春条，形态与连翘相似，小枝黄绿色，四棱形，枝髓片状。

【应用】连翘早春先叶开花，花香淡雅，满枝金黄，是早春优良观花灌木。可以做花篱、花丛、花坛等，在绿化美化城市方面应用广泛，是观光农业和现代园林难得的优良树种。

连翘萌发力强，树冠盖度增加较快，具有良好的水土保持作用，是国家推荐的退耕还林优良生态树种和黄土高原防治水土流失的最佳经济作物。

27. 风箱果

【别名】阿穆尔风箱果、托盘幌

【科属】蔷薇科风箱果属

【识别要点】落叶灌木，枝条开展，冬芽小，有数枚互生的鳞片。单叶互生，边缘有锯齿，通常基部 3 裂，叶脉三出，有叶柄和托叶。伞形花序顶生，花白色或稀粉红色，花期 5—6 月，果熟期 9—10 月份。蓇葖果常膨大，沿背腹两缝开裂，内有种子 2～5 粒。

【应用】风箱果树形开展，花色素雅、花序密集，果实初秋时呈红色，具有较高的观赏价值，可植于亭台周围、丛林边缘及假山旁边。

28. 紫薇花

【别名】痒痒花、痒痒树、紫金花、紫兰花、蚊子花、西洋水杨梅、百日红、无皮树

【科属】千屈菜科紫薇属

【识别要点】落叶灌木或小乔木，高可达 7 m。树皮平滑，灰色或灰褐色，枝干多扭曲，小枝纤细。叶互生或对生，纸质，椭圆形、阔矩圆形或倒卵形，幼时绿色至黄色，成熟时或干燥时呈紫黑色；花淡红色、紫色或白色，直径 3～4 cm，组成 7～20 cm 的顶生圆锥花序。花期 6—9 月，果期 9—12 月。

【应用】紫薇树姿优美，树干光滑洁净，花色艳丽，开花时正当夏秋少花季节，花期长，故有"百日红"之称，又获"盛夏绿遮眼，此花红满堂"的赞语，是观花、观干、观根的盆景良材。

紫薇作为优秀的观花乔木，在园林绿化中，被广泛用于公园、庭院、道路、街区城市绿化等，可栽植于建筑物前、院落内、池畔、河边、草坪旁及公园中小径两旁。

29. 木槿

【别名】无穷花

【科属】锦葵科木槿属

【识别要点】落叶灌木，高 3～4m，小枝密被黄色星状绒毛。叶菱状卵形，端部三浅裂，有明显三主脉，托叶线形，疏被柔毛。花单生于枝端叶腋间，花萼钟形，花冠钟形，有纯白、淡粉红、淡紫、紫红等色，有单瓣、重瓣种。蒴果卵圆形，种子肾形，成熟种子黑褐色，背部被黄白色长柔毛。花期 7—10 月。

【应用】木槿是夏、秋季的重要观花灌木，南方多作花篱、绿篱，北方作庭园点缀及室内盆栽。木槿对二氧二硫与氯化物等有害气体具有很强的抗性，同时还具有很强的滞尘功能，是污染工厂的主要绿化树种。

●花木如诗

古人以木槿喻美人。"有女同车，颜如舜华"，出自《诗经·国风·有女同车》。"舜华"即指木槿花，所谓"舜"即"瞬"，指花朝开暮落，如一瞬之间。

30. 珍珠梅

【别名】山高粱条子、高楷子、八本条（东北土名）

【科属】蔷薇科珍珠梅属

【识别要点】灌木，高可达 2m，枝条开展，冬芽卵形，紫褐色，先端圆钝，具有数枚互生外露

的鳞片。羽状复叶，小叶片对生，披针形至卵状披针形。顶生大型密集圆锥花序，花白色。蓇葖果长圆形，有顶生弯曲花柱，7—8 月开花，9 月结果。

【应用】珍珠梅树姿秀丽，夏日开花，花蕾白亮如珠，花形酷似梅花，花期很长。在园林中可孤植、列植、丛植于草地角隅、窗前、屋后或庭院阴处。亦可作绿篱或切花瓶插。具有耐阴的特性，是北方城市高楼大厦及各类建筑物北侧阴面绿化的花灌木树种。

31. 紫丁香

【别名】丁香、华北紫丁香、百结、情客、龙梢子

【科属】木樨科丁香属

【识别要点】落叶灌木或小乔木，株高 1.5～4m，树皮灰褐色，小枝黄褐色，初被短柔毛，后渐脱落。嫩叶簇生，后对生，卵形、倒卵形或披针形。圆锥花序，花淡紫色、紫红色或蓝色。花期 5—6 月。

【应用】丁香花植株丰满秀丽，枝叶茂密，芬芳袭人，为著名的观赏花木之一。欧、美园林中广泛栽植，在中国园林中亦占有重要位置。丛植于建筑前或散植于园路两旁、草坪之中，开花时，清香沁人肺腑，可与其他种类丁香配植成专类园，也可盆栽。

32. 金银花

【别名】忍冬、金银藤、银藤、二色花藤、二宝藤、右转藤

【科属】忍冬科忍冬属

【识别要点】多年生半常绿缠绕及匍匐的灌木。小枝细长，中空，藤为褐色至赤褐色。卵形叶对生，枝叶均密生柔毛和腺毛。花成对生于叶腋，花蕾呈棒状，上粗下细。夏季开花，苞片叶状，唇形花有淡香，外面有柔毛和腺毛，开时雄蕊和花柱均伸出花冠，花色初为白色，渐变为黄色，黄白相映。浆果球形，熟时黑色。花期 4—6 月(秋季亦常开花)，果熟期 10—11 月。

同属常见的金银木属于落叶灌木，高达 6 m，幼枝、叶两面脉上、叶柄、苞片、小苞片及萼檐外面都被短柔毛和微腺毛。花芳香，对生于幼枝叶腋，果实暗红色。花期 5—6 月，果熟期 8—10 月。

【应用】金银花由于匍匐生长能力比攀缘生长能力强，故更适合于在林下、林缘、建筑物北侧等处作地被栽培；还可以作绿化矮墙；亦可以利用其缠绕能力制作花廊、花架、花栏、花柱以及缠绕假山石等。

33. 蔷薇

【别名】多花蔷薇、蔓性蔷薇、墙蘼、刺蘼、蔷蘼、刺莓苔

【科属】蔷薇科蔷薇属

【识别要点】蔷薇的种类、变种、品种很多，各地名称也不一致，人们通常所说的蔷薇只是这类花的通称，主要指蔓藤蔷薇的变种及园艺品种。变异性强。茎刺较大且一般有钩，叶互生，奇数羽状复叶，小叶为 5～9 片，叶缘有齿，叶片平展但有柔毛。花常 6～7 朵簇生，为圆锥状伞房花序，生于枝条顶部，每年只开一次。花色有乳白、鹅黄、金黄、粉红、大红、紫黑多种，花朵有大有小，有重瓣、单瓣种，花期春季。常见栽培的三要变种有：

粉团蔷薇　花型较大，单瓣，粉红或玫瑰红色，多花簇生呈伞房状。

荷花蔷薇　花重瓣，粉色至桃红色，多数簇生。

七姊妹　花重瓣，深粉红色，常 7～10 朵簇生在一起，具芳香。

白玉堂　花白色，重瓣，常 7～10 朵簇生。

日本无刺蔷薇　花白色，单瓣，一枝多花，聚伞状开放。

【应用】色泽鲜艳，气味芳香，是香色兼具的观赏花木。枝干成半攀缘状，可依架攀附成各种形态，宜布置于花架、花格、镶门、花墙等处，春日花繁叶茂，有“密叶翠幄重，秾花红锦张”的景色，亦可控制成小灌木状，或培育作盆花。

34. 大花水桠木

【别名】圆锥绣球、木绣球

【科属】虎耳草科八仙花属

【识别要点】灌木或小乔木，树呈伸展状，树枝很低，树形很小。叶片墨绿色，秋季变成黄或紫红色。花初开白色，逐渐变成粉紫色。7 月末至 8 月开花，因花瓣中含有花青素，对空气 pH 反应敏感。圆锥花序生于枝顶，直立或弯垂。主要观赏部位为密布于花序外围的不孕花，萼片 4 枚，倒卵形，初为白色，后变粉绿、粉红或黄色。

【应用】大花水桠木庞大的圆锥花序生于枝顶，直立或弯垂，可以做灌木边界树种，种植在宅旁、路边、公园、草坪周围效果颇佳。

35. 绣线菊

【别名】柳叶绣线菊、蚂蝗草、珍珠梅、马尿骚

【科属】蔷薇科绣线菊属

【识别要点】直立灌木，高达 2m。嫩枝被柔毛，老时脱落。冬芽有数枚褐色外露鳞片，疏被柔毛。叶长圆状或披针形。花序为长圆形或金字塔形的圆锥花序，花瓣粉红色，花期 6—8 月，果期 8—9 月。

同属常见栽培的有珍珠绣线菊、金山绣线菊、金焰绣线菊。

珍珠绣线菊　绣线菊属灌木，高可达 1.5 m，枝条呈弧形弯曲，细长开张，小枝有棱角，无毛。叶片线状披针形，基部狭楔形，叶柄极短或近无柄。伞形花序无总梗，着花 3～7 朵，基部簇生数枚小形叶片，花瓣倒卵形或近圆形，白色。花期 4—5 月，果期 7 月。

金山绣线菊　绣线菊属落叶小灌木，高度仅 25～35 cm。枝细长而有角棱。叶菱状披针形，长 1～3 cm，叶缘具深锯齿，叶面稍感粗糙。春季萌动后，新叶金黄、明亮，株型丰满呈半圆形，好似一座小小的金山，故名金山绣线菊。夏叶浅绿色，秋叶金黄色。花浅粉红色，花序直径为 4～8 cm，花期 6 月中旬至 8 月上旬。

金焰绣线菊　落叶小灌木，株高 60～110 cm，冠幅 90～120 cm，老枝黑褐色，新枝黄褐色，枝条呈折线状，不通直，柔软。冬芽小，有鳞片。单叶互生，边缘具尖锐重锯齿，羽状脉。叶色鲜艳夺目，春季叶色黄红相间，夏季叶色绿，秋季叶紫红色。花玫瑰红，花序较大，10～35 朵聚成复伞形花序。

【应用】绣线菊在园林中应用较为广泛，因其花期为夏季，粉红色花朵十分美丽，给炎热的夏季带来些许柔情与凉爽，是庭院观赏的良好植物材料。

在城市园林植物造景中，绣线菊可以丛植于山坡、水岸、湖旁、石边、草坪角隅或建筑物前后，起到点缀或映衬作用，构建园林主景。初夏观花，秋季观叶，构筑迷人的四季景观。

绣线菊因花色娇艳夺目还可以用作切花生产。用绣线菊类植物作成花束、花篮或瓶花。

金山绣线菊株型整齐，可成片栽植，作观花色叶地被；也可组成模纹图案，与大叶黄杨、小叶黄杨及草坪配置，效果更佳。若丛植于路边林缘、公园道旁、庭院及湖畔或假山石旁，将起到强化植物群落，丰富群体色彩的作用。

金焰绣线菊叶色有丰富的季相变化，一般与常绿小灌木相配置，种植点靠后。

36. 黄刺玫

【别名】黄刺莓、破皮刺玫、刺玫花、马茹子

【科属】蔷薇科蔷薇属

【识别要点】落叶灌木，小枝褐色或褐红色，具刺。奇数羽状复叶，小叶常7～13枚，近圆形或椭圆形，边缘有锯齿，托叶小，下部与叶柄连生，先端分裂成披针形裂片，边缘有腺体，近全缘。花黄色，单瓣或重瓣，无苞片。花期5—6月。果球形，红黄色。果期7—8月。

【应用】可供观赏。果实可食、可制果酱。花可提取芳香油；花、果可药用。可作保持水土及园林绿化树种。

37. 香龙血树

【别名】巴西铁、巴西木

【科属】龙舌兰科龙血树属

【识别要点】常绿小灌木，原产地可高可达5～6 m，盆栽0.5～1.5 m。树干直立，有时有分枝。叶片宽大无柄，簇生于茎顶部，长椭圆状披针形；叶长40～90 cm、宽6～10 cm，弯曲成弓形，叶缘呈波状起伏，叶尖稍钝，鲜绿色，有光泽。圆锥花序顶生，花1～3朵簇生于花轴上，花芳香。浆果球形黄色。同属常见栽培的还有：

富贵竹　又叫白边龙血树，盆栽株高40～60 cm，植株细长直立，不分枝，常丛生状，叶长披针形。园艺品种主要有金边富贵竹，叶缘具黄色条纹；银边富贵竹，叶缘具白色宽条纹。

百合竹　又名短叶竹蕉，盆栽株高可在2m左右，长高后易弯曲，有分枝，叶剑状披针形，革质，茎秆形似竹子，叶色常绿而有光泽。

【应用】香龙血树叶色优美，质地紧实，适宜装饰公共场所的大厅或布置会场，增添迎宾气氛。叶子是切花的主要衬叶。

38. 变叶木

【别名】洒金榕

【科属】大戟科变叶木属

【识别要点】多年生常绿灌木或小乔木。茎直立多分枝，高0.5～2 m，全株具乳汁。单叶互生，厚革质，光滑无毛，具叶柄，叶片的大小、形状和颜色变化极大，全缘或分裂，边缘波状或扭曲，时常具有斑块或斑点。花单性，总状花序腋生，雄花白色，雌花绿色。蒴果球形。

【应用】叶形奇特多变，叶色、叶斑千变万化，盆栽可布置客厅与会场。在南方温暖地区可进行庭院布置，常做绿篱。叶片也是插花良好的材料。

39. 散尾葵

【别名】黄椰子

【科属】棕榈科散尾葵属

【识别要点】常绿丛生灌木或小乔木，高可达3～5 m，偶有分枝。茎干光滑似竹子，橙黄色，分蘖较多，呈丛状生长在一起。羽状复叶似羽毛，裂片狭披针形两列排列，细长叶柄稍弯曲，黄绿色。肉穗花序腋生，多分枝。果呈椭圆形，橙黄色至紫黑色，花期5—6月。

【应用】株型优美，枝叶茂密，叶色翠绿，四季常青，且耐阴性强，是著名的室内观赏植物。在温暖地区可绿化庭院，盆栽是布置大型公共场所的好材料，叶是插花的主要衬叶。

40. 马拉巴栗

【别名】发财树、大果木棉

【科属】木棉科瓜栗属

【识别要点】半常绿乔木，主干直立，枝条轮生，播种繁殖的茎基常膨大，有疏生栓质皮刺。掌状复叶互生，小叶 4～7 枚，长椭圆形，两端稍膨大，小叶具柄。花大，两性，单生叶腋，粉红色。果卵状椭圆形，种子四棱状楔形，可食。

常见栽培的还有花叶马拉巴栗，叶面有黄白色斑纹。

【应用】茎基膨大而奇特，叶形优美，叶色翠绿，是重要的观赏树种。盆栽可布置家居、宾馆、办公楼等各种场所，在温暖地区，可在各种园景中栽植。

41.鹅掌柴

【别名】鸭脚木、摇钱树

【科属】五加科鹅掌柴属

【识别要点】常绿乔木或灌木。分枝多，枝条紧密。掌状复叶革质，浓绿有光泽，小叶 5～9 枚，椭圆形或卵状椭圆形，端部有长尖或钝圆。花期冬春，浆果球形，果期 12 月至翌年 1 月。

同属栽培种还有鹅掌藤、短序鹅掌柴、异叶鹅掌柴、台湾鹅掌柴等。

【应用】四季常青，叶面光亮，宜盆栽或庭园孤植，枝叶可做切花叶材，也是南方冬季的蜜源植物。

42.八角金盘

【别名】八手、手树、日本八角金盘

【科属】五加科八角金盘属

【识别要点】常绿木本花卉，树干丛生，树冠伞形。叶片掌状，具 7～9 裂，好像伸开的五指，新发幼叶呈棕色毛毡状，后渐变平滑似革质，叶色浓绿有光泽，中心叶脉清晰。顶生聚伞花序，花白色，花期 10 月。浆果球形，熟时黑色。

【应用】八角金盘是优美的观叶植物，盆栽适于室内光线较弱的环境，是宾馆、饭店、会场、家庭装饰理想的观叶植物材料。暖地可布置于庭前、门旁、篱下、栏下、水边、桥侧、建筑物的背阴面，或大面积种植在草地边缘、林下，叶是切花的主要衬叶材料。

43.非洲茉莉

【别名】华灰莉木、箐黄果

【科属】马钱科灰莉属

【识别要点】常绿灌木或小乔木，原生境可长至 5～12m。叶对生，肉质，长圆形、椭圆形至倒卵形，长 7～13 cm，宽 3～4.5 cm，顶端渐尖，正面深绿色，背面黄绿色。花序直立顶生，有花 1～3 朵，花冠白色，漏斗状，有芳香。花期 5 月，果期 10—12 月。

【应用】非洲茉莉适应环境能力强，枝条色若翡翠，叶片油光闪亮，花朵带芳香，是园林绿化与室内装饰的主要材料。

44.苏铁

【别名】铁树、凤尾铁、凤尾蕉、凤尾松

【科属】苏铁科苏铁属

【识别要点】株高可达 2 m，茎圆柱形，有明显螺旋状排列的菱形叶柄残痕。羽状叶从茎的顶部生出，下层的向下弯，上层的斜上伸展，羽状复叶的呈倒卵状狭披针形，长 75～200 cm，小叶片可达 100 对以上，条形，厚革质，坚硬，长 9～18 cm，宽 4～6 mm，向上斜展微成“V”字形，边缘显著地向下反卷，上部微渐窄，先端有刺状尖头。雌雄异株，花期 6—8 月，种子 10 月成熟。

【应用】苏铁树形古雅，主干粗壮，坚硬如铁；羽叶洁滑光亮，四季常青，为珍贵观赏树种。南方多植于庭前阶旁及草坪内；北方宜作大型盆栽，布置庭院屋廊及厅室，殊为美观。

任务实施

1. 材料准备

铅笔、笔记本、露地木本花卉 30 种，北方室内盆栽木本花卉 10 种（实物与图片）。

2. 方法步骤

（1）教师在校园实训场地现场讲解、指导学生学习识别常见木本花卉，利用多媒体图片作补充说明。

（2）学生课余时间到实训场地熟悉每种花卉，识别花卉的形态、习性。上网上课程平台学习相关木本花卉图片资源内容。

3. 作业

完成木本花卉识别表 1-6。

表 1-6　木本花卉种类识别表

序号	花卉名称	科属	花色	花期	应用

☞ 考核方法与标准

1. 正确识别所见木本花卉（50 分）；
2. 能够说出花卉的主要识别特征（20 分）；
3. 表格填写完整（20 分）；
4. 学习态度与报告完成情况（10 分）。

任务七　多浆植物识别与应用

任务分析

多肉多浆植物盆栽是市场的宠儿，它们千姿百态，有的小巧玲珑，有的憨态可掬，抗旱性强，可粗放管理，很受年轻人的喜爱；仙人掌类植物体态奇特，棱形各异，刺形多变，是布置沙漠景观的好材料。认识常见的多肉多浆植物，了解它们的应用，可丰富自己的自然知识，为将来的生产与应用打下基础。

◈ 任务目标与要求

知识目标：了解多肉多浆花卉的识别要点。
能力目标：认识常见多肉多浆花卉 20 种。
学习要求：线上主动学习，线下认真听辅导。遵守纪律，遵守实训室、实训基地等相关规则，做好笔记，注意安全。

◈ 相关知识

一、多浆植物的概念

多浆植物又称多肉植物，广义的多浆植物指茎、叶或根特别粗大或肥厚，含水量高，并在干旱环境中有长期生存能力的一群植物。全世界有 10 000 余种，分属 40 多个科，其中仙人掌科的种类较多，因而栽培上又将其单列为仙人掌类植物，而将其他科的植物称多浆植物。多浆植物包括景天科、凤梨科、番杏科、大戟科、萝藦科、菊科、百合科、龙舌兰科、马齿苋科、葡萄科、鸭跖草科、酢浆草科、葫芦科等植物。

二、多浆植物识别

二维码 1-8
多肉多浆花卉识别

1. 金琥

【别名】象牙球

【科属】仙人掌科金琥属

【识别要点】变态茎圆球形，深绿色单生或成丛，球顶密被金黄色绵毛，有棱 21～37 条，显著。刺座很大，着生周围刺 8～10 枚，中刺 3～5 枚，均为金黄色，后转淡黄色，较粗，稍弯曲。花生于球顶部绵毛丛中，钟形，亮黄色，花筒被尖鳞片，花期夏季。

【应用】盆栽，布置岩石园、专类园。

2. 仙人球

【别名】草球、刺球、雪球、花盛球

【科属】仙人掌科仙人球属

【识别要点】变态茎呈球形或椭圆形，绿色，高 25 cm 左右，肉质球体有纵棱若干条，棱上密生针刺，黄绿色。花着生于纵棱刺丛中，银白色或粉红色，长喇叭形，长可达 20 cm，外被鳞片。

【应用】仙人球开花一般在清晨或傍晚，持续时间几小时到 1 d。球体常侧生出许多小球，形态优美、高雅。用于盆栽观赏，布置岩石园。

3. 仙人掌

【别名】仙巴掌

【科属】仙人掌科仙人掌属

【识别要点】植株灌木状多分枝，株高 2～3 m，茎直立扁平，基部木质化，茎节椭圆形，肥厚多肉，而绿色刺窝处着生 1～21 条针刺，白色或黄色。叶小，呈针状而早落。花单生在茎节上部，短漏斗形，萼片多数向内渐呈花瓣状，雄蕊多数，花黄色。肉质浆果，成熟时暗红色，可食。花期夏季。

【应用】布置专类园,小型品种用于盆栽装饰。可做髓心接的砧木。

4. 绯牡丹

【别名】红牡丹、红球

【科属】仙人掌科裸萼球属

【识别要点】多年生肉质植物,园艺品种,茎扁球形,直径 3～5 cm,鲜红、深红、橙红、粉红或紫红色,具 8 棱,上有突出的横脊。成熟球体群生子球。刺座小,无中刺,辐射刺短或脱落。花细长,着生在顶部的刺座上,漏斗形,粉红色,花期春夏季。果实细长,纺锤形,红色。

【应用】植株小巧玲珑,色彩绚丽丰富,开花娇艳。用量天尺嫁接的红色绯牡丹,碧绿的柱状量天尺上顶着一颗鲜红的仙人球,被冠以"鸿运当头"的寓意,是逢年过节赠送亲朋好友的佳品。不同颜色的绯牡丹同栽一盆,五颜六色,观赏价值更高。也可用于室内植物园大面积栽种,与其他的仙人掌类布置成不同的艺术图案,效果也很好。

5. 令箭荷花

【别名】红花孔雀、孔雀仙人掌

【科属】仙人掌科令箭荷花属

【识别要点】茎多分枝灌木状,主杆细圆。全株鲜绿色。叶状枝扁平较窄,披针形。花着生于茎先端两侧,白天开放,单朵花期 1～2 d。花色有紫、粉、红、白、黄等,花钟状,花被开张而翻卷,花蕊弯曲很美。花期 4 月。

【应用】令箭荷花花色品种繁多,花色艳丽。盛夏时节开花,盆栽是窗前、阳台和门厅点缀的佳品。

6. 蟹爪兰

【别名】锦上添花、仙人花

【科属】仙人掌科蟹爪属

【识别要点】附生型肉质植物,植株常呈悬垂状,茎节扁平分枝多,倒卵形,先端截形,绿色或带紫晕,边缘具 2～4 对尖锯齿。花单生于茎节顶部刺座上,着花密集,花冠漏斗形,长 6.2～8.7 cm,有大红、粉、杏黄和纯白等色,花瓣数轮,愈向内侧管部愈长,上部反卷。花期 11 月底到 12 月。

【应用】蟹爪兰节茎常因过长,而呈悬垂状,常被制作成吊兰形做装饰。开花正逢圣诞节、元旦节,株型垂挂,适合于窗台、门庭入口处和展览大厅装饰,效果很好。

7. 昙花

【别名】昙华、月下美人、琼花

【科属】仙人掌科昙花属

【识别要点】茎稍木质,扁平叶状,有叉状分枝,老枝圆柱形,新枝长椭圆形,边缘波状。花大型漏斗状,生于叶状枝的边缘,花无花梗重瓣、纯白色,花瓣披针形,芳香,长 25～30 cm,直径 10～12 cm,夜晚开放,单朵花期 8～9 h。花期夏季。

【应用】盆栽观赏。

8. 芦荟

【别名】龙角、油葱

【科属】百合科芦荟属

【识别要点】多年生常绿草本植物，叶簇生、大而肥厚，呈座状或生于茎顶，常披针形或叶短宽，边缘有尖齿状刺，粉绿色，长 15～35 cm，基部宽 4～5 cm，顶端有小齿，边缘疏生刺状小齿。花葶高 60～90 cm，不分枝或有时稍分枝，总状花序具几十朵花，花点垂，稀疏排列，淡黄色而有红斑，花被长约 2.5 cm。

常见栽培的有库拉索芦荟、木立芦荟、中国元江芦荟、不夜城等。

【应用】盆栽观赏或药用。

9. 条纹十二卷

【别名】条纹蛇尾兰、锦鸡尾

【科属】百合科十二卷属

【识别要点】多年生肉质草本植物，原生地位于非洲南部热带干旱地区。肉质叶片紧密轮生在茎轴上，成莲座状，株幅 5～7 cm。叶三角状披针形，先端锐尖，上部内弯，叶表光滑，深绿色，叶背绿色，具较大的白色瘤状突起，这些突起排列成横条纹，与叶面的深绿色形成鲜明的对比，粗看宛如小巧的雉鸡尾。具有较好的观赏价值。

【应用】植株矮小，姿态优美，是极受欢迎的微型观赏花卉，常用来装饰案头、茶几、窗台等处，别致优雅，十分可爱。

10. 玉露

【科属】百合科

【识别要点】多年生肉质草本植物，植株高度 3～4 cm，株幅 5～6 cm，植株初为单生，以后逐渐呈群生状。

肉质叶舟形，长 2～3 cm，呈紧凑的莲座状排列，肥厚饱满，翠绿色，上半段呈透明或半透明状，称为“窗”，有深色的线状脉纹，在阳光较为充足的条件下，其脉纹为褐色，叶顶端有细小的“须”。总状花序，花筒状白色，花期夏季。

【应用】叶片晶莹剔透，清新典雅，如同有生命的工艺品，很有特色。适宜用小盆栽种，陈设于窗台、案头、书桌、阳台等处。

11. 金边龙舌兰

【别名】金边莲、金边假菠萝

【科属】龙舌兰科龙舌兰属

【识别要点】多年生常绿草本，茎短、稍木质。叶多丛生，呈剑形，大小不等，质厚，平滑，绿色，边缘有黄白色条带镶边，有紫褐色刺状锯齿，叶尖针刺状。花茎有多数横纹，花黄绿色，肉质，花期夏季。开花结实后即枯死。

【应用】原产地多栽于庭院，我国多用于盆栽观赏。

12. 长寿花

【别名】寿星花、矮生伽蓝菜、十字海棠

【科属】景天科伽蓝菜属

【识别要点】多年生草本多浆花卉，植株小巧，茎光滑直立，基部常木质化；叶交互对生，长圆状匙形或椭圆形，长 4～8 cm，宽 2～6 cm，叶片上部叶缘具波状钝齿，下部全缘，亮绿色，有光泽，有的品种叶边略带红色。

圆锥状聚伞花序，花序长 7～10 cm，有单瓣有复瓣，花色有绯红、桃红、橙红、黄、橙黄和白等。花期 1—4 月。

【应用】叶片密集翠绿，花色丰富，临近元旦开花，拥簇成团，是惹人喜爱的室内盆栽花卉，也是国际市场发展最快的盆栽花卉之一。

13. 虎尾兰

【别名】虎皮兰、锦兰、千岁兰、虎尾掌、黄尾兰或岳母舌

【科属】百合科虎尾兰属

【识别要点】多年生肉质草本，地下有横走根状茎。叶基生，直立、硬革质、长条状披针形，长 30～120 cm，宽 3～8 cm，有浅绿色和深绿色相间的横带斑纹，边缘绿色，向下部渐狭成长短不等的、有槽的柄。

花葶高 30～80 cm，基部有淡褐色的膜质鞘；花淡绿色或白色，每 3～8 朵簇生，排成总状花序。花期春、夏季。

虎尾兰品种较多，株型和叶色变化较大。主要品种有金边虎尾兰、银脉虎尾兰。

【应用】虎尾兰叶坚挺，色彩明快，富有生气，适于居室布置。近年来短叶品种更受大家的喜爱，不受环境空间大小的限制可随意摆放观赏；长叶品种适合在会场、厅堂布置。虽不像鲜花般美丽，却能给人坚韧的感觉。

14. 沙漠玫瑰

【别名】天宝花

【科属】夹竹桃科天宝花属

【识别要点】多年生多肉灌木或小乔木，高可达 4.5 m，树干肿胀。单叶互生，集生枝端，倒卵形至椭圆形，全缘，先端钝而具短尖，近无柄。总状花序顶生，着花 10 多朵，花冠漏斗状，有玫红、粉红、白色及复色等。花期 5—12 月。

【应用】盆栽植株矮小，树形古朴苍劲，根茎肥大如酒瓶状。每年 4—5 月和 9—10 月二度开花，鲜红艳丽，形似喇叭，极为别致，深受人们喜爱。南方地栽布置小庭院，古朴端庄，自然大方。

15. 玉蝶

【别名】石莲花、宝石花、石莲掌、莲花掌、八宝掌

【科属】景天科拟石莲花属

【识别要点】多年生多肉草本，全株略呈漏斗形，植株具短茎，易从基部萌生匍匐茎，顶端有小莲座叶丛，其沾土即生根，成为新的植株。肉质叶呈标准的莲座状排列，叶稍直立，短匙形，先端圆而有小尖，微向内弯曲，叶色浅绿或蓝绿，质稍薄，被有白粉或蜡质层。总状花序弯曲呈蝎尾状，单歧聚伞花序腋生，小花钟形，赭红色，顶端黄色。蓇葖果。花期 6—8 月。

【应用】株型美观，如玉石雕成的莲花，具有较强的装饰性，适合家庭盆栽观赏，布置几案、阳台等处。温室中可地栽布置沙漠景观。

16. 生石花

【别名】石头花、石头草、象蹄、屁股花、元宝

【科属】番杏科生石花属

【识别要点】多年生小型多肉植物，茎很短，常常看不见。变态叶肉质肥厚，两片对生联结而成为倒圆锥体，有淡灰棕、蓝灰、灰绿、灰褐等颜色，顶部近卵圆，平或凸起，上有树枝状凹纹，半透明。依品种不同，其顶面色彩和花纹各异，但外形很像卵石。

3～4 年生的生石花秋季从对生叶的中间缝隙中开出黄、白、粉等色花朵，多在下午开放，

傍晚闭合,次日午后又开,单朵花可开 3～7 d。品种较多,各具特色。

【应用】生石花形如彩石,色彩丰富,娇小玲珑,享有“有生命的石头”的美称。用小盆栽种陈设于窗台、阳台等处,自然别致,富有趣味。

17. 虎刺梅

【别名】铁海棠、麒麟刺、麒麟花

【科属】大戟科大戟属

【识别要点】多刺直立或蔓生小灌木,株高 1～2 m,多分枝,体内有白色浆汁。茎和小枝具纵棱,密被锥形尖刺,刺长 1～1.5 cm,列于棱脊上,呈旋转。叶互生,密集着生新枝顶端,倒卵形,叶面光滑,鲜绿色。聚伞花序由 2～8 个小花组成,生于枝上部叶腋。花绿色,有 2 枚鲜红色或橘红色的苞片,花期冬春季。南方可四季开花。

【应用】红色苞片鲜艳夺目,花期长,是深受欢迎的盆栽植物。由于虎刺梅幼茎柔软,常用来绑扎造型,成为宾馆、商场等公共场所摆设的精品。

18. 露草

【别名】食用穿心莲、露花、日中花、樱花吊兰、羊角吊篮

【科属】番杏科日中花属

【识别要点】多年生常绿肉质蔓生草本。叶心形对生,肉质肥厚,鲜亮青翠。枝条有棱角,伸长后呈半匍匐状。枝条顶端开花,形似菊花,花深玫瑰红色,中心淡黄,瓣狭小,具有光泽,自春至秋陆续开放。

【应用】适合垂吊、篮式栽培或作地被植物。可食用。

19. 绿之铃

【别名】佛珠、翡翠珠、绿铃、珍珠吊兰

【科属】菊科千里光属

【识别要点】多年生蔓性肉质植物。茎细长匍匐下垂,可长至 90 cm。叶肉质,圆珠形,直径 0.6～1 cm,有微尖的刺状凸起,叶色深绿或淡绿,有一条透明的纵条纹。在茎节间抽出花梗,头状花序,小花白色带有紫晕,多秋冬季节开放。

【应用】叶形叶色较美,呈匍匐状生长,可悬挂呈垂吊状,有很高的观赏价值,也是人气较旺盛的多肉植物品种之一。也可布置岩石园、吊篮。

20. 麒麟掌

【别名】玉麒麟、麒麟角

【科属】大戟科大戟属

【识别要点】多年生多浆植物,霸王鞭的变种。其变态茎初期为绿色,而后渐渐木质化变为黄褐色、大山药状的粗枝,枝上密生瘤状小突起,茎顶及周边密生叶片,叶片倒卵形,全缘。

【应用】麒麟掌由于形状奇特,四季常青,是较好的室内观赏花卉。

21. 玉树

【别名】景天树、玻璃树、八宝、看青、冬青、肉质万年青

【科属】景天科青锁龙属

【识别要点】常绿小灌木。株高 1～3 m,茎肉质,多分枝。叶肉质,卵圆形,长 3～5 cm,宽 2.5～3 cm,灰绿色,有红边。花白色或淡粉色,有香气。

【应用】树冠挺拔秀丽,茎叶碧绿,顶生白色花朵,十分清雅别致。若配以盆架、石砾加工

成小型盆景，装饰更为美观。

任务实施

1. 材料准备

铅笔、笔记本、仙人掌类及多浆花卉 20 种(实物与图片)。

2. 方法步骤

(1)教师在校园实训场地现场讲解、指导学生学习识别常见多浆花卉，利用多媒体图片作补充说明。

(2)学生课余时间到实训场地熟悉每种花卉，识别花卉的形态、习性。上网上课程平台学习相关多肉多浆花卉图片资源内容。

3. 作业

完成多肉多浆花卉识别表 1-7。

表 1-7 多肉多浆花卉种类识别表

序号	花卉名称	科属	花色	花期	应用

☞ 考核方法与标准

1. 正确识别所见多肉多浆花卉(50 分)；
2. 能够说出花卉的主要识别特征(20 分)；
3. 表格填写完整(20 分)；
4. 学习态度与报告完成情况(10 分)。

项目二

露地花卉生产

项目背景

露地花卉是指整个生长发育周期可以在露地进行或主要生长发育期能在露地进行的花卉，包括一些露地播种或定植在露地的一、二年生花卉及多年生的宿根花卉、球根花卉、水生花卉、木本花卉。它们是布置庭院、花坛、花境、花带、水体等园林绿地的骨干花卉。

露地花卉种类繁多，各类花卉有不同的生态习性，表现为春夏季生长发育、秋冬季种子成熟和落叶休眠。在园林绿地或庭院应用中，既能直播又能移栽，除一、二年生花卉外都能一次栽植应用多年，利用率高。

露地花卉根据应用目的有两种栽培方式，一种是直播的方式，一种是圃地育苗栽培的方式。直播的方式主要适用于公路边的花带绿化或应用一些主根明显、须根少、不耐移植的花卉布置花坛或花境，如虞美人、花菱草、凤仙花、矢车菊、紫茉莉、波斯菊、硫华菊等。圃地育苗的方式是集中育幼苗，长成成苗后，按要求定植到花坛、花境或各种园林绿地中，适用于大多数一、二年生花卉、宿根花卉、木本花卉等。

露地花卉的生产主要是一、二年生花卉和宿根花苗生产。花树苗木的生产是园林苗圃主讲的内容，本项目只介绍相关养护的内容。

知识目标

1. 明确露地花卉生产栽培的特点和基本知识；
2. 了解相关的露地花卉的生态习性；
3. 掌握各类露地花卉的繁殖技术要点；
4. 掌握各类露地花卉的栽培养护知识。

能力要求

1. 具备对露地花卉进行繁殖的基本能力；
2. 具备对露地花卉管理与养护能力；
3. 会对重点花卉进行生产。

学习方法

以线上网络资源、书籍为载体，获取较为先进的新技术信息，启发露地花卉栽培生产的创造性。

任务一　露地一、二年生花卉生产

◈ 任务分析

一、二年生花卉色彩丰富，繁殖系数高，造景容易，而且成景后的视觉冲击力和感染力是其他绿化植物不能比拟的。本任务要求通过对一、二年生花卉习性的了解，能够进行合理的繁殖和养护，提高园林造景的观赏效果。对重点花卉能进行生产的组织与管理。

◈ 任务目标与要求

知识目标：了解常见一、二年生花卉的生态习性，生产栽培技术要点。
能力目标：学会露地常见一、二年生花卉的育苗技术，为今后从事花卉的生产与养护打下基础。
学习要求：线上主动学习，线下认真听辅导。遵守纪律，遵守实训室、实训基地等相关规则，做好笔记，注意安全。

◈ 相关知识

知识点一　一、二年生花卉的习性及栽培要点

一、一、二年生花卉的生态习性

（一）对温度的要求

一年生花卉中耐寒型、半耐寒型和不耐寒型对温度要求不同，耐寒型的可耐轻霜冻，低温下能够继续生长；半耐寒型的遇霜受害甚至会死亡；不耐寒型花卉生长期要求较高温度，怕霜冻。

二年生花卉耐寒力强，有的可耐0℃以下的低温，春化作用一般在0～10℃情况下30～70 d完成，自然界中越过冬天就通过了春化作用，不耐夏季炎热。

（二）对光照、水分及土壤的要求

大多数一、二年生花卉喜阳光充足，仅少部分喜欢半阴环境，如夏堇、三色堇、醉蝶花。二年生花卉苗期需要短日照，成长过程中则要求长日照，并在长日照下开花。不耐干旱，根系浅，易受表土影响，要求土壤湿润。对土壤的要求不严，除了黏重土和过度疏松的土壤外都可以生长，以土层深厚排水良好且肥沃的壤土为好。

二、繁殖与栽培养护要点

一、二年生花卉繁殖主要是播种，有的可以扦插育苗。

(一)繁殖要点

大多数一、二年生花卉用播种法繁殖，播种繁殖具有繁殖数量大，所得苗株根系完整，生长健壮等优点；有些种类为保护品种特性可以扦插繁殖，如半枝莲、矮牵牛、彩叶草等；有的用扦插繁殖成活率高，成苗快，如五色草类。

一年生花卉常在春季晚霜过后，气温稳定在大多数花卉种子萌发的适宜温度时露地播种。为了提早开花，布置园林绿地，可借助温室、温床等保护设施提早播种育苗。

二年生花卉一般在秋季播种，保证出苗后根系和营养体有一定的生长时间。为了初春应用，可冬春季利用保护地播种育苗。

(二)栽培养护要点

1.苗期管理

播种或自播于花坛、花境的种子出苗后，要控制水量，水多则沤根，引起根系发育不良。为了培育壮苗，苗期还应进行间苗或移植分苗，移植分苗最好选在阴天进行，现在的一、二年生花卉育苗多用穴盘育苗或营养钵分苗。

2.摘心、抹芽及疏蕾

摘除枝梢顶芽叫摘心，摘心还有延迟花期的作用，可使植株整齐，全株低矮、株丛紧凑。适合摘心的花卉有一串红、金鱼草、美女樱、百日草、银边翠、彩叶草等；有些花卉通常不摘心，如凤仙花、鸡冠花、翠菊等。有些花卉生长期长，为了控制高度和增加花量，可于生长初期摘心，如一串红、波斯菊。

有时为了促使植株向高处生长，减少花朵的数目，使养分集中供应顶花，而摘除侧芽或副蕾，称为抹芽和疏蕾，如观赏向日葵、鸡冠花等可通过抹芽和疏蕾促进主花变大。

3.支柱与绑扎

一、二年生花卉中有些株形高大，上部枝叶花朵过于沉重，遇风容易倒伏，如尾穗苋、重瓣向日葵，可用单根竹竿支撑；还有一些蔓生植物，需进行支柱与绑扎才利于观赏，如观赏葫芦、茑萝、大花牵牛、香豌豆等；另外可在高大花卉的周围插立支柱，并用绳索联系起来以扶持群体。

4.剪除残花与花葶

对于一串红、石竹、金鱼草等连续开花且花期较长的花卉，花后要及时摘除残花，同时加强水肥管理，可以保持植株生长健壮，延长花期。

知识点二　花卉种子的识别与采收

一、种子识别

花卉种子识别的目的是正确认识种子，以便正确播种和进行种子交换，防止不同种子的混杂，清除杂草种子。通过以下几方面认识各类花卉种子。

(一)粒径大小

大粒种子　长轴径在5.0 mm以上，如牡丹、牵牛、向日葵等。

中粒种子　长轴径在2.0～5.0 mm，如一串红、蜀葵、矢车菊等。

小粒种子　长轴径在1.0～2.0 mm，如鸡冠花、三色堇、麦秆菊等。

微粒种子　长轴径在0.9 mm以下，如四季海棠、金鱼草、矮牵牛等。

(二)形状

花卉种子形状有地雷形，如紫茉莉；弯月形，如金盏菊；棉絮形，如千日红；椭圆片叶形，如百日草；三棱形，如牵牛；广卵形，如金鱼草；鼠粪形，如一串红等。花卉种子形状很有特色，通过种子的形状能确认种类。如图2-1所示。

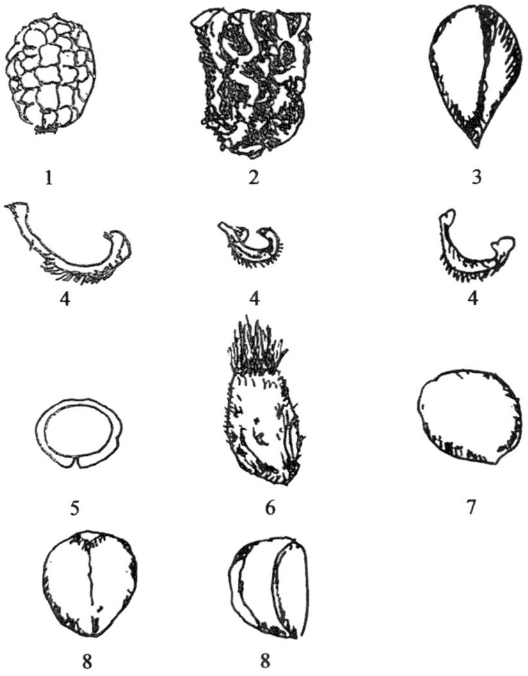

图2-1　几种花卉种子的形状

1.秋海棠椭圆形，表面具网眼　2.金鱼草广卵形，上端平截，表面具网眼　3.三色堇倒卵形　4.金盏菊半月形、环形、船形　5.紫罗兰扁平圆形，具白色膜质边　6.矢车菊长圆形，具冠毛　7.牡丹椭圆至圆形　8.牵牛三棱状，卵形

(三)色泽

花卉种子一般都有不同的光泽与颜色，通过色泽可以认识不同的花卉种子。如鸡冠花种子黑亮，醉蝶种子与鸡冠花种子相似，但无光泽；半枝莲种子有灰色的金属光泽。

(四)表面附属物

如茸毛、翅、钩、突起、槽等都属于种子表面的附属物，可作为识别种子的依据。

二、花卉种子的成熟与采收

(一)种子的成熟

种子的成熟分形态成熟与生理成熟。形态成熟是指种子外部形态及大小不再变化，即生产上所说的成熟种子。生理成熟是指具有良好发芽能力的种子。大多数形态成熟的种子已具备了良好的发芽能力，如十字花科、菊科、豆科的种子，报春花属花卉种子。有的花卉种子，虽然在形态上表现出成熟的特征，可是种胚还未发育完全，需经过层积处理完成后熟，才具备发芽能力，如蔷薇科蔷薇属、李属、苹果属等的种子就是这样。

(二)种子的采收

种子达到形态成熟时必须适时采收、及时处理。理论上讲种子愈成熟愈好，但完全成熟的种子易自然散落，受鸟虫取食，或因雨湿造成种子在植株上发芽引起品质降低，所以生产上常稍早采收。种子的采收要考虑到种子的类型、开裂方式和种子着生部位。

1. 干果类种子

干果类种子包括蒴果、蓇葖果、角果、荚果等，果实成熟时自然干燥开裂散出种子的，要在果实充分成熟脱落前采收，也可提前套上袋子，使种子成熟后落入袋内。陆续成熟、开花结实期延续很长的，可分批采收，如半枝莲、凤仙花等。花卉种子成熟后不散落的，如千日红、桂竹香、屈曲花等，当整个植株种子全部成熟后，可一次采收，装于纸袋内或成束悬挂于室内通风处干燥。

采收宜在晴天早晨进行。种子采收后应置于浅盘中或摊薄层敞放于通风处风干。

种子经初步干燥后，及时脱粒并筛选，清除发育不良的种子、植物残屑、尘土、石块等杂质，最后进一步干燥到标准含水量再贮藏。

2. 肉质果种子

肉质果常见的有浆果、瓠果、核果等，成熟时果皮含水多，一般不开裂，成熟后自母体脱落或腐烂。肉质果成熟的标志是果实变软、变色，成熟后要及时采收，过熟会自落或遭鸟类啄食，果皮干燥后再采收会加深种子的休眠。

肉质果采收后先在室内放几天，使种子充分成熟，腐烂前用清水将果肉洗净，去掉浮于水面的不饱满种子。若将果肉短期发酵，果肉更易清洗。洗净后的种子经干燥后再贮藏。

三、种子的寿命及贮藏

(一)种子的寿命

种子的寿命是指种子保持生命力的年限。生产上将种子发芽率降低到50%的时间判定为种子的寿命。花卉植物在栽培和育种中，有时只要可以得到种苗，即使发芽率低也可以使用。

(二)影响种子寿命的因素

1. 内在因素

包括种子的遗传因素和种子采收时的状态、质量。在相同的外界条件下，花卉种子寿命长短存在天然的差别。有些花卉的种子正常情况下保持生活力的时间不超过1年，如报春类、秋海棠类生活力只能保持数个月，非洲菊更短，这类种子被称为短命种子。多数种子可保存2～3年，被称为中命种子，可保存5年以上的为长命种子。在中国东北出土的千年前完整的古莲子，种皮破开后仍能正常发芽。

成熟、饱满、无病虫的种子寿命长；种子含水量也影响种子寿命，大多数种子含水量保持在5%～8%为宜，含淀粉种子不超过13%。

2. 环境因素

影响种子寿命的环境条件有空气相对湿度、温度、氧气条件等。高湿环境不利于种子寿命的延长，大多数花卉种子干燥贮藏时，相对湿度维持在30％～60％为宜。但对于多数花木类种子，在比较干燥的条件下，容易丧失发芽力。低温可延长种子的寿命，多数花卉种子在干燥密封后，贮存在1～5℃的低温下为宜。降低氧气含量能延长种子的寿命。

花卉种子长时间暴露于强烈的日光下会影响发芽力及寿命。

(三)花卉种子的贮藏

干燥贮藏法　将种子充分干燥后，放进纸袋中保存，第二年播种可以，不能长期贮存。适用于耐干燥的一、二年生草本花卉种子。

干燥密闭法　把充分干燥的种子装入密封的容器中，放在冷凉处。比干燥法可延长一段保存时间。

干燥低温密闭法　把充分干燥的种子，密封后放在1～5℃的条件下。可较长时间保存种子。

沙藏法　如牡丹、芍药等花卉种子，较长时间放于干燥条件下容易丧失生活力，可用层积法贮藏，即在0～5℃低温贮藏室内，底层铺上一层约10 cm的河沙，再铺上一层种子，如此反复，使种子与湿沙交互层状堆积。

水藏法　如睡莲、王莲等一些水生花卉的种子，必须贮藏在水中才能保持发芽力。

(四)种子的保存年限

各种花卉种子都有一定保存年限。常见花卉种子保存年限见表2-1。

表2-1　常见花卉种子保存年限　年

花卉名称	保存年限	花卉名称	保存年限	花卉名称	保存年限
菊花	3～5	凤仙花	5～8	百合	1～3
蛇目菊	3～4	牵牛花	3	茑萝	4～5
报春花	2～5	鸢尾	2	一串红	1～2
万寿菊	4～5	长春花	2～3	矢车菊	2～3
金莲花	2	鸡冠花	4～5	千日红	3～5
美女樱	2～3	波斯菊	3～4	大岩桐	2～3
三色堇	2～3	大丽花	5	麦杆菊	2～3
毛地黄	2～3	紫罗兰	4	薰衣草	2～3
花菱草	2～3	矮牵牛	3～5	耧斗菜	2
蕨类	3～4	福禄考	1～2	藏报春	2～3
天人菊	2～3	半枝莲	3～4	含羞草	2～3
天竺葵	3	百日草	2～3	勿忘我	2～3
彩叶草	5	藿香蓟	2～3	射干水仙	1～2
仙客来	2～3	桂竹香	5	木樨草	3～4
蜀葵	5	瓜叶菊	3～4	宿根羽扇豆	5
金鱼草	3～5	醉蝶花	2～3	地肤	2
雏菊	2～3	石竹	3～5	五色梅	1～2
翠菊	2	香石竹	4～5	木槿	3～4
金盏菊	3～4	观赏茄	4～5		
美人蕉	3～4	蒲包花	2～3		

引自：曹春英．花卉栽培．2版．北京：中国农业出版社，2001.

知识点三　播种繁殖

一、种子萌发的基本条件

(1)基质　基质一般要求细而均匀，通气、排水性好，保湿性能好，肥力低及不带病、虫体。

(2)水分　水分是种子萌发的必要条件，没有足够的水分种子就不能正常萌动和发芽。不同种子对水分的需求量不同。多数种子如豆科植物种子，种子完全干燥，吸水量就大，而文殊兰的种子，胚乳中含大量的水分和空气，且有厚壳保水，所以吸水量少。

种子播前处理很多情况就是为了促进吸水，以利萌发。

(3)温度　不同原产地的花卉种子萌发要求的适宜温度不同。原产于热带的发芽温度要求较高，而亚热带和温带次之，原产于温带北部的花卉则需要一定的低温才能萌发。

一般来说，花卉种子的萌发适温比其生育适温高 3～5℃。

(4)气体条件　种子发芽要求环境中有较多的氧气和较少的二氧化碳。供氧不足会影响种子萌发，种子催芽时要定期翻动种子，就是为了满足种子发芽对氧气的需求而让产生的二氧化碳散失。

对于水生花卉来说，只需少量氧气就可满足种子萌发的需要。

(5)光照　大多数花卉种子萌发对光照要求不严格，但是毛地黄、矮牵牛、凤仙花等好光性种子萌芽期间必须有一定的光照，而仙客来、雁来红、黑种草等嫌光性种子萌芽期间必须遮光。

二、播种前种子处理的方法

二维码 2-1
播前种子处理

(一)低温层积处理

常用于处理一些温带木本花卉种子，如蔷薇科的蔷薇、月季等。方法是一层种子一层湿沙堆积，在室外经冬季低温，种子休眠即被破除。层积处理可在控温条件下完成，适宜温度为 1～10℃，多数植物以 3～5℃最好，大多数植物需层积处理 1～3 个月。

(二)浸种催芽

对于翠菊、半枝莲、牵牛花、旱金莲等容易发芽的种子，播种前用 30℃的温水浸泡，一般浸泡 2～24 h，直接播种。

文竹、仙客来、君子兰、天门冬、冬珊瑚等发芽缓慢的种子，播前用 30～40℃的温水浸泡，待种子吸水膨胀后去掉多余的水，用湿纱布包裹放入 25℃的环境中催芽，每天用水清洗一次，待种子萌动露白后可播种。

(三)机械处理

对于荷花、羽扇豆等种皮坚硬的种子，可锉去部分种皮，令其吸水发芽；对于黄花夹竹桃等果壳坚硬不易发芽的种子，需要将果壳剥除后再播种。

(四)药物处理

对于马蔺草等种皮坚硬的种子，通常采用盐酸、硫酸等浸泡种子，浸到种皮软为止，然后取出种子用清水充分冲洗干净再播种。处理的时间视种皮的质地而定。

(五)拌种

对于半枝莲、虞美人、四季海棠等小粒或微粒花卉种子，播种不易均匀，播种时可用颗粒与种子大小相近的细土或沙拌种，以利均匀播种。对于玉兰等外壳有油蜡的种子，可用草木灰加水调成糊状拌种，借草木灰的碱性脱去蜡质，以利种子吸水发芽。

三、播种时期

春播　露地一年生花卉、部分宿根花卉、木本花卉适宜春播。南方地区约在 2 月下旬至 3 月上旬，华中地区约在 3 月中旬，北方地区约在 4 月或 5 月上旬。

秋播　露地二年生花卉和部分木本花卉适宜秋播。南方地区约在 9 月下旬至 10 月上旬，华中地区约在 9 月份，北方地区约在 8 月中旬，冬季需在温床或阳畦中越冬。

随采随播　君子兰、四季海棠等花卉种子含水量多，寿命短，不耐贮藏，失水后容易丧失发芽力，应随采随播。

周年播种　中国兰花、热带兰等热带和亚热带花卉及部分盆栽花卉，种子随时成熟，如果条件合适，随时萌发，可周年播种。

四、播种技术

(一)地播

1. 整地做畦

公路和铁路路边绿化可直接在露地开沟、施肥、播种。保护地内地播，整地施肥后可做宽 1～1.2 m 的平畦或低畦，方便管理。

2. 播种方法

点播法　适用于大粒种子或量少的种子。即按一定的株行距，单粒点播或多粒点播，如向日葵、牵牛、紫茉莉、芍药等。

条播法　适用于中粒种子，即按一定行距开沟播种，公路及铁路绿化的波斯菊、黄波斯菊、黑心菊、荷兰菊等常用此法。

撒播法　适用于小粒种子和微粒种子，可畦播，即在畦面上均匀地撒上种子，如鸡冠花、桔梗、虞美人、石竹等。此种方法占地面积小，出苗量大，但注意撒播要均匀，出苗后注意管理，及时分苗。

3. 覆土与浇水

覆土根据种子的大小、土质、季节而定。通常大粒种子覆土的深度为种子厚度的 2～3 倍，中粒种子厚度为 0.5～1 cm，小粒和微粒种子以不见种子为度。有的种子如蒲包花、四季海棠等，需用木板将种粒压入土内，不必覆土。黏土宜薄，沙土宜厚；旱季宜厚，雨季宜薄。

覆土完毕后，在畦面上覆盖芦帘或稻草，然后用细孔喷壶充分喷水，保持土壤湿润。畦播种子或在干旱季节直播，可在播种前充分灌水，待水分充分渗入土中撒一薄层干土后再播种，播后覆土，盖地膜保墒提墒。此法可保持土壤湿润时间较长，又可避免多次灌水导致土壤板结。

4.播种后的管理

保持苗床的湿润，不能使苗床有过干过湿的现象。播种后，如果温度过高或光照过强，要适当遮阴，避免地面出现“封皮”现象，影响种子出土。根据发芽情况，适时拆除遮阴物，逐渐见光。露地直播的，当真叶出土后，根据苗的疏密程度及时“间苗”，去掉纤细弱苗，留下壮苗，充分见光“蹲苗”。间苗后需要立即浇水，以免留苗因根部松动而死亡。

(二)室内盆播

(1)育苗容器准备　盆播一般采用深 10 cm，直径 30 cm 的浅盆，底部要有 5～6 个排水孔，也可用 60 cm×30 cm×10 cm 的浅木箱，下设排水孔。

(2)装填盆土　苗盆底部的排水孔覆盖瓦片，下铺 2 cm 厚粗粒河沙或细粒石子以利排水，上层装入过筛消毒的培养土，颠实刮平，留出浇水沿口(1.5～2.0 cm)即可播种。

(3)播种　小粒种子掺土或细沙后撒播，大粒种子点播，播后视种子大小覆土，然后用木板轻轻压实。

(4)盆底浸水　将播种盆浸到水槽中，下面垫一个倒置的空盆，以便通过苗盆的排水孔向上渗透水分，盆面湿润后取出。

(5)覆盖　用玻璃或塑料薄膜覆盖盆口，置于庇阴处，以防水分蒸发和阳光直射。夜间将玻璃或塑料薄膜掀去，使之通风透气，白天再盖好。

(6)管理　盆播种子出苗后立即掀去覆盖物，移到通风处，逐渐见光。可保持用盆底浸水法给水，长出 1～2 片真叶时用细眼喷壶浇水，长出 3～4 片叶时可分苗移栽。

(三)穴盘育苗

穴盘育苗是用塑料育苗盘做播种容器，在孔穴中装入育苗基质，然后在其中播种育苗，一孔穴育一苗。穴盘育苗从穴盘填装基质、播种、覆盖、镇压到浇水等一系列的作业都可以实行机械化、自动化操作，是工厂化育苗生产的方式。

任务实施

子任务一　种子采收与识别

1.材料准备

工具材料：纸袋、枝剪、采集箱等，放大镜、直尺、铅笔、记录本、镊子、种子瓶、盛物盘、白板纸等工具。

植物材料：各种花卉结种子植株，种子瓶中的种子 30 种。

2.方法步骤

(1)教师在校园实训场地现场讲解操作要点，指导学生采收与处理种子。

(2)教师在实训室介绍各种花卉种子的识别要点与方法，指导学生识别种子。上网上课程平台学习种子识别与采收相关资源内容。

(3)学生利用上课或业余时间采收、处理一定量的花卉种子并上交。

3.考核要点与方法

(1)种子采收考核：从种子成熟饱满、种实处理程度、干净无杂、数量(常规种子量大、稀有珍贵量小)、包装合理(名称准确、记录清楚)、规定时间内上交等方面进行考核,结合理论知识与技能要点解答情况、学习态度进行综合评价。见表 2-2。

表 2-2　种子采收考核评价表

考核项目	标准	分值	得分	老师评价
学习态度	不迟到早退,态度端正,规定时间上交种子	10 分		
操作情况	种子处理是否干净	30 分		
	种子数量	10 分		
	种子包装,标签规范度	10 分		
实习报告情况	完整,准确	40 分		

(2)种子识别考核:从记录识别的花卉种子中取出 20 种进行考核,在规定的时间内完成。按识别正确与否评定成绩,每种 5 分。

子任务二　播　　种

1. 材料准备

工具准备:喷壶、培养土、铁锹、筛子、花盆、苗盘、农药、地膜、塑料薄膜、育苗床等。

植物材料:花卉种子或种球。

2. 方法步骤

(1)人员组织分组操作,组长给每位同学布置一定的播种任务,按照教师的要求完成地播、盆播操作。教师负责指导和检查验收。

(2)教师指导地播及盆播的操作要点。学生分组操作,教师监督指导。

地播的操作程序:

配制药土　用多菌灵、克菌丹等土壤杀菌剂配制药土,用量为 1.0～1.5 g/kg 培养土。先用药品兑少量培养土,然后再加入大量的培养土,翻动几次,使药土混匀,以备使用。

育苗床准备　备好育苗床,浇水造墒,水渗下后撒一层药土,准备播种。

播种　大粒种子点播,中粒种子条播,小粒种子撒播。

覆土、盖膜　播种后覆盖一层药土,厚度为种子直径的 2～3 倍(小粒、微粒种子覆土要适当),然后盖上一层薄膜保温保湿。

盆播的操作程序:

苗盆准备　旧盆清洗干净、消毒,新盆退火。

播种育苗　盆装入培养土、播种、覆土。

浇水　用盆底浸水法给水。

覆盖　盖玻璃或塑料薄膜。

摆放　按照教师要求把播种好的花盆摆放在适当的位置。

3. 考核要点与方法

(1)地播考核要点与方法见表 2-3。

表 2-3　地播成绩评定考核评价表

成绩	考核要点
小组成绩	药品称量、配制药土、浇水造墒情况、覆药土厚度、播种情况、覆土厚度、盖膜等占 50%，出苗整齐均匀与否占 50%。
个人成绩	结合小组成绩，每人理论知识与技能要点解答情况、学习态度进行综合评价。小组成绩(50%)，每人的实习态度、作业报告完成情况占 50%。

(2)盆播考核要点与方法见表 2-4。

表 2-4　盆播成绩评定考核评价表

成绩	考核要点
小组成绩	花盆准备、垫盆与否、有无排水层、装土高度(是否留有浇水沿口)、刮平与否、覆土厚度、浸盆合理与否占 50%，出苗整齐均匀与否占 50%。
个人成绩	结合小组成绩，每人理论知识与技能要点解答情况，学生的学习态度进行综合评价。小组成绩占 50%，每人学习态度与作业报告完成情况占 50%。

子任务三　矮牵牛生产技术

矮牵牛原产南美，是茄科碧冬茄属多年生草本花卉，作一年生栽培。矮牵牛花色丰富，种类多样，温室栽培四季开花，既有布置花坛、花境、花台的品种，也有适合吊盆做垂直绿化的垂吊牵牛品种，应用范围十分广泛。

矮牵牛喜温暖和阳光充足的环境，怕雨涝，不耐寒，耐暑热。喜向阳和通风良好的环境，要求排水良好、疏松的酸性沙质土，土壤不要过于肥沃，否则易徒长倒伏。生产中要处理好品种选择、育苗各阶段的管理及病虫害防治等问题。

一、生产前的准备

(一)品种选择及种子准备

矮牵牛有单瓣和重瓣品种，也有大花、矮生、垂吊型种类。常见栽培的有大花单瓣型“梦幻”系列、“超级瀑布”系列；多花单瓣型“地毯”系列、“海市蜃楼”系列；大花重瓣型“双瀑布”系列、“二重奏”系列、“旋转”系列，此外还有“奏鸣曲”系列、“情人”系列；多花重瓣型“二重唱”系列。垂吊型如“清浪”系列、“潮波”系列、“波浪”系列等，可根据园林应用情况，适当选择品种和颜色。“波浪”系列是当今最好、最畅销的垂吊型矮牵牛品种，垂吊盆栽生产可选择。

矮牵牛种子细小，种子千粒重 0.16 g，9 000～10 000 粒/g。用于生产上销售的规格大多是 5 000 粒/袋。购买种子时看好种子生产日期及出芽率。

(二)育苗场地准备

“五一”劳动节用花，北方地区要准备温室；十一国庆节用花要准备遮阳网降温。

(三)栽培基质及肥料准备

育苗基质可用消毒的园土、腐叶土和细沙等按比例混合，也可用松针土与河沙按 3∶1 混合消毒后使用，草炭土与蛭石按 3∶1 比例混合，用百菌清处理后再使用效果也很好。

苗期要准备尿素和磷酸二氢钾做叶面肥。

(四)农药准备

苗期主要防止猝倒病、立枯病和植株徒长。需要准备的药物有配药土的土壤菌虫一遍净，防治猝倒病的75%的百菌清可湿性粉剂，防治蚜虫的吡虫啉。防徒长和促萌发侧枝的丁酰肼。如果购药方便可不准备，随时使用随时购买。

(五)育苗和栽植容器的准备

穴盘育苗要准备200穴的穴盘，营养钵准备10 cm×10 cm规格的。盆栽应用的选10～14 cm塑料盆。

二、播种育苗

(一)播种时间

矮牵牛一年四季都可播种，具体可根据用花时间和设施条件及管理水平而定。一般矮牵牛从播种到开花夏季需60～90 d，春季需80～120 d。实际播种时间应根据品种、生产者的管理水平、栽培条件、栽培季节进行适当调整，可提早15～20 d播种，以免延误花期。如“五一”劳动节用花，应在1月于温室或大棚内播种。十一国庆节用花，需在6月底7月初播种。

(二)播种及播后管理

1.播种

矮牵牛种子细小，一般在温室育苗盘内撒播，播后可不覆土，轻压一下即可，也可覆0.2 cm药土，盖地膜保湿。也可在温室内用穴盘点播，穴盘内装填好基质后压一下，用牙签尖蘸水后粘起种子，播在穴的中央，播后穴盘摆放整齐后，盖一薄层药土，喷雾器喷水后，盖地膜保墒。温度保持22～24℃，7～10 d后可出齐苗。

2.分苗前的管理及分苗

指从种子出苗到幼苗长出6片叶子的这段时间。

当60%～70%子叶顶土出苗时揭去地膜。出现真叶后，室温控制在15～20℃，加强通风透光，促使苗矮壮、充实。

幼苗4～6片真叶即可移植上钵或上盆，移植尽量避免土团松散。培养土透水性要好，操作时要尽量不破坏原土坨，保持根系的完整。

3.分苗后的管理

分苗后浇透水，遮阴一周，缓苗后进行正常管理。每隔7～10 d叶面喷施一次0.1%的尿素溶液或0.3%的磷酸二氢钾，喷2～3次。幼苗长到10 cm时摘心促分枝，摘除心叶和早开的花儿，摘心后10～15 d内喷50%的丁酰肼200～300倍液2～3次，可防止徒长，促进萌发侧枝。

移栽或上盆后温度宜控制在20℃左右，不要低于15℃，温度过低会推迟开花，甚至不开花。盆栽时，夏季生长旺盛，需充足水分，特别在高温季节，应在早、晚浇水，保持盆土湿润。

矮牵牛苗期常见的病虫害有猝倒病和蚜虫，可喷75%的百菌清800～1 000倍防猝倒，10%吡虫啉3 000～6 000倍液杀灭蚜虫。

经过3～4个月的养护，矮牵牛就可以于园林中应用了。

☞ **考核要点与方法**

每位同学根据自己学习的情况回答下列问题，最后教师作出评价，如表 2-5 所示。

表 2-5　矮牵牛生产技术考核表

考核内容	考核问题	分值	得分	教师评价
矮牵牛生产技术	1. 矮牵牛播种时间怎样确定？	20 分		
	2. 矮牵牛分苗后的管理要点？	40 分		
	3. 查一查矮牵牛生产技术规范。	40 分		

知识拓展

拓展一　四季海棠工厂化育苗技术

四季海棠是秋海棠类植物中最常见和栽培最普遍的种类。姿态优美，叶色娇嫩光亮，花朵成簇，四季开放，且稍带清香，为室内外装饰的主要盆花之一。随着一些耐热品种的出现，四季海棠在中国成为最主要的应用于立体花坛的花卉之一，由于近年来在园林绿化工程上应用越来越多，四季海棠这种多年生的花卉已经做为一年生花卉来应用，实现了工厂化生产。

工厂化育苗是在人工创造的最佳环境条件下，采用科学化、机械化、自动化等技术措施和手段，进行批量生产优质秧苗的一种先进生产方式。与传统的育苗方式相比具有用种量少，占地面积小；能够缩短苗龄，节省育苗时间；能够尽可能减少病虫害发生；提高育苗生产效率，降低成本；有利于统一管理，推广新技术；生产效率高，产品质量好，能够满足数量巨大、规格统一的市场需求的优点。可以做到周年连续生产。工厂化育苗技术的迅速发展，不仅推动了农业生产方式的变革，而且加速了农业产业结构的调整和升级，促进了农业现代化的进程。

一、特征特性

四季海棠别名四季秋海棠、蚬肉海棠，原产南美巴西，属肉质草本。根纤维状。茎直立，肉质，无毛，基部多分枝。多叶，叶卵形或宽卵形，基部略偏斜，边缘有锯齿，叶面光亮，叶色有绿色、红桐色等。花为聚伞花序，成簇成团，常见的花色有红色、粉红、白色等，色彩十分丰富。四季开花，盛花期集中在 4—6 月和 9—12 月。

四季海棠性喜阳光，稍耐阴，怕寒冷，喜温暖稍阴湿的环境和湿润的土壤，但怕热及水涝，夏天注意遮阴，通风排水。

二、工厂化生产设备设施

生产场所是现代化智能温室，具有自动化的通风、遮光、保温等设施。

三、工厂化生产的技术环节

1. 播种育苗

利用真空吸附式穴盘精量播种系统，自动化流水线作业完成整个的播种过程。该系统承担基质的搅拌、装盘、压穴、精量播种、喷淋等过程。

播种前要做好以下几项工作：第一通常用 200 孔的聚氯乙烯塑料穴盘；第二是育苗基质，主要是进口草炭和珍珠岩按 7∶3 的比例配制；第三准备可移动的苗床，高通常是 50～70 cm，苗床之间要留有通道，可以提高温室的利用率；第四播种用的种子要丸粒化，四季海棠的种子十分细小，大约 30 000 粒/g，加工丸粒化后便于精量播种。

播种时将基质放入播种机的拌料箱内，机器自动搅拌基质并适时下料，将准备好的穴盘放在传送带上，穴盘就进入了铺土和覆土装置，这时基质自动撒落在每个穴盘里，经过吹气装置和滚轴把装在穴盘中的基质整理压实，然后进入压穴滚轴把穴盘的每一个穴孔都压出一个合适的小坑，以便于播种。小坑的深浅可根据需要自行调节。

压出小坑的穴盘进入最重要的播种装置，操作时先将丸粒化的四季海棠种子放在种子槽中，在真空吸附的作用下，种子被吸附在设有小孔的吸种滚筒上，吸孔的直径为 0.01～0.1 mm，每个吸孔只能吸 1 粒种子，当穴盘传送过来时，吸种滚筒旋转到刮板处种子就会自动落入穴盘，完成 1 穴 1 粒的精准播种。播种后的穴盘被送入最后一个环节进行喷水，当穴盘经过这个喷淋装置时，它会准确地自动形成水帘喷射在穴盘上。

在每个装置的旁边都装有感应探头，能感应到穴盘的到来，自动启动各个装置开始工作。还有专门计数的感应探头，自动把数量信息记录在显示屏上。自动化播种机一天可以播种几十万的量，效率较高，播种的准确率可以达到 98%以上，适合大规模的生产。

2.穴盘苗的工厂化生产管理

穴盘苗指从播种到出圃都是在穴盘中生长的苗，在温室中培育，管理分为四个阶段。

第一阶段：种子播种后 1～5 d，主要是促进种子发芽。播种完成后，穴盘被整齐地摆放在苗床上，摆好后立即浇水，浇水时要控制水的流量，用温和的喷洒方式浇水，避免冲走种子，浇水直至基本溶解种子的丸粒包衣为止。在穴盘上平整地铺一层无纺布后，再喷一次水。温度控制在 24℃左右，空气相对湿度 100%，基质的含水率接近 100%，促进发芽出苗。

第二阶段：播种后 6～10 d，从种子发芽到第一片真叶展开。种子发芽后，打开穴盘表面覆盖的无纺布，基质的含水量比第一阶段要小一些，保持湿润的状态即可，空气相对湿度要达到 70%～80%，温度控制在 20～24℃，光照控制在 5 000～10 000 lx。这一阶段开始用 N：P：K 比例为 14：10：14 的复合肥和比例为 20：10：20 的复合肥交替喷施，间隔 2 d 喷施一次，用定比施肥系统施肥。

第三阶段：播种后 11～50 d，第一片真叶展开到出现 2～3 片真叶。空气相对湿度低一些，基质湿度控制干湿的循环，适当蹲苗让小苗根系向下伸展，使小苗壮实丰满。浇水遵循“不干不浇，浇就浇透”的原则，温度控制在 20～22℃，光照控制在 10 000～25 000 lx。喷施的肥料种类与第二阶段一致，两种肥交替使用，隔 2 d 一次。加强病虫害的防治，10 d 左右喷高效氯氰菊酯或吡虫啉防潜叶蝇，喷多菌灵和百菌清等预防病害，按药剂说明喷施。

播种后 30 d 左右要进行并盘，如果穴盘内苗不整齐，为避免大苗欺小苗，要把大苗和小苗分开并盘，尽可能一盘内苗长势一致。并盘后要及时浇水。

播种后 45 d，苗长出 2～3 片真叶时，要进行稀苗操作。保证每盘 50 株苗，交叉栽植，栽后要及时浇水。保证小苗有充分的生长空间。

第四阶段：稀苗后 10 d 以后，小苗长到 6 片真叶以上，个别苗开始出现花蕾。这个阶段一部分苗要用于培养营养钵苗，一部分直接出圃。

用于培养钵苗的穴盘苗，出圃前要进行炼苗，以便于向室外环境的过渡。炼苗持续 5～7 d，要求低温强光，温度控制在 16～20℃，光照时间在 12 h 以上，最大光照为 25 000 lx，基质保持“见干见湿”状态，施肥与第三阶段相同，炼苗后就可以出圃。

直接出圃用于绿化工程的穴盘苗不进行炼苗，在穴盘内继续生长 20～30 d，此期温度控制在 20～25℃，基质保持见干见湿，光照强度不超过 25 000 lx。小苗生长到 61～80 d 时要换肥料，用 N：P：K 比例为 10：30：20 的复合肥，施用浓度为 150 mg/L，肥料中提高了磷的含量，可有效促进开花。

3. 营养钵苗的培育

营养钵苗的培育是在覆盖 60%的遮阳网的大棚内进行的，大棚内准备自动浇水及施肥的设施，准备好苗床、基质和营养钵等，做高于地面 20 cm 的苗床，移栽用的基质选用草炭、松针和珍珠岩，三者比例为 5：3：2，每立方米加 3 kg 的控释肥。控释肥 N：P：K 比例为 14：14：14，可以满足四季海棠前期的生长需要。基质按比例加入搅拌机内混匀，运到苗床上备用。营养钵用 11 cm×11 cm 的塑料营养钵。穴盘苗运到场地后，要在遮阴大棚内适应 1～2 d，使四季海棠苗进一步适应外界环境，2 d 后栽入装有营养土的钵内，栽植的深度以苗坨表面与培养土表面平齐或略低为宜，移栽时间选在晴天的下午 4 点以后，阴天可以全天栽苗。

移栽后的苗还要经过 50 d 左右的培育，才能培养成符合规格的营养钵苗，可栽于花坛，如果用于立体花坛，还可放入卡盆中，做成卡盆苗。

拓展二　其他露地一、二年生花卉生产要点

1. 一串红

生态习性：耐寒性差，生长适温 20～25℃。15℃以下停止生长，叶片枯黄至脱落。

喜阳也耐半阴，喜疏松、肥沃和排水良好的沙质壤土，对用甲基溴化物处理土壤和碱性土壤反应非常敏感，适宜在 pH 5.5～6.0 的土壤中生长。

栽培养护要点：常用播种繁殖，也可扦插。夏秋季用花可于 3 月下旬至 7 月上旬播于苗床，早春用花可提早于 12 月至翌年 3 月播于温室中，播种后保持 20～22℃温度，经过 10～14 d 发芽。小苗出土后要少浇水，以防猝倒病的发生，待幼苗长出 2～3 片真叶时可分苗。

扦插可在 6—8 月一串红摘心时，利用嫩梢作为插穗进行扦插。"五一"劳动节用花要事先培养采穗母株，在 12 月中旬采穗，于沙床中扦插。

为促使植株矮壮、丰满、花密，一般在幼苗具 4～5 片真叶时进行第一次摘心，第二次摘心则待侧枝长至 3～4 片真叶时进行，以后随着幼苗的生长反复摘心，每次摘心仅在原来基础上留 2～3 节为宜。摘心推迟花期，所以摘心时应考虑园林应用时期。一般经过 1 次摘心后，可延迟 20 d 开花。

可以采用摘心、分批播种、调控温光以及化学药剂处理等措施调节花期。保证一串红能在全年各大节日准时开花。

花前花后追施磷肥，可使花大色艳。

2. 三色堇

生态习性：较耐寒，喜凉爽，喜阳光，在昼温 15～25℃、夜温 3～5℃的条件下发育良好。

忌高温和积水，喜肥沃、排水良好、富含有机质的中性壤土或沙壤土。

栽培养护要点：常用播种繁殖，温暖地区一般秋播，发芽适温 19℃，约 10 d 萌发，出苗后移入阳畦，翌年 4 月初定植，4 月下旬开花。

北方寒冷地区可温室早春播种育苗。4 月上中旬可定植于露地，栽种过晚影响开花。

三色堇种植地要多施基肥，最好施用三元复合肥。一般 5—6 月开花的三色堇，种子 6 月

末成熟。种子易自行脱落，要在果实向上翘起，蒴果外皮发白时分批采收。

3.鸡冠花

生态习性：生长期喜高温、全光照且干燥的气候条件，不耐寒。

不耐涝，忌积水。

对栽植地的土壤要求不严，一般土壤都能种植。但喜深厚肥沃、湿润、呈弱酸性的沙质壤土。

短日照下火焰型花序分枝多，长日照下鸡冠状花序大。

栽培养护要点：播种繁殖，有自播能力。春播育苗在21～26℃时，播后6～10 d发芽，4～5片叶时即可分苗。

夏季于芒种后按行距30 cm条播，出苗后间苗，苗高6 cm时，按株距20 cm定苗，间下的苗可移栽其他地方。花坛定植株距15 cm。

定植后苗高30 cm左右时，要追肥一次。开花抽穗时，要适当浇水，雨季低洼处防积水。如果欣赏主枝花序，则抽穗后可将下部叶腋间的花芽抹除，到鸡冠生成后，可施薄肥，促其长大；如欣赏丛株，则保留腋芽。

花期要通风良好。植株高大，花序硕大者应设支柱，以防倒伏。

品种易退化。在种子成熟阶段宜少浇肥水，以利种子成熟，并可较长时间保持花色浓艳。

4.孔雀草

生态习性：喜阳光，但在半阴处栽植也能开花。对土壤要求不严。既耐移栽，又生长迅速，北方越夏能力强。

栽培养护要点：常用播种繁殖。长江中下游一带的播种期一般在11月至翌年8月。气候暖和的南方可以一年四季播种；北方春播。

如果是在早春育苗，应注意确保一定的生长温度，尽量避免生长停滞。播种宜采用较疏松的栽培基质，采用床播、箱播育苗，有条件的可采用穴盘育苗。发芽适温22～24℃，5～8d可出苗。

孔雀草的幼苗生长忌土壤湿度过高，要干透浇透，

注意苗期营养，如果苗期缺肥，植株瘦弱，则会形成小老苗。

撒播的幼苗长至2～3对真叶时分苗。

5.美女樱

生态习性：喜温暖湿润气候，喜阳、不耐阴，不耐干旱，对土壤要求不严，但以在疏松肥沃、较湿润的中性土壤为好，能节节生根，生长健壮，开花繁茂。在炎热夏季能正常开花。

栽培养护要点：以播种繁殖为主，也可扦插繁殖。播种可在春季或秋季进行，北方以春播为主。种子具嫌光性，发芽率低，发芽较慢不整齐。春季播种于1—4月份温室内进行，播后7～14 d出苗，2片真叶后移栽，晚霜过后应用于露地。扦插于4—7月进行，在15～20℃条件下，14 d左右即可生根。

定植株距20 cm左右，定植成活后摘心，促使发生更多的侧枝。夏季应注意浇水防旱，雨季排涝，及时中耕除草。每半月需施薄肥一次，促使发育良好。若缺少肥水，植株生长发育不良。

美女樱抗病虫能力较强，很少有病虫害发生。

6.羽衣甘蓝

生态习性：喜冷凉气候，极耐寒，不耐涝。可忍受多次短暂的霜冻，耐热性也很强，生长势强，栽培容易。

喜阳光，对土壤适应性较强，耐盐碱，喜肥沃土壤，而以腐殖质丰富肥沃沙壤土或黏质壤土最宜。在钙质丰富、pH 5.5～6.8 的土壤中生长最旺盛。

栽培养护要点：播种育苗可在露地进行，畦播和穴盘育苗都可。畦播时要求苗床高出地面约 20 cm 以利于排水。皱叶系列比圆叶系列生长期长，适宜在 7 月中旬播种，圆叶系列适宜在 8 月上旬播种。

穴盘播种基质可用草炭土、珍珠岩以 2∶3 比例混合配制，也可用泥炭土、砻糠灰、珍珠岩按 2∶1∶1 比例配制，用前进行消毒处理。播于穴盘中的可点播，播于苗床中的可撒播，覆土时以刚好看不见种子为宜。播种后覆盖遮阳网，遮阴降温。

播种后，温度保持 21～23℃，基质保持湿润，3～4 d 出苗，定期喷杀虫剂，防菜青虫、小菜蛾类害虫。

8 月中下旬，当幼苗长出 5～6 片真叶时可定植于花坛或上盆，定植地土壤最好是肥沃的沙质土壤。定植株行距(25～30)cm×50 cm，定植时注意深度，不要埋上心叶。

在定植初期，要保持土壤湿润。生长中后期浇水时把握“不干不浇，浇则浇透”的原则，雨后应注意排水。生长期间必须保证充足的肥料供应才能生长良好。

羽衣甘蓝病害较少，主要有灰霉病、软腐病等。

虫害主要有蚜虫、卷叶虫、菜青虫，初发生时及时喷药防治。

7.彩叶草

生态习性：性喜温暖，冬季温度不低于 10℃，夏季高温时稍加遮阴；喜充足阳光，光线充足能使叶色鲜艳。

要求疏松、肥沃、排水良好的土壤。

分枝力强，耐寒力弱。

栽培养护要点：常见播种繁殖，也可扦插育苗。在室内可随时播种，但多于 2—3 月室内浅盆播种，按照小粒种子的方法进行撒播，种子为好光性，播后稍加镇压可不覆土。发芽适温 20～25℃，保持基质湿润，8～10 d 即可发芽。

幼苗抽出真叶后，可先以 3～4 cm 株行距进行分苗，当苗高 6～9 cm 时移入 10 cm×10 cm 的营养钵中，培养土用壤土、腐叶土、河沙按 3∶1∶1 比例配制，加入适量有机肥混匀。

扦插一年四季均可进行，极易成活。可结合植株摘心和修剪进行嫩枝扦插，选取生长充实饱满枝条，截取 5～10 cm，剪掉部分叶片，插入消毒的基质中，扦插后遮阴养护，15 d 左右即可发根成活，水插也易生根。生根后栽于 10 cm×10 cm 的营养钵中。

晚霜过后，可定植于露地，操作要精心，不要损伤根系，一般可适当遮阴养护 10 d 左右，即可进入正常管理。

幼苗摘心可养成丛生的株型，如果要养成圆锥形的株形，则可主干不摘心，只对侧枝进行多次摘心。

对肥料的要求不高，生长季节每月施 1～2 次以氮肥为主的稀薄肥料即可。彩叶草叶大而薄，应保证水分供应，浇水要做到“见干见湿”，生长期间经常向地面和叶面喷水，以提高空气湿度，但不能积水。

幼苗期易发生猝倒病，应注意播种土壤的消毒。生长期注意防治叶斑病。

室内栽培时，易发生介壳虫、红蜘蛛和白粉虱，要及时用药防治。

8. 石竹

生态习性：喜阳光充足、干燥，通风及凉爽湿润气候。要求肥沃、疏松、排水良好及含石灰质的壤土或沙质壤土，忌水涝，好肥。生于草原和山坡草地。

不耐酷暑，夏季多生长不良或枯萎，栽培时应注意遮阴降温。

栽培养护要点：用于规模化生产的石竹，几乎均采用播种繁殖，但也可通过分株和扦插繁殖。

可春播或秋播，种子发芽适温 15～20℃，播后保持床土湿润，5 d 即可萌芽，10 d 左右出苗。石竹自 10 月至翌年 3 月均可进行嫩枝扦插，可将枝条剪成 6 cm 左右的小段，插于沙床，遮光保温保湿，15～20 d 可生根成活。也可花后利用老株于春、秋两季进行分株繁殖。

床播的在 5～6 片真叶时可直接上盆。常规育苗的，移植时间选择在傍晚或阴天进行，起苗时尽量带坨，以提高成活率，定植株距 20～30 cm。

石竹的病虫害主要有锈病和红蜘蛛，注意发生初期及时防治。

9. 百日草

生态习性：喜温暖、不耐寒，生长期适温 15～30℃。喜阳光、怕酷暑，性强健、耐干旱、耐瘠薄、忌连作。根深茎硬不易倒伏。在肥沃深土层土壤中生长花大色艳。

栽培养护要点：以播种繁殖为主，也可扦插繁殖。发芽的适温在 18～22℃，5～7 d 便可出苗。播种时间根据所需开花时间而定，一般提前 2～3 个月于温室播种。露地直播宜在早春严寒过后，否则幼苗发育不良；秋季花坛使用，宜在夏季播种。百日草种子具嫌光性，播种后覆土要严密，以提高发芽率。扦插繁殖于夏季进行，插穗选嫩枝，插后注意遮阴。

播种苗长出 1 对真叶后，移栽一次，苗高 5～10 cm 时定植。当苗高 10 cm 时，留 2 对叶摘心，促其萌发侧枝。当侧枝长至 2～3 对叶时，第二次摘心，促使株型饱满、花朵繁茂。地栽在肥沃和土层深厚的条件下生长良好，盆栽时以富含腐殖质、疏松肥沃、排水良好的沙质培养土为佳。露地定植株行距 30 cm×40 cm。

盆栽百日草宜选矮性系的大花品种，可于 2 月上旬在温室盆播，3 月中旬分苗移入内径 10 cm 的盆内，每盆一株，4 月上旬换入内径 18 cm 的盆中定植。

在室温平稳、光照充足、空气流通、水肥适度的条件下，百日草在“五一”节即可开花展出。

10. 千日红

生态习性：性喜阳光，耐干热、耐旱、不耐寒、怕积水。耐修剪。

喜疏松肥沃土壤，生长适温为 20～25℃，在 35～40℃范围内生长也良好，冬季温度低于 10℃以下植株生长不良或受冻害。

栽培养护要点：常用播种繁殖，春天播种。因种子外密被纤毛，易互相粘连，一般用冷水浸种 1～2 d 后挤出水分，然后用草木灰拌种，也可用粗沙揉搓使其松散便于播种。发芽温度 21～24℃，播后 10～14 d 发芽，矮生品种发芽率低。出苗后 60～70 d 开花，定植株距 30 cm。

性强健，栽培管理粗放。生长期不宜浇水过多，每隔 15～20 d 施肥一次。花后修剪、施肥可再次开花;花期应及时摘除残花,促使开花不断。植株抗风雨能力较弱,种植宜稍密,以防倒伏。

11. 五色苋

生态习性:喜阳光充足,略耐阴;喜温暖湿润,不耐寒;适宜在22～32℃,冬季宜在温度15℃左右、相对湿度在70%左右的温室中越冬。喜高燥的沙质壤土,不耐干旱和水涝。高温、高湿或低温、高湿都易引起植株腐烂。盛夏生长迅速,秋凉后叶色艳丽。

栽培养护要点:在北方地区栽植不能产生种子,常利用扦插法繁殖。

不同地区培育母株的时期不同,辽宁一般8月下旬至9月上旬进行。在生长健壮、无病虫害的植株上剪取插条,插入消过毒的温床中,浇透水,并撒药防治地下害虫。搭成塑料薄膜拱棚封严,并适当遮阴,3～5 d即可生根。生根后床内湿度不宜过大,土壤见干见湿,避免烂根。扦插7 d后要见光,但应注意高温和潮湿,避免日灼和腐烂。冬季要调节好温度和湿度,确保安全越冬。3月中下旬追肥,增加浇水量,促进母株快速生长,为繁殖作准备。

大量用苗繁殖应在4月上旬进行,从母株上剪取插条,按3 cm左右株行距插入床内,管理方法同培育母株。4月末5月初即可使用。温暖季节扦插2～3 d即可生根,10 d就可使用。

12. 非洲凤仙

生态习性:性喜温暖、湿润的气候,喜阳光充足,忌烈日暴晒,夏季要求凉爽,并需稍加遮阴;既不耐干旱,又怕积水,在肥沃、疏松和排水良好的沙质壤土中生长良好。

栽培养护要点:常用播种繁殖,也可扦插繁殖。

全年均可播种,非洲凤仙种子细小,每克种子1 700～1 800粒,播种用消毒的培养土、腐叶土和细沙的混合土。发芽适温为22℃,播后15～20 d发芽。新几内亚凤仙发芽适温为24～26℃,播后7～14 d发芽。种子好光性,播种后不必覆土。撒播种子后盖透明塑料薄膜,置20～25℃环境中,15 d可发芽。发芽后为稳定植株,可在盆面撒细土。出苗后应控制浇水,通风、见光炼苗,以减少病害发生。剪取5～10 cm长的枝条扦插,保湿或泡于水中,在20℃下10 d左右可生根,出根后即可上盆。扦插繁殖更适宜小量繁殖及重瓣花繁殖。

分枝能力较强,盆栽植株要及时修剪整形,促使萌发新的分枝,使株形丰满,开花繁茂。一般在小苗10 cm左右高时,留2～3个节将尖掐掉,这样,每个株就能分生出3～5个枝条,70 d后即可形成冠幅直径为30～50 cm的成品。凤仙花适应性较强,移植易存活,生长迅速。

任务二　露地宿根花卉生产

任务分析

宿根花卉一次栽种可多年观赏,是园林绿化造景的好材料。可用于布置花坛、花境、花丛,本任务通过对宿根花卉习性的了解,能进行合理的繁殖和养护,提高园林造景的观赏效果。对重点花卉能进行生产的组织与管理。

◈ 任务目标与要求

知识目标：了解常见露地宿根花卉的生态习性、繁殖技术、生产与养护技术要点。
能力目标：学会露地常见宿根花卉的育苗及养护技术，为今后从事花卉的生产与养护打下基础。
学习要求：线上主动学习，线下认真听辅导。遵守纪律，遵守实训室、实训基地等相关规则，做好笔记，注意安全。

◈ 相关知识

知识点一　宿根花卉的特点及繁殖、养护要点

一、宿根花卉的特点

1.具有存活多年的地下根部

多数种类具有不同粗壮的主根、侧根和须根。主根、侧根可存活多年，由根颈部的芽每年萌发形成新的地上部而开花、结实，如芍药、萱草、东方罂粟、玉簪等。也有不少种类地下部能存活多年并继续横向延伸形成根状茎，根茎上着生须根和芽，每年由新芽形成地上部开花、结实，如荷包牡丹、鸢尾、肥皂草等。

2.起源地不同，特性不同

宿根花卉可分为耐寒性宿根花卉和不耐寒性宿根花卉。

原产温带的耐寒、半耐寒宿根花卉具有休眠的特性，能够露地栽培，如芍药、鸢尾等，在秋冬季节，地上的茎、叶全部枯死，地下部分进入休眠，春季来临，地下部分着生的芽或根蘖再萌芽、生长、开花。春季开花的种类越冬后在长日照条件下开花，如风铃草等；夏秋开花的种类需在短日条件下开花或短日条件可促进开花，如秋菊、长寿花等。

原产热带、亚热带的不耐寒的常绿宿根花卉，通常只要温度适宜即可周年开花，但夏季温度过高可导致半休眠，如鹤望兰、红掌、君子兰等，在寒冷地区不能露地越冬，冬季温度在10℃左右会停止生长，5℃以下就会受冻甚至死亡。而在温度不过低的时候，植物生长受抑制，停止生长，叶片仍保持绿色，呈半休眠状态。

二、繁殖养护要点

1.繁殖要点

普遍应用无性繁殖，即利用其特化的营养繁殖器官如萌蘖、匍匐茎、走茎、根茎、吸芽、叶生芽等进行分株和扦插繁殖。分株是宿根花卉最常用的繁殖方法，萱草、玉簪、芍药等均可采用此法繁殖。一些新芽较少的花卉则可采用扦插繁殖，如福禄考、菊花等。有时为了育种或得到大量花苗也可采用播种或组织培养繁殖。

2.养护要点

宿根花卉一经栽种后生长年限大，其地上和地下部分都会不断扩展，因此在栽培前应施入大量的有机肥，并深翻土壤40～50 cm以适应其强大的根系。此外在栽植时应根据预计的种

植年限，预留出适宜的生长空间。

为使宿根花卉持续生长茂盛，开花繁茂，应在生长期追肥，一般在春季萌芽前或秋季落叶后沟施有机肥。

对于秋季地上部分枯萎的宿根花卉，待植株秋季枯萎后应剪去地上部分销毁，可减少次年病虫害发生的概率。

对于不耐寒的宿根花卉，冬季应在温室栽培；对于耐寒性较差的宿根花卉，冬季露地栽培应注意防寒。对于生长几年后逐渐衰弱的种类，应结合分株进行复壮和更新。对于生长速度过快或能自播繁衍的花卉应控制其生长面积，以保持良好的景观效果。

三、宿根花卉的应用

宿根花卉一次栽种可多年观赏，因此是园林绿化造景的好材料。可用于布置花坛、花境、花丛，如芍药、玉簪、萱草等；有的可布置成专类园，如鸢尾、芍药等；一些景天类还可布置岩石园，佛甲草是屋顶绿化的主要材料。

知识点二　分生繁殖

一、分生繁殖含义与特点

分生繁殖是人为地将植物体分生出来的幼小植物体（吸芽、珠芽和根蘖等），或植物营养器官的一部分（变态根、茎等）进行分割，脱离母体培育独立个体的繁殖方法。分生繁殖是多年生花卉的主要繁殖方法，特点是方法简便，成活率高，新植株成苗快，但繁殖系数低。分生繁殖分为分株法和分球法。分株法主要应用于营养器官发达的宿根花卉，分球法适用于球根花卉，将在下个任务介绍。

二、分株繁殖

（一）概念及类型

利用植物的芽或分枝育成新的植株的方法叫作分株繁殖。依据萌发枝的来源不同可以分为以下几类：

（1）分根蘖　由根上不定芽产生萌生枝，利用萌生枝进行繁殖，如凤梨。

（2）分根茎　由茎与根接处产生分枝，草本植物的根颈是植物每年生长新条的部分，如荷兰菊、玉簪、紫萼和萱草等。

（3）分吸芽　吸芽是某些植物根部或地上茎叶腋间自然发生的短缩、肥厚呈莲座状短枝。吸芽的下部可自然生根，故可分离而成新株。多浆植物中的芦荟、景天、拟石莲花等常在根部处着生吸芽。

（4）分珠芽及零余子　珠芽为某些植物所具有的特殊形式的芽，生于叶腋间，如卷丹；零余子是某些植物生于花序中的特殊形式的芽，呈鳞茎状（如观赏葱类）或块茎状（如薯蓣类）。珠芽及零余子脱离母株后自然落地可生根。

（5）分短匍匐茎　短匍匐茎是侧枝或枝条的一种特殊变态，竹类、棕竹、吉祥草、沿阶草、麦冬、万年青、天门冬属、蜘蛛抱蛋属、水塔花属等均常用短匍匐茎分株繁殖。

(6)分走茎　叶丛中抽生出来的节间较长的茎,在节上着生叶、花和不定根及幼小植株,小植株另行栽植即可形成新株,如虎耳草、吊兰等。匍匐茎与走茎相似,但节间稍短,横走地面并在节处产生不定根及芽,多见于禾本科的草坪植物,如狗牙根、野牛草等,也可繁殖新株。

(二)分生繁殖操作方法及注意事项

将母株掘起,脱去土团,由根部用刀切开,分割成数丛,使每株都有自己的根、茎、枝、叶,另行栽植。

注意检查病虫害,一旦发现,立即销毁或彻底消毒后栽培。根部的切伤口在定植前用草木灰或硫黄消毒,这样栽后不易腐烂。

中国兰分株时不要伤及假鳞茎,君子兰分株时吸芽必须有自己的根系,否则不易成活。春季分株时注意保墒,秋季分株时注意冬季防冻。

知识点三　扦插繁殖

一、扦插繁殖的含义、特点

扦插繁殖是无性繁殖的一种方式,指切取植物根、茎、叶的一部分,插入基质中,使其生根、萌芽、抽枝,培育成新植株的繁殖方法。扦插繁殖能保持品种的优良性状;使个体提早开花;繁殖方法简单,容易掌握,生产成本低。对不易产生种子的花卉多采用此法。

二、影响扦插生根的内在因素

(一)植物种类

不同种类,甚至同种的不同品种间也会存在生根差异,如景天科、杨柳科、仙人掌科普遍生根容易,而菊花、月季花等品种间差异大,所以要针对不同的生根特点采用不同的处理方法或用不同的繁殖方式。

(二)母体状况与采条部位

营养良好、生长正常的母株是插条生根的重要基础。有试验表明,侧枝比主枝易生根;硬枝扦插时取自枝基部的插条生根较好;绿枝扦插以顶梢作为插条比下部的生根好;营养枝比结果枝更易生根;去掉花蕾比带花蕾者生根好;许多花卉如大丽花属、木槿属、杜鹃花属、常春藤属等,采自光照较弱处的插条比采自强光下的枝条生根好。

扦插时注意插穗应在处理当时切取,天气炎热时宜于清晨切取,处理前应包裹在湿布里,并在阴凉处操作。早上的花木枝条含水量多,扦插后伤口易愈合,易生根,成活率高。

花后枝内养分含量较高,而且粗壮饱满,扦插后发根快,易成活。带踵扦插,从新枝与老枝相接处下部 2～3 cm 处下剪,这类枝条即为带踵枝条。带踵枝条节间养分多、发根容易、成活率高、幼苗长势强。此法适用于桂花、山茶、无花果等。

三、扦插时期

以生长期的扦插为主,在温室条件下,全年保持生长状态的草本或木本花卉均可随时进行,但依花卉的种类不同,各有其最适宜时期。

一些宿根花卉的枝插,从春季发芽后至秋季生长停止前均可进行。多数木本花卉适宜在雨季扦插，此时空气湿度大，插条叶片不易萎蔫，有利成活。在露地苗床或冷床中进行时，最适宜时期为7—8月。

四、促进生根的方法

(一)机械处理

一是剥皮，对较难发根的品种，插前先将表皮木栓层剥去，加强插穗吸水能力，可促进发根；二是纵刻伤，用刀刻2～3 cm长的伤口至韧皮部，可在纵伤沟中形成排列整齐的不定根；三是环剥，剪穗前15～20 d，将准备作为插穗的枝条基部剥一圈皮层，宽5～7 mm，以利插穗发出不定根。还可对枝条进行黄化处理，即将枝条在生长的部位遮光，使其黄化，再作为插条可提高生根力。

(二)环境条件控制

早春扦插常因土温不高而造成生根困难，人为提高扦插基质的温度，同时喷水、通风，降低上端芽所处环境温度，可促进生根。

(三)生根激素与杀菌剂的使用

生根激素可促进扦插早生根、多生根，常用萘乙酸（NAA）、吲哚乙酸（IAA）、吲哚丁酸（IBA）等。生根剂不要使用过量，否则会抑制芽的萌发。

杀菌剂可防止插穗腐烂，常用的有50％的克菌丹或50％多菌灵可湿性粉剂。与生根粉1∶1配合，处理前将插条基部纵刻伤，效果更好。

五、扦插基质及插床类型

(一)扦插基质

扦插基质应保温、保湿、疏松、透气、洁净，酸碱度呈中性，成本低，便于运输，常用蛭石、珍珠岩、砻糠灰、沙等。

(二)插床类型

1.全基质型插床

又称无土苗床，苗床宽度一般为100～130 cm，长度根据具体空间而定。底层用水泥制作或用塑料薄膜与土壤隔开，其上先铺厚度10～15 cm的碎石（或石子），其上再铺一层10～15 cm的粗沙（或珍珠岩与粗沙各半，或珍珠岩、粗沙、草炭各1/3）。其优点是由于与土壤隔离，土壤中的微生物不会侵染、危害插穗；透水透气性很好；消毒容易、彻底；苗床可以反复使用，每年能繁殖5～8批的苗。

2.免移栽薄基质插床

直接在土壤上面铺上4 cm左右的粗沙，将插穗插入粗沙之中，使其在粗沙透气的环境中生根后向下面的土层中深扎。节省材料，插穗生根后可以不用急着移栽，让其在有土的条件下生长，直到休眠期安全地移栽出圃。

3.容器式繁殖

采用穴盘或繁殖杯，在其中放入基质（一般珍珠岩、蛭石、泥炭各1/3），插穗直接插入基质，待生根后进行无土栽培，成苗后带容器销售。优点是基质一次使用，不会有病菌累积；容器苗是国际标准化栽培的趋势；容器苗打破了苗木销售、移栽的季节，随时可以销售，随时可以远距离运输移栽。

4. 全光自动喷雾扦插苗床

由扦插苗床和全光自动喷雾设备组成，苗床床底层平铺 4～5 cm 厚碎石子或碎石子与粗沙混合物，上面再铺 3 cm 厚的珍珠岩，最上一层为 10～11 cm 的蛭石。全光自动喷雾设备由电子叶（即干湿感应板）、电子继电器、电磁阀、自来水管、喷头等组成。这种苗床可自动喷雾，保持插穗及周围环境的湿润，加速插穗生根。插穗成活率高，根系发达、生长快、长势壮，能缩短繁殖期。

六、扦插的种类及操作要点

扦插依材料、插穗成熟度分为枝插（硬枝插、绿枝插、嫩枝插、单芽插）、叶插（全叶插、片叶插）、根插。

（一）枝插

1. 硬枝插

硬枝插是在休眠期用完全木质化的一、二年生枝条作为插穗的扦插方法。多在秋季落叶后采插条，少数可在冬季或早春树液流动前操作。插条应选长势旺、节间短而粗壮、无病虫害的枝条，采集后的枝条捆成束，贮藏于室内或地窖的湿沙中，温度保持在 0～5℃。

硬枝插多在露地进行，春季地温上升后即可开始，我国中部地区在 3 月，东北等地在 5 月。扦插时截取中段芽饱满的部分，剪成 3～5 个芽，约 15 cm 的小段，上剪口在芽上方 1 cm 处平剪，下剪口在基部芽下 0.3 cm 处削成斜面。插时应斜插，与地面成 45°角。扦插方法如图 2-2 所示，适用于花木类。

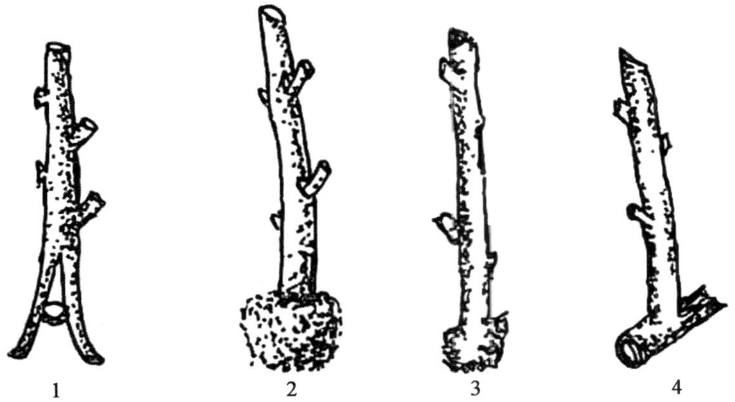

图 2-2 硬枝插

1. 夹石子插 2. 泥球插 3. 带踵插 4. 锤形插

2. 绿枝插（半嫩枝插）

绿枝插是在生长期用基部半木质化、带叶片的绿枝作为插穗的扦插方法。

花谢 1 周左右，选取腋芽饱满、叶片发育正常、无病害的枝条，剪成 10～15 cm 的小段，上剪口在芽上方 1 cm 处平剪，下剪口在基部芽下 0.3 cm 处芽的对面斜剪，剪口切面要平滑。插穗叶片剪去 1/3 或 1/2。插时应先开沟或用相当粗细的木棒插一孔洞，插入插穗的 1/2 或 2/3 部分，用手指在四周压紧或喷水压实。适于绿枝插的花卉有月季、桂花、含笑等。如图 2-3 所示。

仙人掌类、石莲花属、景天属等多浆植物，在生长旺盛期进行扦插极易生根，但剪下的插穗应放在通风处干燥几日，待伤口稍有愈合再扦插，否则易腐烂，插后不必遮阴。

3. 嫩枝插

是生长期采用枝条顶部嫩枝作为插穗的扦插方法。大多数的草本花卉生长较快，在其生长旺盛期，采 10 cm 长嫩茎尖，基部削面平滑，插入蛭石、砻糠灰、河沙等基质中，喷水压实。菊花采用抱头芽扦插，一品红、石竹、丝石竹采用茎尖扦插。如图 2-3 所示。

4. 单芽插

单芽插适宜温室花木类使用，插穗为一芽附一片叶，芽下部带一小段茎，插入沙床中，露出芽尖即可。叶大的可卷起固定，橡皮树、八仙花、菊花等可用此法。如图 2-3 所示。

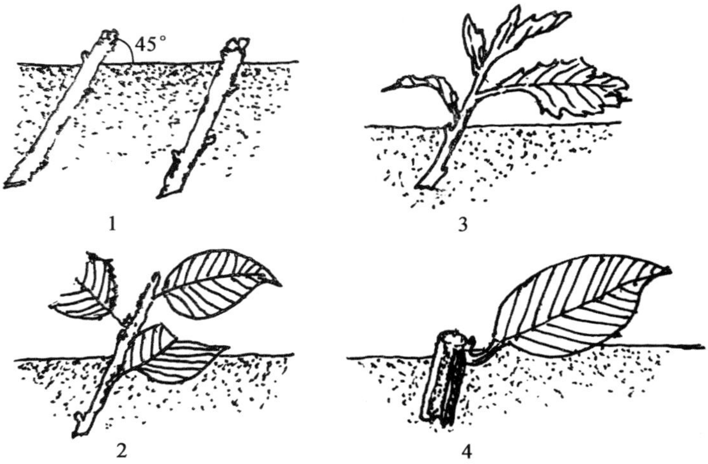

图 2-3 枝插繁殖

1. 硬枝插 2. 绿枝插 3. 嫩枝插 4. 单芽插

（二）叶插

用花卉叶片或叶柄作为插穗的扦插方法，适用于能自叶上发生不定芽和不定根的种类。能用叶插繁殖的花卉大多数有粗壮的叶柄、叶脉或肥厚的叶片。叶插时要选择发育充实的叶片作为插穗。叶插可分全叶插和片叶插。如图 2-4 所示。

二维码 2-2
叶插繁殖

1. 全叶插

全叶插是以完整叶片为插穗的扦插方法。

（1）平置法　切去叶柄，将叶片平铺固定于基质上，下面与基质紧接，蟆叶秋海棠和彩纹秋海棠可用此法。扦插后自叶片基部或叶脉处产生植株，蟆叶秋海棠叶片较大，可在各粗壮叶脉上用小刀切断，在切断处发生幼小植株。大叶落地生根平铺在基质上，会从叶缘处产生幼小植株，小植株生根后可分栽。

（2）直插法　也称叶柄插法，将叶柄插入基质中，叶片立于基质面上，叶柄基部可以发生不定芽。大岩桐适于此法，于叶柄基部形成小块茎后产生根与芽。用此法繁殖的还有非洲紫罗

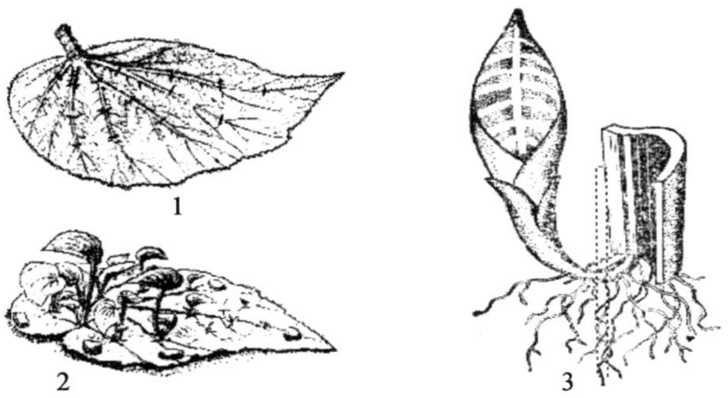

图 2-4　叶插繁殖

1.刻伤叶脉　2.生出新叶　3.全叶插

兰、豆瓣绿、球兰等。

2.片叶插

片叶插是将一个叶片分切成为数块,分别进行扦插,使每块叶片上形成不定芽,此法适用于蟆叶秋海棠、大岩桐、豆瓣绿、虎尾兰等。将蟆叶海棠叶柄和叶片基部剪去,按主脉分布情况,分切为数块,使每块上含有主脉一条,叶缘较薄处适当剪去,然后将其下端插入基质中,不久自叶脉基部发生幼小植株,下端生根后即可分栽。虎尾兰的叶片较长,可横切成 5 cm 左右的小段,将其下端插入沙中,自下端可生出幼株,注意不可倒插。金钱树的复叶也可以切成几段,分段扦插,先长小球,球上生根和芽。

(三)根插

根插是用根作为插穗的扦插方法。

1.细嫩根类扦插

将根切成长 3～5 cm 的段,撒播于插床或花盆的基质上,再覆基质一层,注意保温、保湿,发芽出土后可移植,宿根福禄考、肥皂草、牛舌草、毛蕊花等均可用此法繁殖。

2.肉质根类扦插

将根截成 2.5～5 cm 的插穗,插于沙内,上端与沙面平齐或稍突出,如荷包牡丹、芍药、霞草等常用此法繁殖,注意上下方向不能颠倒。

七、扦插后管理

(一)温度管理

不同种类的花卉,要求不同的扦插温度。大多数花卉种类适宜扦插生根的温度为 15～20℃,嫩枝扦插的温度宜在 20～25℃,热带花卉植物可达 25～30℃。当插床基质内的温度(地温)高于气温 3～5℃时,可促进插条先生根后发芽,成活率高。

北方的硬枝插在室外要搭盖小拱棚,防止冻害;调节土壤墒情,提高土温,促进插穗基部愈伤组织的形成。

(二)湿度管理

扦插初期,硬枝插、嫩枝插和叶插的插穗无根,为保持插穗体内的水分平衡,插床环境要保持较高的空气湿度。一般插床基质含水量控制在 50%～60%,保持较高的空气湿度,需 90%左右的空气相对湿度。气温上升后,应及时遮阴防止插穗蒸发失水而影响成活。

(三)光照管理

扦插初期由于叶片表面积大,阳光充足温度升高,会导致插条萎谢,要适当遮阴。当根系大量生出后,陆续给予光照,加强叶片的光合作用,促使愈伤组织形成。绿枝扦插带叶片但不能太多,便于在阳光下进行光合作用,促进碳水化合物的合成,提高生根率。

(四)通风管理

插条在生根过程中需进行呼吸作用,尤其是当插穗愈伤组织形成后,新根发生时呼吸作用增强,降低插床中的含水量,保持湿润状态,适当通风提高氧气的供应量,促进生根快,生根多。

任务实施

子任务一　分株繁殖

1. 材料准备

工具材料:利刀、枝剪、喷壶、培养土、消毒剂、杀菌剂、花盆、肥料等。

植物材料:春季可用萱草,秋季可用芍药、荷包牡丹等,温室进行的可选一叶兰、竹芋类、兰花等,因地因时制宜。

2. 方法步骤

(1)组织分工　学生分组,到花卉实训基地、花圃、园林绿地进行实践,记录操作学习过程,完成工作任务。

(2)操作　教师示范,学生看后操作,教师指导评价。

兰花和芍药分株的操作程序:

兰花分株　2—3 月份为分株最佳时期,也可在 10 月份以后,于休眠期的早期进行。将待分株的兰花从盆中取出,去除外围土,剪去枯、残、病、老根,并抖落部分附土,用利刀将假鳞茎之间的"马路"切断,使每切断的假鳞茎都带根,每丛有 4～5 个假鳞茎,用木炭粉涂抹伤口。按新植株的大小选用相应的花盆,上盆栽植。栽植完毕后,用喷壶充分喷水,置阴处数日缓苗,待苗恢复生长后,逐渐见光。

芍药分株　常于 9 月初至 10 月上旬进行,此时地温比气温高,有利于伤口愈合及新根萌生。

分株时将根丛掘出,振落附土,放阴凉处 1～2 d,待根稍软时按每株丛带 2～5 个芽,顺自然纹理切开,在伤口处涂以草木灰或硫黄粉,再栽入准备好的圃地中。

3. 考核要点与方法

(1)记录分株繁殖的操作过程。

(2)按表 2-6 记载任务实施情况。

表 2-6　分株繁殖记录表

花卉名称	分株日期	分株数/丛	成活/丛	成活率/%

(3)依据操作过程(40%),实验实训记录结果(30%),理论知识与技能要点解答情况(20%),学习态度(10%)进行综合考核、评价。

子任务二　扦插育苗

1.材料准备

工具材料：插床、扦插基质、消毒剂、剪刀、刀片、竹签、喷壶等。

植物材料：菊花、杜鹃花、大岩桐、蟆叶海棠、虎尾兰等。

2.方法步骤

（1）人员组织分工　以小组为单位，分别完成枝插和叶插。

（2）操作　教师示范，学生看后操作，教师指导评价。

枝插与叶插的操作程序：

①菊花嫩枝扦插　秋菊在4月中旬至5月上旬为好，矮性菊早插，高性菊迟插。选合适的菊花母株，将萌发的新梢剪取长8～10 cm作为插穗。扦插基质可用园土掺少量的腐叶土、沙、砻糠灰，也可用沙，还可用沙、蛭石或珍珠岩和蛭石的混合物。扦插时先用竹签扎好小洞，再将插条插入，深度为插条的1/3～1/2，株行距8～10 cm。插后将基质压实，使基质与插条紧密结合，并立即浇足水分，搭阴棚遮阴。经常保持基质湿润，一周后早晚可以接受阳光1～2h，三周后除中午遮阴外，其余时间不必遮阴。保持适宜温度为15～20℃。生根后水量可酌情减少，插床稍干一些为好，防止插条腐烂。

②杜鹃花绿枝扦插　选取粗壮、健康的半成熟嫩枝，长12～15 cm，去掉基部叶片，留下顶端叶片，叶片过大可以剪去1/3。常用松针土作扦插基质，也可以一份沙加一份泥炭作为杜鹃花扦插的基质，要求pH以4～4.5为好，基质配好后放入准备扦插的盆、浅箱或床框中，厚度7.5 cm左右。扦插前可用0.1%萘乙酸溶液浸泡插条基部1～2 min，还可用2 500～5 000 mg/L的B_9水溶液，浸泡5～10s。扦插深度约为插条的1/3，株行距10～15 cm。扦插后保持气温20℃，地温20～24℃，空气相对湿度80%～90%。

③蟆叶海棠、大岩桐全叶插　以蟆叶海棠为材料，切去叶柄，主脉用刀片切伤，将叶片平铺沙面上，以铁针或竹针固定于沙面上，下面与沙面紧接，遮阴保湿。以大岩桐完整叶片为插穗，将叶柄插入沙中，叶片立于沙面上。

④虎尾兰片叶插　以虎尾兰为材料，将叶片横切成5～10 cm小段，在下切口剪去一角确定方向，按原来上下方向插入插床2～3 cm深。金边虎尾兰的扦插苗失去金边，只能用分株法繁殖保持母体性状。

3.考核要点与方法

（1）记录扦插的操作过程。

（2）按表2-7记录实验实训结果。

表2-7　扦插繁殖实验实训记录表

扦插种类	扦插日期	扦插株数	应用植物生长调节剂浓度及处理时间	插条生根情况			成活株数	成活率/%	未成活原因分析
				生根部位	生根数	平均根长			
嫩枝插									
绿枝插									
全叶插									
片叶插									

(3)依据操作过程(30%),实验实训记录、原因分析与成活率(40%),理论知识与技能要点解答情况(20%),学习态度(10%)进行综合考核与评价。

子任务三　金娃娃萱草生产技术

金娃娃萱草是萱草的多倍体中选出来的一个矮化的园艺品种,是萱草中唯一可以多季开花的大花种类。花色鲜艳,花期长,叶丛翠绿,株型娇小可爱,且早春叶片萌发早,翠绿叶丛甚为美观。金娃娃萱草适应能力特别强,适宜在城市公园、广场等绿地丛植点缀。

金娃娃萱草地下具根状茎和肉质肥大的纺锤状块根,有强大的贮水功能。株高 30 cm,全株光滑无毛,叶基生,条形,排成两列,长约 25 cm,宽 1 cm。花梗粗壮,由叶丛抽出,高约 35 cm。螺旋状聚伞花序,着花 7～10 朵。花冠百合花状漏斗形,花径 7～8 cm,亮黄色。花期 5—11 月,长达 6 个月(5 月初是初花期,6—7 月为盛花期, 11 月才结束),单花开放 5～7 d。

喜光,耐干旱、湿润与半阴,对土壤适应性强,但以土壤深厚、富含腐殖质、排水良好的肥沃的沙质壤土为好。病虫害少,在中性、偏碱性土壤中均能生长良好。

性耐寒,最适合幼苗期生长的温度是 16～25℃,成苗期地下根茎能耐－20℃的低温。在中国大多数地区不需要防护措施就可以安全越冬。

一、分株育苗

种子繁殖开花较晚,一般 7 月种球形成,种子基本成熟了可播种,但繁殖率低,较少采用。生产上常用分株育苗。

(一)培养土的选择与配制

分株前配制适合金娃娃萱草生长的培养土,选沙质园土,深翻耙碎。要对土壤进行消毒,一般每立方米营养土用 70%甲基硫菌灵可湿性粉剂 100 g 或 50%多菌灵可湿性粉剂 100 g 进行消毒。将园土和腐熟有机肥按 6∶4 比例配营养土,把有机肥均匀撒施,同时每立方米土里撒施 0.5 kg 的 15∶15∶15 的氮磷钾三元复合肥,混匀后把营养土堆好备用。

(二)分株

金娃娃萱草年繁殖系数一般为 1∶6,肥沃土壤可达 1∶10。春秋两季都可进行分株。华北地区分株可在 3 月初到 5 月中旬,或 10 月中旬到 11 月中旬。春季分株可当年开花,秋季分株的要在第二年春天长叶开花。

分株一般在早上 10 点前进行,要选择花蕾多,生长旺盛,无病虫害,二年以上的母株分株。将选定的植株整丛掘起,轻轻抖掉浮土,剪去上部的叶片,保留 10～15 cm 长度,每 2～3 个主茎分一丛,边分株边栽入 12 cm×13 cm 的营养钵中,尽量保持根部的完整,覆土盖住基部 2～3 cm,不要过深或过浅。过深分蘖慢,过浅长势弱。上盆后立即浇一遍透水并遮光处理。小苗要在遮阴条件下 15 d 左右,直到抽生出新叶。新叶抽出后撤去遮阳网,进入幼苗期的管理。

二、生产管理技术

(一)幼苗期管理

进入幼苗期的萱草每隔 15 d 浇一次水,选晴天的上午或傍晚进行,金娃娃萱草喜肥,在幼苗生长期一定要给予充足的肥水供应,每个月按 6.8 kg/亩施用 15∶15∶15 的氮磷钾三元复合肥一次，施完后马上浇水。

及时拔除营养钵中的杂草。病虫害防治应以预防为主，每月要喷施一次15%的三唑酮可湿性粉剂1 000倍液预防锈病，喷施一次15%的哒螨灵乳油2 000倍液预防红蜘蛛。

（二）成苗期的管理

分株50 d后，营养钵中的苗长成30 cm高的成苗了，开始陆续开花，开花前要按每6.8 kg/亩追施100 kg左右加工好的有机肥可以提高花朵的质量。盛花期根外追施0.3%的磷酸二氢钾溶液促进花蕾强壮，延长花期，绿叶期延长。

要根据天气情况适度浇水，干旱期每隔20 d浇一次水，多雨季节注意排水。

注意病虫害防治，每个月要喷施一次50%代森锰锌可湿性粉剂500倍液预防叶枯病和叶斑病，喷施一次15%的三唑酮可湿性粉剂1 000倍液预防锈病，喷施一次15%的哒螨灵乳油2 000倍液预防红蜘蛛。出现蚜虫可用70%吡虫啉2 000倍液控制，也可用生物防治。

进入成苗期的苗随时可移栽入园林绿地，移栽前对园林绿地进行翻耙整地，施足底肥，稀植观赏效果不好，密植影响通风和分生。一般株行距以20 cm×20 cm或15 cm×25 cm为宜。栽植的深度盖住根部以上1～2 cm，苗要栽正，覆土后根部要压实，大约经过15 d的缓苗期，金娃娃萱草就可以茁壮生长了。

☞ 考核要点与方法

每位同学根据自己学习的情况回答下列问题，最后教师作出评价，如下表2-8所示：

表2-8 金娃娃萱草生产技术考核

考核内容	考核问题	分值	得分	教师评价
金娃娃萱草生产技术	1.金娃娃萱草的习性。	20分		
	2.金娃娃萱草的苗期管理。	40分		
	3.查一查还有哪些萱草种类用于园林应用？	40分		

子任务四 芍药生产技术

芍药是我国的传统名花，与花王牡丹齐名，称为花相。为春季主要观赏花卉，与牡丹花期相近，是布置牡丹芍药园的主要材料，在园林中常成片种植，花开时艳丽多姿，景象十分壮观。它也是主要的中药材，需求量也较大。在我国华北、东北、华中、华东、西南都有种植。

一、品种选择

我国的芍药品种多样，有单瓣的、重瓣的，花型花色也多样，观赏性状各具特色，无论是传统地方品种还是新选育的品种药用价值没有太大区别，在选择生产的品种时，一定要到芍药种植基地去引种，如安徽亳州、山东菏泽、四川中江和浙江磐安。

二、整地施基肥

喜向阳，但稍予庇阴，开花也佳。土质以深厚的壤土最适宜，以湿润土壤生长最好，但排水必须良好，8 h的积水就会烂根，尤其是冬季积水很容易使芍药肉质根腐烂，所以低洼地、盐碱地均不宜栽培。我国年降雨量超过1 500 mm的地区不适宜种植芍药。性喜肥，圃地要深翻并施入充分的腐熟厩肥，芍药为肉质根，根系较长，选择土层浓厚，地下水位低，排水良好，疏松肥沃的沙壤土田块种植。每亩均匀撒施优质有机肥3 000～4 000 kg、三元复合肥50～60 kg作基肥，深耕或深松30～40 cm，耙细整平。如果往年地块有积水现象要设置好排水沟。

三、种植管理

用于生产的芍药可采用播种繁殖，也可用分株繁殖等方法。

（一）播种繁殖法的操作与管理

播种的方法，幼苗生长缓慢，发育良好的需3～4年始能开花。8月份芍药种子成熟时，果实开裂，应随采随播种。播前浇透水，然后播种。最好采用条播的方式，播种沟深10 cm，行距为50 cm，将种子按10 cm的株距点播均匀，播后覆细土，厚度为3～5 cm，经常保持土壤湿润，必要时上面可盖上一层玉米秸或稻草，以达到遮阴、通风、保湿的目的。

秋季播种时间不能晚于10月下旬，播种的当年即可生根，但幼芽在翌年春暖后始能出土。第二年的芍药苗生长量较少，除了除草一般不用太管理，播种后第三年春，芍药萌发出红色的嫩芽，要及时追肥，芍药有“春季长苗、夏季打盹、秋季长根、冬季休眠”的特点。春季施肥可促进长苗，一般每次施用15∶15∶15的氮磷钾三元复合肥50 kg/亩，过磷酸钙25 kg/亩，播种后第三年的芍药到5月份株高可长到30 cm左右，要进行松土、除草、追肥等日常管理，每月除草一次，连除3次，除草时浅松表土3～5 cm，防止伤根。摘下的花蕾可作为鲜切花销售。

春季如果天气干旱，土壤含水量低于12%可以适当浇水。

夏季气温高，芍药生长缓慢，也不需要进行特殊的管理，夏末秋初，芍药种子成熟，留种田要及时采收。

秋冬季管理 10月下旬，地上部分开始发黄枯萎，此时要剪除地上部分，并清洁田园，集中深埋，减少病虫害的传播危害。北方地区冬季寒冷地区可距地面10 cm剪除，培土防寒，进入休眠状态，整个冬季不需要其他的管理了。

播种后第5～6年，芍药可进入开花盛期，观赏效果很好。

（二）分株繁殖法的操作与管理

用于园林绿地栽植的芍药常用分株法，当年即可开花，地下根的膨大速度也快。

分株定植的时间最好在9月下旬至10月上旬，这时芍药母株地上部分已停止生长，根茎养分最充足，分株栽植后，根系尚有一段恢复生长的时间，对来年全株生长有利。可先将母株的根掘出，振落附土，晾一天，再顺着芍药的自然分离处用利刀切分，每丛根带有4～5个芽。根部切口最好涂以硫黄粉，以防病菌侵入，再晾1～2 d即可分别栽植。

采药的芍药秋季结合收刨芍药，选取根粗长均匀、顶芽粗壮、无病虫害的芍药植株，把直径0.5 cm以上的大根切下入药，留下具有芽头（也称芍头）的根丛作种用。将作种用的芽头按大小及自然生长形状分块（也称芍芽），每块以带粗壮芽2～3个、厚度2 cm左右为宜。芍芽应随切随栽，如一时栽不完，可将芍芽贮藏到20 cm深的湿沙坑内。

以观花为主，栽植于园林绿地栽植的芍药，株距50 cm，行距70 cm。栽植时穴深12 cm，直径20 cm；穴内先浇足水，水渗下后在穴底铺4 cm厚的腐熟厩肥，其上覆土4 cm厚，压实后将芍药芽尖朝上放入穴中间，每穴放芍药芽1～2个。栽后每穴培土10～15 cm高。越冬前要浇足防冻水。

芍药定植后不能经常移栽，否则会损伤根部，影响生长和开花。为使芍药良好生长，每年需进行合理施肥。第一次在3月出芽时施用，第二次在4月现蕾时施用，第三次在5月下旬花谢后施用，第四次在8月下旬处暑以后，植株孕育翌年花芽时施用，第五次在11月，在植株周围开沟施冬肥。每次施肥后，都要浇足水，并应立即松土，以减少水分蒸发。雨季应经常中耕除草。

为了使养分集中，花大色艳，花蕾显现后，要及时摘除侧蕾。为防止顶蕾受损，可预留1个侧蕾，待顶蕾开始膨大而正常发育时，再去除预留的侧蕾。

危害芍药的病虫害有灰霉病、锈病、软腐病、蛴螬、小地老虎等。灰霉病可用甲霜灵、波尔多液等防治；锈病可用粉锈宁、敌唑酮、敌力脱等防治；软腐病用农用链霉素、代森锰锌、加瑞农等防治；蛴螬、小地老虎等用辛硫磷、呋喃丹等药剂灌根或顺垄撒施防治。

☞ 考核要点与方法

每位同学根据自己学习的情况回答下列问题，最后教师作出评价，如下表2-9所示。

表2-9　芍药生产技术考核表

考核内容	考核问题	分值	得分	教师评价
芍药生产技术	1.芍药繁殖的方法有哪些？	30分		
	2.芍药的日常管理。	30分		
	3.查一查芍药用于园林应用有哪些品种？芍药有哪些用途？	40分		

知识拓展

拓展　其他常见露地宿根花卉生产要点

1.玉簪

生态习性：性强健，耐寒冷，中国大部分地区均能在露地越冬；性喜阴湿环境，不耐强烈日光照射；要求土层深厚，排水良好且肥沃的沙质壤土。

栽培养护要点：玉簪有狭叶玉簪和紫萼两个种，在生产中可适当选择。

育苗多用分株法，春、秋均可进行。露地栽培可在4月间或10—11月进行，将植株挖起，每2～3个芽切成一丛，然后地栽。为了满足短时间内大规模生产需要，常取芽、叶片、花器作为外植体进行组织培养育苗，生长速度快，2年可开花。

露地定植应选背阳地块，植于树下或建筑物北侧生长良好，把土翻耕耙松，掺入腐熟的堆肥或厩肥，充分混合、耙平后做成平畦或小高畦。

玉簪苗长出3～4片叶即可定植，定植株行距为30 cm×40 cm，栽植时注意浅不露根，深不埋心，栽后浇透水。

生长期间要保持土壤湿润，雨季还应注意排水，夏季要特别注意遮阴。成活后，在生长期中要施腐熟稀薄肥2～3次，可促进植株生长健壮旺盛，夏末秋初即可开花。

锈病，可用波尔多液防治；叶斑病，可用铜素杀菌剂或其他杀菌剂喷雾防治。

2.宿根福禄考

生态习性：性喜温暖，稍耐寒，忌酷暑。在华北一带可冷床越冬。喜排水良好、疏松的壤土，不耐旱，忌涝。

栽培养护要点：常用播种繁殖，暖地秋播，寒地春播，发芽适温为15～20℃。种子生活力可保持1～2年。秋季播种，幼苗经1次移植后，至10月上、中旬可移栽冷床越冬，早春再移至地畦，及时施肥，4月中旬可定植。

花期较长。蒴果成熟期不一，为防种子散落，可在大部分蒴果发黄时将花序剪下，晾干脱粒。5月初至5月中旬定植，株距40～45 cm为宜，栽植深度比原土深1～2 cm。生长期经常浇水，保持土面湿润。6—7月生长旺季可追肥1～3次。

东北地区越冬要防寒。

> **●花木如诗**
>
> 我藏身于一朵花中，那花，正在你的花瓶中凋谢，你不会想到，这令我感到近乎孤独。
>
> ——美·艾米丽·狄金森

3.羽扇豆

生态习性：较耐寒，喜气候凉爽，阳光充足的环境，忌炎热，略耐阴，需肥沃、排水良好的沙质土壤。可忍受0℃的气温，但温度低于－4℃时冻死；夏季酷热抑制生长。

栽培养护要点：可用播种、扦插和分株繁殖。春、秋季可播种繁殖，在21～30℃高温下发芽整齐。扦插繁殖可在春季剪取根茎处萌发枝条，剪成6～10 cm，最好略带一些根茎，扦插于冷床，生根后移植，秋季定植。分株繁殖春、秋季可进行，一般2～3年分株一次。

宜早春定植，株距40 cm。主根发达，须根少，不耐移植，移苗时保留原土，以促进缓苗。早栽早发棵，开花较早。入夏前结实后地上部分枯萎，秋季再萌发新株，或于枯萎前采收种子。华北以北地区需保护越冬。

4.八宝景天

生态习性：性喜强光和干燥、通风良好的环境，亦耐轻度庇阴，能耐－20℃的低温；要求排水良好，耐贫瘠和干旱，忌雨涝积水。

栽培养护要点：可扦插和分株繁殖。

扦插避开雨季，扦插成活率更高。在华北地区，主要于4月中旬至8月上旬进行。选长势良好无病虫害的母株，剪取长8～13 cm的茎段，去掉基部1/3的叶片，在阴凉处晾1～2 d，斜插入事先平整好的土地中，露出地面的部分以长4～5 cm为宜。扦插后及时喷雾浇水，炎热夏季扦插苗生根期间可用遮阳网遮阴，保持土壤湿润即可，直至长好新根，插后3～4周植株即可开始生长，有的最后会长出侧芽。

缓苗期及时松土除草，每2周浇1次水，以后经常保持土壤湿润，但不能渍水。入冬前灌冻水，次年春季剪除地上部枯枝。

分株可在每年春季4—5月，当年便可开花。秋季分株，第二年开花。将母株根挖出后，顺自然纹理小心分成若干份，每份根状茎3～5个，将分好的植株栽植于备好的苗床，平畦和细沟栽植均可，栽后灌透水。春季分株栽植的，栽植深度以埋住根痕为宜，栽后连灌2次透水，合墒时培土，以后经常保持土壤湿润，雨后和浇水后及时松土除草，入冬前灌冻水。秋季分株栽植的，剪去地上部分主茎，留10 cm左右，栽植深度以埋住根基芽为宜；灌1次透水后适当培土，入冬前灌冻水，次年春季4月中旬及时补浇1次水，即可正常生长。

5.鸢尾

生态习性:自然生长于水边湿地。性喜温暖湿润,强健,耐寒性强,露地栽培时,地上茎叶不完全枯死。对土壤要求不严,以土质疏松肥沃生长良好。

栽培养护要点:常用分株和播种繁殖。分株常在早春3月或花凋谢后进行,挖起母株,将根茎分割,各带2~3个芽,分别栽植。8月底种子成熟即可播种。播后4~6周出苗,实生苗培育2年可开花。

一般栽植于水边或湖畔。栽前施腐熟有机肥,要注意水湿条件,水位要控制在根茎以下,12月底地上部枯萎,冬季可略干燥。

栽植时深度宜浅不宜深,根部刚好稳住不倒即可。

注意保持土壤湿润,水层厚度可以保持苗高的1/4。待植株稳根后,施氮肥2 kg/亩。每1个月用适量浓度的广谱杀菌剂(如50%的多菌灵1 000倍液)进行鸢尾叶斑病等病害的防治。同时在5—6月生长旺盛期,随着温度渐高,土壤湿度大,易发生蝇类幼虫,危害幼苗的根茎,使植株发育不良。防治时可以用水淹盖植株基部,用50%辛硫磷1 000倍液浇灌植株基部。

任务三 露地球根花卉生产

任务分析

球根花卉色彩丰富,花色艳丽,花期较长,适应性强,是园林应用中比较理想的植物材料。本任务要求通过对露地应用的球根花卉习性的了解,采取相应的生产技术措施,生产出优质的产品,提高园林造景的观赏效果。

任务目标与要求

知识目标:了解常见球根花卉的生态习性、生产栽培技术要点。
能力目标:学会露地常见球根花卉的育苗技术,为今后从事花卉的生产与养护打下基础。
学习要求:线上主动学习,线下认真听辅导。遵守纪律,遵守实训室、实训基地等相关规则,做好笔记,注意安全。

相关知识

一、球根花卉分类

(一)按形态和变态部位分类

1.鳞茎类

属于地下茎的变态,底部是短而扁平的圆盘状鳞茎盘,茎盘上由多层鳞

二维码2-3
球根花卉的分类

片层层抱合，呈球状体。芽着生于鳞片之间的节上。鳞茎盘的下部有木质化的底盘，新根由此发出，如郁金香、风信子、百合等。可进一步分为有皮鳞茎和无皮鳞茎。

有皮鳞茎鳞片成层排列，横切为同心圆，最外层鳞片木质化或木栓化，如水仙、风信子、朱顶红等。

无皮鳞茎鳞片以茎的短轴为中心，呈瓦片状排列，最外层无皮膜包被，如百合、花贝母等。

2. 球茎类

地下茎为实心的球或扁球，球茎上有横纹状茎节，节上有芽着生，外有木栓化皮膜包被，基部有底盘，是发根处，如唐菖蒲、番红花等。

3. 块茎类

地下茎呈球状或扁平不规则块状，根生于中下部，皮较厚，上有不明显的节和芽、芽眼。块茎增生子球能力弱，不进行每年的更替，多年后死亡，如仙客来、大岩桐等。

4. 根茎类

地下膨大部分为短缩的茎，肥厚多肉，贮藏大量养分。茎上有明显的节、节间。根茎呈水平状生长，且可以形成分歧（枝），四处伸展，节部不断发生新的茎和芽，形成侧枝，如美人蕉、姜花、铃兰、六出花等。

5. 块根类

地下部分是由膨大的根变态而来（无芽眼），膨大部分形似人参（萝卜），其芽着生于根颈部位，如大丽花、花毛茛等。

（二）按栽培习性分类

球根花卉按栽培习性可分为春植球根、秋植球根、温室常绿球根。

1. 春植球根

原产于热带、亚热带，喜温暖、不耐寒。一般在春季栽球，夏秋生长，秋末地上部枯死，地下部进入休眠，将球挖起，次年再栽球，如唐菖蒲、美人蕉、晚香玉、大丽花等。

2. 秋植球根

原产于温带，喜凉爽、较耐寒、不耐高温。一般秋季栽植于露地，入冬前仅生长一段营养体就休眠越冬，次年春天气温回升，植株生长开花，夏季高温前地上部枯死，地下部进入休眠，如郁金香、风信子、花毛茛等。

3. 温室常绿球根

原产于热带、亚热带的多年生常绿球根花卉，喜温暖、不耐寒，北方需要在温室内栽培，如虎眼万年青、大岩桐、马蹄莲等。

二、球根花卉繁殖

主要采用分球繁殖，可以分栽自然增殖的球，或利用人工增殖的球。自然增殖力差的块茎类花卉主要是播种繁殖。还可依花卉种类不同，采用鳞片扦插、分球等方法繁殖。

（一）球茎类花卉

如唐菖蒲、香雪兰等在栽培中老球生新球，新球茎基部的四周长出小球。掘取后晒干，除去干枯老球，将新球与小子球剥离，分别贮藏，将来分别栽植。如图 2-5 所示。

（二）鳞茎类花卉

如百合、朱顶红、郁金香等，一般都采用自然分球法，待鳞茎分化形成数个新鳞茎后，分离

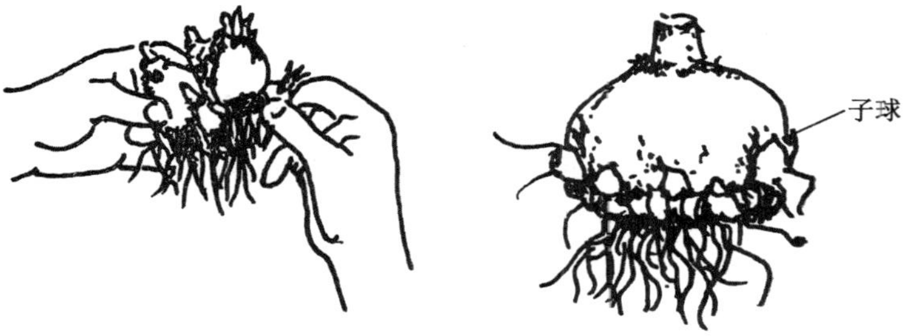

图 2-5　自然分球

栽培。为提高繁殖率，也可进行人工割伤，促进子球产生。

(1)刻沟法　6 月掘起鳞茎后使其充分阴干，约经一个月，在鳞茎基部切割成十字形或放射形切口，深度约 1 cm，切后用硫黄粉防腐，然后将鳞茎切口向上倒置，放于贮藏架上，秋季伤口间及发根部分会长出极小的球，子球培养 3～4 年即可开花。如图 2-6 所示。

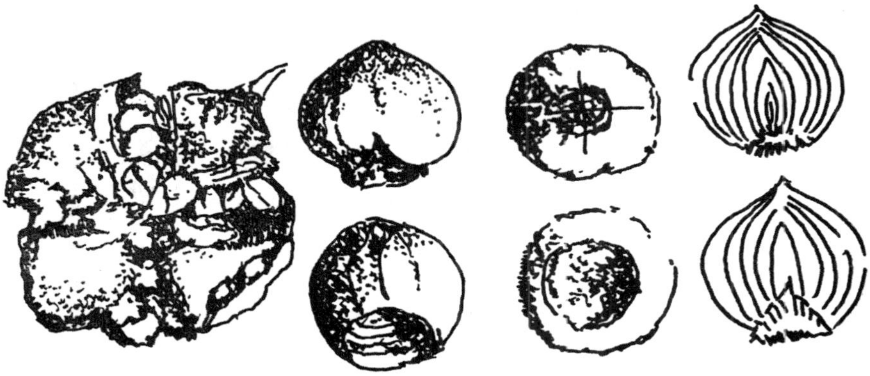

图 2-6　风信子鳞茎人工刻伤处理

(2)挖孔法　母球掘起后充分干燥，于 8 月选晴天干燥时，将球底部挖掉达全球的 1/3～1/4，去掉中心芽，切口应光滑，管理同上。此法产生的球小而多，培养 4～5 年才能开花。如图 2-6 所示。

(三)块根类花卉

采用分割块根法，如大丽花、花毛茛，芽在根颈上，分割繁殖时必须每块根要连带着芽切分。

(四)块茎类花卉

采用块茎分割法，如马蹄莲、花叶芋。块茎分割时注意不定芽的位置，切割时不要伤及芽，而且每块带芽，可以增加繁殖数量和繁殖效果。

(五)根茎类花卉

采用切割根状茎法，如美人蕉、鸢尾等，根茎含水分多，贮藏期要防止冻害，切割时要保护芽体，伤口要注意防腐。

三、球根花卉栽培要点

(一)栽植的深度

球根花卉栽植的深度因栽培种类、栽培介质、栽培目的而异。多数百合类花卉要求栽植深度为球高的 4 倍以上,晚香玉、葱兰、韭兰覆土到球根顶部即可;朱顶红、文殊兰等应将球根的 1/4～1/3 露于土面之上;但大多数球根花卉的栽植深度为球高的 2～3 倍。如图 2-7 所示。

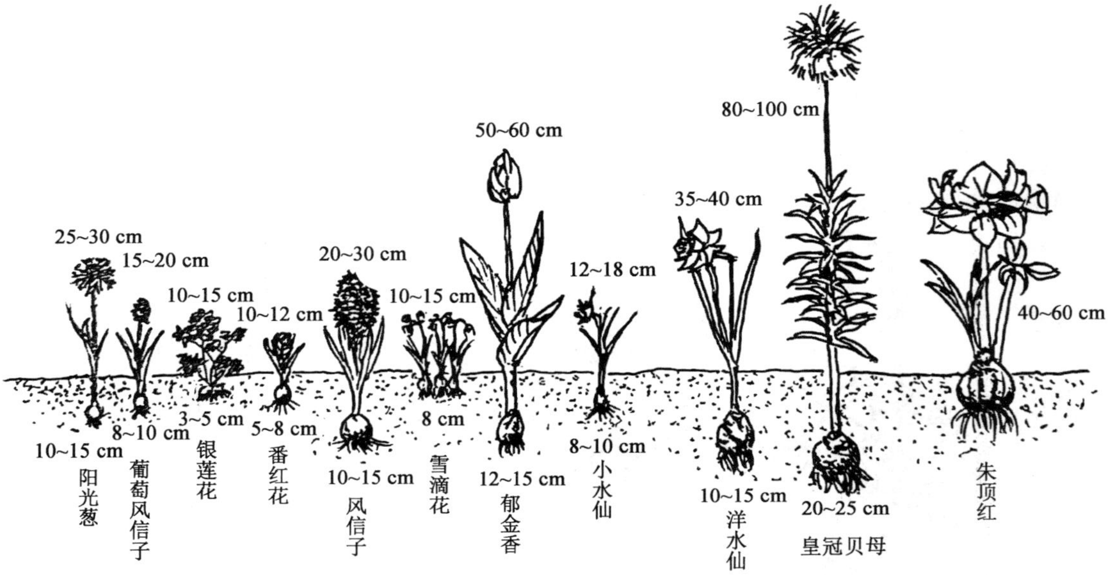

图 2-7　球根花卉栽植的深度

同一品种黏重土壤略浅栽,疏松土壤可深些。留作母株繁殖子球或每年需掘起采收的宜浅植,用于观赏栽培者宜深植。

(二)定植的株行距

应视种球的大小而定。如大丽花、美人蕉 60～100 cm,风信子、水仙 20～30 cm,郁金香、葱兰、番红花等为 5～10 cm。

(三)分栽与施肥

大多数球根花卉根少而脆,生长期忌移栽。球根花卉喜磷肥,对钾的需求中等,氮肥要求则较少。

追肥时注意营养元素之间的比例,以免造成徒长而延迟花期。施用有机肥必须充分腐熟。

四、球根的采收与贮藏

(一)采收

球根的采掘时间,一般要根据气候的变化情况来决定。采收应在地上部停止生长、茎叶枯萎但未脱落时进行。采掘早了,球根生长不充实,养分积累较少,对冬季贮藏和来年生长都不利;采掘迟了又可能遭受冻害,或茎叶枯萎脱落,不易确定地下球根的位置。球根的挖掘采收,应在土壤不干不湿时进行。挖掘时先剪除地上部分的茎叶,再找准球根在土壤中的位置,然后离开一定距离进行挖掘,要避免人为损伤球根。

采收的种球抖净泥土,除去茎叶、残根,放在通风处晾晒。阴(晾)干后,分级、贮藏。

在园林中应用于地被、嵌花草坪或其他自然式的,有些适应性较强的球根花卉可隔数年再掘起分栽一次。如番红花、石蒜及百合类可隔 3～4 年;美人蕉、朱顶红、晚香玉等在温暖地区可隔 3～4 年分栽一次。

(二)贮藏

大多数球根花卉的花芽分化在休眠期进行,如郁金香、唐菖蒲等,所以贮藏条件的合适与否,常影响以后的开花。因此,做好球根的贮藏是十分必要的。

球根的贮藏方法和贮藏条件因种类不同而异。一般春植球根,冬季贮藏以保持室温 4～5℃,最低不能低于 0℃,最高不超过 10℃为宜。大丽花、美人蕉等块根类球根,晾至表面稍干皱,放在室内沙藏或窖藏;唐菖蒲、晚香玉等球茎类球茎,晾晒时应将分生的子球全部剥离,经充分干燥后,再按大小分级,剔除机械损伤和有病虫害的劣质球茎,分装到筐或筛中,放在室内干燥通风的地方。球根在整个越冬贮藏期,室内应经常保持干燥通风,防止温度过高或过低,并经常检查,及时剔除病害及腐烂球根。同时,还要防止老鼠等啃食危害球根。

郁金香、风信子等秋植球根夏季贮藏,温度不可过高(低于 30℃)。通风条件要好,常在室内设架,将球根分层晾在架上,层间距离至少在 30 cm。可以用纱袋、尼龙网等分装,悬挂于室内,少量的可装于竹篮、木桶内,放于通风、阴凉处。

任务实施

子任务一 分球繁殖技术

1. *材料准备*

工具材料:利刀、枝剪、花铲、培养土、肥料、花盆等。

植物材料:球根花卉种球(大丽花、美人蕉、葱兰等)。

2. *方法步骤*

(1)人员组织分工 以小组为单位,分别分球操作。

(2)到花卉实训基地、花圃、园林绿地进行实践,教师先明确操作步骤和要求,再示范,学生分组开展活动。记录操作学习过程,完成工作任务。

分球的操作程序:

大丽花或美人蕉从贮存的地方移出,盆栽的朱顶红等把植株从盆中脱出待用。

大丽花或美人蕉用利刀进行分割,分割时每个分株要带芽和根茎,在伤口处涂以草木灰或硫黄粉防止腐烂。再栽入准备好的圃地中。

鳞茎类的朱顶红,可把母体蘖生的小球分出,按新植株的大小选用相应的花盆,上盆栽植。

3. *考核要点与方法*

(1)记录分球繁殖的操作过程。

(2)按表 2-10 记录实验实训结果。

表 2-10 分球繁殖记录表

花卉名称	分球日期	分球数	成活	成活率/%

(3)依据操作过程(40%),实验实训记录结果(30%),理论知识与技能要点解答情况(20%),学习态度(10%)进行综合考核、评价。

子任务二 美人蕉生产养护技术

美人蕉原种分布于美洲热带,是美人蕉科美人蕉属,多年生球根草本花卉。株高可达100～150 cm,根茎肥大,地上茎肉质,不分枝。茎叶具白粉,叶互生,宽大,长椭圆状披针形或阔椭圆形。总状花序自茎顶抽出,花径可达20 cm,花瓣直伸,具5枚瓣化雄蕊。花色有乳白、鲜黄、橙黄、橘红、粉红、大红、紫红、复色斑点等50多个品种,花期夏秋。

美人蕉是园林灌丛边缘、花坛、花境、水岸边的常用的绿化美化材料。

一、选地

美人蕉性强健,适应性强,几乎不择土壤,但在微酸性、肥沃、排水良好的土壤中生长良好。由于根系较浅,种植时要求翻土的深度25 cm即可。

二、栽种

露地一般春植,长江流域地区也可秋季分栽。将根茎切离,每丛保留2～3个芽就可栽植。丛距50～100 cm,覆土约10 cm即可。

三、栽植后的管理

大花美人蕉容易栽培,管理粗放,病虫害较少。养护中做好肥、水、修剪三个关键。

肥种的选择和肥料的施用依季节和植株生长情况而定。

整地时施用大量的有机肥可为以后的分蘖和生长打下良好的基础。进入生长开花期每月施肥两次,施肥时要注意不能偏施氮肥,应该选用含氮少,含磷、钾元素多的复合肥料。施肥最好选在大量花谢疏苗后,施肥后应及时浇水冲刷黏附在叶片上的残留肥料,以免灼伤叶片。

美人蕉浇水的原则是“见干见湿”,保持土壤湿润,浇水时间最好选在上午。为了增加空气湿度可喷淋花和叶。

疏剪即把过密株、花后苗摘除,原则是“去弱留强,株距合理”,保证15～20株/m^2。及时摘除残花,略施肥水后可再度开花,结合疏剪剪除枯叶、黄叶、病叶。

寒冷地区待茎叶大部分枯黄后可将根茎挖出,适当干燥后贮藏于沙中或堆放在通风的室内,保持室温5～7℃即可安全越冬。暖地冬季不必每年采收,但经过2～3年后需挖出重新栽植。

☞ 考核要点与方法

每位同学根据自己学习的情况回答下列问题,最后教师作出评价,如表2-11所示:

表 2-11　美人蕉生产考核表

考核内容	考核问题	分值	得分	教师评价
美人蕉生产技术	1. 美人蕉繁殖的方法有哪些。	30 分		
	2. 定植后的管理。	40 分		
	3. 查一查美人蕉的花语等相关知识。	30 分		

◈ 知识拓展

拓展　其他常见露地球根花卉生产养护要点

1. 小丽花

生态习性：小丽花是大丽花的一个变种。性喜光，喜温和气候，既怕炎热，又不耐寒，生长适温以 10～25℃ 为好；既不耐干旱，更怕水涝，要求疏松肥沃而又排水畅通的沙质壤土，低洼积水不宜种植。

栽培养护要点：小丽花的生产多采用播种繁殖的方式。

播种育苗需要用到花种，但是在天然授粉的时候，小丽花的种子容易发生变异，所以播种繁殖最好采用人工授粉的种子。播种到现蕾春季需要 60～70 d，可以撒播，出苗后及时进行移栽。可用 8 cm×8 cm 的营养钵育成苗。

园林绿地中定植株行距 20 cm×30 cm。生长期间要合理浇水、适时追肥。夏季根据降雨情况浇水。雨少则 3 d 浇 1 次，10～15 d 喷 1 次 0.3%～0.5%的磷酸二氢钾，促进花大色艳。

2. 郁金香

生态习性：郁金香夏季休眠，秋冬生根，并萌发新芽，但不出土，需经冬季低温后翌年 2 月上旬左右开始伸长生长而形成茎叶，3—5 月开花。

生长期适宜温度为 11～15℃，6 月中下旬收获后，鳞茎在贮藏期间完成花芽分化。花芽分化的温度范围为 9～28℃。

适宜于排水良好和富含腐殖质的沙壤土。在 pH 6.0～7.8 的土壤中均可正常生长，以 pH 6.5～7.0 为最佳。

栽培养护要点：秋季种植，冬季温度过低的地方可早春种植处理后的种球。大面积成片栽植作为园林观赏应用，种植密度根据引进种球的周径大小和栽培目的而定。种球周径为 9～10 cm，株行距为 8 cm ×10 cm；种球周径为 10～11 cm，株行距为 8 cm ×12 cm；种球周径为 11～12 cm，株行距为 10 cm×12 cm；种球周径为 12 cm 以上，株行距为 12 cm×15 cm。定植后覆土深度为 3～5 cm。

种球种植后，立即浇透定根水，当幼苗全部出齐，开始展叶后，需保持充足的水分；开花后要控制水分，土壤保持湿润即可。如整地时已施足底肥的情况下，不需要进行其他施肥管理。

3. 葱兰

生态习性：喜阳光充足，排水良好，肥沃的土壤，耐半阴及低湿环境；喜温但有一定的耐低温能力。

栽培养护要点：以分球和播种为主，但要达到春季栽种下半年开花，分栽鳞茎把握最大。葱兰极易自然分球，分株繁殖容易，黄淮地区栽培需注意冬季应适当防寒。

养护管理较粗放。葱兰在生长期间浇水要充足，宜经常保持湿润，但不能积水。天气干旱还要经常向叶面上喷水，以增加空气湿度。寒冷地区球根不能露地越冬，入冬前应收取鳞茎，稍晾干，用湿润细沙拌和入窖贮藏。栽培数年后应重新种植，以促其生长健壮。冬季可将鳞茎挖起贮藏。进入 8 月份，株高已达 30 cm 左右，这时可抽出几十个花茎，到 9 月下旬，开出白花。

任务四　露地应用木本花卉的繁殖与养护管理

任务分析

木本花卉一次栽植可以应用多年，是园林植物造景的主体材料，包含花乔木、花灌木和攀缘植物。可以孤植、对植、群植或用于垂直绿化。我国十大名花中桂花、梅花、山茶、杜鹃、月季、牡丹都是木本花卉，在原产地都可以露地栽培。木槿、蔷薇、玉兰、连翘、樱花、榆叶梅等也是园林绿化的主要材料。本任务主要了解木本花卉的主要繁殖方法，学会园林应用的木本花卉的养护。

任务目标与要求

知识目标：熟悉木本花卉的繁殖方法，掌握常见木本花卉的养护要点。

能力目标：会对木本花卉进行繁殖、养护管理。

学习要求：线上主动学习，线下认真听辅导。遵守纪律，遵守实训室、实训基地等相关规则，做好笔记，注意安全。

相关知识

知识点一　嫁接技术

一、嫁接繁殖的概念与特点

嫁接是将一种植物的枝、芽等一部分器官移接到另一植株根、茎上，使之形成新的植株的繁殖方法。用于嫁接的枝条、芽称为接穗、接芽，被嫁接的植株称为砧木，接活后的苗称嫁接苗。

嫁接繁殖可提高植物对不良环境条件的抵抗力。促进果木提早开花结实，使植株乔化或矮化；对于某些不易用其他无性方法繁殖的花卉，如梅花、桃花、白兰等，通过嫁接方法可大量生产苗木；嫁接可提高观赏植物的可观赏性，如垂榆、垂枝槐等嫁接在直立的砧木上更能体现下垂的姿态。用黄蒿作砧木的嫁接菊可高达5m，开出5 000多朵花。另外，嫁接可提高特殊种类的成活率，如仙人掌类的黄、红、粉色品种只有嫁接在绿色砧木上才能生长良好。嫁接操作烦琐，技术难度大。

二、嫁接技术

(一)砧木、接穗的选择与准备

砧木与接穗要有良好的亲和力；砧木要求根系发达，生长健壮，适应本地区的气候、土壤条件；对病虫、旱涝、低温、大气污染等有良好的抵抗性；能满足生产上的需求，如矮化、乔化、无刺等；以一、二年生实生苗为好。

接穗要从优良品种的植株上采集，枝条健壮充实，色泽鲜亮光洁，芽体饱满，最好取枝条的中间部分。

春季嫁接多采用1年生枝，接穗采集应在秋季落叶后至春季萌芽前的休眠期内进行，最好结合冬季修剪采集，春天树液流动时嫁接。收集好的接穗剪去两端芽体不饱满的枝段，50～100根一捆，标明品种、数量，贮藏备用。

夏季嫁接多用当年成熟的新梢做接穗；秋季嫁接选用当年生长充实的新梢做接穗。生长季嫁接用的接穗选择树冠外围中上部生长健壮的当年生枝。接穗在上午采取。

接穗的新鲜程度是影响嫁接成活率的重要因素，最好是随采随接。采来的用于芽接的接穗枝条及时剪去叶片及顶端幼嫩部分，剪时要保留0.5 cm叶柄保护芽体，用湿布等包裹保湿。生长季采的接穗短期贮藏常用水藏法：把接穗基部码齐，竖立在有5 cm左右清水的盆或桶中，入于阴凉处，每天换水1次，上部喷水1～2次，可保存7 d。

休眠期采集的接穗应在0～5℃低温、80%～90%的相对湿度及适当透气条件下存放。我国中部地区冬季常用露地挖坑埋藏，北方寒冷地区多用窖藏或室内堆沙或堆土埋藏。

(二)嫁接时期

在3—4月间进行枝接和带有木质的芽片嫁接，当年就可培养成合格的嫁接苗。只要接穗处于未萌发状态，嫁接可以延续到砧木展叶以后。

5月中旬到6月上旬，在砧木和接穗皮层都能剥离时进行芽接，亦可用嫩枝进行枝接，当年可培养成苗。

于7—8月间日均温不低于15℃时进行芽接。接芽当年不萌发，翌年春季剪砧后培养成嫁接苗。

(三)嫁接方法

1. 切接

切接一般在春季3—4月进行。适用于砧木较接穗粗的情况，根颈接、靠接、高接均可。选定砧木，离地10～12 cm处水平截去上部，在横切面一侧用嫁接刀纵向下切约2 cm稍带木质部，露出形成层。截取接穗5～8 cm的小段，上有2～3个芽，下部削成正面2 cm左右的斜面，反面再削一短斜面，长为对侧的 1/4～1/3。切口要平滑。插入砧木，使它们形成层相互对齐。若接穗较砧木细小时，只使接穗形成层的一侧与砧木形成层的一侧对齐即可。插放后用麻线或塑料膜带扎紧不能松动。如图 2-8 所示。

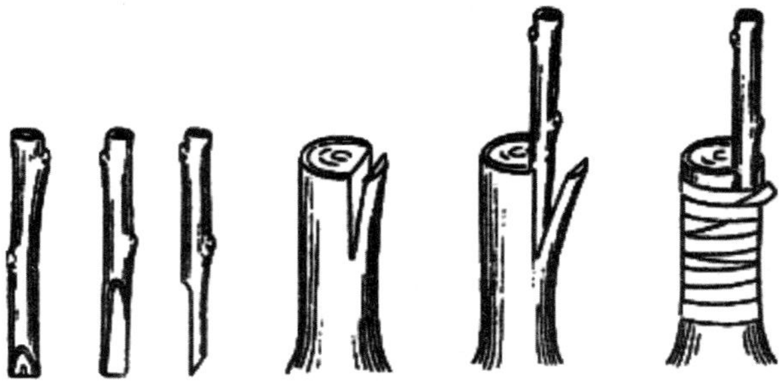

图 2-8　切接

1. 接穗处理　2. 砧木处理　3. 嵌合　4. 绑扎

2. 劈接

劈接常用于较大的砧木，一般在春季 3—4 月进行。将砧木上部截去，于中央垂直切下，劈成约 5 cm 长的切口。再在接穗的下端两边相对处各削一斜面，使成楔形，然后插入砧木切口中，使接穗一侧形成层密接于砧木形成层，用塑料膜带扎紧即可。此法常用于草本植物，如菊花、大丽花的嫁接，杜鹃花、榕树、金橘的高接换头。如图 2-9、图 2-10 所示。

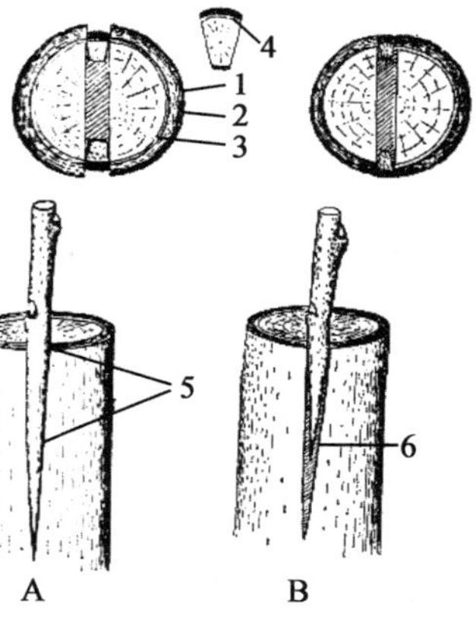

图 2-9　茎干劈接法

1. 韧皮部　2. 形成层　3. 木质部　4. 放大的形成层
5. 接口密接　6. 接口有空隙

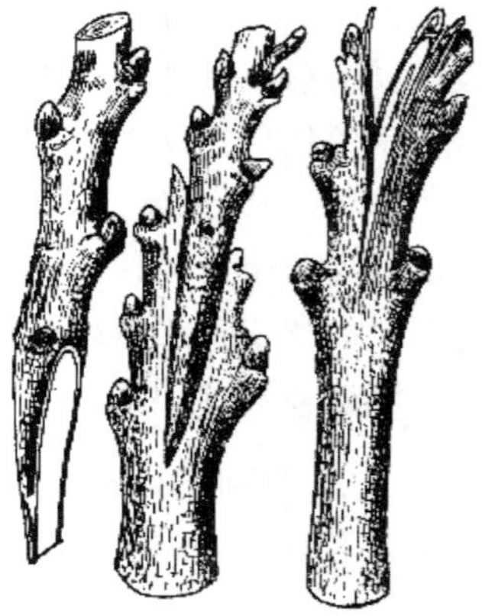

图 2-10　枝端劈接法

3. "T"字形芽接

选枝条中部饱满的侧芽作接芽，剪去叶片，仅留叶柄。在接芽上方 5～7mm 处横切一刀深达木质部，然后在接芽下方 1 cm 向芽的位置削去芽片，芽片呈盾形，连同叶柄一起取下，在砧木的一侧横切一刀，深达木质部，再从切口中间向下纵切一刀长 3 cm，使其成"T"字形，用芽接刀把皮轻轻挑开，将芽片插入口中，使芽片上部横切口与砧木的横切口平齐并密接，合拢皮层包住芽片，用塑料条扎紧。接后7～10 d检查叶柄，用手轻触即脱落的表示已活。芽皱缩的要重新接。如图2-11所示。

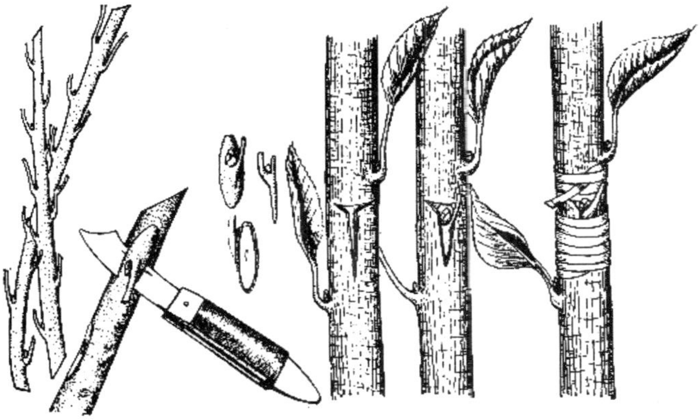

图2-11　"T"字形芽接

4. 靠接

靠接用于嫁接不易成活的或贵重珍奇的种类。为了方便操作，接前先将砧木或接穗上盆，上盆时可将植株栽于靠盆边的一侧，以便于嫁接时贴合。应在植物生长期间进行，接时在二植株茎上，分别切出切面，深达木质部。然后使二者的形成层紧贴扎紧。成活后，将接穗截离母株，并截去砧木上部枝茎即可。如图2-12所示。

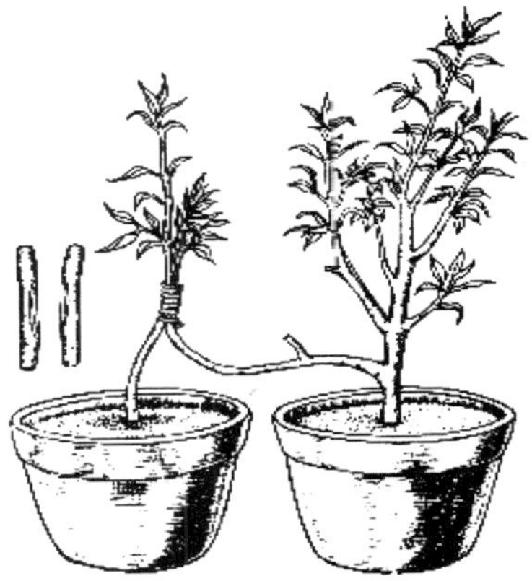

图2-12　靠接法

（三）嫁接后的管理

1. 检查成活与补接

大多数芽接的，接后10～15 d即可检查成活，春季温度低时间长些。接芽新鲜，叶柄一触即落表明已活。未成活的要及时补接。

2. 解绑

生长季芽接检查成活的同时进行松绑或解绑，秋季芽接也可来年春季解绑；枝接在新稍萌发并进入旺盛生长以后解绑；较粗砧木枝接，先解除接穗上的绑扎物，接口愈合后再解除砧木上的绑扎物，特别粗的砧木可第二年解绑。枝接后套袋保湿的，萌芽后把袋撕破放风，新梢旺盛生长后再去解绑。

3. 剪砧

芽接成活后，剪除接芽上的砧木叫剪砧。秋季芽接，翌年春萌芽前剪砧；7月以前嫁接，成活后即可剪砧，接芽当年即可萌发。剪砧时剪刀刃迎向接芽一面，在芽片上0.3～0.5 cm处上剪，剪口向接芽背面稍下斜。

4. 除萌和抹芽

剪砧后砧木上长出的萌蘖要及时去掉，并多次进行。

知识点二 压条繁殖

一、压条繁殖的含义及特点

压条繁殖是利用枝条的生根能力，将母株的枝条或茎蔓埋压入土中，生根后再从母株割离成独立新株的繁殖方法。对枝条进行环剥、刻伤、拧裂更可促进发根。压条法繁殖数量受限制，所以往往在用其他法不易成功或要求分出较大新株时用此法。

二、压条繁殖的技术

压条繁殖常在早春发叶前操作，常绿树则在雨季进行。经过一个旺盛生长季就可生根，也可在生长季进行。将枝条准备埋入土中的部分环割 1～3 cm 宽，在伤口涂上生根粉后再埋入基质中使其生根。

（一）普通压条法

于早春植株生长前，选择母株上一、二年生健壮枝条，除去叶片及花芽，弯压枝条中部埋入土中。可在枝条入土部分环剥或割伤，并用铁丝钩或石压住枝条。一般一个生长季就可生根分离。如图 2-13(a)所示。

（二）波状压条

藤木类和蔓性植物可将近地面枝条弯成波状，连续弯曲，而将着地部分埋入土中使之生根，地面以上部分发芽。生根后逐段分成新植株。紫藤、铁线莲属可用。如图 2-13(b)所示。

（三）壅土压条

适用于根部可发生萌蘖的种类，如帖梗海棠、连翘、蜡梅等。方法是将幼龄母株在春季发芽前重剪，促进产生多数萌枝。当萌枝高 10 cm 左右时将基部刻伤，并培土，将基部 1/2 埋入土中。生长期中可再培土 1～2 次，培土 15～20 cm 高，呈馒头形，以免基部露出，枝条根系完全生长后分割切离，分别栽植。如图 2-14 所示。

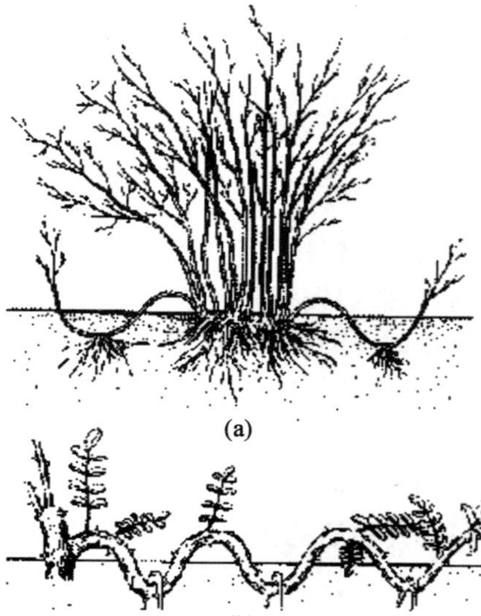
(a)
(b)

图 2-13 普通压条和波状压条法

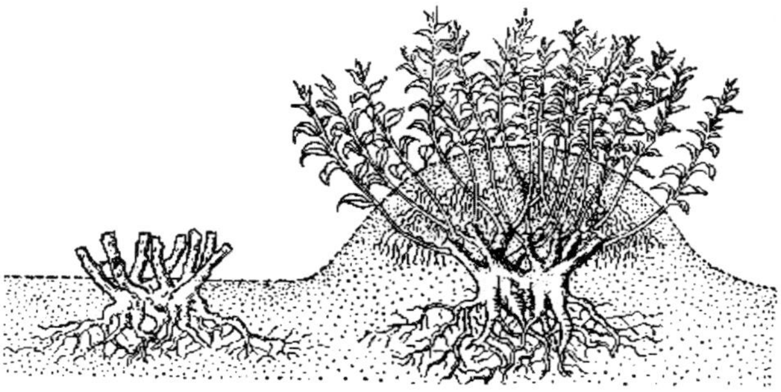

图 2-14 壅土压条法

（四）空中压条

用于较高大、植株不易弯曲的种类。将枝条皮剥去一半或成环状，或刻伤。然后用花盆、厚纸筒、塑料布包合于刻伤处固定上。里面充以水苔、草炭或培养土，并经常浇水使之保持湿润，待生根后即可切离而成新株。米兰、杜鹃、月季、栀子、佛手等均常用此法。

二维码 2-4
橡皮树的繁殖

知识点三　花木的整形修剪

修剪是指对植株的某些器官，如芽、干、枝、叶、花、果、根等进行剪截、疏除或其他处理的具体操作。整形是通过修剪树木枝条，如剪、锯、捆、绑、扎等手段，使植株生长成栽培者所希望的特定形状。修剪是手段，整形是目的。整形、修剪是两个紧密联系的操作技术，常常结合在一起进行。一般来说，整形着重于幼树及新植花木，修剪则贯穿于花木一生中。

一、整形修剪时期

（一）休眠期修剪（冬季修剪）

大多数落叶树种的修剪，宜在树体落叶休眠到春季萌芽开始前进行，习称冬季修剪。修剪的具体时间，要根据当地冬季的具体温度特点而定，如在冬季严寒的北方地区，修剪后伤口易受冻害，故以早春修剪为宜，一般在春季树液流动前约 2 个月的时间内进行；而一些需保护越冬的花灌木，应在秋季落叶后立即重剪，然后埋土或包裹树干防寒。

对于葡萄等有伤流现象的树种，应在春季树液流动开始前修剪。但如为了栽植或更新复壮的需要，修剪也可在栽植前或早春进行。

冬季修剪对树冠构成、枝梢生长、花果枝的形成等有重要作用，一般采用截、疏、放等修剪方法。

（二）生长季修剪（夏季修剪）

可在春季萌芽后至秋季落叶前的整个生长季内进行，此期花木枝叶茂盛，影响到树体内部通风和采光，因此需要进行修剪。一般采用抹芽、除蘖、摘心、环剥、扭梢、曲枝、疏剪等修剪方法。

对于发枝力强的树种，应疏除冬剪截口附近的过量新梢，以免干扰树型；嫁接后的树木，应加强抹芽、除蘖等修剪措施，保护接穗的健壮生长。对于夏季开花的树种，应在花后及时修剪、避免养分消耗，并促来年开花；一年内多次抽梢开花的树木，如花后及时剪去花枝，可促使新梢的抽发，再现花期。绿篱采用生长期修剪，可保持树形的整齐美观。

二、修剪方法

归纳起来，修剪的基本方法有“截、疏、伤、变、放”五种。

（一）截

截又称短截，指对当年生、一年生或多年生枝条的剪截处理。枝条短截后，养分相对集中，可刺激剪口下侧芽的萌发，增加枝条数量，促进营养生长或开花结果。短截程度对修剪效果有显著影响。根据短截的

二维码 2-5
花木类整形修剪基本技法——修剪的方法

程度，可将其分为以下几种。

（1）摘心　摘心就是将枝梢的顶芽摘除，是强度最轻的修剪方法。摘心后削弱了枝条的顶端优势，有利于花芽分化和开花结果。摘除顶芽可促使侧芽萌发，从而增加了分枝，有利于树冠早日形成。秋季适时摘心，可使枝、芽器官发育充实，有利于提高抗寒力。

摘心的时间不同，产生的影响也不同。为了多发侧枝，扩大树冠，宜在新梢旺盛生长时摘心。为促进观花植物多形成花芽开花，宜在新梢生长缓慢时进行。

（2）轻短截　一般剪去枝条全长的 1/5～1/4，主要用于观花观果类树木的强壮枝修剪。枝条经短截后，多数半饱满芽受到刺激而萌发，形成大量中短枝，易分化更多的花芽。

（3）中短截　在春梢的中上部饱满芽处短截，一般剪去枝条的 1/3～1/2。使养分较为集中，促使剪口下发生较壮的营养枝，主要用于骨干枝和延长枝的培养及某些弱枝的复壮。

（4）重短截　在春梢的中下部短截，一般剪去枝条的 2/3～3/4。重短截对局部的刺激大，可逼基部隐芽萌发，适用于弱树、老树和老弱枝的复壮更新。

（5）极重短截　仅在春梢基部留 2～3 个芽，其余全部剪去，修剪后会萌生 1～3 个中、短枝，主要应用于竞争枝的处理或降低枝位。

（6）回缩、截干　回缩又称缩剪，指对二年生或多年生枝条（枝组）进行短截的修剪方式。在树木生长势减弱、部分枝条开始下垂、树冠中下部出现光秃现象时采用此法，多用于衰老枝的复壮和结果枝的更新，促使剪口下方的枝条旺盛生长或刺激休眠芽萌发徒长枝，达到更新复壮的目的。

截干对主干或粗大的主枝、骨干枝等进行的回缩措施称为截干，可有效调节树体水分吸收和蒸腾平衡间的矛盾，提高移栽成活率，在大树移栽时多见。有逼发隐芽的效用，促进壮树的树冠结构改造和老树的更新复壮。

（二）疏

疏又称疏剪或疏删，即把枝条从分枝点基部全部剪除的修剪方法。主要是疏去膛内过密枝，减少树冠内部枝条的数量，使枝条分布趋向合理与均匀，改善树冠内膛的通风与透光，减少病虫害，增加同化作用产物，使枝叶生长健壮，有利于花芽分化和开花结果。

疏剪的对象主要是病虫枝、伤残枝、干枯枝、内膛过密枝、衰老下垂枝、重叠枝、并生枝、交叉枝及干扰树形的竞争枝、徒长枝、根蘖枝等。

花灌木类宜轻疏以提早形成花芽开花；成年树生长与开花进入旺盛期，为调节营养生长与生殖生长的平衡，适当中疏；衰老期的植物，枝条有限，疏剪时要小心，只能疏去必须要疏除的枝条。

疏枝时不应留桩，如果全树留桩太多，会影响观赏效果，而且也容易引起病虫害。

（三）伤

损伤枝条的韧皮部或木质部，以达到削弱枝条生长势、缓和树势的方法称为伤。伤枝多在生长季内进行，是整形修剪的辅助措施之一，主要方法如下。

1. 环剥

在发育盛期，用刀在枝干或枝条基部的适当部位，环状剥去一定宽度的树皮。剥皮深度达木质部，宽度要根据枝条的粗细和树种的愈伤能力而定，一般以 1 个月内环剥伤口能愈合为限，约为枝直径的 1/10（2～10 mm），环剥有利于上方枝条营养物质的积累和花芽的形成，还可以促进剥口下部发枝。环剥的枝条上方需留有足够的枝叶量，以供正常光合作用之需。

2.刻伤

用刀在枝芽的上（或下）方横切（或纵切）而深及木质部的方法，常结合其他修剪方法施用。

主要方法有：

目伤　伤口形状似眼睛所以称为目伤。伤的深度达木质部。若在芽或枝的上方切刻，由于养分和水分受切口的阻隔而集中在该芽或枝上，可使生长势加强；若在芽或枝的下方切刻，则生长势减弱，但由于有机营养物质的积累，有利于花芽形成。

纵伤　在枝干上用刀纵切，深及木质部。可减少树皮的束缚力，有利于枝条的加粗生长。纵伤宜在春季树木开始生长前进行，实施时应选树皮硬化部分，细枝可行一条纵伤，粗枝可纵伤数条。

横伤　指对树干或粗大主枝横切数刀的刻伤方法，其作用是阻止有机养分的向下回流，促使枝干充实，有利于花芽分化达到促进开花、结实的目的。

折裂　为曲折枝条使之形成各种艺术造型，常在早春萌芽初始期进行。先用刀斜向切入，深达枝条直径的1/2～2/3处，然后小心地将枝弯折，并利用木质部折裂处的斜面支撑定位。为防止伤口水分损失过多，应在伤口处进行包裹，如图2-15。

扭梢和折梢（枝）　多用于生长期内生长过旺的枝条，在中上部将其扭曲下垂，称为扭梢；或只将其折伤但不折断（只折断木质部），称为折梢。扭梢与折梢均是部分损伤输导组织以阻碍水分、养分向生长点输送，削弱枝条长势以利于短花枝的形成。如图2-16、图2-17所示。

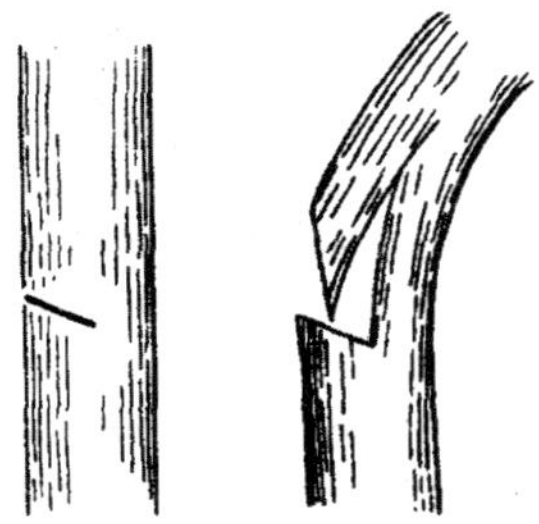

图2-15　折裂

图2-16　扭梢

图2-17　折梢

（四）变

改变枝条生长的方向和角度，控制枝条生长势的方法称为变。是以调节顶端优势为目的的整形措施，可改变树冠结构。有曲枝、拉枝、抬枝等形式，通常结合生长季修剪进行。将直立或空间位置不理想的枝条，引向水平或其他方向，可以加大枝条开张角度，使顶端优势转位、加强或削弱。将直立生长的背上枝（与主枝平行生长且处于主枝上方的枝条。）向下曲成拱形时，顶端优势减弱，生长转缓。下垂枝因向地生长，顶端优势弱，生长不良。为了使枝势转旺，可抬高枝条，使枝顶向上生长。

（五）放

放也称长放或甩放，即对一年生枝条不作任何短截，任其自然生长。利用单枝生长势逐年减弱的特点，对部分长势中等的枝条长放不剪，下部易发生中、短枝，停止生长早，同化面积大，光合产物多，有利于花芽形成。

幼树、旺树，常以长放缓和树势，促进提早开花、结果；长放用于中庸树、平生枝、斜生枝效果更好，但对幼树骨干枝的延长枝或背生枝、徒长枝不能长放；弱树也不宜多用长放。

（六）其他整形修剪方法

抹芽　抹除枝条上多余的芽，以改善留存芽的养分状况，增强其生长势。如每年夏季对行道树主干上萌发的隐芽进行抹除，一方面可使行道树主干通直；另一方面可以减少不必要的营养消耗，保证树体健康的生长发育。

摘叶　摘除基部黄叶以及影响花芽光照的叶片和病虫叶。改善树冠内的通风透光条件，提高观果树木的观赏性，防止枝叶过密，减少病虫害，同时起到催花的作用。

去蘖　将已发育的新梢剪去，称为除蘖。除蘖可减少树木的养分消耗，改善光照与肥水条件。嫁接繁殖时，及时去除萌蘖，防止干扰树形，影响接穗树冠的正常生长。除蘖还可减少冬季修剪的工作量和避免伤口过多，宜在早春及时进行，越早越好。

疏花与疏果　去除没用的花蕾或摘除残花，如杜鹃的残花久存不落，影响美观及嫩芽的生长，需摘除；另外不需结果时将凋谢的花及时摘去，以免其结果而消耗营养；残缺、僵化、有病虫损害而影响美观的花朵需摘除。疏果是摘除不需要的小果或病虫果。

断根　将树木的根系在一定范围内全部切断或部分切断的措施。在移栽大树或山林实生树时，为提高成活率，往往在移栽前2～3年进行断根，以回缩根系、刺激发生新的须根，有利于移植。进入衰老期的树木，结合施肥在一定范围内切断树木根系的断根措施，有促发新根、更新复壮的作用。

三、常见的整形修剪形式

由于观赏植物自身的特点和园林绿化目的不同，整形修剪的形式也不同。常见的可分为自然式整形修剪、人工式整形修剪及两者混合式整形修剪。

二维码 2-6
花木类整形修剪基本技法——树形特点及操作

（一）自然式整形修剪

各种树木因分枝方式、生长发育状况不同，形成了各式各样的树冠形式。在保持原有的自然冠形的基础上适当修剪，称为自然式整形修剪。自然树形优美、树种的萌芽力成枝力弱或因造景需要等都应采取自然式整形修剪。

自然式整形修剪的主要任务是幼龄期培育恰当的主干高及合理配置主、侧枝，以保证迅速成形。以后做到“形而不乱”，只是对枯枝、病弱枝及少量扰乱树形的枝条作适当处理。花木类常见的自然式整形修剪有以下几种：

圆球形　合轴分枝形成的冠形，如樱花、元宝枫、馒头柳等。

伞形　一般也是合轴分枝形成的冠形，如合欢、鸡爪槭。只有主干没有分枝的大王椰子、假槟榔、棕榈等也属于这种树形。

垂枝形　有一段明显的主干，但所有的枝条却似长丝垂悬，如垂柳、龙爪槐、垂枝榆、垂枝桃等。

拱枝形　主干不明显，长枝弯曲成拱形，如迎春、金钟、连翘等。

丛生形　主干不明显，多个主枝从基部萌蘖而成，如贴梗海棠、玫瑰、山麻杆等。

(二)人工式整形修剪

根据观赏的需要,将观赏植物强制修剪成各种特定形式,称为人工式整形修剪(或规则式整形修剪)。常见的人工式整形修剪有:

(1)几何形式　通过整形修剪,最终观赏植物成为各种几何体,如正方体、长方体、球体、半球体或不规则几何体等。圆球式是通过多次摘心和修剪,使其形成稠密的侧枝,然后对突出的侧枝进行短截,使整个树冠成圆球形或扁球形。

(2)象形式　把整个植株修剪成或蟠扎成动物或建筑物的形状。如鸡、马、鹿、兔、大熊猫等,惟妙惟肖,栩栩如生。如亭、楼、台等,常见于寺庙、陵园及名胜古迹处。

(3)古树盆景式　运用树桩盆景的造型技艺,将树木的冠形修剪成单干式、多干式、丛生式、悬崖式、攀缘式等各种形式,如小叶榕、杜鹃等可进行这种形式的修剪。

①单干式　只培育主干,不留分枝,抑制侧枝。如独本菊、单干大丽花。

②多干式　培育出2～5根主枝,形成多量的花枝,每一枝干顶端开1朵花。如牡丹、月季、蜡梅。

③丛生式　通过植株的自身分蘖或花卉苗期多次短截修剪或多次摘心,促发多级分枝形成丛状株形。开花量多。例如藿香蓟、金鱼草、百日草、波斯菊、一串红、美女樱。

④悬崖式　使全株枝条向同一方向伸展下垂。

⑤攀缘式　多用蔓性花卉,使枝条附着在墙壁上,缠绕在篱垣上或枯木上生长。

⑥匍匐式　利用枝条自然匍匐地面生长的特性,使其覆盖于地面或山石上。

⑦支架式　通过人工牵引,使植株攀附于一定形式的支架上,形成透空花廊或花洞,多用于蔓性花卉。

(三)混合式整形修剪

根据园林绿化的要求,对自然树形进行人工改造而成的树形。

1.杯形

这种树形无中心干,仅有很短的主干,自主干上部分生3个主枝,夹角约为45°,3个枝各自再分生2个枝而成6个枝,再从6个枝各分生2枝即成12枝,即所谓“三股、六杈、十二枝”的形式。冠内不允许有直立枝、内向枝的存在,一经发现必须剪除。见图2-18。

2.自然开心形

由杯形改进而来,没有中心主干,分枝较低,3个主枝错落分布,自主干上向四周放射而出,中心开展,故称自然开心形。但主枝分枝不为二杈分枝,树冠不完全平面化,能较好地利用空间。见图2-19。

3.棚架形

先建各种形式的棚架、廊、亭,种植藤本树木后,按生长习性加以修剪、整形和诱引。

园林绿地中,以自然式整形应用最多,可以充分利用树木自然的树形,又可节省人力、物力;其次是混合式整形,在自然树形的基础上加以人工改造,即可达到最佳的绿化、美化效果;人工式整形,既改变了植物自然生长习性,又需要较高的整形修剪技艺,只在园林局部或有特殊要求时使用。

图 2-18　杯形

图 2-19　自然开心型

四、修剪程序

修剪的程序概括地说就是“一知、二看、三剪、四检查、五处理”。

“一知”　修剪人员必须掌握操作规程、技术及其他特别要求。修剪人员只有了解操作要求，才可以避免错误。

“二看”　实施修剪前应对树木进行仔细观察，因树制宜，合理修剪。具体是要了解树木的生长习性、枝芽的发育特点、植株的生长情况、冠形特点及周围环境与园林功能，结合实际进行修剪。

“三剪”　对树木按要求或规定进行修剪。修剪观赏花木时，首先要观察分析树势是否平衡，如果不平衡，分析造成的原因，如果是因为枝条多，特别是大枝多造成生长势强，则要进行疏枝。在疏枝前先要决定选留的大枝数及其在骨干枝上的位置，将无用的大枝先剪掉，待大枝条整好以后再修剪小枝，宜从各主枝或各侧枝的上部起，向下依次进行。对于普通的一棵树来说，则应先剪上部，后剪下部；先剪外围枝，后剪内膛枝。几个人同剪一棵树时，应先研究好修剪方案，才好动手去做。

“四检查”　检查修剪是否合理，有无漏剪与错剪，以便修正或重剪。

“五处理”　包括对剪口的处理和对剪下的枝叶、花果进行集中处理等。

五、灌木(或小乔木)的修剪

(一)观花类

1. 早春开花种类

绝大数种类其花芽是在上一年的夏秋季进行分化的，花芽生长在二年生的枝条上，个别的在多年生枝条上也能形成花芽。修剪时期以休眠期为主，结合夏季修剪。修剪的方法以截、疏为主，综合运用其他的修剪方法。修剪时需注意以下三点：

①要不断调整和发展原有树形。对具有顶生花芽的种类，在休眠季修剪时，绝对不能短截着生花芽的枝条(如山茶)；对具有腋生花芽的种类，休眠季修剪时则可以短截枝条(如蜡梅、迎春)；对具有混合芽的种类，剪口芽可以留混合芽(花芽)；具有纯花芽的种类，剪口芽留叶芽。

②在实际操作中，此类多数树种仅进行常规修剪，即疏去病虫枝、干枯枝、过密枝、交叉枝、徒长枝等，无需特殊造型和修剪。少数种类除常规修剪外，还需要进行造型修剪和花枝组的培

养,以提高观赏效果。

③对于先花后叶的种类,在春季花后修剪老枝,保持理想树形。对具有拱形枝条的种类如连翘、迎春等,采用疏剪和回缩的方法,一方面疏去过密枝、枯死枝、徒长枝、干扰枝外,另一方面要回缩老枝,促发强壮新枝,以使树冠饱满,充分发挥其树姿特点。

2.夏秋开花的种类

此类树木的花芽在当年春天发出的新梢上形成,夏秋在当年生枝上开花,如八仙花、紫薇、木槿等。这类树木的修剪时间通常在早春树液流动前进行,一般不在秋季修剪,以免枝条受到刺激后发生新梢,遭受冻害。

修剪方法因树种而异,主要采用短剪和疏剪。有的在花后还应去除残花(如珍珠梅、锦带花、紫薇、月季等),以集中营养延长花期,并且还可使一些树木二次开花。此类花木修剪时应特别注意,不要在开花前进行重短截,因为其花芽大部分着生在枝条的上部或顶端。

生产中还常将一些花灌木修剪整形成小乔木状,提高其观赏价值。如蜡梅、扶桑、红背桂、月季、米兰、含笑等,其丛生枝条集中着生在根颈部位,在春季首先保留株丛中央的一根主枝,而将周围的枝条从基部剪掉,将以后可能萌发出的任何侧枝全部去掉,仅保留该主枝先端的4根侧枝,随后在这4根侧枝上又长出二级侧枝,这样就把一株灌木修剪成了小乔木状,花枝从侧枝上抽生而出。

对萌芽力极强的种类或冬季易枯梢的种类,可在冬季自地面割去,如胡枝子、荆条、醉鱼草等,使其来春重新萌发新枝。蔷薇、迎春、丁香、榆叶梅等灌木,在定植后的头几年任其自然生长,待株丛过密时再进行疏剪与回缩,否则通风透光不良而不能正常开花。

(二)观果类

金银木、枸杞、铺地蜈蚣、火棘等是一类既可观花、又可观果的花灌木。其修剪时间、方法与早春开花的种类基本相同,生长季中要注意疏除过密枝,以利通风透光、减少病虫害、增强果实着色力、提高观赏效果;在夏季,多采用环剥、缚缢或疏花疏果等技术措施,以增加挂果数量和单果重量。

(三)观形类

属于这类花木的有垂枝桃、垂枝梅、龙爪槐、合欢、鸡爪槭等。不但可观其花,更多的时间是观其潇洒飘逸的形。修剪方式因树种而异。对垂枝桃、垂枝梅、龙爪槐短截时,剪口留拱枝背上芽,不能留下芽,以诱发壮枝;而对合欢树、鸡爪槭等成形后只进行常规疏剪,通常不再进行短截修剪。

(四)观枝类

对于观枝类的花木,如红瑞木、棣棠等,为延长冬季观赏期,一般冬季不剪,到早春萌芽前进行重剪,以后轻剪,使萌发多数枝叶,充分发挥其观赏作用。这类花木的嫩枝最鲜艳,老干的颜色往往较暗淡,除每年早春重剪外,应逐步疏除老枝,促进树冠更新。

知识点四 花木的常规管理

花木水肥管理的关键是从土壤管理入手,通过松土、除草、施肥、灌溉和排水等措施,改良土壤的理化性质，创造水、肥、气、热协调共存的环境，满足植物生长发育的需求。

一、松土除草

松土的目的是切断表层土壤与下层土壤之间的毛细管，减少水分蒸发，使土壤透水透气，提高保水能力，降雨时水分能渗入土壤，减轻水土流失，同时促进微生物的活动，加速有机质的分解。

除草的目的是抑制或排除杂草、灌木对水、肥、气、热和光的竞争，避免杂草、灌木、藤本植物对树木生长的干扰。

松土、除草一般同时进行，也可根据实际情况单独进行。松土、除草的年限要根据培养目标、立地条件和树体大小等综合确定。松土、除草的次数和季节要根据树木的生长规律确定，一般每年1～3次，栽后的第一年次数宜多，以后逐渐减少。

松土的深度要根据具体情况而定，一般为5～10 cm，靠干基宜浅、远离干基宜深；树小宜浅、树大宜深；沙土宜浅、黏土宜深；竹类的松土宜深。松土要做到不伤树皮、不伤树梢、少伤根系。

对花木根部杂草可以采用人工中耕的方法消灭。如荒草较为严重，可以用化学除草的方法消灭，但应注意选择适当的化学药剂，以免发生药害，而且最好是在草荒发生之前，喷洒化学药剂。

二、施肥

依肥料元素被树木吸收的部位，园林花木施肥主要有以下两大类方法。

（一）土壤施肥

一般土壤施肥深度应在20～50 cm。施肥的深度与范围还应该随树木的年龄增加而加深和扩大。另外肥料种类也与施肥深度有关，如氮素在土壤中移动性较强，在浅层施肥时，可随灌溉或雨水渗入深层，而被树木吸收利用；移动困难的磷、钾元素，应施在吸收根分布层内，以减少土壤的吸附，充分发挥肥效。

土壤施肥既可以是基肥，也可以是追肥。基肥一般采用迟效性的有机肥，应深施。追肥一般以速效性的无机肥为主，易流失，宜浅施，施后或施前应浇水。

1.基肥的施用方法

环状沟施　树木休眠期，在树冠投影外缘，挖30～60 cm的环状沟，深达密集根层附近，将肥料均匀撒入沟内，覆土填平，并适当踩紧。

辐射状沟施　以树干为中心，在距干基约为树冠投影半径的1/3处开始，向树冠外缘由浅而深、内窄外宽等距离地挖4～8条沟，呈辐射状，沟宽30～60 cm。施肥后覆土填平并适当踩紧。

穴状施肥　在树冠投影半径的1/2以外至投影外1 m以内的环状范围内，挖掘数个洞穴，将肥料放入之后盖土填平并踩紧即可。

●花木如诗

秋雨潇潇，熳烂黄花都满径；春风袅袅，扶疏绿竹正盈窗。

——清·车万育，等《声律启蒙》

2.追肥的常用方法

撒施 必须同时松土或浇水，使肥料进入土层才能获得较好的效果。注意不要在干基附近干施化肥，否则会造成干基的损伤。

穴施 按规定的施用量用穴施的方法把肥料埋于地表以下10 cm处，或结合灌水将肥料施于灌水堰内由树根吸收利用。

其他方法 北京市园林科研所制的棒状被膜长效肥在城区行道树及花灌木上得到广泛应用，对改善行道树和花灌木的生长状况效果明显。

园林树木施追肥，因卫生及观瞻的原因，一般都用化肥或菌肥，而不用粪稀等有异味或有碍游人游玩的有机肥。

(二)根外施肥

1.叶面施肥

叶面施肥具有用肥量小，吸收见效快，避免了营养元素在土壤中的化学或生物固定等优点，因此，在早春树木根系恢复吸收功能前、在缺水季节或缺水地区以及不便土壤施肥的地方，均可采用叶面施肥。同时，该方法还特别适合于微量元素的施用以及对树体高大，根系吸收能力衰竭的古树、大树的施肥。

叶面施肥多作追肥施用，生产上常与病虫害的防治结合进行，因而喷雾液的浓度至关重要。在没有足够把握的情况下，应宁淡勿浓。喷雾前需作小型试验，确定不会引起药害，方可再大面积喷雾。

2.枝干施肥

枝干施肥有枝干涂抹和枝干注射两种方法。涂抹法是先将树木枝干刻伤，然后在刻伤处加上固体药棉；注射法是用专门的仪器来注射枝干，目前国内已有专用的树干注射器。枝干施肥主要可用于衰老古大树、珍稀树种、树桩盆景以及观花树木和大树移栽时的营养供给。

三、灌溉

(一)灌水的时间

除定植时要浇大量的定根水外，可以分为休眠期灌水和生长期灌水。

休眠期灌水 秋末或冬初的灌水一般称为“冻水”，可提高树木越冬能力，防止早春干旱，故在北方地区，这次灌水是不可缺少的；早春灌水，又叫“返青水”，不但有利于新梢和叶片的生长，有利于开花与坐果，并且可以防“倒春寒”，是促使花木健康生长、花繁叶茂的一项关键措施。

生长期灌水 分为花前灌水、花后灌水和花芽分化期灌水。

花前灌水：是在萌芽后结合花前追肥进行，具体时间要因地、因树种而异。

花后灌水：是在花谢后浇水，花后半个月左右是新梢迅速生长期，如果水分不足，则抑制新梢生长。

花芽分化期灌水：树木一般在新梢生长缓慢或停止生长时开始花芽形态分化。此时也是果实迅速生长期，都需要较多的水分和养分，若水分不足，则影响果实生长和花芽分化。因此在树梢停止生长前及时而适当的灌水，可促进春梢生长，有利于花芽分化及果实发育。

灌溉时间为早上及傍晚(冬季可在中午进行)。此时灌溉可避免中午淋水导致植物临时性生理干旱，又可以避开人流和车流的高峰期。

（二）灌水量与次数

灌水的数量和次数应根据植物的种类、植株的大小、植物生长状况、当地的气候条件、土壤的保水性能、水源等情况决定。新栽种的树木在未恢复正常生长前都应加强灌溉，同时还应适当遮阴，防止过量蒸腾。已达到花龄的乔木，灌水切忌表土打湿而底土干燥，一般应渗透到80～100 cm 为宜。

（三）灌溉方式

城区园林绿地常用的水源是自来水、江河水、地下水，灌溉形式多种多样，总结起来有以下几种：

盘灌　在每株树木的树冠投影内，先扒开表土做一浇水堰，深 15～30 cm，形似圆盘，在盘内灌水至满，让水慢慢向下渗透。

沟灌　对于成片栽植或列植的植物之间可开沟灌溉，如绿篱。

喷灌　在大面积绿地如草坪、花坛或树丛内，安装固定的喷头进行人工控制的灌溉方式。

滴灌　是近年来发展起来的机械化与自动化相结合的先进灌溉技术，它是以水滴或小水流在树木根区进行灌水。

灌溉前后，最好进行松土，以增加土壤的保水功能，干旱时追肥应结合灌水，树木生长后期要适时停止灌水。灌溉常用的水源有自来水、井水、河水、湖水、池塘水、经化验可用的废水。

四、排水

常见的排水方法有如下几种：

明沟排水法　是园林中一般采用的排水方法。在地表挖明沟将低洼处的积水引到出水处，如果是成片栽植，则应全面安排排水系统。

暗沟排水法　在绿地下面铺设管道或暗沟，将积水从地下排出。此法由于较节省用地、节省劳力、不妨碍游人或交通，又不影响美观，是当前城区绿地采用最多的排水方式，但造价较高。

无论是明沟灌水还是暗沟灌水，其沟底坡度均以 0.2%～0.5%为宜。

地表径流法　在建设绿地时，就应该考虑到排水的问题。将地表改成一定坡度，确保雨水顺利流走，这是郊区园林绿地常用的排水方式。这种方式最经济，但需要精心安排。地面坡度应在 0.1%～0.3%。

五、防治病虫害

注意观察及时防治，达到治早、治小、治尽，注意用药安全。

（一）防治病害

树木常见的病害　枝干溃疡病、腐烂病、叶斑病、锈病、炭疽病、白粉病等。

病害防治方法　早春、晚秋选用保护性杀菌剂，病害发生期选用治疗性杀菌剂。

（二）防治虫害

常见的害虫　蚜虫、蓟马、介壳虫、红蜘蛛、柏毒蛾、槐尺蠖、木蠹蛾、小蠹虫、天牛、金龟甲等。害虫防治方法如下：

(1)化学防治　对食叶害虫,应选用触杀性、胃毒性药剂;对刺吸害虫、螨类应选择内吸性、触杀性药剂;对蛀干害虫应选择内吸性、熏蒸性药剂;对地下害虫应选择触杀性、内吸性药剂。

(2)生物防治　利用有益生物进行防治。主要包括以菌治病、以虫治虫、以鸟治虫、以菌治虫等方法。

(3)利用生物代谢产物进行防治　主要包括应用苏云金杆菌(Bt)、灭幼脲类、抗生素类、激素、植物提取物(苦烟乳油等)等方法。

六、低温危害与防寒

(一)低温危害部位及其原因

根系冻害　原因在于根系无自然休眠,抗冻能力较差,尤其冬季少雪,干旱的沙土之地更易受冻。

根颈冻害　原因在于根颈停止生长最晚,而开始活动较早,抗寒力差;同时接近地表温度变化大,易使皮层受冻。常用培土防寒。

主干、枝杈冻害　一是向阳面的冬季日灼。由于初冬气温骤降,皮层组织迅速冷缩。木质部产生应力将树皮撑开,细胞间结冰而产生的张力,也可造成裂缝。

(二)常用的防寒措施

灌冻水　北方一些地区,在土地封冻前,灌足一次冻水。灌冻水的时间掌握在霜降以后,小雪之前。

覆土　在土地封冻以前,将枝干柔软,树身不高的灌木压倒覆土。或者先盖一层干树叶,再覆 40～50 cm 的细沙,防止抽条。

根部培土　冻水灌完后结合封堰,在树根部培起直径 80～100 cm,高 30～50 cm 的土堰,防止冻伤树根。

喷白涂白　用石灰硫黄粉对树身喷白涂白,可以减低温差骤变的危害,还可以杀死一些越冬病虫害。

春灌　早春土地开始解冻时及时灌水,经常保持土地湿润,供给树木足够的水分。

卷干、包草　新植小树和冬季湿冷之地不耐寒的树木,可用草绳卷干或用稻草包主干和部分分枝来防寒。

积雪　可以保持一定的低温,免除过冷大风侵袭,早春可增湿,降低土温,防止芽过早的萌动,免受晚霜危害。

任务实施

子任务一　嫁接繁殖操作

1. 材料准备

植物材料:月季、野蔷薇或十姊妹、杜鹃等,因地制宜选材料。

工具材料:利刀、枝剪、芽接刀、绑扎材料、湿布、塑料袋等。

2. 方法步骤

(1)人员组织分工　学生以小组为单位,到花卉实训基地、花圃、园林绿地进行实践。

(2)操作　教师先明确操作步骤和要求,再示范,学生分组开展活动。教师指导评价。记录操作学习过程,完成工作任务。

杜鹃枝接操作程序:

(1)砧木的选择　普通的杜鹃花嫁接只需要选取当年生健壮的半木质顶生枝条。名贵杜鹃嫁接,则可采用二年生且长势旺盛的独干毛鹃作砧木,新梢与接穗粗细要相仿。

(2)接穗的采集　采用杜鹃的当年嫩枝(无白色髓心)。粗细与砧木相同,长 8～10 cm,有 3～4 个芽。采回后立即修剪接穗,去掉基部侧枝及叶片,顶部留 2～3 片叶进行嫁接,基部削成 1 cm 长斜面,背面稍切一小斜面,形成扁楔状。注意随采随接。

(3)嫁接时间　最好是在每年的 3—6 月进行,嫁接选择在晴天 9 时之前或 16 时之后进行,嫁接成活率高。

(4)嫁接　通常采用劈接法,砧木枝条去顶,中间向下纵切 1 cm,插入接穗,皮层和形成层对齐,用塑料薄膜带或条绑扎好,接口处连同接穗套入塑料薄膜袋中,扎紧袋口保温保湿。

接穗与砧木之间的形成层(即皮层)至少有一边要对准,然后用塑料薄膜或塑料丝由下往上扎紧,但力量要适度,不可太用劲,以防接穗跑位。

(5)嫁接后管理　嫁接后浇透水,将其放置在阴棚下,忌阳光直射,薄膜内温度不超过 30℃,保持 80%的湿度,期间注意袋中有无水珠,若无要解开喷湿接穗后重新扎紧。嫁接后,砧木极易长出萌枝、萌芽,应及时抹除。嫁接 20 d 后,成活的即可放松绑紧的塑料薄膜,但不能解绑,待新枝长到 15 cm 左右时才可解绑。

月季芽接操作程序:

(1)砧木的选择　选择一、二年生生长健壮、无病虫害的野蔷薇或十姊妹等作为砧木,嫁接前一周施一次肥,半天前浇一次水,留下分枝 1～3 个,其余分枝全部剪掉,做好嫁接的准备。

(2)接穗的选择和采集　在栽培 1～2 年的月季中挑选品种性状好的植株,在月季枝条花瓣露色到花落期间采集接穗。采集后的接穗及时插入清水中保鲜,置于阴凉处避免日晒,不及时嫁接的也可放置在 4～6℃的低温下短期保存。

(3)“T”字形芽接法操作。

(4)嫁接苗管理　嫁接后 10～15 d 检查嫁接成活情况,发现接穗死亡的要补接,及时抹除砧木萌芽,促进嫁接苗的生长。嫁接成活后,新梢长到 10～15 cm 时,可以剪去塑料条。芽接苗长到 30～40 cm 高时,从接口上方剪去砧木,成为一株完整的嫁接苗。

3. 考核要点与方法

(1)记录嫁接繁殖的操作过程

(2)按表 2-12 记录实验实训结果。

表 2-12　嫁接记录表

种类名称		嫁接方法	嫁接株（枝数、芽数）	成活率	未成活原因分析
砧木	接穗				

（3）依据操作过程（40%），实验实训记录、原因分析与成活率（30%），理论知识与技能要点解答情况（20%），学生的学习态度（10%）进行综合考核、评价。

子任务二　压条繁殖操作

1. 材料准备

植物材料：适宜压条的花卉材料如米兰、清香木、连翘等。

工具材料：利刀、生根剂、基质、绑扎绳、塑料袋等。

2. 方法步骤

（1）人员组织　分工学生以小组为单位，到花卉实训基地、花圃、园林绿地进行实践。

（2）操作　教师先明确操作步骤和要求，再示范，学生分组开展活动。教师指导评价。记录操作学习过程，完成工作任务。

压条繁殖操作程序：

压条在早春发芽期进行，也可以在生长期进行。

（1）高空压条　选择米兰、橡皮树等生长良好，无病虫害的枝条作为高压枝，在选定芽下面2～3 mm处，剥去外皮层和形成层，用湿润的培养土等作为栽培基质，外围用塑料薄膜或剖成两半的花盆等包裹，下端扎紧，上端留孔，以利通气和灌水。待充分发根后，于生长相对停止时，剪离母株，进行培育。

（2）普通压条　选好母株的萌蘖枝，长到1 m左右时摘心，并拉平促使副梢萌发和生长。当副梢长到20 cm时，在地面挖一深10～15 cm的沟，将拉平的萌蘖枝放在沟里，使副梢直立向上，然后填土压实即可。当副梢长到40 cm左右时，对副梢下部的压条进行刻伤处理，促进副梢基部加速生根，将沟填平。

3. 考核要点与方法

（1）记录压条繁殖的操作过程

（2）按表2-13记录实训操作结果。

表 2-13　压条记录表

花卉名称	压条时间	压条方法	压条数目	成活率	未成活原因分析
		普通压条			
		高枝压条			

（3）依据操作过程（40%），实验实训记录、原因分析与成活率（30%），理论知识与技能要点解答情况（20%），学生的学习态度（10%）进行综合考核、评价。

子任务三　花木的整形修剪

1. 材料准备

植物材料：花灌木（最好从幼苗到成熟期不同阶段的个体）若干株。

工具材料：修枝剪、手锯、手套、标牌、卷尺等。

2. 方法步骤

（1）人员组织分工　学生按每小组 3～5 人划分，每组分配一定的整形修剪任务。

（2）操作　教师带领学生到校园或校外实训基地，选择当地具有代表性的花灌木进行整形修剪，掌握其修剪整形技艺。操作时，教师先讲解操作内容和要求，再进行操作示范，然后学生按组在教师指导下完成各项内容。如有条件可进行反复训练。

整形修剪操作程序：

观察花木本身的情况，包括树体结构、树势是否平衡以及周围环境等，根据树形设计欲修剪成的树形，操作时本着因树修剪的原则，先剪上部，后剪下部；先剪内膛枝，后剪外枝的原则。（以月季为例）

（1）选择栽植后的成熟期不同阶段的月季个体。

（2）采取骨架式灌丛形方式整形。在月季苗长出 4～6 片叶时，摘心或剪梢，当年可形成 2～3 个互相错落分布的新分枝。

（3）第一年冬，位于上部长势强的枝条保留 7～8 个芽剪截；下部枝条角度大生长势差些，可留 3～5 个芽。

（4）第二年夏季花后，在第 2 片叶上面剪截，保留其芽，扩展形品种留内芽，直立形品种留外芽，以再抽新枝。

（5）第二年冬，灌木形姿态初步形成。成熟期修剪以休眠期为主，花后修剪为辅。冬季疏去需要更新的老枝，留新老结合的 3～5 个，并重剪，每个枝条可留 2～3 个芽，选剪口芽方向同前。生长期在第 1 次花后，将花后新枝留 3～5 节短截。第 2 次花后，在残花下第 2 片 5 小叶的上方将枝条剪断。枝条更新期为 3～5 年。

3. 考核要点与方法

（1）记录花木整形修剪的操作过程。

（2）按表 2-14 记录实训操作结果。

表 2-14　整形修剪考核标准

考核项目	考核内容	考核标准	分值	得分
花灌木的整形修剪	工具使用	根据花灌木的实际情况合理选用修剪工具，修剪工具使用方法正确，操作熟练	20 分	
	整形修剪过程	技法熟练，操作规范，工具使用得当，剪口平滑	40 分	
	整形效果	作品造型美观，符合一般审美要求，符合花灌木生物学特性	30 分	
	剪后整理	收集修剪的枝叶，完成场地清理，并进行工具保养	10 分	
合计			100 分	

任务五 水生花卉的生产与养护

任务分析

水生花卉是布置水景园的重要材料，与亭、廊、榭等园林建筑物构成具有独特情趣的景致。本任务主要是明确水生花卉的生态习性，能根据不同种类选用相应的繁殖方法与生产养护技术措施，为水生花卉的应用奠定基础。

任务目标与要求

知识目标：熟悉水生花卉的生态习性，繁殖与生产栽培技术要点。

能力目标：学会荷花、睡莲等花卉的繁殖与栽植技术。

学习要求：线上主动学习，线下认真听辅导。遵守纪律，遵守实训室、实训基地等相关规则，做好笔记，注意安全。

相关知识

一、水生花卉的分类

根据水生花卉对水的要求分为如下 4 类：

挺水类　此类花卉根或地下茎扎入泥中生长，上部植株挺出水面，植株高大，花开时离开水面，花色艳丽。如荷花、黄花鸢尾、千屈菜、水葱、菖蒲、石菖蒲、香蒲、慈姑、梭鱼草等。

浮水类　根生于泥中，叶漂浮于水面，花开时近水面，无明显的地上茎或茎细弱不能直立，如睡莲、王莲、萍蓬草、芡实、荇菜、菱等。

漂浮类　根不生于泥中，叶完全漂浮于水面之上，随水流、风浪四处漂泊，水浅处根可扎于泥中生长，如凤眼莲、槐叶萍、水鳖、水罂粟、满江红等。

沉水类　根茎生于泥中，整个植株沉入水体之中，通气组织发达，叶多为狭长或丝状，植株的各个部分均能吸收水中的养分，水下弱光条件也能正常生长发育，可用来装点鱼缸或净化水质，如黑藻、金鱼藻、眼子菜、狐尾藻、苦草、菹草之类。

二、生态习性

由于水中的生态环境变化没有露地剧烈，因此同种花卉分布的地域比较广。水生花卉对温度的要求依种类不同而有差别，睡莲有热带品种也有耐寒的寒带品种；王莲生长适温在 25～35℃，20℃即停止生长。水生花卉大多要求阳光充足；喜黏质的土壤；对水深的要求依种类不同而差别较大。挺水和浮水的要求 60～100 cm 水深；沼生的花卉 20～30 cm 水深；湿生的只适宜在岸边种植，水体有一点流动对花卉的生长有益。

三、繁殖要点

水生花卉一般采用播种法和分株法繁殖。

播种法是将种子播于有培养土的盆中，盖以沙或土，然后把盆由浅到深逐步浸入水中，刚开始盆土湿润即可，之后可使水面高出盆沿。大多数水生花卉的种子干燥后即丧失发芽力，需在种子成熟后立即播种或贮存于水中或湿处。少数水生花卉种子可在干燥条件下较长时间保持生活力，如荷花、水生鸢尾、香蒲等。

大多数的水生花卉植株成丛或具有地下根茎，可直接分株或将根茎切成数段进行分栽，分栽大多在春秋季节，不耐寒者可在春末夏初进行。

四、管理要点

(一)土壤选择与准备

栽培水生花卉的池塘应具有丰富、肥沃的塘泥，并要求土质黏重。

由于水生花卉栽植后追肥较困难，要在定植前施足基肥。新开挖的池塘必须在栽植前加入塘泥并放入大量的有机肥。

(二)栽培方式选择

各种水生花卉因其对温度的要求不同而采取相应的栽植与管理措施。一般不耐寒的可盆栽后置于池中，天冷时移入贮藏处。也有直接栽植，秋季掘起贮藏。

半耐寒性水生花卉如荷花、睡莲等可缸植，放入水池特定位置观赏，秋冬取出，放置于不结冰处即可。也可直接栽于池中，上冻之前提高水位，让植株根部附近不能结冰即可。

耐寒性水生花卉如水葱、香蒲、千屈菜等，不需要特殊的保护即可越冬。

有地下根茎的水生花卉如荷花，在池中栽植时间较长便会四处扩散，与设计意图相悖，所以一般在池塘内需建种植池，以保证观赏效果。

漂浮类水生花卉会随风而动，要根据当地情况确定是否加拦网固定。

放养鱼时，在水生植物基部覆盖小石子可以防止小鱼损害；在花卉周围设置细网，稍高出水面以不影响景观为度，可以防止大鱼啃食。

(三)水管理

水位控制很重要，种植深度要适宜，不同的水生花卉对水深的要求不同，同一种花卉不同生育期对水深的要求也不同，一般随着生长要加深，旺盛生长期达到最深水位。

清洁的水体有益于水生花卉的生长发育，要及时清理枯枝败叶；藻类大量繁殖会造成水质浑浊，小范围内防治可将硫酸铜装于布袋中，用量为 1 kg/m^3，大范围内可利用生物防治，放养螺蛳、河蚌等软体动物或种金鱼藻、狸藻等水草。

任务实施

子任务　荷花种植技术

荷花是我国的传统名花之一，不仅花大色艳、香远溢清，更具有“出污泥而不染”的独特品质，象征高尚、纯洁。

我国的荷花品种资源丰富，有200种以上，依用途不同可分为藕莲、子莲和花莲三大系统。王其超等根据种性、植株大小、重瓣性、花色等主要特征将其分为3系、5群、12类、28组。

一、荷花的习性

荷花是喜温、喜光和喜肥的水生花卉，气温在20～30℃时对花蕾发育和开花最为适宜，24～26℃有利于地下茎的发育；荷花宜浅水栽植，忌突然降温和狂风；喜富含腐殖质的肥沃黏土。

荷花一边开花，一边结实，蕾、花、莲蓬并存。春季萌芽，夏季开花，入秋后进入休眠，整个生育期160～190 d，从萌芽至开花需2～3个月，荷花雌蕊先熟，属天然异花授粉植物。

荷花种藕顶芽萌发产生第1片叶，不出水，称为“钱叶”；之后顶芽向前长出细长根茎，称“藕鞭”，其节处产生须根，向上长叶，浮于水面，称“浮叶”；“藕鞭”向前生长到一定长度后，节处向上长出挺出水面的有粗壮叶柄的大叶，称“立叶”。此后“藕鞭”向前每30～90 cm有节，产生立叶和须根，直到5月末至6月初长出花蕾。立秋后不再抽生花蕾，最后当“藕鞭”变粗形成新藕时，向上抽生最后一片大叶，称“后把叶”，在其前方抽生1个小而厚的叶叫“终止叶”。以后停止发叶，根茎向深泥中长去，逐渐肥大成为新藕，藕节还可分生出子藕、孙藕。如图2-20所示。

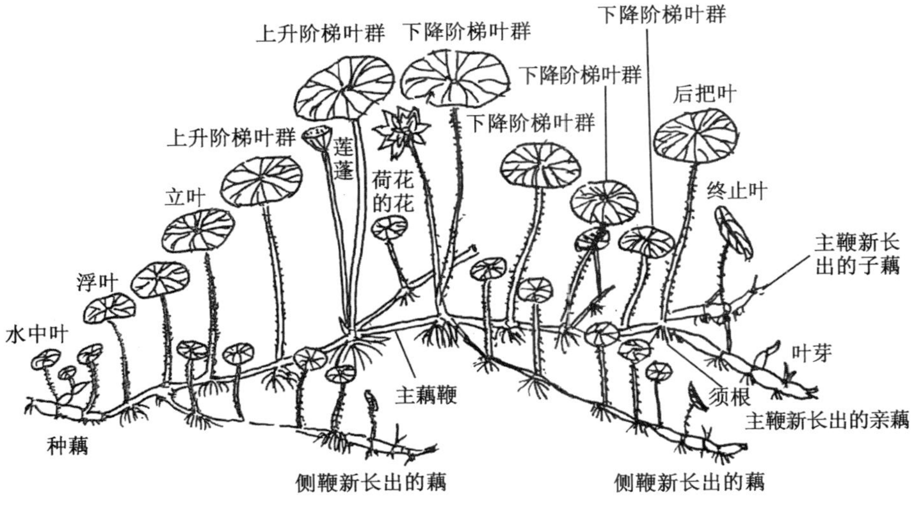

图2-20　荷花生长发育图

二、荷花的繁育

播种法　莲子的新与陈都可，随采随播也能萌发。由于莲壳坚硬，播前必须刻伤处理，即将莲子凹进的一端破一小口，露出种皮，然后投入盛有清水的器皿中浸泡 3～5 d，水深以浸没种子为度，每天换水一次，当莲子长出 2～3 片幼叶时，即可播种。播种时，将种子卧放，徐徐按下，莲背略高于泥面，每盆一粒，将盆浸入水缸中，灌水 5 cm 深，适温为 25～30℃，次年可开花。

池播也要先刻伤浸种，然后撒播在水深 10～15 cm 的池塘中，7 d 后可萌发，30 d 后浮叶出水。随着植株生长逐渐加水至 0.3～1.2 m。

分藕繁殖　若植于池塘，一般采用整枝主藕作为种藕，于“清明节”前后，选带顶芽和保留尾节的藕段，在气温上升至 15℃时，先将池水放干，池泥翻整耙平，施足底肥，然后栽藕。栽藕时左手托起藕身，右手握住藕的顶端，并用中指保护顶芽，以 20°～30°斜插入泥中，并让尾节露出泥面，1～2 d 放水 20～30 cm。

缸、盆栽时，主藕、子藕、孙藕均可做种藕，其操作方法基本同塘植，只是将种藕靠近缸壁徐徐插入泥中。

三、栽植养护管理

(一)荷花的栽植

池塘种植荷花根据品种的不同确定株行距，一般在(0.7～1.5) m×(1.5～2.0) m。

栽植时期　荷花定植时间是由荷花的生物学特性决定，即在气温相对稳定，藕芽开始萌发时进行。根据我国气温特点，华北、东北地区都应在 4 月下旬至 5 月上旬期间进行，华南地区一般在 3 月中旬进行，华东、长江流域在 4 月上旬较为适宜。

栽植方法　花莲的栽植为达到花叶并茂的景观效果，每亩需要 250 株藕种，可遍植也可三五成墩植或散点植，有疏有密。为了提高观赏效果，多个品种栽植时，植株高大型品种栽在池中间，矮小型品种栽在池周边，中型品种栽在两者中间。

湖塘栽藕前水放浅至 10～15 cm，将池泥挖一穴，手持种藕，让顶芽面向池中央，朝下呈 20°～25°斜插入泥中，然后扒泥盖藕，用水泥团镇压，藕尾端翘出泥外，埋头露尾即可。

(二)栽植后的管理

荷花是水生植物，整个生长期都离不开水。初栽水深 10～30 cm，夏季是荷花的生长旺盛期，水深加至 60～80 cm，梅雨季节雨量较为集中，塘植荷花水位不能淹没立叶，要注意及时排水。秋冬至上冻前放足池水，保持 100 cm 以上。

荷花喜肥，栽培时要有充足的基肥。池塘栽培时一般不施追肥，缸、盆栽植荷花若基肥充足也不必施追肥。夏季是荷花的花期，对肥的需求较大。若花蕾出水后，荷叶黄瘦，又无病斑，应及时添加磷钾肥，以后可每隔 15～20 d 施一次饼肥或复合肥。为了不污染水体，荷花的追肥应采用“炸弹”式施入，即先将 4～6 g 磷钾肥加少量水揉成小团，在小团外包裹上泥浆，适当阴干后用木根将肥料压入土中，这样肥料就会缓慢地渗入培养土中。

荷花是长日照植物，栽培场地应有充足的光照。盆栽荷花株行距要适当，过度拥挤植株较瘦而高，立叶少。家庭用缸、盆、碗等容器栽培荷花时，应将荷花置于光照充足处或每日将荷花搬至室外接受光照。荷花现蕾后，每日光照要不少于6 h，否则植株会出现叶色发黄、花蕾枯萎等现象。

在荷花的整个生长过程中，由于自然的新陈代谢，有时会出现枯萎的叶片或病叶需要清理掉，剪叶片时工具需要消毒，避免传播病害，剪口应留在水面以上，避免水通过叶柄的空洞进入藕中造成腐烂。另外，由于水体中养分含量多，会经常出现水棉、浮萍等水生植物，也需要清理掉。

池塘栽植荷花要解决鱼、荷共养，以及不同品种混植问题。要使池塘内鱼、荷并茂，应在池塘内分割出一部分水面栽荷，使荷花根茎限制在特定的范围内。如果多品种同塘栽培，必须在塘底砌高约1 m的埂，埂要低于水面为宜，每埂圈内栽植一个品种，防止品种串混。

荷花在高温季节发病率较高，坚持"预防为主，综合防治"的原则。可采用选抗病虫品种、增施有机肥和及时清理枯枝烂叶等手段，一旦发病，及时用药。

常见病害有斑枯病和斑点病，可用50%多菌灵可湿性粉剂800倍液防治。虫害有蚜虫等，可用吡虫啉防治。

☞ 考核要点与方法

每位同学根据自己学习的情况回答下列问题，最后教师作出评价，如表2-15所示：

表2-15　荷花种植考核表

考核内容	考核问题	分值	得分	教师评价
荷花种植技术	1.荷花繁殖的方法有哪些？	30分		
	2.池塘荷花怎样栽植？	40分		
	3.查一查北方栽植的荷花主要品种及颜色。	30分		

知识拓展

拓展一　其他常见水生花卉生产养护要点

1.睡莲

生态习性：不同品种对温度要求不同，大多喜阳光、空气湿润和通风良好的环境，对土质要求不严，喜富含有机质的壤土。pH 6～8，均可正常生长。最适水深25～30 cm。每朵花可开2～5 d，果实成熟后水中开裂，种子沉于水底。

栽培养护要点：主要采取分株繁殖。耐寒种通常在早春发芽前3～4月进行，不耐寒种要到5月中旬前后才能进行。可用叶上胎生的小植株繁殖。也可用种子繁殖。

分株时先将根茎挖出，挑选有饱满新芽的根茎，切成8～10 cm长的根段，每段至少带1个芽，然后进行栽植。顶芽朝上埋入表土中，覆土的深度以植株芽眼与土面相平为宜，每盆栽5～7段。栽好后，稍晒太阳，方可注入浅水。待气温升高，新芽萌动时再加深水位。

盆栽沉水法　要选用无孔30 cm×40 cm的营养钵，钵内放置混合均匀的营养土，填土深度控制在30～40 cm，便于储水。将生长良好的繁殖体埋入花钵缸中心位置，深度以顶芽稍露出土壤即可。栽种后加水但不加满，以土层以上2～3 cm最佳，便于升温，以保证成活率。栽种完成后沉入水池，水池水位控制在刚刚淹没营养钵为宜，随之生长逐渐增加水位。北方地区常用此法，秋后移入室内越冬。

池塘栽培　要选择土壤肥沃的池塘，早春把池水放尽，底部施入基肥（饼肥、厩肥、碎骨头和过磷酸钙等），之上填肥土，然后将睡莲根茎种入土内，淹水20～30 cm深，生长旺盛的夏天水位可保持在40～50 cm，水流不宜过急。也可先栽入盆缸后，再将其放入池中。生育期间可适当增施追肥。追肥的原则必须是既有益于睡莲生长，又在水中无浪费。7—8月，将饼肥粉50 g加尿素10 g混合，用有韧性、吸水性好的纸将肥料包好，并在包上扎几个小孔，以便肥分释放，施入距中心15～20 cm的位置，深度在10 cm以下。也可用潮湿的园土或黏土与肥料按一定的比例（一般土与化肥10∶1，土与有机肥4∶1）混合均匀后攥成土球（以攥不粘手、松手不散坨为宜），距根茎中心15～20 cm处，分3点放射状施到根茎下10～15 cm处，随攥随施。追肥时间一般在盛花期前15 d，以后每隔15 d追肥1次，以保障开花量。种植后3年左右翻池更新1次，以避免拥挤和衰退。

要注意对水位的控制。生长初期由于叶柄短，水位尽量浅，以不让叶片暴露到空气中为宜；随着叶片的生长，逐步提高水位，到达生长旺期，水位达到最大值；进入秋季，降低水位，以促进睡莲根茎和侧芽生长，提高翌年的繁殖体数量；秋末天气转凉后，逐渐加深水位，保持不没过大部分叶片为宜，以控制营养生长；水面结冰之前水位一次性加深，根据历史最大结冰厚度而定，保持睡莲顶芽在冰层以下，以安全越冬。

2.王莲

生态习性：性喜高温高湿，阳光充足、水面清洁的环境和肥沃的土壤。在气温30～35℃，水温25～30℃，空气湿度80%生长良好。秋季温度降至20℃时生长停止，冬季休眠。

栽培养护要点：王莲喜肥沃深厚的污泥，但不喜过深的水，栽培水池内的污泥需深50 cm以上，水深以不超出1 m较为适宜。种植时施足厩肥或饼肥，发叶开花期，施追肥1～2次，入秋后即应停止施肥。

一般用种子繁殖。种子在30～35℃水池中催芽，长出根和锥形叶后上盆放入水面下2～3 cm处，顶端露出基质面。随小苗长大逐次换大点盆，离水面的距离也随之加深到15 cm左右。叶片长至20～30 cm时定植。

一般一株王莲需水池面积30～40 cm^2，深80～100 cm。定植前水池要消毒。

3.凤眼莲

生态习性：喜温暖湿润、阳光充足的环境。适应性也很强，具有一定的耐寒能力，适宜水温18～23℃，超过35℃也可生长，气温低于10℃停止生长；喜欢生于浅水中，在流速不大的水体中也能够生长，随水漂流。繁殖迅速。

栽培养护要点：播种或分株繁殖。2月下旬至3月初将饱满且呈黄褐色的种子放在25～30℃水中浸种10 d，然后播在水面上，保持30℃左右的温度，经7～14 d萌发。幼苗长出5～6片叶时，叶柄开始膨大，已有一定浮力，即可移植。立夏以后，平均气温升至20℃左右，可移至池塘的水面养殖。

凤眼莲腋芽较多，能发育成为新的植株，匍匐枝较长，嫩脆易断，断离后亦成为独立的新株，具有很强的无性繁殖能力。

4.香蒲

生态习性：性耐寒，喜阳光，喜深厚肥沃的泥土，最宜生长在浅水湖塘或池沼内，对环境要求不太严，适应性极强。

生产栽培养护要点：通常用分株繁殖。春季将根茎切成10 cm左右的带2～3个芽的小段，根茎上的芽在土中水平生长，伸长30～60 cm时，项芽弯曲向上抽生新叶，向下长出新根，形成新株。

5.千屈菜

生态习性：生于河岸、湖畔、溪沟边和潮湿草地。喜强光，耐寒性强，喜水湿，对土壤要求不严，在深厚、富含腐殖质的土壤上生长更好。

栽培养护要点：分株繁殖为主，也可播种或扦插繁殖。早春或秋季分株，春季播种及嫩枝扦插。

露地栽培选择池边湿地丛植，株行距25 cm×30 cm，当年即可生长成片。盆栽宜选口径40～50 cm的无底孔的盆，施足底肥，装入培养土，盆口留5～10 cm为贮水层，生长期盆内不能缺水，旺盛生长期盆内要满水。适当疏除过密过弱的茎秆，使株形健壮美观。

拓展二　水生植物生物浮床栽植

对于城市的污水河道、公园湖面及小区的水面景观，由于水面深度往往达到2～3 m，很多植物都无法栽种，多数水体绿化工程中都采用了生物浮岛（人工浮床），如图2-21、图2-22所示。人工浮床可根据水面宽窄和景观设计的需求，制造出点状、片状、文字花形等图案，彰显出景观独特性的同时改善水体环境。

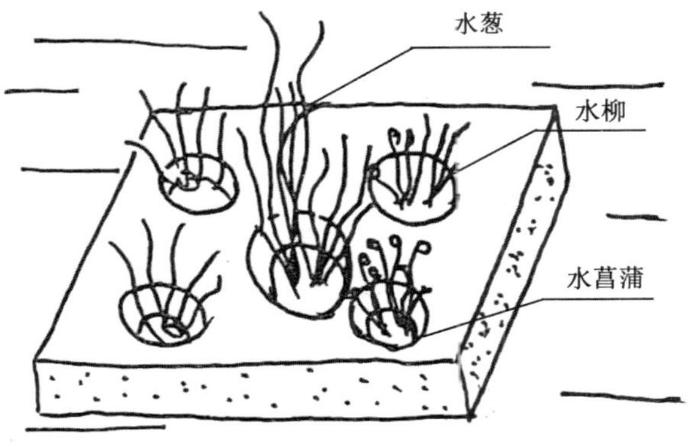

图 2-21　人工浮床组合栽培示意图

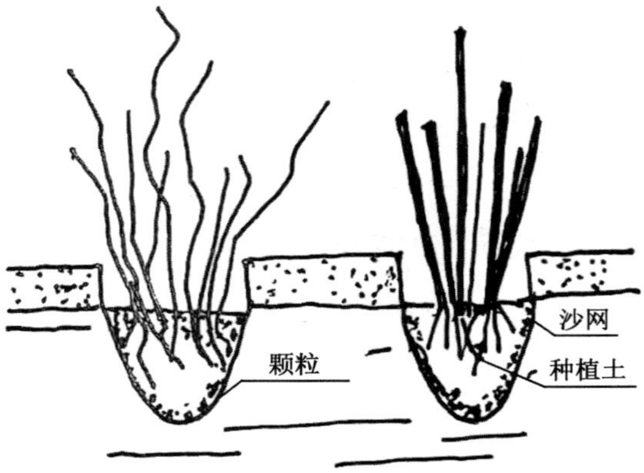

图 2-22　人工浮床组合种植剖面图

浮岛植物选择时，首先选择耐污抗污、根系发达、繁殖能力强又能开花的植物。主要选择挺水型植物，如美人蕉、千屈菜、旱伞草、水生鸢尾、香蒲、菖蒲等。

另外，水生观赏植物的布置要考虑到水面大小、水位深浅、种植比例与周围环境协调，植物的种植比例应占水面 30%～40% 为宜，可选择观花植物与观叶植物错位搭配，如美人蕉与旱伞草的搭配。

浮岛植物栽培时，首先要考虑到植物栽培容器大小，由于千屈菜、美人蕉等挺水植物的根系一般较为发达，对生物浮岛上的栽培容器内径要求较为严格，一般在 12 cm 左右比较合适，种植篮必须镂空，利于植物根系伸展。

其次应考虑某些水生植物水旱两性习性及栽培特点。为了使其更好地适应浮岛的种植篮，美人蕉通常先栽培在旱地里，然后把它的根部泥土抖净，在水里水培 20 d 左右，高度长到 20 cm 左右，再栽到种植篮里即可。这就是大家通常所说的改性美人蕉，类似的还有改性旱伞草。改性水生植物在栽培时要利用长度 70～80 cm 的海绵条一层层地把根包裹住。为了防止大风大浪刮倒植物，前期栽培可于根部周围放重 250 g 左右的石头或砖头，增加稳定性。大约 1 个月后，在植物根部伸出许多须根，透过海绵条缠绕在镂空的种植篮里，这时植物根部牢牢固定在种植篮里，已具有很强的抗风浪性。

最后考虑到南北方的气候选择栽培时间。在云南等地，2 月基本上无霜冻，这时可栽培。中部地区最好在 4 月以后，防止倒春寒。黑龙江最好在 7 月栽植。

无论在春季或秋季栽培，水质与水生植物生长有很大关系。富营养化的污水不需施肥，而水质一般的区域，植物叶片可能出现黄化现象，此时可喷施叶面肥。

随着生长期渐长，浮岛上的植物会越来越茂盛，植物也会出现相应的病虫害，要注意防治。生物浮岛可为水面带来丰富的景观效果。

项目三

盆栽花卉生产

项目背景

盆栽花卉生产是把花卉栽植于盆中的生产栽培方式。盆栽花卉具有移动灵活、管理方便的特点，是居室观赏、庭院美化、节日庆典摆放及重要场合装饰的主要种类。盆栽花卉植株完整，观赏期长，品种丰富多样，还可以通过各种花卉组合和造型，提高盆栽花卉的商品价值。

盆栽花卉是我国花卉产业的主要组成部分，2012 年广东、四川、江苏、陕西、福建、河南、湖南、云南和辽宁 9 个省盆栽花卉种植面积为 7.29 万 hm^2，占全部总面积的 73.08%。盆花和绿植生产，广东独占鳌头，其盆栽植物面积高达 1.15 万 hm^2。大规模盆栽生产的花卉种类有仙客来、一品红、绿萝、红掌、中国兰花、蝴蝶兰、观赏凤梨、杜鹃、多肉多浆花卉及观叶植物等。

盆花要在人为控制的条件下生长，所以需要一定的园艺设施，盆栽花卉在北方的冬季必须在保护设施内生产，另外花盆营养面积有限，这类花卉的生产和管理比较复杂。近年来，盆栽花卉单位面积产值提高，出现了质量增长型的态势，但是仍然依赖于国内的市场消费带动。

知识目标

1. 了解盆栽花卉的特点；
2. 了解花卉生产的设施与设备；
3. 熟悉盆栽花卉培养土配制原则与消毒方法；上盆、换盆、翻盆、转盆的基础知识；
4. 熟悉各类盆花的习性，生产栽培养护知识。

能力要求

1. 认识花卉生产的各类设施，会根据花卉的特性选择花盆；
2. 学会配制各类花卉的培养土；
3. 具备对各类盆栽花卉的管理与养护能力，能根据花卉特点进行上盆、换盆及翻盆、转盆的操作；
4. 掌握重点盆栽花卉的生产技术。

学习方法

以线上网络资源、书籍为载体，获取较为先进的新技术信息，启发盆栽花卉生产栽培的创造性。

任务一 花卉生产的环境及设施设备

◈ 任务分析

花卉生产、栽培常用很多设备设施,花卉栽培设施和设备所创造的环境称为保护地。其设施(保护地)内部有着特殊的环境特点,适当进行环境调控可创造适宜花卉生长的条件,提高花卉生产的经济效益。

◈ 任务目标与要求

知识目标:了解花卉常见生产设施的结构、环境特点;花盆的种类及特点。
能力目标:认识花卉常用生产设施。会根据花卉种类选择合适的花盆。
学习要求:线上主动学习,线下认真听辅导。遵守纪律,遵守实训室、实训基地等相关规则,做好笔记,注意安全。

◈ 相关知识

当前世界花卉生产正朝着温室化、专业化、管理现代化、产品系列化、供应周年化的方向发展。在花卉生产基地里,除了需要与生产量相适应的花圃外,还应配套相应的保护地生产设施,如温室、大棚、荫棚、中小拱棚等。温室是覆盖着透光材料并带有防寒、加温设备的建筑,在花卉生产中是最重要、最广泛,也是比较完善的栽培设施。依据是否使用人工热源分为日光温室和加温温室。在北方地区最常用的是日光温室,在农业现代化产业园区,智能控制的现代化温室是进行生产的主要场所。无论何种设施,只有创造有利于花卉生长发育的条件,才能取得最高的效益。我们首先要了解各种花卉对环境条件的要求。

知识点一 影响花卉生长发育的环境因素

种类繁多的花卉大都形成了对原产地环境的适应性。由于花卉对栽培环境有着不同的要求,只有创造适宜的生产栽培环境才能使其生长发育良好,营造出美丽的景观。影响花卉生长发育的环境因素包括气候因素(温度、光照、水分、空气)、土壤因素(土壤温度、土壤结构、土壤质地、土壤理化特性、土壤水分等)、地形因素、生物因素(相关的动物、昆虫、微生物;植物之间的相生相克)、人为因素(栽培、引种、育种)等。

一、温度对花卉的影响

温度影响花卉的一切生长发育过程。一、二年生草本花卉的种子萌发,多年生花卉的休眠与萌发,某些花卉的花芽分化与发育都受温度的影响。

(一)不同花卉对温度的要求不同

每种花卉都有自己的温度三基点,所谓的"三基点"即最高温度、最适温度、最低温度。花卉的温度三基点与原产地气候有关,温带花卉最适生长温度为15~25℃,最低在5℃左右,最高40℃左右。相比较而言,原产于热带和亚热带的花卉三基点偏高,原产于寒带的花卉温度三基点偏低。

(二)同种花卉不同生育阶段对温度的要求不同

一般情况下,休眠期对温度的要求偏低,而生长期则要求偏高。生长期的不同阶段对温度的要求也有差别,如一年生花卉的种子发芽要求较高的温度,比生长最适温要高3~5℃;幼苗期要求温度偏低,可促使苗壮;由生长阶段转入发育阶段要求温度逐渐升高;开花结果期对温度的适应范围变窄,不适的温度会使植株开花授粉不良。

(三)温度影响花卉的花芽分化及发育

不同原产地的花卉或同种花卉不同特性的品种,花芽分化对温度的要求都不同。一年生花卉和夏秋开花的宿根花卉及大部分的球根花卉都是在较高温度下进行花芽分化的;而秋植球根花卉在夏季休眠期进行花芽分化。

有些花卉花芽分化需要低温诱导,如二年生花卉和宿根花卉中早春开花的种类,需要通过一段时间的低温才能成花,这种低温对植物成花的促进作用称为春化作用。人为创造低温促进成花叫作春化诱导,如紫罗兰,一般品种是在有8~10片叶,10℃低温条件下经20 d左右能通过春化。

大多数花卉花的发生、花芽分化和花芽伸长最适温度差别不是很大。但秋植球根类花芽分化最适温度与花芽伸长最适温度特殊,如风信子花芽分化最适温为25~26℃,花芽伸长最适温为13℃;郁金香花芽分化最适温为20℃,花芽伸长最适温为5~9℃。

(四)温度影响花色及花期

温暖地区栽的大丽花,炎夏不开花,即使开花也暗淡无彩,秋凉后开的花则鲜艳夺目,在寒冷地区盛夏也开花艳丽。一般情况下,较低的温度可使盛开的花卉延长花期。

另外,地温和昼夜温差都影响花卉的生长与发育。较高的地温有利于根系的生长与发育。原产于温带的花卉都要求一定的昼夜温差,而原产于热带的许多观叶植物在无昼夜温差的条件下仍生长良好。

二、光照对花卉的影响

(一)光照强度的影响

不同花卉、同种花卉的不同生育阶段对光照强度的需求也不同。一般原产于高原地带、高山地区的花卉植物需光量大,而产于热带雨林中的植物比较耐阴。

室内光照比外界自然光要弱,所以选择养护花卉时,要注意所选种类对光强的要求,即使耐阴的植物,也不可全年在弱光中生长。

花卉不同生育阶段对光照的需求不同。大多数种子萌发时不要求光照或只要求少量散射光,随着幼苗的生长对光照的需求量逐渐加大。

光照强度影响一些花卉的花蕾开放,如半枝莲只有在强光下才开花,而牵牛却在晨曦开放。光强还影响花色，同一种花卉，在室外栽植比在室内栽植花色光彩艳丽。

（二）光周期对花卉的影响

光周期是指昼夜周期中光照期和暗期长短的交替变化。光周期影响着花卉的营养繁殖、冬季休眠及成花。例如长日照下虎耳草的叶腋易抽生出匍匐茎，温带多年生花卉短日照促进休眠而长日照促进营养生长。

不同花卉成花对光照长短的要求不同，根据这种特性把花卉植物分成长日照植物，即光照期在 12 h 以上才能花芽分化与发育，如天人菊；短日照植物，即光照期在 12 h 以下才能花芽分化，如秋菊、一品红；中日性植物，对日长不敏感，大多数花卉属于这一类。

（三）光质对花卉的影响

太阳光依波长可分红外光区、可见光区和紫外光区。波长较长的红外光可提高植物和环境的温度，波长较短的紫外线有杀菌和抑制病虫害传播的作用，而在可见光中红、橙、黄光有利于促进植物的生长，青、蓝、紫光能抑制植物的伸长，促进花青素的形成。

在自然光线中，散射光的 50%～60% 为红光、橙光，紫外线少；直射光中 37% 为红光、橙光，紫外线多，因此散射光对半阴性花卉的效用大于直射光，直射光对防徒长，促进花色艳丽有作用。

三、水分对花卉的影响

不同种类的花卉对水分的要求不同，这种差异与花卉原产地的降雨量和空气湿度有关。

（一）空气湿度对花卉的影响

空气湿度过高会使植株枝叶徒长，生长柔弱，造成落花，对病虫害的抵抗力降低；空气湿度过低花卉易发生红蜘蛛、蚜虫等虫害。

不同种类花卉对空气湿度的要求不同。原产于干旱地区的花卉要求空气湿度小，而原产于热带雨林的观叶植物要求空气湿度大。一些原生境中附生于树的枝干或生于岩壁、石缝中的花卉如气生兰类、杜鹃等，对空气湿度要求也较大，在生产与养护中，生长季节需向环境中喷水来补充空气湿度的不足。

花卉不同的生育阶段对空气湿度的要求不同，一般在营养生长阶段对空气湿度要求大，开花期要求低，结果和种子发育期要求更低。

（二）土壤水分对花卉的影响

一般种子发芽期需水较多，幼苗期需水量较少，随着地上部的生长，对水分的需求量渐多。不同花卉对土壤水分的要求也不同。水生花卉如莲花，必须生长在水中或沼泽中，而旱生花卉如仙人掌和肉质多浆花卉能耐干旱环境。

土壤含水量也影响花芽分化，水分少抑制营养生长而促进花芽分化，球根花卉特别明显，同一种球根花卉，沙地上生长的花芽分化早，先开花；栽植在湿润的土壤中，球根的含水量高，开花较晚。

（三）水质对花卉的影响

水中可溶性盐含量和主要成分决定了水质。长期用高盐水浇花，会造成盐离子在土中的累积而影响土壤的酸碱度，进而影响土壤养分的有效性，影响花卉的生长与发育。大多数花卉浇灌时使用酸碱度为中性或微酸性的水为好，杜鹃、栀子、山茶等喜酸性植物除外。

在室内及小环境中可通过换气、喷水来调节空气湿度。土壤水分的调节是通过排灌来实现的。水质的酸化调节可以用柠檬酸、醋酸、磷酸、硫酸亚铁等，水的碱化可用生石灰。

四、花卉对土壤及营养的要求

花卉栽培对土壤总的要求是质地疏松、理化性状好、保水保肥力强、无病原微生物和害虫。

(一)土质

依组成土壤的矿物质颗粒大小及其在土壤中占的比例不同而形成了不同的土壤质地。一般沙土的土壤颗粒间隙大，通透性强，在栽培中主要用于扦插或栽培球根花卉、多肉植物；黏土土壤颗粒间隙小，通透性差，保水性能好，只适合南方少数树木及水生花卉栽培；壤土性状介于以上二者之间，适合大多数花卉的栽培。

花卉盆栽由于花盆的容量有限，往往要人工配制营养土，以满足花卉生长发育的需要。

(二)土壤酸碱度

不同的花卉对土壤酸碱度有不同的要求，如杜鹃、山茶等喜 pH 为 5～6 的土壤；菊花、蔷薇、仙客来、百合、一品红、郁金香等适于 pH 为 6～7 的土壤；金盏菊、瓜叶菊等喜 pH 为 7～8 的弱碱性土壤；非洲菊、香豌豆等适于 pH 为 8 以上的碱性土壤。

有机肥料及酸性化肥多施时，易使土壤的酸度增高，为了中和酸性，宜适当施用石灰和草木灰等，反之，如碱性肥料施多时，必须用酸性肥料中和。

(三)土壤营养

花卉生长发育需要一定的养分，目前已确定 16 种元素为植物生长发育的必要元素，其中碳(C)、氢(H)、氧(O)、氮(N)、磷(P)、钾(K)、钙(Ca)、镁(Mg)、硫(S)是大量元素；铁(Fe)、硼(B)、铜(Cu)、锌(Zn)、锰(Mn)、氯(Cl)、钴(Mo)是微量元素。还有一些元素对某些植物生长有利，并能代替部分某些必需元素的作用，减缓其缺乏症的症状，称有利元素，包括钴(Co)、钠(Na)、硒(Se)、硅(Si)、镓(Ga)、钒(V)。另外还有超微量元素，如镭(Ra)、钍(Th)、铀(U)及锕(Ac)等天然放射性元素也有促进生长的作用。

主要矿质元素对花卉生长发育的作用及土壤中该元素的盈与缺对植物的反应如下：

(1)氮(N)　氮可促进植物的营养生长，增加叶绿素的含量，使花朵增大，种子丰富。但过量的氮会延迟开花，使茎叶徒长，降低植物对病害的抵抗力。

氮缺乏时，植物全株常出现病症，整株表现为生长受阻、茎细弱、叶小且色淡，植株老叶先发病，严重时黄化而死亡。

(2)磷(P)　磷可以促进种子发芽，提早开花结实，促进茎发育坚韧；促进根系的发育；能调整氮肥过多时产生的危害；增强植株对不良环境及病虫害的抵抗力。

磷缺乏时，植株老叶先发病，严重时黄化死亡。整株表现为叶色暗绿，生长延缓；下部叶的叶脉间黄化，茎常带紫色，在叶柄上紫色明显，叶早落。

(3)钾(K)　钾可增进茎干的坚韧，使植株生长健壮不易倒伏；促进叶绿素的形成和光合作用的进行，因此在冬季温室光线不足时，增施钾肥可产生补救的效果，促进根系发育，使花色鲜艳，提高花卉的抗寒、抗旱及抵抗病虫害的能力。

过量的钾可使植株短缩，生长低矮，叶子变黄，继而变褐皱缩，植株在短时间内枯萎。

钾缺乏时，病症常发生在较老、较下部的叶片上，表现为出现病斑，叶尖及叶缘出现枯死部分。黄化部分从边缘向中部扩展，边缘逐渐变褐皱缩，最后病叶脱落。

五、花卉对空气成分的要求

空气的主要成分是氮气、氧气和少量的二氧化碳、水蒸气，微量的稀有气体。

氧气是植物呼吸作用必需的，正常情况下可满足花卉生长的需要，但土壤中的氧气含量比大气要低得多，往往因土壤质地性状和含水量过高而造成氧气不足，影响根系的呼吸而导致植株死亡。所以花卉盆栽要选用透气性好的花盆及盆土，在栽培中排水、松土、翻盆及清除花盆外的泥土都能改善土壤的通气性能。

二氧化碳是光合作用的原料，在室内条件下，花卉会因为光照充足时二氧化碳浓度低而影响生长，所以一定要用通风换气来补充二氧化碳。有条件的也可施用二氧化碳气肥。

在工业集中的城市周围，大气中还有许多有害物质，会引起花卉的生理障碍。主要的有毒物质有二氧化硫、氟化氢、硫化氢、一氧化碳、氯、氨气、汞、铅、乙烯等。不同的污染物质对不同的花卉植物危害程度不一，有的花卉抗性强，有的花卉特别敏感。

二氧化硫是当前最主要的大气污染物，也是全球范围造成植物伤害的主要污染物。二氧化硫首先危害叶子气孔周围细胞组织，叶脉之间伤斑较多，严重时伤害叶尖和叶缘。植物在较高浓度的二氧化硫中短短几小时就会产生急性伤害。

氟化氢是毒性很强的气体。空气中氟化氢的浓度即使很低，暴露时间长也能对植物造成伤害。

氯气和氯化氢的伤害为急性坏死，在叶脉间产生白色或浅褐色的坏死斑点、斑块，有的花卉叶缘出现坏死斑。对有害气体特别敏感的植物可以作为指示植物使用。在低浓度有害气体下，人还没有感觉时它们已表现出受害症状。常见的敏感指示花卉有：向日葵、紫花苜蓿，对二氧化硫敏感；百日草、波斯菊，对氯气敏感；矮牵牛、丁香，对臭氧敏感；秋海棠、向日葵，对氮氧化物敏感。它们都可作为指示植物。

知识点二　日光温室

按照适宜日光温室发展的环境要求，我国适宜日光温室发展的区域被认为在北纬32°以北地区，核心区被认为在北纬34°～43°地区。

日光温室大多以塑料薄膜为覆盖材料，内部热源来自太阳辐射，靠采光屋面和加厚的墙体与草苫、纸被、棉被等覆盖保温，充分利用光热资源，创造适宜花卉生长的环境。

一、日光温室结构

日光温室结构如图3-1所示。

(一)前屋面

前屋面是采光屋面，由拱架和透明覆盖材料组成，前屋面的大小、角度、方位直接影响日光温室的采光效果。采光屋面材料主要是各种塑料薄膜，拱架有全钢拱架和竹木拱架。前屋面的角度和方位与当地的地理纬度有关。

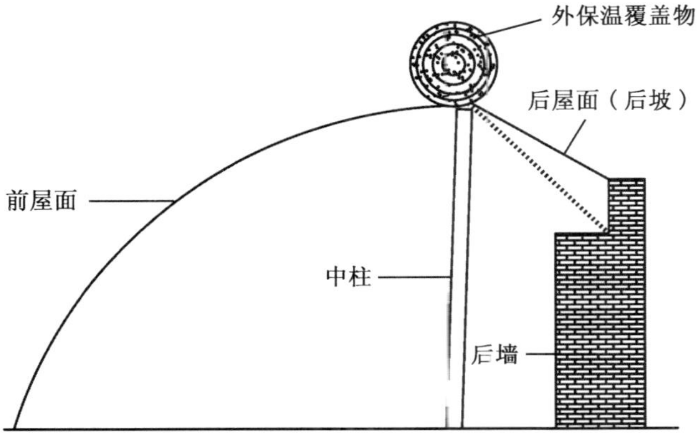

图 3-1 日光温室结构示意图

(二)后坡

后坡又叫后屋面,连接后墙与采光屋面。采用骨架和不透光的保温蓄热材料做成,主要起保温和蓄热作用,也有一定的支撑作用。

(三)后墙和山墙

后墙与温室的后坡相连,通常砖质结构,大多修成夹心墙,加强保温效果;北方高纬度强化保温型竹木结构温室由土堆成,厚 1 m 以上。山墙位于温室的两侧。墙体的作用是保温、蓄热和支撑。通常在一侧山墙的外侧连接建造一个小房间作为出入温室的缓冲间,兼作工作室和贮藏间。

(四)保温覆盖物

日光温室前屋面塑料薄膜导热系数最大,白天有阳光照射室内可保持较高温度,而夜间散热快,所以必须进行外保温覆盖以减少夜间热量的散失。目前外保温覆盖物主要有纸被、草苫和各种保温被。

二、日光温室的类型

日光温室是节能型温室,适合我国北方地区,南向采光单屋面,不需人工加温。设施内光线充足,能充分利用太阳辐射能,防寒保温性能好。在华北地区夜温最低可保持 5℃以上,只在寒冷季节做补充加温,是冬季花卉生产主要的温室类型。

日光温室按照建筑材料分竹木结构日光温室和钢架结构日光温室。

(一)竹木结构日光温室

根据前屋面结构不同,可分为多柱结构日光温室和悬梁吊柱结构日光温室。这种类型温室用木杆做立柱,土筑后墙和山墙,后屋面用玉米秸勒箔后抹草泥。前屋面用竹竿或竹片作拱杆,建造容易,取材方便、保温效果好造价低,农民可自行建造。缺点是立柱多,遮光面大,作业不方便,不便于多层覆盖。每年需要维修,比较麻烦。目前逐渐被各种钢架结构温室所代替。

(二)钢架结构日光温室

山墙和后墙均为砖墙,后屋面采用异质复合结构,前屋面用钢管或钢筋焊成拱架,无立柱,一次建成多年使用，采光好，作业方便，一次性投入较高。下面两种是辽宁地区比较先进的钢架日光温室。

(1)鞍山Ⅲ型日光温室　是鞍山市蔬菜研究所设计安装的现代化全钢拱架日光温室。组装式，全钢拱架较坚固，矢高 3.5 m，无立柱；屋顶抛物线形，采光效果好；成本较高。如图 3-2 所示。

(2)辽沈Ⅰ型日光温室　沈阳农业大学研制组装的日光温室。前屋面圆拱形，钢筋骨架，无柱高大日光温室；采光效果好；压膜线紧贴棚膜，压膜效果好；成本较高。如图 3-3 所示。

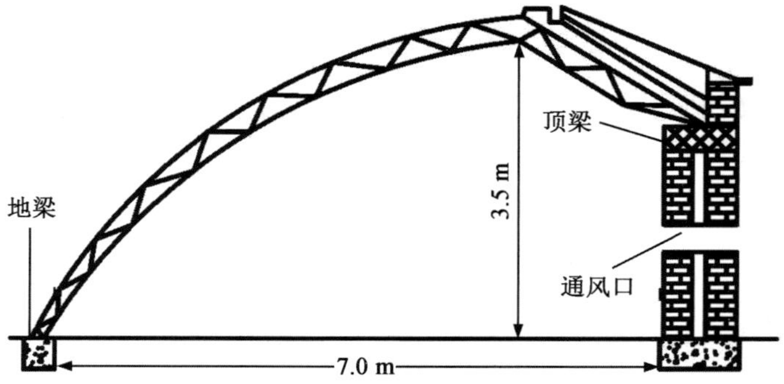

图 3-2　鞍山Ⅲ型日光温室

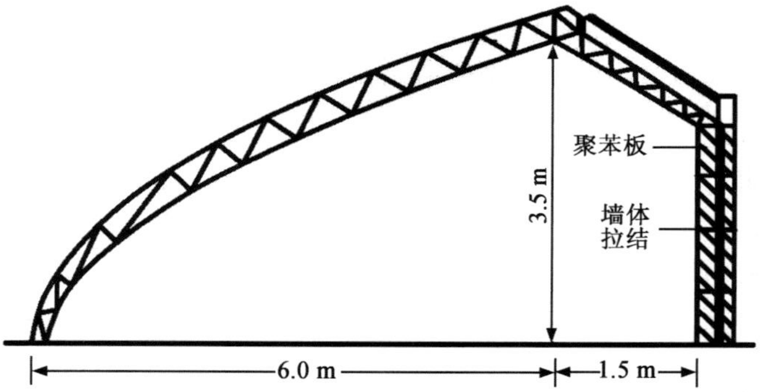

图 3-3　辽沈Ⅰ型日光温室

知识点三　现代化温室

现代化温室又称连栋温室、智能温室，机械化、智能化程度很高，内部环境可自动化调控，基本不受自然条件影响，能全天候进行设施花卉的生产。但是在冬季温度过低的地区，冬季加温能源消耗过大。

连栋式温室是大型温室，除结构骨架外，一般所有屋面与四周墙体都为透明材料，温室空间大，可实现规模化、工厂化生产，也便于实现机械化作业。但在冬季寒冷的地区加温所需的费用比较高，在冬季不太寒冷的地区，这种温室类型是花卉生产常用的设施。

一、现代化温室的类型

20 世纪 80 年代初荷兰、美国等国推出适应机械化作业的大型连栋温室，从育苗、整地做畦、浇水追肥、温光调控、通风换气到采收、运输等均实现了自动化，从而引导设施园艺生产朝着高投入、高产出、高效益的方向发展。

连栋温室骨架材料多为矩形钢管、槽钢、耐锈热镀锌钢材及抗腐蚀铝合金材料等，应用 PC 板是目前覆盖材料中综合性能最好的一种，唯一不足的就是价格较昂贵。

连栋温室一般采用南北走向，光照分布均匀、室内温度变化平缓，与单栋相比，抗风雪能力增强、土地利用率提高、散热面积小、能耗少。同时，由于室内宽敞，便于机械操作和自动化管理。

按屋面特点分为屋脊型和拱圆型两类。屋脊型以玻璃作为覆盖材料，代表的是芬洛型温室，以荷兰面积最大。拱圆型温室主要以塑料薄膜为透明覆盖材料，在法国、以色列、美国、韩国广泛应用。

(一)芬洛型温室

荷兰温室的代表类型，采用钢架和铝合金为骨架，玻璃为覆盖材料。跨度为 6.4 m、8.0 m、9.6 m 等；开间 3 m、4 m、4.5 m，檐高 3.5～5.0 m。每跨由 2～3 个小屋脊直接支撑在桁架上，小屋脊跨度 3.2 m，矢高 0.8 m。开窗屋脊为分界线，左右交错开窗，每开间设 2 扇窗。芬洛型温室在我国南方地区最大缺点是通风面积过小，通风量不足，夏季降温困难。近年来，我国针对地域特点加以改进优化，提高了温室的高度，加强侧通风，设置外遮阴和水帘降温系统，提高了降温效果。

(二)卷膜式开放型塑料温室

是一种拱圆式连栋塑料温室，过去通称连栋大棚，是最早从日本引进，经消化吸收研发的主要国产化塑料温室。

其主体结构除山墙外，顶侧屋面均通过手动或电动卷膜机将覆盖薄膜由下而上卷起通风透气。其侧墙和 1/2 屋面的薄膜均可通过卷膜装置全部卷起而使温室形成与露地相似的状态，有利于高温季节栽培作物。通风口全面覆盖 25 目网纱防虫。其单栋跨度一般为 6.4 m、9.5 m、8.0 m，天沟高度 2.8～4.2 m，顶高 4.2～5.2 m，开间有 3 m、4 m。如上海农机所研制的 GLZW 7.5 型上海智能温室、GLZW 7430 连栋温室等，采用侧面卷膜和顶部沿天沟设机械传动的双向卷膜机构，或侧面卷膜配合屋顶齿条开窗通风系统，有利于排除室内热空气。

这一类型的特点是简易节能、低成本，利于夏季通风降温，顶部卷膜开窗可以接受雨水淋洗，减少土壤盐类积聚，是我国南方设施面积最大的一类连栋塑料(薄膜)温室。近年来，中国农业大学从韩国引进的一种双层结构连栋温室也是一种新型卷膜式开放型温室，在长江三角洲已有一定的发展面积。

(三)里歇尔温室

是法国瑞奇温室公司研究开发的一种塑料薄膜温室，在我国西北部引进温室中所占比重颇大。一般单栋跨度为 6.4 m、8.0 m，檐高 3.0～4.0 m，开间 3.0 m、4.0 m。其特点是固定于屋脊部的天窗能实现 1/2 屋面开启通风换气，也可以设侧窗，辅助屋脊窗通风(1/4)，通风面为 20 %和 35 %。但半屋面开窗的开启度只有 30°，而侧窗和屋脊窗开启度可达 45°，屋脊窗的通风比在同跨度下反而高于半屋面窗。总体而言，里歇尔温室的自然通风效果较好。可采用双层充气膜覆盖，冬季可节省能耗30%～40%，构件比玻璃温室少，空间大，遮阴面小，根据不同地区风力强度大小、积雪厚度，可选择相应类型结构。但双层充气膜在南方冬季多阴天和雨雪情况下，影响透光性。

(四)屋顶全开启型温室

屋顶全开启型温室是近年意大利、美国、日本正在研发的一种新型全开放型温室，其特点是以天沟檐部为支点，可以从屋脊部打开天窗，开启度可接近垂直程度，即整个屋面的开启度可从完全封闭直到全部开放状态，侧窗则用推拉方式开启，全开后达1.5 m宽。全开时可使室内外温度基本一致；由于垂直屋面光线折射，中午室内光强有可能超过室外；便于夏季接受雨水淋洗，防止土壤盐类积聚。可依室内温度、降水量和风速，通过电脑智能控制自动启闭，整体结构与芬洛型相似。

知识点四　温室的内部设施设备及花卉生产常用器具

一、温室内部设施

1.植物台

植物台又称植台或台架，是放置盆花的台面。植物台的结构有木制、铁架木板及混凝土三种。形式有平台和级台，平台在单屋面温室可靠北墙，台面向南，双屋面温室设在温室正中；级台适用于观赏温室，但管理不便。现代化温室内设有能滚动的植台。

2.种植床

是温室内种植花卉的场地，可用于月季、香石竹、菊花、百合等切花生产。

3.繁殖床

用于播种、扦插等操作的畦面。

4.给排水设备

花卉灌溉用水的温度尽量与温室的室温相同。在一般的栽培温室中，大多设置水池或水箱，现代化温室中常常设置滴灌或喷灌设备，同时在温室内外设置暗沟、暗井、落水槽等排水设施。

5.通风设备

温室以自然换气为主，当自然换气难以满足要求时，需利用强制换气装置、空气循环设备，通过送(引)风机强制交换温室内外空气。

6.补光、遮光设备

在现代化温室内常设置灯源增加光照强度和延长光照时数，当自然光照不能满足植物生育时，可启动补光装置。常用光源有白炽灯、荧光灯、金属卤化物灯、高压汞灯、高压钠灯，通常将灯固定在植株的正上方。遮光设备需要有黑布、遮光膜、暗房和自动控光装置，暗房内最好设有便于移动的盆架。

7.保温、加温、降温设备

(1)双重覆盖保温装置　大型现代化温室为加强保温，减少能耗，多在温室顶部和侧面悬挂膜帘，白天拉开，使室内光照充足，晚上闭合加强保温。使用时，将膜帘用夹具与拉线连接，拉线缠绕在卷线筒上，通过开启装置使膜帘拉开闭合。

(2)加温设施　按加温方式不同分以下3种：

热水加温　锅炉内水加热后，通过输送管进入温室内的散热器，再从回水管回到锅炉，重新加热，不断循环。该方式室温控制较均匀，便于调节。

蒸汽加温　与热水加温设备大致相同，仅以蒸汽代替热水。

热风加温　通过油或液化气等燃烧加热空气，用送风机将热空气送进风筒，通过风筒上的散热孔排出，提高室温。

(3)降温装置　大型连栋温室温度过高时须强制降温，一般采用汽化冷却法，即利用水的汽化带走空气中的热量，再将冷却空气送回温室。按冷却方式不同，分为喷雾冷却法、风扇喷雾冷却法和湿垫风扇冷却法三种。

8.二氧化碳施用装置

采用装置有二氧化碳发生器和二氧化碳发生源。辽宁省研制的二氧化碳发生器，采用金属网式红外线炉，燃烧液化石油气，而山西省推出的二氧化碳发生器则以焦炭为原料。目前常用的二氧化碳发生源有二氧化碳压缩瓶和干冰，其释放的均为纯二氧化碳，无需其他设备，直接在温室中应用即可。

9.附带的建筑设施

工作房　花卉生产有许多细致的工作需要在工作房中操作，如上盆、换盆、翻盆等。

种子房　根据种子贮藏的要求，有条件的可设置种子房，要求通风干燥，荫蔽冷凉。

晒场　选择温室南侧空旷地，设一水泥地作为晒场，对盆栽用土进行曝晒、消毒，以及进行种子采收后的晾晒与干燥等。

仓库　花卉栽培有很多工具、机具设备、肥料、花盆等都需要放置在仓库中。

二、花卉栽培常用器具

(一)花盆

花盆是花卉盆栽最重要的容器，种类很多，有不同的分类方法。

二维码 3-1
花卉生产常用器具

1.依质地分类

(1)瓦盆　又叫素烧盆，以黏土烧制，分红盆和灰盆两种，适宜种植各种草花。价格低，虽外表不美观，但通气透水性好，适于花卉生长，缺点是易生青苔，易碎，不适于长途运输。

(2)陶瓷盆　由高岭土制成，上釉的为瓷盆，不上釉的为陶盆。瓷盆带有彩色绘画，外形美观，但通气透水性不良，不适于花卉栽培，一般作为套盆或短期观赏，适于室内装饰及展览用；陶盆多为紫褐色或赭紫色，有一定的排水、透气性。

(3)紫砂盆　一种特殊的陶盆。质地有紫砂、红砂、白砂、乌砂、春砂、梨皮砂等，以江苏宜兴产品为最好，形式多样，造型美观，透气性稍差，多用于室内名贵花卉及盆景栽培。

(4)木盆或木桶　由木料和金属箍、竹箍或藤箍制造而成，形状上大下小，以圆形为主，也有方形，盆下设短脚或垫以砖或木块，避免盆底直接接触地面导致腐烂，适宜栽种高大、浅根性的观赏花木。缺点是木质易腐烂，使用年限短。

(5)塑料花盆　一般为圆形、高腰、矮三角或无脚，底部或侧面留有孔眼，以利浇灌及排水，也有不留孔眼作为水培或套盆之用。形状多样，色彩丰富，外形美观，轻便耐用，但是水分、空气流通不良。

(6)纸盆或塑料营养钵　供培育幼苗之用，特别适用于不耐移栽的花卉，如香豌豆、香矢车菊等，在定植于露地前，先在温室内纸盆或塑料营养钵中育苗。

栽培器具除以上种类外，还有金属盆、玻璃盆，多用于种植水生花卉或实验室栽培。

2.依使用目的分类

(1)水养盆　专供水生花卉或水培花卉之用，盆底无排水孔，盆面阔大而较浅。球根水养用盆多为陶制或瓷制的浅盆。

(2)兰盆　专用于气生兰及附生的蕨类植物，其盆壁有各种形状的孔洞，以利空气流通，也常用各种形状的竹篮或竹筐代替兰盆。

(3)盆景盆　有树桩盆景盆和水石盆景盆两类。树桩盆景盆底部有排水孔，形状多样，色彩丰富；水盆底部无孔，均为浅口盆，以长方形和椭圆形为主。

(二)其他栽培容器

(1)盆套　容器外附加的器具，用以遮蔽花盆的不雅部分，达到最佳的观赏效果。盆套不是直接栽种植物，而是将盆栽花卉套在里面，可以把普通的素烧盆遮挡起来，使盆栽花卉更美观。盆套无底孔，形状、色彩、大小和种类多样，风格各异。材料可以是金属、竹木、藤条、塑料、陶瓷等。

(2)壁挂容器　垂直绿化时，把容器设置于墙壁上，常见形式有：①将壁挂容器设计成各种几何形状，将经过精细加工涂饰的木板装上简单竖格，或做成简单的博古架，安装于墙壁上，格间摆设各种观赏植物，如绿萝、鸭跖草、吊兰、蕨类等；②事先在墙壁上设计某种形式的洞穴，墙壁装修时留出位置，然后把适当的容器嵌入其中，再以观叶植物或其他花卉点缀于容器之中。

(3)花架　用以摆放或悬挂植物的支架。

(4)盆托　是常用的代替盆套的用具。

(三)花卉生产常用的工具及材料

常用的有浇水壶、喷雾器、修枝剪、嫁接刀、切花网、遮阳网、草帘、纸被、无纺布制成的保温被及塑料薄膜等。

此外，花卉栽培过程中还需要竹竿、棕丝、铅丝、铁丝、塑料绳等用于绑扎支架，还有各种标牌等材料。

大型现代化花卉生产常用的农机具，如播种机、球根种植机、上盆机、加宽株行距装置、运输盘、传送装置、收球机、球根清洗机、球根分检称重机、切花去茎去叶机、切花分级机、切花包装机、盆花包装机、花卉冷藏运输车及花卉专用运输机等。

知识点五 花卉生产设施的环境特征及调控

一、花卉生产设施光照环境特点及调控

设施内的光照环境不同于露地，设施内的光照条件受建筑方位、设施结构、透光屋面大小、覆盖材料特性、清洁程度等多种因素的影响。

（一）光照环境的特点

（1）光照强度　设施内光照比自然光要弱，尤其在寒冷的冬、春季和阴雪天，透光率只有自然光的50%～70%，如果透明覆盖物不清洁，使用时间长而染尘、老化等，透光率甚至不足自然光的50%。

（2）光照时数　塑料大棚和大型连栋温室因全面透光，无外覆盖，设施内的光照时数与露地基本相同。单屋面温室内的光照时数一般比露地要短，取决于早揭晚盖覆盖物的时间。

（3）光质　设施内的光质与自然光不同，主要与覆盖材料的性质有关。用塑料薄膜覆盖的，透过的光质与薄膜的成分、颜色等有直接关系。

（4）光分布　露地自然光一般分布是均匀的，设施内则不同。例如单屋面温室的后屋面及东、西、北三面有墙，都是不透光部分，在其附近或下部往往会有遮阴。朝南的透明屋面下，光照明显优于北部。据测定，温室栽培床的前排光照条件好、中排次之、后排最不好。

（二）光照环境的调控

温室光照的调节主要是应用遮光幕或补光设备实现。需要短日照时可用完全不透光的材料铺设在设施顶部和四周，或覆盖在植物外围的简易棚架的四周，严密搭接，为植物临时创造一个完全黑暗的环境。要延长光照或自然光强度弱时，补充一定光强的光照，可利用各种电光源。除电灯补光外，在温室的北墙面上涂白或张挂反光板，将光线反射到温室中后部，可明显改善温室中后部的光照强度，改善温室内光的分布。

二、花卉生产设施温度环境特点及调控

（一）温度环境的特点

（1）设施内的温度　在没有人工加温的条件下，设施内获得并积累太阳辐射能，使设施内的气温高于外界的气温。

（2）设施内的日温差　设施内最高温与最低温出现的时间大致与露地相似，最高温度出现在午后14时，最低温度出现在日出之前，所不同处就是设施内的日温差要比露地大得多。容积小的设施缓冲能力差，日温差更大。如当外界气温为10℃，大棚内的日温差约为30℃，而小拱棚的日温差可达40℃左右。

（3）逆温　一般出现在阴天后、有微风、晴朗的夜间。阴天，棚内积累的温度较少，在有风的晴天夜间，温室大棚表面辐射散热很强，有时棚室内气温反而比外界气温还低，这种现象叫逆温。日出后棚室迅速升温，逆温消除。10月至翌年3月容易发生逆温。

（4）设施内的温度分布　设施内气温的分布是不均匀的，不论在垂直方向还是在水平方向都存在着温差。在寒冷的早春或冬季，边行地带的气温和地温比内部低得多。在保温条件下，垂直方向的温差可达4～6℃，水平方向的温差较小。

(二)温度环境的调控

(1)降温　可启动降温系统。如通过自然放风来降温;利用排风扇进行强制通风降温;利用遮阳网减少进入温室内的太阳辐射,也可起到降温作用。大型现代化温室还具备完善的蒸发降湿系统,可通过湿帘-风机降温,也可通过喷雾降温。

(2)保温或加温　可启动温室保温、加温系统。保温可在采光屋面外覆盖草苫、纸被、棉被等,傍晚盖,早晨揭。温室内顶部设置保温幕,温室内畦面增设小拱棚也可提高栽培畦的温度。加温可利用热水采暖系统加温、热风加温、电加温,根据本地条件及经济条件选择适当的加温方法。

三、花卉生产设施湿度环境特点及调控

(一)湿度环境的特点

(1)设施内的空气湿度　高湿是设施内湿度环境的突出特点。在1—3月份,花卉生产温室平均每天相对湿度都可能维持在90%左右。设施内的空气湿度日变化大。夜间随气温的下降相对湿度逐渐增大,往往能达到饱和状态;日出后随着温度的升高,相对湿度开始下降,如果进行通风,绝对湿度也下降。

(2)设施内的土壤湿度　由于设施的空间或地面有比较严密的覆盖材料,土壤耕作层不能依靠降雨来补充水分,土壤湿度只能由灌水量、土壤毛细管上升水量、土壤蒸发量以及作物蒸腾量的大小来决定。

(二)湿度环境的调控

(1)设施内空气湿度的调节　可通过放风或喷雾来实现,放风可降低空气湿度、降温和补充室内的二氧化碳;喷雾可增加室内的空气湿度。

(2)设施内土壤湿度的调节　可通过排灌来实现,人工浇灌只用于小规模的花卉生产,大规模的花卉生产往往用喷灌、滴灌和渗灌的方式,也容易实现自动控制灌溉。

知识点六　花期控制技术

一、花期控制的概念及意义

通过人为改变环境条件和采取特殊的栽培方法,使花卉提早或延迟开花的技术措施,称为花期控制,也称催延花期或促成抑制栽培。

通过花期控制不仅可以丰富不同季节花卉的种类,创造百花齐放的景观,还可以满足特殊节日及花展布置的用花要求,尤其是元旦、春节、国庆节、"五一"等节日用花,需求量大、种类多、质量要求高,必须应时开花。促成栽培与抑制栽培成了改变花期理想的栽培手段和经常应用的花卉生产技术措施。

二、影响花期控制的内部因素

(一)营养生长

营养生长是生殖生长的基础,花卉植物只有经过充实的营养生长,才能够进行花期控制。

(二)花芽分化

花芽分化是指植物体由营养生长转向生殖生长的全部过程,它受花卉本身遗传性及诸多环境因子的影响,其中温度和光照是最主要的影响因子。

1. 温度

各种花卉花芽分化的最适温度不一样,有的需要高温进行花芽分化,如杜鹃、山茶、梅花、牡丹等,都要求温度在25℃以上时才能进行花芽分化,入秋后进入休眠,经过一段低温才能打破休眠而开花。有的需要低温诱导刺激才能形成花芽,高于或低于花芽分化的临界温度就不能进行花芽分化,起源于温带的花卉大多属于此类。

花芽分化后,温度又影响其成熟时间的长短,温度高开花提早,温度低开花延迟。

2. 光周期

花卉植物开花受光周期信息的诱导和影响极为显著。光周期是花芽分化期白昼与黑夜的相对长度。不同的花卉植物对光周期的反应是不同的,光周期处理的天数因花卉种类而异。光周期诱导所要求的光照强度一般低于光合作用所需要的光照强度。短日植物和长日植物都可以利用日照长度来调节花期。

此外,可利用花卉植物休眠的特性,进行强迫休眠或打破休眠,以改变花卉植物新陈代谢的速度,从而达到控制花期的目的。

三、影响促控成败的其他因素

1. 花卉种类与品种

花卉种类不同采用的技术不同,同一种类,不同品种处理的时间也不同。确定用花时间后,首先要选适宜的种类,再选适合的品种。一般促成栽培应选用早花品种,抑制栽培可选晚花品种。

2. 植株或球根的质量

要选择生长健壮、能够开花的植株或球根,球根的成熟度要高一些。某些球根花卉,球根达到一定大小才能开花,如郁金香鳞茎重量12 g以上,风信子鳞茎周径8 cm以上才能开花。

3. 处理的设施及性能

花期调控的主要设施有冷库、温室、荫棚、短日照设备、长日照设备等,根据需要选择。实施栽培前要了解和测试设备的性能。为了节省成本,尽量利用自然条件,如促成木本植物开花(如牡丹的花期控制),可以部分或全部利用户外低温解除芽休眠。

4. 常规栽培管理

促成和抑制栽培的成败,栽培管理也十分重要。应注意土、肥、水、气及病虫害防治等常规管理的配合。

四、花期控制常用的方法

(一)温度处理

大部分越冬休眠的多年生草本和木本花卉及越冬期处于相对静止状态的球根花卉,都可采用温度处理来调节休眠期、成花诱导与花芽形成、花茎伸长等进程。大部分盛夏处于休眠、半休眠的花卉,防暑降温可使其提前度过休眠期,在夏季开花。

1. 增加温度法

主要用于促进开花，提供花卉生长发育适宜的温度条件，促其提前开花。对于一些由于温度不适强迫休眠的花卉，经过加温处理后都能提前开花，如瓜叶菊、牡丹、杜鹃等；对于一些越冬休眠的球根花卉和木本花卉，可通过逐渐升温促其提前开花。

2. 降低温度法

许多越夏休眠的球根花卉在夏季高温期休眠，在高温或中温条件中形成花芽，秋凉中萌芽，越冬进入相对静止并完成花芽伸长的诱导，而后在温度上升的春季开花。绝大部分必须经过低温处理才能开花。

一些二年生或多年生的草本花卉，花芽的形成需要低温春化，花芽的发育也要在低温中完成。对这样的花卉植物，促成栽培也要低温处理。

利用低温诱导休眠的特性，一般 2～4℃低温冷藏球根，可以延长休眠期，根据用花需要在适当时候取出栽培，就可达到延迟开花的目的。

（二）光照处理

1. 长日照处理

在短日照季节里，要使长日照花卉提前开花或使短日植物延迟开花，就要人工辅助照明，创造长日照的环境。长日照处理常用的方法如下：

延长明期法　生产上较多采用的是日落前开始补光，延长光照 5～6 h；

暗中断法　在半夜用辅助灯光照 1～2 h；

间隙照明法　以夜中断法为基础，但不用午夜连续照明，而用短的明暗周期，效果与夜中断法相同，但大大节约了能源。

2. 短日照处理

在长日照季节里，使长日照花卉延迟开花或使短日照花卉提前开花需要遮光。具体方法是在日出之后至日落之前，利用黑色遮光物对植物进行遮光处理，使日长短于该植物要求的临界小时数的方法。遮光处理所需要的天数，因植物不同而异。如寒菊、秋菊、一品红在 17 时至翌日早 8 时为遮光时间，一品红经 40 d 处理即能开花；菊花经 50～70 d 才能开花。于夏季做短日照处理注意防高温危害。

3. 光暗颠倒处理

对于夜间开花的植物可用此法，如昙花在晚上开放，单朵花期 3～4 h。如果对花蕾已长至 6～9 cm 的植株，白天遮光，下午 7 时至翌日早晨 6 时用 100 W/m^2 强光处理，经过 4～5 d 的处理后即可在白天观赏到花开的情景，并能延长花期 2～3 d。

4. 遮阴处理延长花期

部分花卉不能适应强烈的光照，如比利时杜鹃，强光下几小时就会萎蔫，如将其放在半阴的环境下，可延长观赏期。牡丹、月季、康乃馨等适应强光的花卉，花期适当遮光也能使每朵花的观赏期延长 2～3 d。

（三）植物生长调节剂处理

植物生长调节物质的使用方式有叶面喷施、局部喷施和根际施用的方式。处理时要注意根据不同药剂，使用不同方式。如表 3-1、表 3-2 所示作为参考。

表 3-1　促进开花的实例

植物种类	药剂	处理方法
绣球花	10～50 mg/L 赤霉素	秋天去叶后喷洒植株
紫罗兰	10～100 mg/L 赤霉素	秋天短日照下叶面喷洒
樱草	10～20 mg/L 赤霉素	11 月上旬花蕾出现后喷洒
山茶花	1 000～2 000 mg/L 赤霉素	滴花芽腋部
郁金香	400 mg/L 赤霉素或 200 mg/L 赤霉素＋5～10 mg/L 6-苄基嘌呤	株高 5～10 cm 时，滴入筒状中心
丁香	100 mg/L 赤霉素	冬季对休眠植株喷 3 次
天竺葵、石竹、大丽花	10～100 mg/L 赤霉素	叶面喷洒可代替长日照
珍珠梅、灯台树	200～400 mg/L 赤霉素	茎叶喷洒
夏菊	5～50 mg/L 赤霉素	在生育初期每 10 d 喷一次，共 2 次
鸢尾	3 500 mg/L 赤霉素	从生芽到开花，喷 7 次
仙客来	100 mg/L6-苄基嘌呤	9 月下旬喷花蕾
蟹爪兰	50～100 mg/L 6-苄基嘌呤	7—8 月喷洒
唐菖蒲	8 000 mg/L 矮壮素	种植后浇灌土壤，21 d 一次，共 3 次
秋海棠	8 000 mg/L 矮壮素	浇灌土壤，21℃、20 h 光照
叶子花	2 g/盆 矮壮素 5 000 mg/L 丁酰肼	浇灌土壤，8 h 短日照 叶面喷洒，8 h 短日照
杜鹃	1 800～2 300 mg/L 矮壮素或 2 500 mg/L 丁酰肼	开花前 6～7 个月修剪后发新枝叶时叶面喷洒，8 h 短日照
风信子、水仙	1 000～2 000 mg/L 乙烯利	浇灌土壤

表 3-2　延迟开花的实例

植物种类	药剂	处理方法
杜鹃	1 000 mg/L 丁酰肼	开花前 1～2 月喷洒蕾部
落地生根	250 mg/L 吲哚乙酸	喷洒植株，延迟开花 14 d
菊花	25～400 mg/L 吲哚丁酸 50～100 mg/L 萘乙酸	9 h 光照下，叶面喷洒，短日照处理后 6～9 d，每 3 d 喷 1 次
倒挂金钟（一些品种）	10～100 mg/L 赤霉素	在长日照诱导下，隔天喷 1 次
一品红	40 mg/L 赤霉素	在短日照诱导下，每周喷 1 次
麝香石竹	1 000 mg/L 脱落酸	每天喷洒，连喷 15 d

注意：在使用植物生长调节物质调控植物的花期时，一定要事先清楚该物质的作用和施用浓度，进行部分实验后，才能大面积使用。

(四)栽培措施处理

1. 调节播种期、扦插期或栽植期

一年生草本花卉可通过调节播种期来控制开花的时间。关键是要了解什么品种的花卉，从播种至开花需要多少天，什么时间用花，即可算出大致播种期。

二年生草本花卉需在低温下形成花芽和开花，在温度适宜的季节或温室条件下也可以通过调节播种期来调节开花。

对于四季海棠、菊花等，掌握扦插开始到扦插苗开花的时间是花期控制的依据。对于郁金香、百合、风信子、唐菖蒲等，掌握从冷藏环境中取出种球种植到适温环境中至开花的天数是花期调控的重要依据。

2. 修剪控制花期

一串红、天竺葵、月季等都可以通过修剪摘心来预定花期，一串红修剪后发枝约经 20 d 后开花。而月季花从修剪到开花夏季 40～45 d，冬季 50～55 d。榆叶梅于 9 月初摘除叶片，则 9 月底至 10 月上旬可再开花。

另外适当控制水分，使植物落叶休眠，再于适当时候给予水分供应，对于玉兰、丁香等木本植物，可让其在国庆节期间开花。

适当增施磷钾肥，控制氮肥可促进开花，对于仙客来、银边翠(高山积雪)等花期长的花卉，在开花末期增施氮肥可延缓衰老和延长花期。

任务实施

子任务一　花卉生产设施设备、器具识别

1. 材料准备

设施：花卉生产基地日光温室、大棚等设施场地。

工具材料：米尺、卷尺、遮阳网、记录本、铅笔等用具。

2. 方法步骤

(1)人员组织分工。学生以小组为单位，到花卉实训基地、花圃、园林绿地进行实践。

(2)操作。将学生分成几组，分别测量温室的结构指标，识别花盆的种类。

结构测量：学生分组进行设施结构规格测定，如温室跨度、矢高、南向坡面倾斜度、繁殖床高与宽等。

花盆的种类识别：现场识别花盆，对比不同质地花盆同样管理下同种花卉的生长状态。

3. 考核要点与方法

(1)根据测量结果填写(表 3-3)：

表 3-3　设施结构记载表

设施类型	跨度	矢高	后墙高、厚度	步道宽	使用面积

(2)现场识别花盆种类，讨论不同质地花盆中植物的长势，分析原因。

(3)依据操作过程(40%)，实验实训记录(30%)，理论知识与技能要点解答情况(20%)，学生的学习态度(10%)进行综合考核、评价。

子任务二　设施内小气候观测

1. 材料准备

设施：花卉生产基地日光温室、大棚等设施场地。

工具材料：照度计、温度计、湿度计、最高最低温度计、套管地温表、记录本、铅笔等用具。

2. 方法步骤

(1)人员组织分工。将学生分成几组，分别温室内不同地点的温度、湿度、照度。

(2)操作。教师课前做好准备工作，测量高度，挂好温度计。指导学生测量，学生分组操作。

测量的方法

(1)温、湿度分布测量　在温室中部选一剖面，从南向北树立数根标杆，第一杆距南测 0.5 m，其他各杆相距 1 m。每杆垂直方向上每 0.5 m 设一测点。

在温室内距地面 1 m 高处选一纵断面，按东、中、西和南、中、北设 9 个点。

每一剖面每次观测时读两遍数，两次读数的先后次序相反，求平均值。

(2)光照分布测量　观测点、观测顺序、读数方法同温度。

3. 考核要点与方法

(1)根据测量结果填写表 3-4。

表 3-4　温度、光照测定表

温度	中南 1.5 m		中中 1.5 m		中北 1.5 m		东南 1 m		西南 1 m	
	中南 1 m		中中 1 m		中北 1 m		东中 1 m		西中 1 m	
	中南 0.5 m		中中 0.5 m		中北 0.5 m		东北 1 m		西北 1 m	
光照	中南 1.5 m		中中 1.5 m		中北 1.5 m		东南 1 m		西南 1 m	
	中南 1 m		中中 1 m		中北 1 m		东中 1 m		西中 1 m	
	中南 0.5 m		中中 0.5 m		中北 0.5 m		东北 1 m		西北 1 m	

(2)讨论：整理实验数据，说明温室内温度光照的分布情况。

(3)依据操作过程(40%)，实验实训记录(30%)，理论知识与技能要点解答情况(20%)，学生的学习态度(10%)进行综合考核、评价。

子任务三　菊花的花期控制技术

菊花的花期控制关键在于类型及品种的选择、光周期的控制。秋菊属于短日照植物，临界日照长度为 13.5 h，北京自然条件下 9 月下旬开始花芽分化，自然花期为 10 月下旬至 11 月上旬。夏菊属于低温开花类型，自然花期在 7—8 月，用促成栽培对早春开花极为有利。

1. 秋菊的花期控制

(1)秋菊的促成栽培　主要采用短日照处理的方法，一般是从夏季开始实行短日照，注意以下几个环节。

品种选择　秋菊品种很多，应选择对短日照处理敏感，遮阴后花色更为鲜艳而不变坏的品种；宜选早花、中花品种，夏季开花最好选择白色、黄色品种，避开红色花系，因为大红品种高温季节花色变淡。

遮光程度　遮光处理应保持茎顶端光照度 5 lx 以下。遮光用的材料最好是黑布，把菊花的顶端盖严，不能漏光；注意遮光必须连续进行，尤其前半月不可有任何一次的疏忽。

遮光时间　遮光栽培中遮光时间取决于花期控制目标及遮光时植株的高度。遮光开始的时间，据以往实验证明可从预定花期向前推算 35～50 d(切花菊 60 d)，株高 35～45 cm 时开始遮光，到花蕾开始显色为止。一般 17 时开始遮光，翌日 7 时左右揭幕，保持暗处理 10 h 以上。

防止温度过高　温度要求 15～20℃，不可过高。遮光栽培适合于夏季凉爽地区的夏秋季用花。夏季高温地区要防止遮光后棚内温度急剧上升影响发育，所以一般均采用自然黑暗后揭膜通风，天亮之前再度盖膜的办法。

(2)秋菊的抑制栽培　长日照处理是秋菊的抑制栽培最有效的方法。

首先要选择晚花性品种。9 月中下旬开始照明处理到 10 月中下旬，由于温度低，必须在温室内进行。

秋菊从长日照处理至开花的时间约为 60 d。华中地区在 8 月中下旬日长少于 14 h 开始花芽分化，为抑制其花芽分化，此期开始应做补光处理。补光一般在深夜进行，间歇性补光效果较好。以 8、9 月份每夜补光 2 h，10 月上旬以后每夜补光 3～4 h。北京附近地区，8 月补光 2 h，9 月补光 2.5 h，10 月补光 3 h，11 月补光 4 h，12 月补光 5 h。补光结束后如果马上进行短日照和低温处理，会使舌状花瓣分化减少，上部叶变小，影响切花质量。

补光结束后可采用后续补光的办法提高切花质量，即在停止补光后 11～13 d 再补光 5 d，再停止补光 4 d 后补光 3 d，可显著提高切花的质量。

菊花补光栽培与温度密切相关。一般秋菊花芽分化的临界温度为 15～16℃，低于这个温度影响花芽分化，易产生畸形花，所以在补光栽培过程中，从停止补光前 7 d 至停止补光后 21 d 这段时间内，必须保持夜温在 15～16℃以上，才能保证花芽分化的正常进行。

菊花补光装置一般采用白炽灯、荧光灯等。白炽灯加有锡箔纸的反光罩，有效照明范围达 15.6 m^2。近几年试用高压汞灯等节能灯用于菊花抑制栽培，取得了较好的效果。在补光装置配置过程中，必须保持菊花生长点处达到 50 lx 以上的光照度才可有效抑制花芽分化。

2. 夏菊的促成栽培

为使夏菊早春开花，可采用以下方法。

(1)在高寒地育苗　利用冷凉条件防止莲座化。在菊的生活史中，存在着不进行节间伸长的状态，称莲座化。菊花在开花后，茎基部发生的萌蘖。初秋发生的可以伸长，如果环境适宜，夜温 10℃可以开花，晚秋和初冬发生的萌蘖节间不能伸长而呈莲座状。

(2)采用冷藏扦插苗的促成栽培方法　以脚芽为插穗，于 8 月底成苗后，将苗冷藏(1～3℃)40 d，于 10—12 月间定植，当苗高 25～30 cm 的再用电照促其伸长。此期间如温度在 0℃以上不必加温。停止电照后用 5～8℃冷温栽培，可于翌年 2—4 月开花并保持优良品质。

☞ 考核要点与方法

每位同学根据自己学习的情况回答下列问题，最后教师作出评价，如表 3-5 所示。

表 3-5　菊花花期控制技术考核

考核内容	考核问题	分值	得分	教师评价
菊花花期控制技术	1. 秋菊、寒菊和夏菊习性有什么不同？	20 分		
	2. 秋菊怎样进行促成栽培？	40 分		
	3. 查一查牡丹怎样处理能在春节开花？	40 分		

◈ 知识拓展

拓展一　花卉生产其他设施

一、塑料大棚

花卉应用的塑料大棚一般为南北走向圆拱形结构，长 30～50 m，宽 6～12 m，矢高 1.8～3.2 m，有竹木骨架的，也有全钢拱架的。

大棚内部温度源于太阳的能量，白天温度比较高，夜晚由于空间大，散热较慢，但是没有保温覆盖材料，夜间温度不能保证，所以在北方只作为临时性保护设施，用于春提前及秋延后的生产。长江以南可用于一些花卉的周年生产，也可作为播种或扦插的设施。

二、荫棚

荫棚常用于夏季花卉栽培的遮阴降温。荫棚的种类很多，大致可分为永久性与临时性两类。南方栽培杜鹃、兰花等喜阴植物常用永久性荫棚，北方多在夏季用临时性荫棚。

永久性荫棚一般设在温室附近地势高、通风好的地方，棚高 2～3 m，多采用遮阳网作为覆盖材料。也有的地方用一些爬蔓植物作为遮阴材料，既美观又实用。荫棚的东西两端还要设荫帘，防上午和下午的阳光直射。

临时荫棚较低矮，一般高 0.5～1 m，多以木材为骨架，用竹帘、苇帘或遮阳网覆盖。

三、冷库

冷库用于人为调低温度以贮存种子、球根、鲜花等的设施，温度通常能保持在 0～5℃或按需要调节，是花期调控的主要设施。

冷库大小可依生产规模和应用目的而定，最好设两间，外间为缓冲间，可维持 10℃，以防止鲜花或球根在出入库时温度变化太剧烈。

拓展二　常见花卉花期调控实例

1.芍药

特征特性：芍药的自然花期在5月，其花朵硕大，花色丰富，花型千姿百态，富丽堂皇。为优美的庭院花卉，可用于花坛、花台、花境，亦可作为插花花材。

其花期控制关键在于控制其休眠期。花期控制技术要点：

促成栽培：于11月选已进入休眠期的早花品种，3～5年生、芽饱满充实的芍药植株，进行上盆，移至低温冷库，保持0～2℃，使其继续休眠。于预定花期前50～60 d移至温室，逐渐升温，如春节开花，则可于12月上中旬开始加温即可。

抑制栽培：利用延长休眠期的办法使之推迟花期，可选择中花品种，如赵园粉、莲台、桃花争春、月照山河等。于11月将植株自露地掘起，直接上盆或囤于冷库中于2月中旬上盆，当气温尚未转暖时放入0～2℃冷库中，使之继续休眠，于预定花期前35～40 d出冷库，放置背风的阴凉处或荫棚下，夜温保持15～18℃，日温保持20～25℃即可。

如欲国庆节开花可于8月下旬出冷库；如欲“七一”开花，可于5月下旬出冷库。

2.水仙

特征特性：水仙的自然花期在1～2月，其花洁白、淡雅、芳香，便于家庭水培，给人以纯洁、真诚、玲珑、高贵之感。温暖之地可地栽，美化庭院，芳香诱人。

其花期控制关键在于控制温度，调整栽培期及栽培方式。控制花期宜选用较大鳞茎，可以萌生5～7个花葶，每个花葶8～10朵花。花期控制技术要点：

促成栽培：

(1)雕刻法　此法多用于水仙造型，也有提前开花的作用。一般雕刻后25 d左右即可开花，较正常养护开花提前8～10 d。具体措施是：取较大的鳞茎，剥除外面的皮膜，用刀将基部残根泥土刮除，用清水冲洗。取利刀从鳞茎的宽面自中央微偏一侧纵切一刀，深度达鳞茎高度的1/2，稍伤及幼叶及花葶，切勿伤及花蕾，再自鳞茎高度1/2处横切一刀，两刀口会合，切下部分鳞片，使花芽及幼叶外露，刻后及时浸泡在水中，经36～48 h，使黏液充分外流，伤口覆上干净棉花，以防污染与水分蒸发，每天换水，保持5～15℃的室温为宜，每天早晚各喷一次水，当白天室外气温在0℃以上、阳光充足且又无风的天气，可将盆放室外背风向阳处3～5 h，则可提前开花。如要在圣诞节、元旦开花，则可于11月底12月初雕刻，春节开花时于1月中旬雕刻即可。

(2)水养法　于11月上旬将休眠的种球贮存于2℃左右的冷库中，保持休眠状态，于预定花期前30～40 d开始水培。水培管理同雕刻法，但应在夜间将盆水倒净，否则叶片生长迅速，花葶生长迟缓，开花时花藏在叶丛中，不甚美观，如欲春节开花，可于1月上旬进行水养。

抑制栽培：采用低温处理延长休眠期，进行水养栽培。具体措施为于11月份，将正处于休眠期的水仙鳞茎放入冷室，保持0℃的低温，于2月中旬气温开始回升时，将鳞茎藏于大瓦缸中，一层沙一层鳞茎，摆放4～6层，放入冷库中，保持0～2℃的低温，为防止鳞茎水分蒸发过多，上盖潮湿的锯末3 cm左右。出冷库至开花所需天数，依外界气温而定，当外界温度达到25℃时，鳞茎出冷库7～10 d即可开花，花期4～5 d。由于冷库温度与室外气温差别太大，出库后宜放在荫棚下水养并每天换水3～4次，以降低温度，防止根的腐烂。为使水仙国庆节开花，可于9月下的陆续取出鳞茎进行水养。

3.郁金香

特征特性：郁金香的自然花期在3—5月。其花形以杯形为主，花色明亮艳丽，颜色多种。花葶直立，自叶丛中抽起，是良好的插花材料，也可盆栽观赏。

郁金香的花期控制关键在于品种选择和温度控制。花期控制技术要点：

(1)品种选择

促成栽培：常需要在圣诞节、元旦及春节开花，宜选早花品种、中花品种及易于催花的品种。有些品种自然花期迟至5月，但易于催花，促成栽培效果好，如"蒙替卡罗""西点""热情的鹦鹉"等。另外有些品种花期虽早，但花期过短，植株过矮，如"红骑士"。有些原种花期虽早，抗性亦强，但观赏价值较低，均不适于进行促成栽培。

抑制栽培：常需要在5—10月开花，宜选中晚期开花的品种。此外要选择易于控制花期的，对色彩、花型变化上亦应考虑丰富多彩，更重要的是选抗性强及不易出现盲花的品种。

(2)温度控制　温度控制的关键在于鳞茎贮存期即花芽分化阶段的适当高温及催花前花芽发育阶段所必需的适当低温。在催花与推迟开花处理前的管理至关重要。鳞茎采收后，常将鳞茎放在34℃高温条件下处理一周，再降至17℃处理50～60 d，以促进花芽分化。然后给予9℃低温6周。于9℃经4周即可生根，根的生长对开花质量有很大影响。在9℃处理时，宜将鳞茎埋于箱中，底层可铺粗河沙2～3 cm厚，上放大粒蛭石10 cm厚，再放种球，球上加粗沙2 cm厚，保持湿润即可。

促成栽培：在需要开花前90 d，将经过9℃处理已生根的种球取出，放于温室，最初保持15℃，1周后升温至20℃，此期充分见光，光照不足时可人工补光，每日光照14 h以上，注意空气流通，保持空气湿度在60%～80%，使植株茁壮，如生长缓慢则可升温至25℃左右。

抑制栽培：如欲推迟开花，取经9℃处理4周已生根的鳞茎，放在2～5℃条件下，使其停止生长，避免在低温阴暗条件下萌芽，在预定花期前40 d将鳞茎取出，先放在9℃条件下1周，再放到15～20℃的温室中，管理方法同促成栽培。

在花期控制中，不论是促成栽培还是抑制栽培，由于品种不同，鳞茎大小不同，植株的强弱不同及某些环境因素的影响，如有的过早现蕾，可在花蕾即将显色时，放在4℃冷库中，则可延缓生长，推迟花期5～7 d。

如冷处理采用5℃时，则经84 d后，再放到15～20℃的温室，60 d即可开花。

4.绣球花

特征特性：八仙花的自然花期在5—7月。花朵大而繁茂，覆盖全株，花色艳丽多彩，花期也较长，花开达30～40 d，为非常好的耐阴花卉，既可盆栽供室内观赏，又可栽植于建筑物阴面及绿地乔木、灌木丛下或花境边缘。

花期控制的关键在于控制休眠期。花期控制技术要点：

促成栽培：促成栽培在花芽分化完成后进行。八仙花的花芽分化11月中、下旬基本完成。选3～5年生、生长茁壮、枝条分布均匀、顶芽饱满的植株，经2～4℃的低温处理一周，再移至温室，逐渐升温，保持10～20℃，经50～60 d即可开花。室内注意空气流通，充分见光，避免强光直射，当花芽萌动后，可追施有机肥，每半月施一次，直至花序伸展，并降温到15℃，则可延长花期。

抑制栽培：将正在休眠期的植株，于1月下旬放置于1～4℃的低温条件下继续休眠，预定花期前45～55 d移入温室，逐渐升温至10～20℃，注意空气流通，充分见光，并且每日在枝条上喷水2～3次至花芽萌动为止。当花芽萌动开始时可每半月施一次有机液肥，直至花序伸展，并将温度降至15℃，如花序伸展过迟，可升温至25℃，亦可喷施0.2%～0.3%的磷酸二氢钾2～3次。

任务二　花卉盆栽基本技术

任务分析

盆栽花卉种类繁多，生长过程要在人为控制下完成，所以这类花卉的养护管理比露地花卉复杂得多，因此要根据盆栽花卉的特点，掌握培养土的配制消毒、上盆、换盆、翻盆、转盆等基本知识，在此基础上能够根据盆栽花卉的习性，采取相应的措施进行养护管理，使它们达到优质盆花的标准。

任务目标与要求

知识目标：了解盆栽花卉的特点，了解配制培养土、上盆换盆等操作要点。

能力目标：学会根据不同花卉配培养土，会上盆、换盆。

学习要求：线上主动学习，线下认真听辅导。遵守纪律，遵守实训室、实训基地等相关规则，做好笔记，注意安全。

相关知识

知识点一　盆栽花卉的种类与特点

一、花卉盆栽的特点

花卉盆栽有利于移动，随时进行室内外的花卉装饰；花卉盆栽能及时调节市场，调运方便，提高市场的占有率；盆栽花卉株型紧凑，可多年生栽培，连续多年观赏；盆栽用具花盆的体积小，盆土及营养面积有限，必须根据花卉的种类及特点配制培养土；花卉盆栽的条件需人为控制，要求栽培技术严格、细致，有利于进行控制花期，保证花卉的周年生产。

二、盆栽花卉的种类

盆栽花卉的种类繁多，可分为盆栽一、二年生花卉，如瓜叶菊、蒲包花等；宿根花卉如君子兰、菊花、吊兰、观赏凤梨等；球根花卉如仙客来、大岩桐、马蹄莲、花毛茛等；仙人掌及多肉植物如芦荟、蟹爪兰、长寿花、虎刺梅及景天科、百合科、番杏科等小多肉植物；兰科植物如春兰、蕙兰、蝴蝶兰、兜兰等;室内观叶植物如发财树、幸福树、金钱树及竹芋类、棕榈类观叶植物。

大部分的盆栽花卉是属于珍贵的花卉品种,如梅花、观赏凤梨、花烛、红豆杉、罗汉松、金橘等。树桩盆景也属于盆栽花卉中的一类。

知识点二　培养土及其配制

培养土是指以园土、腐叶土等为材料,经过人工配制,能满足植物生长、发育所需营养条件的混合栽培基质。

一、培养土的基本要求

花卉种类繁多,它们对培养土各有各的要求,也有共性的要求。一般要求花卉培养土有以下特点:团粒结构良好,营养丰富,疏松透气,排水保水;腐殖质丰富,肥效持久;不含病原菌、虫卵和杂草种子;酸碱度(pH)适宜,符合花卉的生理特性要求。

二、常用培养土材料

(1)园土　耕种过的田园、菜园、花圃地等表层熟化的土壤,经过堆积、暴晒、压碎、过筛,形成均匀干燥的土粒,做配制培养土的成分,对于补充植物所需的微量元素很有益处。

二维码 3-2
花卉培养土材料的配置与选择

(2)腐殖质土　由落叶堆积而成的腐叶土,是配制培养土应用最广泛的一种基质。腐叶土团粒结构,土质疏松,养分丰富,腐殖质含量多,一般呈酸性(pH 为 4.6～5.2),适宜多种花卉应用。腐叶土除可以人工制备外,还可在天然森林中的低洼处或沟内采集。

堆制的方法:秋季收集落叶,以阔叶树落叶为好。堆制时先在地面铺一层落叶,厚度 20～30 cm,上面铺一层厩肥,厚度为 10～15 cm,厩肥上最好撒一层骨粉或米糠,然后铺上一层园土,厚约 15 cm。每堆积 10 份体积的厩肥材料,可撒入 3 份体积的人粪尿或粪水,前后撒 2～3 次,最后堆成 150～200 cm 高的肥堆,上小下大,顶端中心稍微凹陷,以便在堆积物干燥时,便于灌入人粪尿或水分。堆完以后,上加覆盖物,以防雨水浸入。在堆积期间应每隔数月上下翻倒一次,并浇入稀薄人粪尿,使堆积物均匀分解。经过一年的腐熟发酵,第二年秋季,即可筛取应用。制备完成的腐叶土,需要贮存在室内。

(3)厩肥　牛粪、马粪等各种动物粪便,加上残草,经堆积发酵腐熟后的肥料为厩肥,使用时需经过曝晒和过筛。

(4)砻糠灰　即碳化稻壳,是稻壳加热至其着火点温度之下,不充分燃烧形成的炭化物质,呈微碱性反应,起疏松、通气、透水的作用。含有钾、钙等矿质元素,江南地区常用。新鲜砻糠灰碱性强不宜用,需经约 3 个月的堆积,日晒雨淋后方可用于配制培养土。

(5)河沙　可作为配制培养土的疏松物质,也可作为扦插床基质单独使用,重复使用时要经过消毒、杀菌等处理。

(6)塘泥、湖泥　池塘、湖泊中的沉积土,含有丰富的有机质。一般于秋、冬季挖出,经晾晒、冻裂、敲碎成粒块备用。可用作兰花的栽培材料。

(7)泥炭土或草炭土　古代沼生植物埋藏地下,在嫌气环境下分解成不完全的有机物即为泥炭土,其外皮为褐色或黑褐色,pH 为 6.0～7.5,有机质含量 20%～70%,对氨的吸附力很强，吸水能力可达本身重量的2倍以上。使用时将泥炭土晒干、粉碎、过筛，再与其他材料混合，也可以单独直接用于花卉栽培。它是花卉工厂化生产的主要基质成分。

(8)木屑　经堆置腐熟发酵后方可使用，目前可用微生物菌种将木屑发酵到良好状态。木屑与园土等体积配制，可作无土栽培的一种基质材料。

(9)砖渣　多用瓦片、碎砖等敲碎后，再用粗筛过筛，清洗后收藏备用。常用于盆土下部做排水层。一些具有肉质根的花卉及部分热带兰，多用有孔泥盆，并用砖渣作为基质进行栽培。

(10)木炭　敲成2～3 cm长的小块，用以栽培附生热带花卉，或作为盆土表面的吸水材料。也可敲碎后作为培养土的配制材料。

(11)其他基质材料　近年来，国内外广泛使用无机物作为基质，如蛭石、珍珠岩、岩棉等。蛭石和珍珠岩密度极小，一般为0.18 g/cm^3，通气、透水性能良好，两者均作为无土栽培的基质。蛭石持水性强，并含有植物能利用的镁和钾，但长期使用后其膨胀结构容易破碎，降低其排水、透气性能。珍珠岩排水性能好，持水性差。实践表明，将蛭石和珍珠岩以等体积混合作为基质，栽培花卉效果较好，岩棉也适宜用作无土栽培的基质。

三、培养土配制的基本方法

配制花卉培养土，需要根据不同花卉的生态习性、培养土材料的性质和当地的土质条件等因素灵活掌握。花卉培养土的构成一般由土类、腐殖质类、疏松质材料按一定比例构成。土类一般采用园土，腐殖类材料为厩肥、泥炭土、腐叶土等，疏松质材料常见有蛭石、河沙、珍珠岩等。

(一)普通培养土

普通培养土是花卉盆栽必备的土，常用于多种花卉的盆栽。包括疏松培养土(由园土、腐叶土、河沙以2∶6∶2比例混合配制)；中性培养土(由园土、腐叶土、河沙以4∶4∶2比例混合配制)；黏性培养土(由园土、腐叶土、河沙以6∶2∶2比例混合配制)。

一、二年生草花播种及幼苗移栽，初期宜选择疏松培养土，上盆时多选择中性培养土。宿根和球根花卉，一般以中性培养土为基础，按种类、习性适当增减腐殖土的含量。多浆植物、杜鹃、茶花等一般以疏松培养土为宜，大多数盆栽树木用黏性培养土，再适当混入堆肥较好。

(二)各类花卉培养土配制例举(表3-6)

表3-6　各类花卉培养土配制

种类	园土/%	河沙/%	草炭土/%	腐叶土/%	木屑/%	鸡粪/%	饼肥/%	马粪/%	酸碱度
草本花卉培养土	50	10	10	10	10		10		6.5～7
观叶植物培养土	50	10		20	10		10		6.5～7
宿根、球根培养土	40	10	10	10	10	10	10		6.5～7
君子兰培养土		20	20	10	20	10		20	6.5
杜鹃花培养土			20	50	10	10		10	4～5
茶花、金橘培养土	20	20	20	20		10		10	5～5.5
月季培养土	40	20		10	10	10	10		6.5
多肉多浆植物培养土	20	30	10		20	10	10		6～7
兰花培养土		10	30	20	10	5	5	20	4～5

四、培养土的消毒

(一)日光消毒

将配制好的培养土薄薄地摊在清洁的水泥地面上暴晒 2 d,第三天加盖塑料薄膜提高培养土的温度,可杀死大量病菌孢子、菌丝和害虫卵以及线虫。这种方法消毒不严格,如在夏季炎热季节进行最好,有益的微生物和共生菌仍留在土壤中。虽不彻底,但简便易行,有较好效果。兰花培养土多用此法消毒。

(二)加热消毒

培养土的加热消毒有蒸汽、炒土、高压加热等方法。只要加热温度 80～100℃,连续 30 min,就能杀死虫卵和杂草种子。如加热温度过高或时间过长,容易杀死有益微生物,降低微生物功能,影响花卉的生长。家庭养花如没有加热设备的,可将配制好的培养土放入废旧铁锅内在火上翻炒约 20 min,也能达到消毒的效果。家庭少量用土也可用微波炉加热消毒。

(三)药物消毒

药物消毒主要用 5%福尔马林或 5%高锰酸钾溶液。将配制的培养土摊在洁净地面上,每摊一层就喷一遍药,最后用塑料薄膜覆盖,密封 48 h 后晾开,等气体挥发后再使用。注意消毒时要戴上口罩和手套,防止药物吸入口内和接触皮肤。

知识点三　上盆、换盆、倒盆、转盆

一、上盆及操作

上盆是指将幼苗从苗床或育苗容器中移出后,栽植到花盆中的操作过程。

上盆前按幼苗大小、花卉的种类,选用一定规格的盆。一般初上盆的苗株宜用 10～13 cm 盆,大苗用大盆,小苗用小盆,小苗栽大盆既浪费土,又容易造成老小苗;根系深的要用深筒花盆,不耐水湿的花卉用大水孔的盆。新瓦盆要"退火",即使用前先浸水,让盆壁充分吸水后再上盆栽苗,如不"退火",会使花卉根系被倒吸水分,而使花苗萎蔫死亡。旧盆要洗净晒干后使用,以减少病虫侵染的机会。

上盆过程　上盆前宜用碎盆片覆盖盆底排水孔,在垫好的盆内先铺一层粗粒河沙,再放入适量培养土,将花苗放在盆中央,四周加培养土,用手自盆边向中心压实。花苗不宜栽得过深,盆土一般离盆口 3 cm 左右,以利浇水。上盆后即行浇水,水要浇足,一般连续浇 2 次,将盆置于阴处,缓苗后进行正常管理。

二、换盆与翻盆

将已栽的花卉植株移换到较大盆中的过程,称为换盆,只换土而不换盆的称之为翻盆。

1. 换盆原因

植株长大,盆内布满根系,甚至已穿出排水孔时需要换盆;盆土养分缺乏,土壤理化性状变差,需要更换培养土;植株根系生长不良或根部有病虫害这两种情况要翻盆(只换土不换盆)。

2. 换盆时注意事项

盆的大小要适宜,应由小到大逐次进行,不能一下换入过大的盆,小苗换过大的盆不易掌握干湿度，植株生长不良，花蕾形成较晚，而且开花较少。

根据花卉的种类，确定换盆的时间和次数。一、二年生草花从小苗至成苗应换 2～3 次盆，宿根花卉大多数一年换一次，木本花卉 2～3 年换一次。遇有特殊情况，如根部患病时，可随时翻盆。宿根花卉、木本花卉应在秋季停止生长之后，或春季生长开始之前进行；一般常绿花木可在雨季进行；温室草花随时可换盆。花芽形成或开花之际，不宜换盆。换盆可结合修剪和分株进行。

3. 换盆操作

换盆方法与上盆相似。先使原盆土稍干，然后将全株带土脱出。如因原盆容量小，可将原株带土放置于新的大盆中央，四周填入新的培养土，稍加压实即可。如因原盆栽植时间过长，土壤养分匮乏，结构变劣，可将原盆土坨四周除去部分宿土，并适当剪除老根、枯根，重新换土栽植。换盆后要浇透水，使根系与土壤密接，以后可保持土壤湿润，不宜多浇，以免土壤过湿，引起根系伤口腐烂。要注意遮阴，必要时喷水保持枝叶湿润。7 d 左右，待稳定成活后即可逐渐转入正常管理。

三、转盆

是指将花盆旋转方位。有些花卉在生长发育过程中因为趋光性，尤其是放在窗口或单屋面温室的花卉，其枝叶常偏向有阳光的一面生长，为了使枝叶生长均匀，姿态优美，需要经常更换方向。一般隔一定时间转 180°。

四、倒盆

即倒换花盆的位置，以下两种情况需要倒盆。

盆花经过一定时期的生长，株幅增大从而造成株间拥挤，为了加大盆间距离，使之通风透光良好，盆花茁壮生长必须进行倒盆操作。

在温室中，由于盆花放置的位置不同，光照、通风、温度等环境因子也不同，盆花生长情况存在差异，为了使花卉产品生长均匀一致，要经常进行倒盆，将生长旺盛的植株移到条件较差的温室部位，而将较差部位的盆花，移到条件较好的部位，以调整其生长。通常倒盆与转盆同时进行。

五、扦盆

扦盆即松盆土，可以使因不断浇水而板结的土面疏松，空气流通，植株生长良好，同时可以除去土面的青苔和杂草。松盆土还对浇水和施肥有利，扦盆通常用竹片或小铁耙进行。

知识点四　盆栽花卉的水肥管理

一、肥料的种类及施用方法

温室花卉在上盆、换盆时，常施以基肥，生长期间施以追肥。基肥以有机肥或迟效化肥为主，追肥常以速效无机肥为主。

(一)有机肥

饼肥　是盆栽花卉重要的肥料，常作为追肥，有液施与干施之分。液肥的制备：饼肥末

1.8 kg、加水 9 L，另外加过磷酸钙 0.09 kg，腐熟后为原液，施用时按花卉种类加水稀释。其中需肥较多及生长强健的花卉，原液加水 10 倍施用；花木类，原液加水 20～30 倍施用；兰科花卉，原液加水 100～200 倍施用。饼肥也可作为干肥施用，加水使之发酵，然后干燥，施用时埋入盆边的四周，经浇水使其慢慢分解不断供应养分。

牛粪　为温室花卉常用肥料，常用于香石竹、月季、热带兰等的栽培。牛粪充分腐熟后，可施用于温室地床中。

油渣　榨油后的残渣。一般常用作追肥，可混入盆土中，适用于木本花卉。因其无碱性，为白兰花、栀子、茉莉所常用。油渣加水腐熟后，取其清液可作为盆花追肥。

米糠　含磷较多，应混入堆肥发酵后施用，不可直接做基肥。

鸡粪　鸡粪含水少，含磷丰富，适用于各类花卉，尤适于香石竹、菊花及其他切花栽培。施用前，发酵腐熟，可用作基肥，也可加水 50 倍作为液肥使用。

蹄片与羊角　是良好的迟效肥料，含磷丰富，薄的碎片一个月后可见肥效，厚的二个月见肥效。通常作为基肥置于盆底或盆边。蹄片与羊角均不可直接与根系接触，否则容易烧苗，两者都可加水发酵，制成液肥，适用各类盆花追肥。

(二)无机肥

无机肥有氮肥，如尿素、硝酸铵、硫酸铵、碳酸氢铵等；磷肥如过磷酸钙、重过磷酸钙等；钾肥如硫酸钾、氯化钾、磷酸二氢钾等，这些是基本肥料，常作追肥使用。

(三)施肥方法

基肥可以在整地过程中翻入土中或混合于盆栽土内，也可将颗粒肥料置入土中。追肥通常是结合浇水时施入土壤，但要注意操作时不能沾污叶面。有些特殊栽培用根外追肥，即在叶面喷施低浓度的某种元素的肥料。追肥以“薄肥勤施”为原则。

施肥要在晴天进行。施肥后可用清水喷洒叶面，以免残留肥液，污染叶面或引起肥害。施肥后第 2 天要浇水 1 次。温暖的生长季节施肥次数多些，天气寒冷或室内温度不高时可少施或不施。根外追肥不要在低温时进行，应在中午前后喷洒。叶片的气孔是背面多于正面，背面吸肥力强，所以，喷肥多对着叶背面喷。

苗期主要是营养生长，需要氮肥较多；花芽分化和孕蕾阶段需要较多的磷肥和钾肥。观叶植物不能缺氮，观茎植物不能缺钾，观花植物不能缺磷。

二、浇水

(一)浇水注意事项

有些花卉对水分特别敏感，若浇水不慎会影响生长和开花，甚至导致死亡。如大岩桐、蒲包花、秋海棠的叶片淋水后容易腐烂；仙客来球茎顶部叶芽、非洲菊的花芽等淋水会腐烂而枯萎；兰科植物、牡丹等分株后，如遇大水也会腐烂。

●花木如诗

春风不解禁杨花，濛濛乱扑行人面。——宋·晏殊《踏莎行·小径红稀》

温室花卉浇水量因花卉种类、生育阶段不同而异。

花卉在不同季节中，对水分要求差异很大。春季天气渐暖，花卉在将出温室之前，浇水量要比冬季多一些，草花每隔 1～2 d 浇水一次；花木每隔 3～4 d 浇水一次。大多数花卉在夏季已经放置在荫棚下，因天气炎热，蒸发量和植物蒸腾量很大，一般宜每天早晚各浇水一次。连日阴雨，应注意盆内勿积水，雨季要根据天气情况来决定浇水量和浇水的次数。秋季天气转凉，放置露地的盆花，其浇水量可减至每 2～3 d 浇水一次。盆花移入温室后，浇水次数依花卉种类及温室温度而定，低温温室的盆花每 4～5 d 浇水一次；中温及高温温室的盆花一般 1～2 d 浇水一次；在日照充足而温度较高之处，浇水要多些。

盆土的干燥速度与盆及植株大小有关。盆小或植株较大者，盆土干燥较快，浇水次数应多些；反之宜少浇。

浇水的原则是盆土见干才浇水，浇水就应浇透，要避免多次浇水不足，只湿及表层盆土，形成"截腰水"，使下部根系缺乏水分，影响植株的正常生长。

(二)浇水时间

浇水时间因季节而异。一般来讲浇水宜上午进行，尽量避免晚上浇水。

夏季以清晨(日出前)或傍晚(日落后)为宜。此时，水温和地温相近，对根系生长活动影响小。

春秋季以清早浇水为宜。此时风小光弱，蒸腾较低，傍晚浇水，湿叶过夜，易引起病菌侵袭。

冬季以上午 10 时以后(中午前后)浇水最适。

(三)浇水方式

浇水　用浇壶或水管放水淋浇盆土，这是最常用的浇水方式，要求浇到土中，渗透盆土，掌握见干见湿的浇水原则。

喷水　用喷壶或胶管喷枪向花苗植株和枝叶喷水雾的方式，喷水不但供给植株水分，而且能起到提高空气湿度和冲洗灰尘的作用。一些花卉生长阶段要求土壤水分不要太多，而枝叶表面则要求湿润，可采用喷水；一些生长缓慢的花卉或在遮阴棚内养护树桩材料的及热带、亚热带盆花等都以喷水为好。

找水　在花场中寻找缺水的盆花进行浇水的方式称找水，如早晨浇过水后，中午 10—12 时检查，太干的盆花再找水一次，可避免过长时间失水造成伤害。

放水　是指结合追肥对盆花加大浇水量的方式，在傍晚施肥后，次日清晨应再浇水一次。

勒水　对水分过多的盆花停止供水，并松盆土或脱出盆散发水分的措施称勒水，连阴久雨或平时浇水量过大时应勒水，以促进土壤通气，利于根系生长。

扣水　用湿润土上盆、换盆或翻盆，不再喷水，使盆花进行干旱锻炼的方式称扣水。翻盆换土时修根较重，不耐水湿的植物可采用湿土上盆，不浇水，每天只对枝叶表面喷水，有利于土壤通气，促进根系生长。有时采取扣水措施来促进花芽分化，如梅花、叶子花等木本花卉。

任务实施

子任务一　培养土的配制与消毒

1. 材料准备

材料：各类土料(园土、河沙、炉渣等)、有机肥(鸡粪、马粪、饼肥等)、腐殖质(草炭土、发酵木屑、腐叶土等)、消毒药物(高锰酸钾、福尔马林等)。

工具：铁锹、筛子、土筐、喷壶、花盆、塑料薄膜、推车等。

2. 方法步骤

(1)人员组织分工。学生分组，到花卉实训基地、花圃、园林绿地进行实践，先明确操作步骤和要求，再分组开展活动。记录操作学习过程，完成工作任务。

(2)操作。将学生分成几组，在老师指导下识别各种土料。分别按要求配制培养土。教师指导评价。

操作过程

①将各种土料消毒、敲碎、过筛、除去杂物粗块后备用；

②按照要求配制普通培养土、君子兰培养土、杜鹃花培养土、兰花培养土等；

③测定土壤的酸碱度，用草木灰、硫酸亚铁调酸碱度。

3. 考核要点与方法

(1)现场识别各种材料，说出各种配制材料的特点与应用。

(2)从熟悉材料，土料粉碎，过筛除杂，按照比例配制，酸碱度测定结果正确，配药合理、喷洒细致，覆膜干净利落，现场清理干净、工具收放固定位置等方面进行考核，结合理论知识与技能要点解答情况、学习态度进行综合评价。依据操作过程(40%)，实验实训记录(30%)，理论知识与技能要点解答情况(20%)，学生的学习态度(10%)进行综合考核、评价。

子任务二　上盆、换盆及翻盆技术

1. 材料准备

材料：花苗、盆花、花盆、培养土、复合肥。

用具：枝剪、刀片、喷壶、移植铲、碎盆片。

2. 方法步骤

(1)人员组织分工。学生分组进行，每个人在规定时间内完成一定的任务。

(2)操作。教师先示范，学生按要求操作，教师指导评价。

操作过程：

(1)上盆

选壮苗：选根系发达、枝叶完整、茎粗、节短、叶厚、坚挺、色泽浓绿的壮苗上盆。

选花盆：根据花苗种类、大小选择花盆尺寸、质地。

上盆程序：覆瓦片→填粗沙→填培养土至花盆高度的1/3→栽苗→填土至距盆口2～3 cm→浇水→置阴凉处缓苗。

(2)换盆　换盆操作程序左手固基→倒盆→右手轻扣→取土球→刮旧土、修根→栽植。

(3)转盆、倒盆与扦盆　根据时间情况和管理需要，可在本项目中或其他项目中安排。

3. 考核要点与方法

从上盆、换盆的操作过程进行考核，结合理论知识与技能要点解答情况，学生学习的态度，进行综合评价。操作过程(40%)，实验实训记录(30%)，理论知识与技能要点解答情况(20%)，学生的学习态度(10%)进行综合考核、评价。

子任务三　盆栽花卉的水肥管理技术

1.材料准备

材料:有机肥、无机肥(尿素、磷酸二氢钾)、盆花。

用具:移植铲、喷雾器、水源等。

2.方法步骤

(1)人员组织分工。学生分组进行,先明确操作步骤和要求,再分组开展活动。记录操作学习过程,每个人在规定时间内完成一定的任务。

(2)操作。教师先示范,学生按要求操作,教师指导评价。

操作过程

(1)盆花的根外追肥　用0.1%～0.2%的尿素,或0.3%的磷酸二氢钾叶面喷施。

(2)浇水实操　不同花盆含水量感测。掌握不同花卉的浇水方法。实践见干见湿、宁干勿湿、宁湿勿干、间干间湿的浇水原则。

3.考核要点与方法

从浇水和肥料的配制、施肥的操作过程进行考核,结合理论知识与技能要点解答情况,学生学习的态度,进行综合评价。操作过程(40%),实验实训记录(30%),理论知识与技能要点解答情况(20%),学生的学习态度(10%)进行综合考核、评价。

任务三　观花类盆花生产

任务分析

观花类盆花是市场的宠儿,每到传统的节日,花市都异常热闹,销量最大的都是观花的花卉。观花类盆栽种类繁多,既有高档的名品,也有平常百姓能接受的普通盆栽。一、二年生花卉、宿根花卉、球根花卉、木本花卉都有适合盆栽的种类。掌握观花花卉盆栽的生产与管理技术,可为今后从事花卉的生产与经营打下良好的基础。本任务主要学会除兰科花卉外的观花类花卉盆栽生产技术关键点。

任务目标与要求

知识目标:熟悉观花花卉的生产过程,掌握盆花生产技术要点。

能力目标:会对观花的盆栽进行生产管理。

学习要求:线上主动学习,线下认真听辅导。遵守纪律,遵守实训室、实训基地等相关规则,做好笔记,注意安全。

任务实施

子任务一　瓜叶菊的盆花生产

瓜叶菊是菊科瓜叶菊属多年生草本，作一、二年生栽培。其株型丰满，花色艳丽，花期从 12 月至翌年 4 月，花语是：喜悦、快活、快乐、合家欢喜、繁荣昌盛。适宜在春节期间送给亲友，此花色彩鲜艳，体现美好的心意。可供冬春室内布置，也常用于布置会场，点缀厅、堂、馆、室。

二维码 3-3
室内观花花卉识别

1. 生产品种选择

瓜叶菊园艺品种极多，大致可分为大花型、星型、中间型和多花型四类，不同类型中还各有重瓣性和不同高度的品种。生产中可选早花且耐寒的“完美”系列品种、大花型的“纪念品”系列、早花丰花的“喜洋洋”系列品种。

2. 育苗

常用播种育苗，但重瓣品种不易结实，可于 1—6 月扦插育苗。剪取根部萌芽或花后的腋芽作为插穗，插于沙中，20～30 d 可生根，培育 5～6 个月即可开花。亦可用根部嫩芽分株育苗。

播种期根据开花期来确定，一般从播种到开花需 6～7 个月。于 8 月下旬或 9 月播种，开花期正好在 1—5 月。可分批盆播，也可以箱播。

培养土可用腐叶土、砻糠灰和园土按 2∶2∶1 比例混合，并加入少量磷酸二氢钾配制。也可用腐叶土、壤土、河沙按 3∶1∶1 比例混合，pH 为 6～7。

播种时将种子与少量营养土混合后均匀撒播，覆一薄层培养土，再盖一层遮光率 50%的遮阳网。出苗前如温度过高可在遮阳网上喷水降温。

播种 4～5 d 后出苗，此时应揭去遮阳网，并喷洒杀虫、杀菌剂一次，破心后每隔 10 d 喷 0.2%的磷酸二氢钾做叶面肥一次，当幼苗长到 3～4 片叶(约 30 d)开始分苗。

选阴天或晴天下午用营养钵分苗，栽好后适当遮阴，5～7 d 缓苗后下午揭去遮阳网，并用 0.1%～0.2%的磷酸二氢钾、尿素叶面喷施或用稀薄饼肥水追施一次，以后每隔 7～10 d 追肥一次，并每 7 d 喷一次杀虫杀菌剂，待长到 6～7 片叶时上盆。

3. 上盆

盆栽培养土用腐叶土、优质园土、腐熟农家肥按 5∶2∶3 比例混合，提前 60 d 堆制，上盆前 7 d 消毒备用。

选用直径 16～20 cm 的盆，上盆时茎基部以上 3～4 节的腋芽应全部摘除，以减少养分消耗和保持植株的端正。原土坨低于盆口 1.5～2 cm，加土至距盆口 1～1.2 cm，四周压严并浇水。

4. 上盆后的管理

(1)肥水管理　瓜叶菊需水量大，但不宜过多，一般以因干旱造成少量叶片开始萎蔫时浇水为宜，因通风量过大或病虫害造成的萎蔫不宜浇水。

定植于盆中的瓜叶菊，生长期每 14 d 施一次稀薄氮肥，在花芽分化前，停止施氮肥，增施 1～2 次磷肥。在稍干燥的情况下，着花率较高。现蕾前土壤追施 1%～3%浓度的氮肥；在现蕾期施1～2次磷、钾肥，而少施或不施氮肥。以促进花蕾生长而控制叶片生长。控制浇水量，室温也不宜过高，否则，叶片过分长大影响观赏。在四层叶片时，控制水肥进行蹲苗，冬季置于10～13℃室温中，放于向阳处，则花色鲜艳，叶色翠绿可爱。

(2)倒盆及转盆　瓜叶菊长到叶片相互接触时要及时倒盆，拉开盆距以利通风透光；定期转盆，以使植株株型匀称美观，防止偏冠。

(3)花期调控　1月份是瓜叶菊的育蕾期。如让瓜叶菊在春节期间开花，从1月起，白天温度控制在10～15℃，最高不得超过20℃，夜间不低于5℃。瓜叶菊现蕾后转入室温20～25℃下培养，可促其提前开花，若要延缓开花可在含苞或初开时，将温度降至4～8℃即可。

(4)病虫害防治　瓜叶菊虫害主要有潜叶蝇和蚜虫，病害主要有菌核病及灰霉病，注意及时防治。

当瓜叶菊有少量花开时可上市销售，上市前适当加大通风，降低棚温，使瓜叶菊逐渐适应外界环境。

☞ 考核要点与方法

每位同学根据自己学习的情况回答下列问题，最后教师作出评价，如表3-7所示。

表3-7　瓜叶菊生产技术考核

考核内容	考核问题	分值	得分	教师评价
瓜叶菊的盆花生产技术	1.瓜叶菊的播种时期如何确定？	30分		
	2.瓜叶菊蚜虫怎么防治？	40分		
	3.查一查还有哪些一、二年生花卉适合于盆栽生产？	30分		

子任务二　君子兰的盆花生产

君子兰是我国的传统名花之一，优良的叶花兼美花卉，盆栽有着悠久的历史，“君子谦谦，温和有礼，有才而不骄，得志而不傲，居于谷而不卑”，是走入寻常百姓家最早最多的花卉。

1.生产前的准备

(1)品种选择　目前栽培的君子兰种类主要有大花君子兰、垂笑君子兰、窄叶君子兰，生产上选择比较多的是大花君子兰，其优良品种几十个，如大胜利、黄技师、油匠、螟叶花脸、圆头、和尚等各有特色，青岛大叶是垂笑君子兰品种，可根据需要适当选择。

(2)营养土及有机肥的准备　君子兰的栽培基质要求疏松透气、富含腐殖质、营养全面、保水、保肥力强，pH以6.5～7.0为好。充分利用当地资源，可选用腐叶土、泥炭土、炉灰渣、河沙、锯末、骨粉以及厩肥等，有机肥要提前腐熟，使用前按一定比例配制。

主料为经过发酵的橡树叶土，落叶松的松针。辅料有3 mm左右的粗沙粒，6 mm左右的木炭粒块，以及部分换下来的旧土。

先将发酵好的橡树叶揉碎，根据植株的大小用不同的筛子筛出合适的颗粒。小花用25.4 mm×25.4 mm筛孔筛，大花用38.1 mm×38.1 mm筛孔筛，边筛边搓。土料准备好后，按相应的比例拌土，保持土的湿度25%～30%，干的要边拌边喷水。然后用塑料布盖严，闷

2～3 d 备用。

有机肥可用带壳的油料种子，如麻子、蓖麻子、向日葵子炒熟或煮熟后和豆饼、骨粉、动物蹄角发酵后拌在一起，结合上盆或换盆施入盆中作底肥。

液体肥料主要用作追肥，主要是煮熟的黄豆、淡水鱼的鱼鳞内脏、动物蹄角混合在一起发酵备用。

2. 育苗

(1)分株育苗　君子兰开花后在根部都能长出新芽。在 3—4 月结合换盆进行分株，把母株周围产生的带根小植株剥离后另行栽培，如小株未长根可将其从母株上割下插入沙床中，一个月后上盆。栽植时先在盆中放 1 cm 厚的木炭，在放入配制好的花土，种植深度为埋住子株基部的假鳞茎为宜，栽后浇水。一般 2～3 年后开花。

(2)播种育苗　在开花时需进行人工异花授粉，大约经过 9 个月种子成熟，果皮由绿色变成黑紫色时可以剥皮取种种植，播种期 11 月到翌年 2 月，随采随播。播种前要备好浅瓦盆或木箱等容器，容器大小以搬动方便为宜，深 8～10 cm 为好。

播种基质可用河沙，也可用锯木屑、松针土等。木屑最好选用白松、红松或椴木的刨花屑。播种前进行基质消毒，可用 0.2%的高锰酸钾水溶液喷洒，播种时种孔向下，平置于基质表面，间距 1～2 cm，播种后覆沙土或刨花屑 1.0～1.5 cm，浇透水。用薄膜或玻璃盖上以保湿。温度保持 20～25℃，并有一定的昼夜温差，10～15 d 生根，30～40 d 可长出胚芽鞘，50 d 左右可长出第一片叶。

3. 苗期管理

生长期 6 个月之内的苗是幼苗。

第一片真叶长至 1 cm 左右时是分苗的最佳时期。优先选留叶宽、短、厚，叶脉明显，叶端圆钝，肉质根粗壮的幼苗。盆土可用橡树叶 40%，落叶松松针 10%，换下的旧盆土 50%混合配制。先将培养土装入盆中距盆沿 1 cm 处，平整后用竹筷扎孔，把肉质根小心插入，四周压实即可。大盆可栽入多棵，注意每片叶正面必须朝一个方向，以利于采光。

温度控制在 20～30℃，相对湿度 60%～70%，不宜烈日曝晒。上盆初期适当遮阴保湿，缓苗后可适当增加光照。

一年生长期的小苗可长到 5 片叶左右，多株种植的幼苗要分盆栽植。培养土的配比为橡树叶 65%，落叶松松针 10%，粗沙粒 10%，木炭粒 5%，换下的旧盆土 10%。可用 10 cm 深的花盆。温度控制在 15～25℃，保持盆土不干，注意通风透光。

5～12 片叶的时期为中苗期，每年的春秋两季各换一次营养土，并依花的大小换适当的花盆，君子兰肉质根肥大无分枝，应选用高型筒盆。春季换盆在 4—5 月，秋季在 9—10 月，培养土的配比为橡树叶 60%，落叶松松针 10%，粗沙粒 10%，木炭粒 10%，换下的旧盆土 10%。换盆前一周不浇水，取出植株，抖落培养土，盆中垫入瓦片，盆底铺一层营养土 1 cm 左右，撒一层准备好的有机固体肥，用培养土盖住肥料，植株根部中心填土，尽量包住每条根，放入盆的中间位置，四周填培养土稍压实。填入盆土到盆高 3/4 时四周加适量有机肥，填盆土到距盆边 1～2 cm 为宜。换盆后 1～2 d 浇一次透水。中苗期的君子兰结合浇水可以适当追施液肥，水肥比例为 17∶1。基质含水量以不干不湿为宜。生长期要经常向叶片喷水。

4. 成株的管理

君子兰播种苗管理好 3～4 年即可开花，成龄期的君子兰对营养需求很大。

成株可每隔1～2年换盆一次。每次换盆应将老、残、枯死根剔除，栽时根群要舒展，根端不能受损。培养土的配制与换盆的操作同中苗期。管理也同中苗期。成龄期管理温度最好控制在12～25℃，有利于抽箭，花大色艳。

浇水时间根据天气、基质而定，按照“见干见湿，不干不浇，干则浇透”的原则浇水。春季君子兰旺盛生长需水量大，视盆土干湿情况2～3 d浇一次水；夏季君子兰处于半休眠状态，浇水要少。10月开始维持盆土微湿即可，到年初开花止。当花茎长到15 cm左右时，需要适当多浇一些水，花后照常浇水。最好用接近室温的水，盆土不可积水。

君子兰施肥要求做到“薄肥勤施”。有机肥可用充分腐熟的豆饼、花生饼、芝麻酱渣等沤制，取上清液稀释后追施。复合肥在苗期N、P、K比例为2∶1∶1，在开花前比例为1∶2∶2，浓度为0.05%～0.1%。一般在生长季节7～10 d施一次，施肥时间宜在上午8—9时。叶面施肥可用尿素、磷酸二氢钾，一般浓度为0.2%～0.5%为好，以早晨喷施为宜。

君子兰养护过程中要定期转盆，10 d左右调180°，这样可使两列叶片相对成扇形整齐地展开，提高观赏品质。要定期清洗叶片，保持叶片亮绿。

君子兰常见病害有软腐病、叶斑病、炭疽病等。对于细菌性软腐病，可用抗生素处理，对从叶心发生软腐病的株苗，用链霉素80万单位注射于叶心部3次，每6 h注射50 mg。对于叶斑病、炭疽病等真菌病害，可先摘除病叶，然后用50%多菌灵可湿性粉剂600～800倍液叶面喷洒，每7 d一次，连续2～4次，也可用70%甲基托布津1 500～2 000倍液交替用药，效果更好。

5.君子兰夹箭的原因及防止措施

君子兰夹箭，又叫“卡脖子花”，其表现是花茎夹在叶缝中长不出来。引起夹箭的原因较多，主要是栽培君子兰过程中环境条件不适宜，管理方法不当。可采取以下方法防治：

调整温度　一般君子兰温度达不到15℃以上，箭茎是很难抽出来的，所以发现君子兰有抽箭迹象时，应注意调整温度到20℃以上。

提高温差　君子兰喜欢昼夜温差大的环境，昼夜温差小则难以抽箭，因此，在花芽分化后，昼夜温差保持在8～10℃，出箭就比较容易。

加强施肥　秋季以后是君子兰的生殖生长期，需肥量较大，一般15～20 d施一次磷、钾肥。特别是发现花箭露头时，更要注意多施些含磷较多的速效肥料，如向叶面喷施0.2%的磷酸二氢钾溶液等。

适当增加浇水量打破见干见湿的常规，使盆土的湿度保持在35%左右，同时还要注意松土，防土壤发生板结现象。

☞ 考核要点与方法

每位同学根据自己学习的情况回答下列问题，最后教师作出评价，如表3-8所示。

表3-8　君子兰生产考核表

考核内容	考核问题	分值	得分	教师评价
君子兰盆花生产	1.君子兰有哪些好的品种？	30分		
	2.君子兰成株换盆的操作要点？	40分		
	3.查一查为什么有人栽的君子兰不开花？	30分		

子任务三　仙客来的盆花生产

仙客来花型奇特似兔耳，花期正值冬春，适逢元旦、春节等传统节日，长达4～5个月，极受人们喜爱，为冬季重要的盆栽观赏花卉。

1. 播种育苗

(1)品种及种子选择　对仙客来盆花的评价主要从其商品性及抗性两个方面，商品性包括花型、花色、叶形、叶色，是否具有香味，株型是否丰满。抗性主要表现在抗病、抗虫性，对外界环境(光照、温度、湿度)的适应性。一个品种只有具备了较好的商品性、抗性才能为消费者和栽培者所接受。

大花型品种比较畅销。可选“众神”系列各色品种，“喜悦”系列各色品种，“雷神”系列各色品种，“协奏曲”各色品种。中花型中有香味的品种多一些，应作为重点选择。微型花花小，但抗性好，摆放时间长，小巧玲珑，可选“美景”系列各色品种，“飞天”系列各色品种，“旋律”系列品种。

目前市场上以红色系列为最畅销，这也与节日红红火火的气氛相配，一般占栽培数量的60%～70%，紫色、白色系列占15%～20%，彩云、彩蝶、粉色占15%～20%。

种子应从专业生产商或育种公司购买，以保证种子的纯度、芽率，以当年新采收的种子最好。优质种子的外观特点：色泽鲜红、纯净度好，无杂质，颗粒饱满。陈年旧种子色泽暗红，发芽率下降(2～3年后下降明显)。购买种子的数量比计划生产盆花数量多20%～30%，大规模生产，应在播前2个月进行发芽试验，一旦发现问题，立即与种子供应商联系，以免耽误生产，也可以从专业的种苗企业购组织培养苗。

(2)播期　仙客来的播种时期是根据市场营销需求日期和品种特性确定的。为了“元旦”和“春节”开花上市，大花品种一般9—11月播种，播后13～14个月开花；小花品种可在12月至翌年1月份播种，播后10～12个月开花。由于播种迟早对仙客来植株营养体的影响较大，因此，在条件许可的情况下，应适时早播。

(3)种子的播前处理　播前种子要进行催芽及消毒处理。将种子在室温下浸泡24 h，浸泡后的种子再用50%多菌灵500倍液或用0.1%高锰酸钾等药液浸泡0.5 h，然后将种子捞出，并将种子上的药剂用清水冲洗干净，摊开晾干待播。

(4)播种　播种土可用壤土、草炭、河沙按1∶1∶1配制，配好的播种土使用800倍50%多菌灵液喷洒后，再堆积48 h进行消毒处理后备用。工厂化育苗采用草炭为播种基质。

二维码3-4　仙客来播种繁殖技术

仙客来的播种可以用塑料播种箱或塑料播种穴盘，箱或盆底要有孔洞。播种时先将播种土装入播种盘4～5 cm高度，待盘内土面平整后，浇透水。浇水完毕后，撒一薄层培养土，按2 cm×2 cm点播种子，覆土0.5～1 cm厚，覆盖后用黑塑料膜盖严。把播种好的播种盘放于适当的环境下待其发芽，发芽期间温度应控制在18～22℃。

2. 生产管理

(1)出苗后的管理

仙客来种子发芽比较缓慢，播种30～50 d时才能出苗，种子出土后将覆盖的黑塑料膜撤去并将播种盘放在散射光下。苗出全后，每隔5～7 d喷施一次稀薄的液肥，温度应控制在14～18℃，不能超过25℃，最佳光照15 000 lx，栽培基质水分充足，以满足幼苗期植株生长要求，空气相对湿度应保持在75%左右。为了防止病虫害发生，注意通风，降低湿度。应定期用链霉素或波尔多液等喷洒。

(2)上盆　上盆一般在每年3月中旬至4月上旬。当幼苗长到3～4片真叶时，将其从播种盘移至塑料盆中。可选直径15 cm的红黑双色盆。上盆的培养土与播种基质基本相似，要适当增加基肥，一般可在每千克培养土中加复合肥约3 g。培养土配好后，在强光下晒3 d，用0.1%高锰酸钾喷洒后，再堆放2 d以达到消毒的目的。也可直接用草炭土。基质装盆时不用压，装平即可，摆好后浇透水，在中间用特殊小铲子扎一直径1～2 cm小穴。上盆时，要将苗及原土一起磕出，尽量少损伤根系，栽苗时要将1/3～1/2的球茎露出土面。栽后浇透水，放在温室内进行常规管理。上盆缓苗后用三氯杀螨醇1 000～1 500倍液和甲基托布津500～600倍液喷施，防病和虫害。

(3)上盆后管理　当仙客来植株叶片达到10片以上时，天气逐渐炎热，进入越夏期，要求环境尽量控制在30℃以下，光照强度不超过40 000 lx。土壤既不可过干，也不宜过湿，在高温到来前每周可施一次稀薄营养液，高温期停施营养液，防止仙客来进入休眠状态。

9月上中旬天气渐凉，仙客来又进入了一个生长旺期。此时植株冠径已达15 cm左右，此期对肥水需求量较大，要求每隔7～10 d施肥一次，施肥浓度可稍加大，肥料成分以磷、钾肥为主，氮肥为辅。适量控水，可有利于花芽的形成。环境温度适宜在10～20℃，光照强度30 000 lx左右。此外，定期喷药，防治仙客来的病虫害。

(4)花期管理　在花期应每隔10 d左右施入一次以磷、钾肥为主的肥料。温度应控制在15～20℃，过低会影响植株生长，推迟或不能开花。花期的光照强度要求在15 000～30 000 lx。水分供应要充足，缺水严重影响开花。注意室内通风，减少病虫害发生。

(5)病虫害防治　仙客来常见的病害有软腐病、叶斑病、灰霉病。软腐病发病前可用等量式波尔多液或1 000倍农用链霉素定期喷洒。灰霉病防治时要通风降低空气湿度，及时摘除病叶，喷施代森锌、多菌灵等广谱性杀菌剂。叶斑病发病时病叶必须及时摘除。生长期还发生蚜虫和卷叶蛾危害叶片和花朵，可用40%氧化乐果乳油1 000倍液喷洒。

☞ 考核要点与方法

每位同学根据自己学习的情况回答下列问题，最后教师作出评价，如表3-9所示。

表3-9　仙客来生产考核表

考核内容	考核问题	分值	得分	教师评价
仙客来生产技术	1.仙客来有哪些种类？市场上喜欢什么样的盆花？	30分		
	2.仙客来越夏期的管理。	40分		
	3.查一查仙客来生产管理要点。	30分		

子任务四　杜鹃花的盆花生产

杜鹃花是我国十大传统名花之一，栽培历史悠久，被誉为“花中西施”。杜鹃花繁叶茂，绮丽多姿，是优良的盆花、盆景材料。

1.类型与品种选择

用于盆花生产的杜鹃类型有东鹃、杜鹃、夏鹃和毛鹃。西鹃花色丰富，花型优美，是小型盆栽的主要种类。

2.育苗技术

可采用播种、扦插、嫁接等方法。

播种育苗只有在培育砧木、杂交育种、遇到优良的野生种需要引种时采用。种子成熟后，常绿杜鹃最好随采随播，落叶杜鹃可将种子沙藏后翌年春季播种。种子撒播后，覆一薄层细土，表面再覆盖保湿，置于阴处，保持温度 15～20℃，约 20 d 即可出苗。

生产上常用扦插法育苗，5—6 月进行。宜用嫩枝、半成熟枝条，剪成长 5～10 cm 插穗，保留上部 4～5 片叶其余剪去，插于蛭石、细沙或松针土中，扦插深度为插穗长的 1/3～1/2。用萘乙酸、吲哚丁酸快浸处理，可促进生根。插后置于半阴环境，保持温度 18～20℃，喷雾保湿，注意通风，30～50 d 可生根。

生产上也常采用劈接法育苗，在春、夏两季较适宜。砧木用二年生毛鹃或其变种，径粗 0.6～0.8 cm。接穗选取茎粗与砧木相近或略小嫩枝顶端，长度为 3～4 cm，保留上部 2～3 片叶，基部削成 0.5～1.0 cm 长平滑楔形。在砧木当年新梢 3～4 cm 处剪断，摘除叶片，纵切 1 cm 左右，插入削好的接穗，形成层对齐，用塑料条绑扎紧密，套塑料袋保湿，置于半阴处，忌直射阳光，2 个月后去袋。

3.生产管理

(1)生产场地选择　盆栽杜鹃应具有室内和室外两种场地。室内场地在冬季使用，最低温度不低于－2℃。长江流域，室内只要有一定的光照和通风条件，一般不必加温。北方冬季寒冷、干燥，用中温(15℃左右)温室栽培为宜。室内应注意通风，防止病虫害的滋生。室外场地以泥地为好。夏秋使用，上面搭建荫棚或借用天然林荫的庇护。

(2)培养土配制　杜鹃是喜酸植物，栽培基质要求富含腐殖质、疏松、透气、pH 为 5.5～6.5 的酸性土。常用的有落叶松松针及其形成的松针土、泥炭土、林下腐叶土(松柏科树种)、兰花泥等。也可用园土、沙、泥炭、椰糠(或锯木)、珍珠岩按 30∶20∶28∶20∶2 比例配制。在配制培养土时，还可加入腐熟的油饼、少量复合肥及进口微肥，混合均匀后进行严格的消毒杀菌。

(3)花盆选择　大规模生产用硬塑料盆。杜鹃根系浅，扩张缓慢，栽培要尽量用小盆，以免浇水失控，不利生长。一般 1～2 年生植株用直径 10 cm 的盆，3～4 年生植株用直径 15～20 cm 的盆，5～7 年生植株用直径 20～30 cm 的盆。

(4)上盆、换盆　上盆在春季出室和秋季进房时进行，需带土移栽。先在盆底垫碎瓦片，再填一薄层粗粒土的排水层，将植株置于盆中央，使根系舒展，深浅适当，分层加培养土到根颈为止。压土时，应从盆壁向下压，以免伤根，要留“沿口”。上盆后应浇透一次酸化水，后放于阴处服盆数日，再搬到适当位置。幼苗期换盆次数较多，每 1～2 年一次，10 年后，每隔 3～4 年换盆一次，应在花谢后进行。杜鹃花须根细弱，要注意保护，换盆时只去掉部分枯根，切不可弄散土坨。

(5)常规养护管理　春季是杜鹃从休眠到萌动的季节，也是开花的季节。2 月即开始进入萌动期。杜鹃的叶色转绿，花苞开始膨大，并有少量新芽、新叶放出。此期每隔 7 d，喷施乙酰甲胺磷 1 000 倍液、甲基托布津 500 倍液各 1 次。

2 月底至 3 月初，应施 1 次以磷肥为主的稀薄肥催花，并保持水分充足，以利于花蕾充分生长。到 3 月下旬花苞露色时要保持室内温度稳定，如遇气温过高，中午开棚通风时应防止冷风直吹。

3 月中下旬，春鹃中的一些早花品种陆续开花，此时应增加遮阴，最好能达到 80%以上，以保持花色鲜艳。同时应保持适度充足的水分，以延长花期。

夏季是杜鹃营养生长期。开花后的杜鹃应及时摘尽残花，以减少不必要的营养消耗。同时，结合摘花可进行适度修剪，修去病弱残枝及徒长枝，使杜鹃保持良好的冠型。

适度增加光照，一般遮光率达到 50%～60%即可，同时喷施农药防病治虫。当杜鹃恢复正常生长后，可适当施 2～3 次以氮为主的薄肥，以促进杜鹃营养生长。

进入盛夏高温时，应增加遮光率，最好能达到 70%左右，同时加强通风，并及时浇水防止脱水，定期喷施农药防治病虫害。

秋季是杜鹃的花芽分化期。大部分春鹃（东鹃）都是在秋季孕蕾，应从 8 月中旬起，每隔 10～15 d 施 1 次以磷为主的薄肥，施 3 次。另注意充分浇水，严防植株脱水枯萎。

每隔 15 d 喷施 1 次乙酰甲胺磷 2 000 倍液或 40%乐果乳油 2 000 倍液防治梨网蝽、红蜘蛛。秋季多雨还应在每次雨后喷施 1 次甲基托布津 1 000 倍液，以防止褐斑病暴发，引起大量落叶，影响下一年开花。

冬季是杜鹃休眠期。保持棚内温度稳定，防止昼夜温差过大。进棚后的杜鹃应再喷施 1 次杀虫剂，以防止残留的虫体进棚后再度繁殖，同时还要喷施甲基托布津或多菌灵，以防止病菌因棚内温度较高而再度爆发。

(6)修剪与整形　上盆后苗高 15 cm 时进行摘心，以加快植株成型和矮化，最终形成 3～4 个一级枝，每个一级枝上有 2～4 个二级枝。一般植株成型后，平时主要是剪除病枝、弱枝及重叠枝，均以疏剪为主。

(7)花期调控　杜鹃花在促成栽培之前需放在 10℃或更低的温度环境冷藏，至少需冷藏 28 d。冷藏期间，植株应保持湿润，不能过分浇水，同时每天保持 12 h 光照，以减少落叶。花芽分化之后，移入 20℃的环境中 15～20 d 即可开花，但品种间差异较大。

在国外，作为圣诞节用花的杜鹃花自冷藏室（4～5℃）移出后，必须在 11 月上旬置于 15℃温室中才能如期开花。在我国，若要在国庆节开花，则需先置于 3～4℃低温冷室内，9 月中旬取出即可。

使用植物生长调节剂可促其花芽形成。如使用，以 0.15%的比久喷施 2 次，每周 1 次，或用 0.25%比久喷 1 次，也可使用 0.3%矮壮素每周喷 1 次，共喷 2 次，还可用多效唑处理，效果较好，但残留期有数年，会造成株型矮化，使用时应注意用量和次数。喷药后约 60 d，花芽即充分发育，此时将植株冷藏，促进花芽成熟。

☞ 考核要点与方法

每位同学根据自己学习的情况回答下列问题，最后教师作出评价，如表 3-10 所示。

表 3-10　杜鹃花生产考核表

考核内容	考核问题	分值	得分	教师评价
杜鹃盆花生产技术	1. 杜鹃有哪些品种适合盆栽？	30 分		
	2. 杜鹃对栽培土壤有什么要求，盆栽的培养土怎么配制？	40 分		
	3. 查一查高山杜鹃的生产技术要点，与杜鹃有什么不同。	30 分		

知识拓展

其他常见观花盆花养护要点

1.非洲凤仙

生态习性：性喜温暖、湿润的气候。喜阳光充足，忌烈日暴晒。夏季要求凉爽，并需稍加遮阴；既不耐干旱，又怕积水，在肥沃、疏松和排水良好的沙质壤土中生长良好。

适应性较强，移植易存活，生长迅速。栽培适温15～25℃，冬季室温不应低于12℃，要求空气相对湿度为70%～90%。

养护要点：全年均可播种，播种用消毒的培养土、腐叶土和细沙的混合土。种子细小具好光性，因此播种后不必覆土。发芽适温为22℃，播后15～20 d发芽。新几内亚凤仙发芽适温为24～26℃，播后7～14 d发芽。出苗后应控制浇水，通风、见光炼苗，以减少病害发生。扦插繁殖适宜小量繁殖及重瓣花繁殖。选取生长强健的枝条，剪取约10 cm长的顶端部分，插于沙中，约20 d生根。

盆土要选用疏松、肥沃的沙壤土。如用1/2的泥炭土或腐叶土配1/2的沙壤土加一些腐熟的饼肥粉或市售鸡粪更好，这样的土质疏松、肥沃，更适宜植株生长，也有利于幼株根系的生长。

非洲凤仙具有较强分枝能力，盆栽植株要及时修剪整形，促使萌发新的分枝，使株形丰满，开花繁茂。一般在小苗10 cm左右时，留2～3节摘心，70 d后即可形成冠幅直径为30～50 cm的成品。每次整形修剪后都应该立即喷洒杀菌剂，以保证伤口不受病菌污染。

小苗时要精心管理，把握好盆土的浇水量，不能缺水，应给予充分的水分，又不能过湿，以免烂根，花期更应避免浇大水，而造成烂根。在生长季节只需适当追施少量稀薄液肥，并以磷、钾肥为主，忌施氮肥。夏季为避免高温，应放置于阴棚下的通风处，防止烈日暴晒，并要加大浇水量。

2.天竺葵

生态习性：性喜冬暖夏凉，怕高温，亦不耐寒；要求阳光充足的条件；不耐水湿而稍耐干燥，宜排水良好的肥沃壤土。

栽培养护要点：可播种也可扦插育苗。

一般寒冷地区露地栽培的播种时间为1月上旬至4月下旬，大棚栽培的为1月至5月上中旬，温室栽培的为1—4月。南方温暖地区露地栽培播种时间为1—3月。可用沙质培养土盆播，也可穴盘直播，播种后覆土0.5 cm，保持13～20℃，7～10 d发芽，半年到一年可开花。

扦插育苗除夏季休眠期外，其他季节均可进行。在秋季8—10月扦插的，翌年春、夏开花；在早春2—3月扦插的，冬季开花；在5—6月扦插的，冬、春开花。插条选长10 cm的一年生枝条，剪去基部叶片，保留顶端2～3片小叶，插入盆沙中1/2，放阴棚下养护。插后浇水不宜过多，约1个月可生根。

天竺葵分枝性强，为培养良好的株型，定植成活后可摘心一次，促分枝。天竺葵喜旱怕涝，在春、秋生长期内掌握“见干浇水，雨季及时排水”的原则。

夏季7—8月进入半休眠状态，应置于通风的半阴处养护。生长期内，可每隔10～15 d追施一次豆饼液肥，休眠期停止施肥。室内盆栽的可于每年8月在休眠期换盆，用加肥培养土并垫蹄角片或粪干作为底肥。10月上旬入室越冬，室温保持5～10℃，翌年4月下旬出室。生长期间易感灰霉病、褐斑病及细菌性叶斑病，注意用药防治。

3. 花烛

生态习性：性喜温暖、潮湿、排水良好的半阴的环境，忌阳光直射。最适生长温度为20～30℃，最高温度不宜超过35℃，最低温度为14℃，低于10℃受冷害。

最适空气相对湿度为70%～80%，一年四季应多次进行叶面喷水。

栽培养护要点：盆栽生产宜选用组培苗。

宜选用排水良好的基质，规模化生产用泥炭、珍珠岩、沙的复合基质，其pH保持5.5～6.5。花烛不耐强光，全年宜在适当遮阴的环境下栽培，即选择有保护性设施的温室栽培。春、夏、秋季应适当遮阴，尤其是夏季需遮光70%。

小苗阶段一般在育苗公司完成，生产时所购买的苗15 cm以上。上盆种植时，可选择一次性使用的160 mm×150 mm的红色塑胶盆种植。栽培基质要求保水保肥能力强、通透性好、不积水、不含有毒物质。种植前，基质必须消毒处理，以杀灭病虫害，保持其正常生长。种植时需用75%遮光能力的遮光网，以防止过强的光照。采用双株种植优于单株种植，上盆种植时使植株心部的生长点露出基质的水平面，尽量避免植株沾基质。及时喷施杀菌剂，以防止疫霉病和腐霉病的发生。

雨水是花烛栽培中最好的水源。盆栽花烛在不同生长发育阶段对水分要求不同。幼苗期应每天喷2～3次水，经常保持基质湿润，促使其早发多抽新根，并注意盆面基质的干湿度；中、大苗期植株生长快，需水量较多，水分供应必须充足；开花期应适当减少浇水，增施磷、钾肥，以促开花。

高温季节通常2～3 d浇水一次，中午还要利用喷淋系统向叶面喷水，以增加室内的相对湿度。寒冷季节浇水应在上午9时至下午4时前进行。

花烛根部施肥比叶面追肥效果好。在液肥施用2 h后，用喷淋系统向植株叶面喷水，冲洗残留在叶片上的肥料，保持叶面清洁，避免藻类滋生。

花烛管理温度应保持在30℃以下，湿度在50%以上。阴天温度控制在18～20℃，湿度在70%～80%。晴天温度20～28℃，湿度在70%左右。

花烛根部易自然地萌发许多小吸芽，争夺营养，而使植株保持幼龄状态，影响株型。去吸芽可从早期开始，以减少对母株的伤害。

花烛的病害主要有细菌性枯萎病、根腐病、叶斑病等，注意防治。

4. 朱顶红

生态习性：性喜温暖、湿润气候，生长适温为18～25℃，不喜酷热，阳光不宜过于强烈，怕水涝。喜富含腐殖质、排水良好的沙质壤土。休眠期，要求冷湿的气候，以10～12℃为宜，不得低于5℃。

栽培养护要点：常用播种、分球繁殖。种子即采即播，发芽率高。播种土为草炭土2份与1份河沙混合。种子较大，宜点播，间距为2～3 cm，发芽适宜温度为15～20℃，10～15 d出苗，2片真叶时分苗。播种到开花需要2～3年。老鳞茎每年能产生2～3个小子球，将其取下另行栽植即可。注意不要伤害小鳞茎的根，并且使其顶部露出地面，小球约需2年开花。

盆栽培养土要透气性好、富含腐殖质，可用沙质壤土、腐叶土、河沙按5∶3∶1比例混合配制，也可用腐叶土、堆肥土、沙按3∶3∶1比例混合配制后使用。

种球要选直径7 cm以上的大球，1个种球栽在一个盆的用大于球径2倍的盆，3～4个球栽在一个盆的可用直径 25～30 cm 的盆。

在 2—3 月间种球萌芽出现后上盆种植或换盆，种植前要先把种球边的小子球剥下，栽时要浅，使球的 1/3～1/2 在土面之上。

初栽时不灌水，待花葶从鳞茎颈部伸出 2～5 cm 时，或不开花鳞茎叶片抽出 10 cm 左右时开始灌水，初期灌水量较少，至开花前逐渐增加灌水量，开花期应充分灌水。花后经常追肥，盛夏置半阴处。8 月以后生长逐渐停止，灌水量也随之逐渐减少直至停止，入冬后保持干燥，温度 10～13℃，促其充分休眠。

5. 水仙

生态习性：水仙喜光、喜水、喜肥，适于温暖、湿润的气候条件，喜肥沃的沙质土壤。生长前期喜凉爽、中期稍耐寒、后期喜温暖。7—8 月落叶休眠，在休眠期鳞茎的生长点部分进行花芽分化，具秋冬生长，早春开花，夏季休眠的生理特性。

栽培养护要点：

水养技术：首先选择良好的水仙鳞茎和与水仙相配的盛水容器，添加有一定表现力的固着物。其次选择适当的环境条件和技术手段促其向既定方向发展，朝着人的审美方向渐进，同时调整水培时间、环境温度、生长势态以及注意的相关事项和措施满足水仙水养过程的生长需要。

通常水养水仙为提高观赏价值，水养前需进行不同程度的雕刻或造型处理，以培养成为优雅多姿、清香四溢的艺术作品，增强观赏效果。

经过雕刻的水仙需经过 12～24 h 清水浸泡，让伤口的黏液吐尽，用脱脂棉或清洁纱布将伤口处的黏液洗净，注意不要把新根弄断。再用浸水的干净脱脂棉片盖住伤口，既能起保温保湿作用，又能防止太阳直射伤口而变成焦黄色。

选取与鳞茎相衬的水容器，放入鳞茎球，用色彩相宜的石料如卵石、雨花石、砚石等支撑住鳞茎球，装填量为容器高 1/5～1/3 即可，然后注入清水浸至鳞茎底座根盘之上，以后视其蒸发量随时加水。水仙在容器中的配置不宜拥挤和过于单薄，否则失去盆景的美姿价值。

将培育的水仙置于通风、向阳温暖处，每 2～3 d 换水 1 次，待花茎长出后可每周更换 1 次。最初换水时，白天加水，晚上倒掉，形成白天水养，晚上干养，能使叶片和花梗矮而壮，促进器官发育，至开花前期为止。更换容器中的水最好用 10～15℃ 的温水，使更换时的温度与环境相近，利于水仙生长，换水时应向露出水面的茎叶喷水防止干黄。

随时观察发育情况，若发现不合预定的形态，可用小竹签插入纠正的部位，抑制和引导其向预定的方向生长。对叶、花梗则采用削割方法，但对同一部位的削割不能超过 1/5，尚有局部发育不良的可予以删割，另选理想的材料来拼接。纠形、换水、盖棉等工作要细心，切勿伤及叶、花和根群。培育期间要做好温度和生长情况记录，随时予以调整。

6. 茉莉

生态习性：喜温暖湿润，在通风良好、半阴环境下生长最好，土壤以肥沃的微酸性沙质壤土为最适合，不耐干旱、湿涝和碱土。

抗寒能力差，适宜温度为 25～30℃，当气温低于 2～3℃ 时枝叶易遭冻害，如持续时间过长，就会死亡。因此，冬季防寒特别重要，盆栽者霜降后需搬进室内，以利于安全越冬。

栽培养护要点：多采用扦插、压条和分株繁殖，其中以扦插繁殖为主。扦插的适宜时期为 6—10 月，30 d 左右即可生根。插穗要选择生长强健、发育充实、无病虫害的一年生枝条，截取 10 cm，具有 4～5 节，下剪口在芽的下方 0.2 cm 处，45°斜剪，亦可平剪，要求伤口平滑，保留顶部 2～4 片叶。扦插基质用河沙和壤土各半的混合土，也可下层为肥土、上层为河沙，解决通气和成活后的供给营养问题。

大规模扦插育苗，须有插床和冷床，并有遮阴的设备。小规模的均采用盆插，扦插深度为插穗的 1/2，密度以叶互不遮盖为度，浇透水置于阴凉处加强管理，防止阳光直射，保持盆土湿润(天气炎热时每天喷水 2～3 次)，1 个多月生根。生根后可逐渐增强光照(但忌阳光直射)，酌情施淡薄的液体肥，对嫩枝可摘心，促进发枝。

茉莉盆栽一般春季上盆、换盆，盆土必须疏松肥沃、呈酸性。新栽植的茉莉花要置于庇荫的环境养护 15 d 左右，然后放在阳光下。管理的关键是浇好水，5—6 月每天浇 1 次水，秋季转凉后 2～3 d 浇 1 次水，冬季入室保护，视室温高低而定，一般 4～5 d 浇 1 次水，水分不宜过多，否则烂根。

合理施肥是获得健壮植株和丰花的重要管理措施，5—10 月每 7～10 d 施 1 次肥，其中适时适量增施 2～3 次磷、钾肥，10 月中旬停止施肥。7—9 月是茉莉生长最快的季节，在花后要重剪，促进发枝。霜降前后入室保护，入室前需控水，使枝叶充分老熟，增加抗寒性。可以疏去细弱枝，剪去上部的嫩梢，减少营养消耗，提高整体抗寒能力。盆要放在阳光能照射到的地方，第二年 4 月下旬出室，对于 2～3 年的植株此时可以换盆。对于换盆的植株去老叶后可以减少水分蒸发，促进成活与生长。

茉莉花的修剪分休眠期修剪和生长期修剪，前者一般在清明前后萌芽前进行，目的是促使一次枝抽发整齐、粗壮，调整好树冠，主要是剪去病虫枝、枯枝、细枝、弱枝，短截一年生枝，将二年生枝的先端剪去，保留 10～15 cm。生长期修剪从春季萌芽后到越冬前进行，目的是促使发的枝整齐、改善通风透光条件，主要是对盲枝、徒长枝、衰弱枝、病虫枝随见随剪，以利于通风透光，每次花后及时剪去花柄，修剪过密的枝条，促进腋芽萌发，多发侧枝、蕾和多开花。

任务四　室内观叶植物盆栽生产

任务分析

室内观叶植物是都市的绿洲，在远离大自然的都市生活中，能带来大自然的气息、丰富生活情趣。家庭、宾馆、办公室等场所，到处都能看到绿色的观叶植物。观叶植物既能美化环境，又能净化空气。近年来，国内外市场对室内观叶植物需求与日俱增。本任务主要是掌握观叶花卉盆栽的生产与管理技术，可为今后从事花卉的生产与经营打下良好的基础。

任务目标与要求

知识目标：熟悉室内观叶植物分栽的生产过程，掌握生产技术要点。

能力目标：会对盆栽观叶植物进行生产管理。

学习要求：线上主动学习，线下认真听辅导。遵守纪律，遵守实训室、实训基地等相关规则，做好笔记，注意安全。

◈ 相关知识

一、室内观叶植物的含义与种类

在室内条件下，经过精心养护，能较长时间正常生长发育，用于室内装饰与造景的蕨类、草本或木本观叶植物，称为室内观叶植物。以阴生观叶植物为主，包含部分叶花兼美、叶果兼美和叶茎兼美的植物。

二维码 3-5　室内观叶植物识别

二、生态习性

由于观叶植物种类繁多，起源地不同，形成的生态习性差异很大，在生产及应用上要注意。

(一)温度

盆栽观叶类大多需要 20～30℃环境温度，冬季低温是影响正常生长发育的限制因素。原产于热带的种类，冬季要求 10℃以上，原产于温带的种类保持 5℃以上的温度即可。八角金盘、芦荟、海桐、酒瓶兰、朱砂根、吊兰、常春藤等可耐冬季 3～10℃的低温；文竹、鹅掌柴、棕竹、南洋杉等能耐 10～16℃的低温；对于富贵竹、凤梨类、变叶木、彩叶草、竹芋类、白鹤芋等必须维持 16～20℃的温度才保证它们的正常生长。

夏季过高温度对此类花卉也有影响，如竹芋超过 30℃生长就会受阻，同时会引发生理病害。所以盆栽室内观叶植物生产中夏季高温时要注意通风和遮阴。

(二)光照

相对而言，盆栽观叶植物对光照的要求没有观花花卉严格。都比较耐阴，适合半阴的环境中生长。但不同种类和同种的不同品种间差异很大。光强是影响观叶植物生长的主要方面。依不同盆栽对光强要求的不同，可将它们大致分为以下几类。如表 3-11 所示。

表 3-11　盆栽观叶植物对光照强度的需求

对光照强度的要求	代表植物
较喜阳类	变叶木、花叶榕、朱蕉、荷兰铁、美洲铁、苏铁、花叶鹅掌柴、金叶垂榕、金边狭叶凤梨、沙漠玫瑰等
既喜阳也耐阴类	橡皮树、琴叶榕、垂枝榕、马拉巴栗、常春藤、青叶鹅掌柴、南洋杉、酒瓶兰、美丽针葵、伞树、虎尾兰等
中等耐阴类	花叶万年青、亮丝草、观叶秋海棠、花叶芋、观音莲、鹤望兰、竹芋、凤梨、淑草、吊兰、春羽、散尾葵、袖珍椰子、龙血树、棕竹等
喜阴类	夏威夷椰子、蕨类、一叶兰、白鹤芋、龟背竹、绿巨人、麒麟尾、黄金葛、喜杯芋等

(三)对湿度的要求

有些观叶植物耐干旱，如肉质多浆类观叶植物但大多数在生长期都需要比较充足的水分。由于室内观叶植物大多原产于热带、亚热带森林中的附生林下喜阴植物，所以空气湿度要求更加明显。对空气相对湿度的要求随植株的发育时期和变化而不同。一般旺盛生长期需要较充足的土壤水分和较高的空气湿度；休眠期需要较少的水分。

苏铁、吊兰、文竹、天门冬类等短时间的干旱不会太影响生长；棕竹、巴西铁、散尾葵等在生长季必须供给充足的水分；花叶芋、虎耳草等根系耐湿性强；兰花、竹芋类、蕨类植物等要求较高的空气湿度，必须通过喷雾来增加空气湿度才能使其生长良好。

三、生产管理技术

(一)繁殖要点

草本观叶植物多用分株繁殖，木本观叶植物常用扦插和压条繁殖。马拉巴栗、榕树等一些特殊的种类，只有实生苗根颈处特别膨大，观赏价值高，往往特意栽植在浅盆中突出根茎部，所以多采用播种法繁殖。

在实际生产经营中，对某些室内观叶植物的种苗需求量较大，往往采用组培法繁殖，可以生产出高度整齐一致的植株。

(二)养护管理要点

栽培容器的选择要与花卉协调一致，增加美感是必须遵循的原则，也要考虑到植物正常生长的需要，所以在生长阶段可以选用适于生长的容器，如素烧盆、木桶等，在观赏阶段可以套盆或换盆。

室内观叶植物种类繁多，为了满足各种类对土壤的特殊要求一般需要人工配制培养土，见表 3-12。

表 3-12　各类室内观赏植物栽培基质配合比例

基质	通用型		仙人掌类	兰科植物	椰子类	蕨类	球根类	天南星科	爵床科萝藦科	龙舌兰科、五加科
壤土	1/3	1/4	1/4	1/3	1/3	1/4	1/3	1/3	2/5	1/2
腐叶土	1/3	1/4	1/4			1/2	1/3	1/3	2/5	3/10
泥炭				1/3	1/3					
树皮								1/3		
蛭石							1/3			
珍珠岩	1/3			1/3		1/4			1/5	1/5
沙		1/4	1/2		1/3					
厩肥		1/4								

平时应经常向叶面或盆周围喷水，提高空气相对湿度；用软布擦拭或喷水冲洗叶面，保持叶面光亮清洁；当根系布满盆后，应及时换盆；通过摘心、抹芽、修剪、转盆等方法改善和控制株型。

任务实施

子任务一　绿萝标准化生产

有着“绿色净化器”美誉的绿萝，因能吸收空气中的有害气体，且容易养护，一年四季叶片长青，近年逐渐成为了花卉市场的新宠，催生了绿萝种植这一朝阳产业。全国最大的绿萝生产企业——广州绿航农业科技有限公司，在阳江市塘坪镇和双捷镇投资建设的两个规模生产基地，年产销绿萝 1 800 万盆，产值约 2 亿元，吸纳了当地 1 500 多名村民就业。

现代绿萝生产基地工业化的管理方式，为农业供给侧结构性改革提供了样本。在塘坪镇的基地，按照不同的生产环节，基地划分为了母本区、扦插区、苗床区、成长管理区、包装区，每道工序都有专门的工人负责，他们分工明确，管理细致，俨然一个井井有条的工厂。

整个生产流程有 78 道工序，工人在一个时间段的工作只专注其中一个，工作效率高、收入高。每盆绿萝也都严格按照标准生产，具体到植株数量、整体大小、高度、密实度、培植周期等，确保每一盆绿萝都是优品。

在苗床区，绿萝苗在不同季节就有不同的培植周期，夏季和秋季 60 d 出产一批，冬季和春季则需要 70 d。一亩苗床架可以放 8 000 盆左右，一年出 4～5 批，按目前最低 10 元一盆的价格，一年就是 30 万以上的产值。

绿萝生产从以下几点入手。

1.品种及栽培形式选择

绿萝同属植物约 20 种。可选叶面光亮，嫩绿色或深绿色的普通品种。也可选择在光滑的蜡质叶面上镶嵌有金黄色、白色、褐色等不规则斑纹或斑块的品种，如粉绿色叶片上有褐色或褐白色斑纹的褐斑绿萝；绿色叶片上有白色斑纹的银星绿萝；绿色叶片上有黄色斑块的花叶绿萝；白色叶片带绿色斑纹的玛伯王后等。目前生产上用于柱式栽培的选大叶品种，用于吊盆栽培的选小叶品种。

根据市场需要种植不同规格的盆栽或者绿萝柱，盆栽有每盆 30 株的小盆，也可以种每盆 120 株左右的大浅盆栽。以绿萝柱生产为例介绍生产技术。

2.设施条件

绿萝标准化生产最好采用连栋塑料大棚，棚内的光照、温度和湿度分布较为均衡，绿萝生长较一致。棚的大小根据生产需要而定，一般 1 个棚大约 $667m^2$，棚内常采用自动喷淋，两喷头之间的距离为 4 m。一般情况下每 $667m^2$ 的拱棚可生产 1.5 m 规格的绿萝柱 1 000～1 100 株。全年遮阴生产，光照过强会灼伤叶片，过阴会使叶面上的斑纹消失，也会使叶片变小、节间变长，株形稀散。

3.繁殖

采用扦插繁殖，一般 5—10 月均可进行。剪取长 15～30 cm(3～4 节)枝条，将基部 2～3 节叶片剪除，插于沙床或河沙与腐叶土各半配成的苗床基质中，在 20～28℃，湿度 85%～90%条件下，15～20 d 即可生根，30～40 d 可以上盆。在高温季节可剪取茎尖 3～4 节直接种植上盆，但要保证盆土疏松透气，同时经常叶面喷水保湿和遮阴。若插穗上带有气生根，气温在 20℃左右，10～15 d 便可生根成活，当年即可长成具有观赏价值的植株。

4.绿萝柱的培养

(1)盆栽培养土的配制　绿萝喜疏松、富含有机质的微酸性或中性沙壤土。盆栽宜选用疏松、透气、排水良好的土壤，最好采用园土和少量泥炭混合而成的基质，也可用腐殖土、泥炭土和细沙土混合配制，3 年换 1 次。

(2)栽种　种植者可根据市场需要，种植不同规格的绿萝柱，如 1.2 m、1.5 m 和 1.8 m 等。种植时可在盆中央竖立一根包有棕皮的立柱。在四周栽上小苗，使枝蔓攀附于支柱上生长。一般 1.2 m 柱种 8～10 株小苗，1.5 m 柱种 10～12 株小苗，1.8 m 柱种植 16～20 株小苗。粗壮苗可以少种 1～2 株，纤细需多种 2～3 株。在选苗时应大小一致，生产出来的成品叶片大小均匀，整齐度高，商品价值高。

(3)整形修剪　为保持良好的株型，一般在春季进行整形修剪。短截过长的茎蔓和紊乱的枝条，使其长短有致，疏密合适。当茎蔓爬满棕柱、梢端超出棕柱 20 cm 左右时，剪去其中部分植株 1/2 的茎梢，待短截后萌发出新芽新叶时，再剪去其余植株的茎梢。

茎蔓长到一定高度时，底部老叶慢慢脱落，脚叶脱落达 30％～50％时，将老株全部剪掉，留近土面 1 节，重新抽出新叶，再沿立柱攀缘而上。3 月初修剪，秋后即成为 1 盆新株。由于冬季受冻或其他原因造成全株或下半部脱叶的植株，可将其一半茎蔓短截 1/2，另一半茎蔓短截 2/3 或 3/4，使剪口高低错开，剪口下长出来的新叶能很快布满棕柱。

(4)肥水管理　绿萝喜肥，在整个生长过程中肥水管理很重要。

一般在上盆以后即可施肥，选用 N、P、K 比例 20∶20∶20 的复合肥料，可促进根、茎、叶的均衡生长。浓度最好选用 0.1％～0.15％；植株长到 30％～50％柱时选用 N、P、K 比例为 30∶10∶20 的复合肥料，主要是为了促进叶片的生长，调节叶色和韧度，这时根的生长已达旺盛时期，降低 P 的用量可防止根系提前老化。肥料的浓度一般为 0.25％～0.3％；植株长到 50％柱以后停止 P 的使用，保持 N、K 平衡，N、P、K 比例一般选用 20∶0∶20 的复合肥，要防止 N 肥过高使叶片增大，影响株型和观赏价值，K 肥可以使其抗伏倒。肥料浓度保持 0.25％即可。

绿萝浇水时要掌握“不干不浇，浇则浇透”的原则。在小苗期不可多浇，以免根颈处发生腐烂；生长旺盛期要充分浇水或喷雾，在枝蔓生长过程中应经常喷水保湿，以促使茎节上产生不定根，并附于柱上。植株入冬后应尽量减少浇水，盆土过湿会引起烂根。

(5)病虫害防治　绿萝病虫害主要有炭疽病、叶斑病、叶枯病、黑斑病、灰霉病、疫病、病毒病、介壳虫等，防治上应在增施磷钾肥、提高植株抗病力，及时清除病残体、减少侵染源，提高棚内夜间温度，降低棚内湿度的基础上，科学对症下药。

☞ 考核要点与方法

每位同学根据自己学习的情况回答下列问题，最后教师作出评价，如表 3-13 所示：

表 3-13　绿萝盆栽养护考核表

考核内容	考核问题	分值	得分	教师评价
绿萝盆栽养护	1.怎么繁殖绿萝？	30 分		
	2.绿萝柱培养的要点。	40 分		
	3.查一查吊盆式栽培绿萝的技术要点。	30 分		

子任务二　一品红专业化生产

一品红又叫圣诞花，大戟科大戟属多年生木本花卉，因其具有娇艳的红色苞片，十分诱人，所以又叫墨西哥红叶，花期适逢元旦、春节，已经成为我国目前重要的冬春盆花之一，除红色品种以外，还有白、黄、粉等品种，具有很高的商品价值，是世界上销量最大的盆花之一。

1. 盆栽标准及品种选择

一品红品种很多，浅绿叶类的有“探戈”和“旗帜”等，深绿叶类有“福星”“俏佳人”等。这两类对光照及肥水的要求都有很大的区别。有红色、黄色、白色等品种，在生产中主要是红色品种，其他颜色的品种要安排10%左右即可。

一品红的盆花有标准型、大型、中微型、微型及树型等。优质一品红有苞片大、株型丰满等特点，其根冠比小于1∶2.3，高冠比小于1∶1.1，冠幅大于高度。标准如表3-14所示。

表3-14　一品红的等级标准

规格/cm	等级	冠幅/cm	冠面花数/个	株高/cm
15	特级	33～39	5	30～40
	标准级	30～33	3～4	35～40
18	特级	45～50	7～10	45～55
	标准级	40～45	4～6	50～65

生产者要根据市场需求和气候条件情况，与种苗供应商联系讨论选择适宜的品种。

2. 专业化生产应具备的条件

温室是专业化生产的必要条件，在美国90%以上的一品红是在温室中生产的。

有质量意识和科学化的管理，能意识到高质量是在市场竞争中立足的根本，不同的质量有不同的价格，按质量分级出售。科学化的管理是提高质量的基础，没有科学的管理无法生产出大批量高品质的花卉产品。

3. 种苗和品种的选择

优质的品种和种苗是生产的基础。好的种苗高度适中、叶片完整舒展、根系发育良好，颜色洁白。好的品种是指适合当地的环境条件，耐寒、耐热、抗病性好、易于管理、株型紧凑、苞片大、色彩鲜艳。

4. 科学的生产与管理

(1)制定生产计划　一品红主要的销售时间是12月至春节，国庆节也有部分需求。要根据市场的需要选择适宜的品种，合理的安排生产，不同的品种有不同的短日感应时间如表3-15所示，即该品种进入短日感应足够天数就可以出圃，我们可以依此制定生产计划。

表3-15　不同品种短日感应时间

品种	叶色	短日照感应时间
探戈深红	深绿色叶	8～8.5周
探戈白	深绿色叶	8～8.5周
旗帜红	深绿色叶	7.5周
喜悦红	深绿色叶	8.5周
富贵红	深绿色叶	6.5～7周
俏佳人红	浅绿色叶	8～8.5周
福星深红	浅绿色叶	8周
桑巴红	浅绿色叶	7.5周

如圣诞节一品红的生产计划:品种以德国的“探戈”系列为例,生产地点在华南地区。冠幅60 cm,上盆时间8月1日,打顶时间8月15日,打顶所留叶片数6片;或打顶时间9月15日,打顶所留叶片数2～3片,开始销售时间12月1日。冠幅30～40 cm,上盆时间9月1日,打顶时间9月15日,打顶所留叶片数6片,开始销售时间12月1日。不同品种间差异比较大,做好调整,不同生产地区要根据自己的立地条件制定生产计划,购苗时间要提前5～15 d为宜。北方地区要适当调整提前。

春节上市一品红的生产计划:品种以德国的“探戈”系列为例,生产地点在华南地区。冠幅60 cm,上盆时间8月10日,打顶时间8月15日,打顶所留叶片数6片;或打顶时间9月25日,打顶所留叶片数2～3片,开始加光时间9月15日,收灯时间10月20日,开始销售时间1月10日。冠幅30～40 cm,上盆时间9月10日,打顶时间9月25日,打顶所留叶片数6片,开始加光时间9月15日,收灯时间10月20日,开始销售时间1月10日。北方地区生产,时间要相应提前。

(2)生产管理

①盆的选择　光对一品红根的生长有抑制作用,选不透光的盆。把手放在盆内,向光看,看不清手指的为合格适用的盆。

②栽培基质的配制　应选透气性好,性状稳定的优质泥炭土为主要成分,配以蛭石、珍珠岩。配好的基质消毒后调pH为6.0左右。

(3)肥水　有固体肥和液肥,液肥可用通用肥也可用一品红专用液肥,生产商一般选用一品红专用液肥,并针对不同时期一品红的生育特点选用不同的肥料。好的肥料能使一品红生长迅速健壮、苞片大,颜色鲜艳。

氮缺乏的症状:开始表现为老叶叶片变黄,叶片变浅黄绿色,严重时叶片从下向上脱落。氨态氮过量时会使根生长不良,叶片变黄脱落。

磷缺乏的植株整个植株生长变缓,植株变成深绿色,下部叶片从边缘向内变黄,严重的植株死亡。磷过量会导致微量元素的缺乏。

钾缺乏会造成下部叶片变黄,边缘干枯发焦,甚至死亡。过量会造成镁缺乏或盐中毒。

水质对一品红的品质影响很大,对水质的要求如表3-16所示。

表3-16　一品红对水质的要求

水质等级	EC值/(ms/cm)	pH	钠/(mg/kg水)	镁/(mg/kg水)
优	<0.25	<6.5	<108	<50
良	0.25～0.75	6.5～6.8	108～144	50～69
中	0.75～2.0	6.8～7.0	144～216	69～139
差	2.0～3.0	7.0～8.0	216～360	138～207
不适用	>3.0	>8.0	>360	>207

(4)温度管理　温度影响一品红的生长,最适夜间温度16～21℃,最适日温21～29℃。节间的长短受昼夜温差的影响很大,温差为6℃较好。

(5)光照管理　一品红喜欢较强的光照,温度适宜时,营养生长期的光强需要40 000～60 000 lx,光强低影响一品红盆花的品质,如果在低光下销售可能造成苞片早落。夏季温度超过 32℃时必须遮阴；上盆初期，未缓苗，会因失水萎蔫也要适当遮光。出圃前适当遮阴以期适应弱光的销售环境。

☞ 考核要点与方法

每位同学根据自己学习的情况回答下列问题，最后教师作出评价，如表 3-17 所示：

表 3-17　一品红盆栽生产考核表

考核内容	考核问题	分值	得分	教师评价
一品红盆栽生产	1.一品红有几种颜色，观赏部位是什么。	30 分		
	2.一品红对花盆有什么要求，如何配制培养土？	40 分		
	3.查一查一品红的主要生产基地在哪儿。	30 分		

知识拓展

常见室内观叶植物养护要点

一、蕨类

1.鸟巢蕨

生态习性：产于热带、亚热带地区，常附生于雨林内树干上或林下岩石上，喜高温湿润，不耐强光。生长适温白天 21～32℃，夜温 16℃，冬季温度不低于 5℃。生长季节宜充足灌水并喷洒叶面。

栽培养护要点：可用孢子繁殖和分株繁殖。

播种孢子：春季先将细沙和腐殖土拌匀，经高温消毒，装入播种盆内压平，将成熟的孢子均匀撒播在盆土上，然后连盆浸入浅水中，使盆土充分湿润，盖玻璃保湿，置于温润处，7～10 d 孢子即可萌发，经 30 d 左右，就会长出绿色的原叶体，3 个月后待其长出几片真叶时，方可上盆。

二维码 3-6　孢子繁殖

分株在 4 月中下旬进行，选择生长健壮的植株，将其根状茎连同叶片和根丛切割成若干块，或取下旁生的小植株，剪去叶片的 1/2，分别上盆，以少量的腐叶土覆盖，为其创造一个湿润通风、排水良好的小环境，环境温度控制在 25℃左右，成活率较高，盆土不能太湿，以免引起烂根。

盆栽要选疏松、透气的基质，可用泥炭土、腐叶土和木屑配制。

盆栽鸟巢蕨，可每 2 年换盆一次，将其从花盆中脱出，抖去宿土后，剪去部分残根和枯黄的叶片，剥离的子株另行栽种，老株更换栽培基质后换一个稍大一点的盆具栽植。

生长季节浇水要充分，夏季栽培基质要经常浇透水，还要每天淋洗叶面 2～3 次，同时周边地面洒水增湿，维持局部环境有较高的空气湿度。在其生长旺盛季节，宜每 15 d 浇施一次氮、磷、钾均衡的薄肥，可促使其不断长出大量新叶，如果植株缺肥，叶缘也会变成棕色。夏季气温高于32℃，冬季棚室温度低于15℃，应停止一切形式的追肥。

2.波士顿蕨

生态习性：性喜温暖、湿润及半阴环境，又喜通风，忌酷热。

栽培养护要点：常用分株法繁殖，夏季从生长旺盛的波斯顿蕨植株中剪下匍匐枝上生出的带根小波士顿蕨，另行栽植即可。

盆栽选用腐叶土、河沙和园土的混合培养土，有条件采用水苔作栽培基质则生长更好。每2年于春季换一次盆。

一般放置在室内明亮散射光处培养，不能受强光直射，但也不能放在阴暗处培养。生长适温为15～25℃，冬季在10℃以上能安全越冬。

保持盆土经常湿润。夏季每天浇水1～2次，经常向叶面喷水。需肥不多，生长期每28 d施一次稀薄腐熟饼肥即可，不宜使用速效化肥，施肥时切勿沾污叶片，以免损伤。

3.铁线蕨

生态习性：喜欢肥沃、透水性较好的石灰质沙壤土。喜欢散射光，怕太阳直晒。白天适宜的生长温度为21～25℃，夜间为12～15℃。温度在5℃以上，叶片就会保持新绿。

栽培养护要点：分株繁殖，一般在室内四季均可进行，但早春结合换盆最为适宜。将母株从盆中取出，将老化的根茎剪掉，用小刀将植株分成几丛，要求每丛均带有根茎和叶片。然后将植株分别在栽种在小盆中，在根茎周围覆土，浇水后放在阴凉处养护。

孢子繁殖方法同鸟巢蕨。

盆栽可采用壤土、腐叶土和河沙按4∶5∶1的比例进行混合。可在盆土中洒点石灰粉，增加钙质。在室内应放在光线明亮的地方，即使放置1年也能正常生长。

生长期每天浇一次水，夏季每天早晚各浇一次水，同时向叶面及盆周围洒水，提高空气湿度，保持叶色碧绿。生长季节，30 d施一次稀薄的液肥。

生长季节，经常性地疏剪去部分老叶片。叶片过密时，铁线蕨会失去飘逸的形态，内部生长的新叶会因为缺乏光照而枯死，形成空心现象。

二、凤梨科

1.果子蔓类(鸿运当头)

生态习性：果子蔓原产热带美洲，喜高温高湿和阳光充足环境。不耐寒，怕干旱，耐半阴。需肥沃、疏松和排水良好且富含腐殖质的微酸性壤土。生长适温为15～30℃，3—9月21～27℃，9月至翌年3月16～21℃。冬季温度低于16℃，植株停止生长，低于10℃则易受冻害。对水分的要求较高。除盆土保持湿润外，空气湿度应在65%～75%范围内，同时莲座叶丛中不可缺水。

栽培养护要点：商业生产常用组培繁殖。以腋芽为外植体。将消毒灭菌的腋芽接种在添加6-苄氨基嘌呤1 mg/L和萘乙酸1 mg/L的MS培养基上，培养30 d后形成不定芽，再转移到添加萘乙酸1 mg/L的1/2 MS培养基上，形成生根的完整小植株。小植株炼苗后移栽到培养土和泥炭(2∶1)的基质中，成活率高。

分株繁殖在2—3月进行，当母株蘖芽8～10 cm时采下，插入腐叶土和粗沙各半的基质中，30～40 d可生根、盆栽。如蘖芽上带根，把分割下来的小株在75%百菌清1 500倍液中浸泡 5 min 后取出晾干，即可上盆。也可在上盆后马上月百菌清灌根。

在分株后的 3～4 周内要控制浇水，每天叶面喷雾 1～3 次。

盆栽果子蔓采用 12～15 cm 盆。基质可以选用草炭、珍珠岩、陶粒 2∶2∶1 或草炭、蛭石 1∶1；或者草炭、炉渣、陶粒 2∶2∶1；锯末、蛭石、中粗河沙 2∶2∶1。

小苗装盆时，先在盆底放入 2～3 cm 厚的基质，栽苗后再加入基质，直到离盆沿 2～3 cm。上盆后浇一次透水，放在遮阴环境养护。

播种苗或组培苗至开花需 14～20 个月。幼苗期生长较慢，除浇水、喷水、换水以外，每半月施肥 1 次或用 20-20-20“卉友”通用肥，可加入盆内或喷在叶面和注入叶丛中。生长期需经常喷水和换水。夏季强光适当遮阴，其他时间需明亮光照。

为了缩短生长期，诱导花芽分化，提早开花，果子蔓可用 0.03%～0.08% 乙烯利或 0.001%的 2,4-D，每株灌心 20～30 mL 或喷洒心叶，可达到花期一致。

果子蔓常以盆花作为商品，在贮藏运输过程中，最多可忍受 5 d 黑暗环境，贮运温度 15℃，相对湿度 90%为宜。

2. 铁兰(紫凤梨)

生态习性：喜欢高温、高湿、光线明亮的生长环境，耐二旱和寒冷。要求疏松且排水良好的土壤，以腐叶土为佳。

栽培养护要点：可用播种、分株、扦插繁殖方法生产小苗。

平时放在光线明亮处，夏季要遮阴养护。每年春季翻盆换土 1 次。

盆栽宜用排水性良好的基质栽培，可用树皮碎片、泥炭土、腐叶土混合作培养土。一般无须换盆。在高于 16℃的环境里终年生长，10 月下旬入温室，越冬温度不低于 10℃。

生长期间要保持盆土湿润。炎热时每日需为植株喷 2 次水。冬季也需保持盆土潮润。

每月追施薄液肥 1～2 次。秋末停止施肥，减少浇水次数，以利越冬。

3. 虎纹凤梨(丽穗凤梨)

生态习性：喜温暖、湿润和阳光充足的环境。不耐寒，怕干燥，耐半阴。生长适温为 15～24℃，3—9 月 21～24℃，9 月至第二年 3 月 15～18℃；冬季不低于 5℃，否则叶片边缘易遭受冻害。喜肥沃、疏松和排水良好的沙质壤土。

栽培养护要点：分株以春季换盆时进行最好，将母株脱出，切下两侧的子株，待伤口稍阴干后，用泥炭土 3 份加粗沙或珍珠岩 1 份配成培养土，栽植到直径 8 cm 左右的小盆中，浇透水后放到有散射光的环境下，保持较高的空气湿度，温度 25℃左右。盆土表面 1～2 cm 变干时再浇水，约 60 d 可以生根。生根后的植株移到光稍强的地方正常养护，约 1 年后换成较大的盆。

优良品种的批量生产主要通过组织培养来完成。方法同果子蔓。

盆栽宜用 12～15 cm 的花盆。生长期浇水要适量，盆土不宜过湿，经常向叶面喷水。在莲座状叶筒中要灌水，切忌干燥。冬季低温时，少浇水，盆土保持不干即可。每月施 1 次肥，肥料浓度相当于一般花卉的 1/2，如 0.1%～0.2%的化肥，可以同时施在盆土和叶筒中。冬季停止施肥，控制浇水，盆土保持略湿润为宜，放室内向阳处，温度不要低于 10℃以免受冻害。每 2～3 年于春季换盆 1 次。

虎纹凤梨对光照比较敏感，除夏季强光条件下需遮阴 30%～40%以外，其余时间均需充足阳光，其鲜红色的苞片才能鲜艳夺目。春、夏、秋三季应遮光50%左右，冬季不遮光。在家庭中可以放在有明亮光线的地方，最好每天有3～4h的直射光，但应避免中午强烈的日照，没有光照不易开花。

4.蜻蜓凤梨(美叶光萼荷)

生态习性：喜阳光充足，也能耐阴。喜温热多湿，不耐寒，生长适温20～28℃，冬季白天20℃以上、夜间12～15℃为宜，不宜低于5℃。耐旱，喜肥沃、粗纤维多、排水良好的培养土。

栽培养护要点：规模化生产用组培繁殖，常用分株法。花后植株基部萌生吸芽，待芽体长至8～10 cm时用利刀将芽体切下，伤口充分干燥后插入腐叶土与粗沙掺半的基质中，并用塑料薄膜遮盖，置于半阴处。经30 d左右即可生根上盆，如果吸芽已经生根，则可直接上盆种植。

盆栽可用园土、腐叶土或泥炭土、河沙等量混合作为基质。在生长季一般每14 d施一次腐熟液肥或氮磷钾全面的化肥。可采用叶面喷施或将液肥浇灌于叶丛中的方法。冬季休眠期少浇水不施肥。生长期要求较高的空气湿度和土壤湿度，随着温度上升，要时常向叶片喷水。室内栽培宜置于靠近窗台处。

三、竹芋科

1.孔雀竹芋

生态习性：喜温暖、湿润、半阴的环境。控制温度在12～29℃，冬季温度维持在16～18℃。对土壤的要求不高，普通的疏松土壤即可，但要求保持适度湿润。

栽培养护要点：孔雀竹芋多采用分株繁殖，在春季4—5月结合换盆、换土进行。分株时将母株从盆内扣出，除去宿土，用利刀每3～4个芽切为1株，切口处涂木炭粉防腐，切后立即上盆，并浇透水，置半阴处缓苗，5～7 d后可转入正常管理。如每盆只栽一株需保留5枚以上叶片和带较多的根，否则影响植株成活及成活后的生长发育。

夏季需每天向叶面喷水2～3次，并向周围地面洒水，增湿降温，以利其生长。冬季应控制浇水，盆土微湿即可。

孔雀竹芋在生长旺季约每15 d施一次稀薄液肥，注意不能施氮肥过多，否则会出现叶片斑纹褪色、叶片增厚、叶柄柔软等生育不良现象。一般氮、磷、钾三种肥料的施用比例应为1∶1∶1，冬季停止施肥。

孔雀竹芋1～2年于春季换盆一次，根较浅，宜选用大口浅盆，盆土一般可用腐叶土3份、泥炭或锯末1份、沙1份混合配制，并加少量豆饼作基肥，忌用黏重的园土。

孔雀竹芋病虫害较少，但如果通风不良、空气干燥，也会发生介壳虫为害，应用吡虫啉系列药物进行喷洒防治。

2.青苹果竹芋

生态习性：性喜高温、多湿、半阴环境，畏寒冷，忌强光。喜疏松肥沃、排水良好、富含有机质的酸性腐叶土或泥炭土。

生长适宜的温度是为18～25℃。夏季温度不得高于35℃，冬季不得低于5℃。

栽培养护要点：大规模生产用组培繁殖。外植体可采用刚萌动的嫩芽。

分株是常用的繁殖方法，于春季结合换盆进行。将母株从花盆中脱出，抖去宿土，用利刀将株丛从根茎结合薄弱处切割开来，每小丛至少要带有4～5片叶。上盆后浇透水置于半阴处养护，15 d后即可恢复正常的水肥管理。一般情况下，盆栽植株每年分株1次。

春末夏初当环境温度超过25℃时，要通过搭棚遮阴、环境喷水等措施，来为其创造一个凉爽通风、湿润半阴的环境。

春、夏、秋季要遮阴，冬季摆放于棚室内的盆栽植株应给予补充光照。摆放于室内作陈列观赏的盆株，应有充足散射光的场所或窗前。

在生长期间，生长季节，每天除浇一次水外，还应加强叶面和环境喷雾，使空气相对湿度保持在85%～90%以上。可每周浇施稀薄有机肥1次。盆栽植株用作居家或公共场所陈列时，可浇施或喷施0.2%的尿素加0.2%的磷酸二氢钾混合液。气温高于32℃或低于18℃时，应停止施肥。

3. 天鹅绒竹芋

生态习性：喜温暖、湿润和半阴环境，不耐寒，怕干燥忌强光暴晒。

生长适温18～25℃。冬季温度不低于13℃，夏季温度不能超过35℃。

土壤以肥沃、疏松和排水良好的腐叶土最宜。盆栽用培养土可用泥炭土和粗沙的混合土。

一般春、夏、秋三季要求遮阴70%～80%，冬季遮阴30%～40%。

栽培养护要点：常用分株方法繁殖。把母株从花盆内取出后，抖掉多余的盆土，把盘结在一起的根系分开，4～5小株为一丛用利刀剖开，每株要带有较多的根系，对叶片进行适度修剪，以利于成活。

分割下来的小株在百菌清1 500倍液中浸泡5 min后取出晾干上盆。上盆后浇透水，放在遮阴环境中养护。21～28 d内要尽量少浇水，每天需要给叶面喷雾1～3次。

换盆或换土在每年春季新芽抽出时进行，盆栽培养土可用腐叶土或泥炭土加1/3细沙及少量有机肥配制，pH为6～6.5为好。上盆时，应尽量带土移栽，栽后置于阴凉处，适当控制浇水量，待发出新根后才充分浇水。

生长期间应保持盆土湿润，盆土忌积水，常向叶面及植株周围喷水。生长季每隔7～14 d浇施一次饼肥液；秋季入室前15 d左右，浇施一次以磷、钾肥为主的液肥，并每隔7 d向叶面喷施浓度0.2%～0.3%磷酸二氢钾溶液，连续喷2～3次，以增强植株抗寒能力。

四、天南星科

1. 花叶芋(五彩芋)

生态习性：喜高温、高湿和明亮半遮阴环境，不耐低温，要求土壤疏松、肥沃和排水良好。

红色和粉色品种需较高光强。绿色和白色品种要多遮光。

生育适温21～32℃，18℃以下停止生长；低温下植株落叶，以块茎休眠。

栽培养护要点：可用分球法进行繁殖。全年均能进行，但以冬季休眠后，春季叶片未萌发前为佳。将母球四周着生的小球，用刀片切离，阴干1 d后栽植；亦可将母球切块，每块均带有芽眼，阴干1 d后栽植。

盆栽时先将球埋于沙床催根，长根后上盆。生长季保持盆土湿润，每月追肥2～3次，置于荫棚下养护。

2. 白鹤芋

生态习性：喜高温高湿，较耐阴。生长适温18～30℃，10℃以上可安全越冬。只要温度适宜，全年可以生长。夏季遮阴 50%～70%，冬季不遮阴。

怕强光暴晒，但长期光照不足，则不易开花。土壤以肥沃、含腐殖质丰富的壤土为好。

栽培养护要点：常用分株、播种或组织培养繁殖。大规模生产用组织培养繁殖。播种繁殖需要人工授粉，种子采收后立即播种，发芽适宜温度为 25℃；分株繁殖以 5—6 月结合翻盆进行，将 2～3 个萌芽从母株分离另栽即可。

保持盆土湿润，经常向叶片及周围喷水，冬季减少浇水。生长季节每 7～14 d 施一次液体肥料，化肥和发酵后的农家肥均可。

北方地区冬季温度低，可停止施肥。每年春季换盆，栽培基质要求透气、排水良好的微酸性土壤，可用泥炭土、腐叶土和粗沙及少量过磷酸钙混合配制而成。

3.金钱树

生态习性：性喜暖热略干、半阴及年均温度变化小的环境，适温在 20～32℃。比较耐干旱，忌强光暴晒，怕土壤黏重和盆土积水。

萌芽力强，剪去粗大的羽状复叶后，其块茎顶端会很快抽生出新叶。

栽培养护要点：分株可在室外气温达 18℃以上时进行，将母株脱盆，抖去大部分宿土，从块茎结合薄弱处分开，在伤口上涂抹硫黄粉或草木灰，另行上盆栽种。栽种时块茎的顶端埋在土下 1.5～2 cm 即可。

扦插时插穗可用一段带 2 个叶片的叶轴或单独一段叶轴。扦插基质可单独用细沙或泥炭土、珍珠岩、沙按 3∶1∶1 的比例混合配制，也可水插生根后上盆。

宜选用较深的青花瓷盆或紫砂盆栽种，换盆时下部垫盆高 1/4 左右的石子、砖粒或树皮块。培养土多用泥炭、粗沙或冲洗过的煤渣与少量园土混合，将 pH 调至 6～6.5。

从春末到中秋，都应将其放于遮光 50%～70%的荫棚下。当秋末冬初气温降到 8℃以下时，应及时将其移放到光线充足的室内，在整个越冬期内，温度应保持在 8～10℃。

生长期浇水应“不干不浇，浇则浇透”。

室温达 33℃以上时，应每天给植株喷水一次，保持盆土稍呈湿润状态即可。冬季注意盆土不能过分潮湿。生长季节每月喷施一次 0.2%的磷酸二氢钾加 0.2%尿素的混合液肥。在土壤追肥中，加入适量的硫酸亚铁，以防叶片出现生理性黄化。中秋以后停施氮肥，叶面喷施 2～3 次 0.3%的磷酸二氢钾液，促使幼嫩叶轴和新抽叶片的硬化充实。当气温降到 15℃以下后，停止追肥。

五、天门冬科

文竹

生态习性：性喜温暖、湿润和半阴通风的环境，喜疏松肥沃排水良好的富含腐殖质的沙质壤土。

冬季不耐严寒。不耐干旱，夏季忌阳光直射。生长适温为 15～25℃。

栽培养护要点：3—4 月播种繁殖。搓去成熟文竹种子的果皮，淘净晾干后播种。播种后 30～40 d 就会发芽。

分株最好春季进行，将文竹从花盆中取出，利刀顺势将丛生的茎和根分成 2～3 丛，每丛含有 3～5 枝芽，分别种植上盆。

文竹冬季需 15℃以上的生长环境，而夏季则应远离强光直射。

夏季配合适宜浇水，每天叶面喷 1～2 次，冬季在保持土壤湿润的情况下，每 3～4 d 叶面喷一次水即可。

春秋两季每 7 d 施一次薄肥，冬季 15～20 d 施一次薄肥。

过密的枝条要及时修剪。根蘖过多要及时疏除或分盆。同时还要注意捆绑、搭架，以保持疏密有致的造型。

六、棕榈科

1.散尾葵

生态习性：喜温暖、潮湿、半荫环境。耐寒性不强，气温 20℃以下叶子发黄，越冬最低温度需在 10℃以上，5℃左右死亡。适宜疏松、排水良好、肥沃的土壤。

栽培养护要点：常用播种繁殖，随采随播，覆土厚度以种子 3～4 倍为宜，温度在 20℃以上，2～3 周发芽，幼苗长至 10～15 cm 时可以分植，培养 3 年可成大株。

3 年左右分盆一次，4 月结合换盆把老株分成数丛，每丛 2 个以上蘖芽并保持优美株形，分别上盆，放在 20℃左右室内，1～2 年精心养护后即可成型。

散尾葵幼时喜半阴环境，宜于荫棚下培植。在生长季节要勤施薄肥，以有机肥和无机肥配合使用较好，叶面喷洒镁和微量元素可改善叶色。

生长季节需经常保持盆土湿润和植株周围较高的空气湿度。冬季应保持叶面清洁，可经常向叶面少量喷水或擦洗叶面。

2.袖珍椰子

生态习性：喜温暖、湿润和半阴的环境。生长适宜的温度是 20～30℃，13℃时进入休眠期，越冬最低气温为 3℃。喜排水良好、湿润、肥沃壤土。

栽培养护要点：常用播种法繁殖。

在生长期每月可向植株施一次复合肥。每隔 15 d 施一次稀释的液体氮肥。秋天少施或停止施肥。

盆土以排水良好、疏松肥沃的壤土种植最好。可采用腐叶土、泥炭土加 1/4 泥沙或珍珠岩和少量基肥配制成培养土，或用晒干粉碎后的鱼塘泥掺和黑山泥（又叫兰花泥，即林荫下经多年沤制腐熟的又黑又松的表土），或 70%的菜园土掺入 30%的腐叶土盆栽。忌使用黏重土，易烂根。

浇水以“宁湿勿干”为原则，盆土经常保持湿润即可。夏秋季空气干燥时，要经常向植株喷水，以提高环境的空气湿度，有利其生长又可保持叶面深绿且有光泽。冬季适当减少浇水量，以利于越冬。

3.棕竹

生态习性：喜温暖、湿润、通风良好的半阴环境，不耐积水；极耐阴，畏烈日，稍耐寒，可耐 0℃左右低温。适宜温度 20～30℃，夜温 10℃。喜疏松肥沃的酸性土壤，不耐瘠薄和盐碱。

栽培养护要点：生产上常用播种繁殖，家庭可用分株繁殖。

养好棕竹要做好夏日遮阴、合理施肥、适当修剪等工作。夏季要置于荫棚或树荫下，在半阴和湿润环境中，能使新枝不断生长，老叶保持翠绿；平时发现焦叶、枯叶，需及时修剪。

盆栽棕竹小株的一年翻盆换土 1 次，大株 2～3 年翻盆 1 次，一般在春季出棚时进行。培养土常用园土 2 份、厩肥土 1 份、腐叶土和砻糠灰各 0.5 份混合使用。

棕竹在5—9月生长期要保持土壤湿润，宁湿勿干，但不能积水。高温期还应经常用水喷洒叶片和地面，增加空气湿度，秋冬季节适当减少浇水量。棕竹在生长期每10～15 d根部施一次肥。以中等偏大的盆栽，每次每盆施氮磷钾复合肥25～30 g，腐熟花生麸50～60 g。

七、木棉科

发财树(马拉巴栗)

生态习性：喜高温、高湿，耐寒力差，喜肥沃、疏松、透气保水的沙壤土，较耐水湿，也稍耐旱。

栽培养护要点：生产上用播种繁殖。宜随采随播，保持20～25℃温度，一般3～5 d即可发芽。马拉巴栗为多胚植物，每粒种子可出苗1～4棵，20～30 d幼苗就可移植盆栽。可用扦插繁殖，但扦插苗基部常不膨大，观赏效果差。

马拉巴栗适应能力极强，无论在全光照、半光照和荫蔽处均能生长良好。常用粗桩单干式盆栽，或在实生苗高80～100 cm时，数株栽植于一盆，绞成辫状(3～6辫)式盆栽，室内观赏不必施肥，应摆放在光线明亮的地方，否则，生长变劣。

马拉巴栗极怕烟熏，熏烟后叶片会黄化枯萎。盆栽马拉巴栗需1～2年修剪一次，并更换较大的盆，以促进茎围膨大和株形美观。

八、大戟科

变叶木

生态习性：喜高温、湿润和阳光充足的环境，不耐寒。喜肥沃、保水性强的黏质壤土。

生长适温为20～30℃，3—10月为21～30℃，10月至翌年3月为13～18℃。冬季温度不低于13℃。

栽培养护要点：常用扦插繁殖，在4—5月进行，剪切10 cm长的新梢扦插，生根适温为24℃。

整个生长期均需充足阳光，茎叶生长繁茂，叶色鲜丽，特别是红色斑纹，更加艳红。以50 000～80 000 lx最为适宜。生长季节注意肥水管理，每周追肥一次，叶面多喷水保湿，冬季浇水宜少。每年春天可翻盆一次，盆栽用培养土、腐叶土和粗沙的混合土壤。冬季进入温室养护。

●花木如诗

叶上初阳干宿雨，水面清圆，一一风荷举。——宋·周邦彦《苏幕遮·燎沉香》

九、五加科

1.孔雀木

生态习性：喜温暖、湿润的环境，要求明亮的光照，不耐阳光直射，稍耐阴；耐寒性不强。

栽培养护要点：常用扦插繁殖。于5—6月间选取生长充实的枝条，剪取8～10 cm的插穗，除去下部叶片。下端剪口蘸上生根剂，然后插入培养沙床中。适当条件下30 d左右即可生根。

盆栽培养土以腐叶土、园土、河沙混合为好，保持疏松肥沃。上盆时每盆栽植3～4株幼苗。夏秋生长季节要充分浇水，并进行叶面喷水。长大后的植株生长季节浇水量要适宜，掌握见干见湿的原则。

栽培过程中可置于棚内明亮处养护，但忌夏季强光。

生长季节隔1～2周施稀薄饼肥水一次。冬季生长缓慢，适当控水，停止施肥，环境不适引起叶片脱落时可予以强剪，使下部重新萌发新枝。每年抽生新芽后，可适当摘心，促使分枝，形成丰满的株型。生长过于细弱的植株，在新叶发出之前可进行重短截，基部留10 cm左右；若上部枝条干枯，也宜强剪，以促其萌发枝、叶。

2.鹅掌柴

生态习性：喜温暖、湿润、半阴的环境。生长适温15～25℃，冬季最低温度不应低于5℃，否则会造成叶片脱落。

对光照的适应范围广，在全日照、半日照或半阴环境下均能生长。但光照的强弱与叶色有一定关系，光强时叶色趋浅，半阴时叶色浓绿。在明亮的光照下斑叶种的色彩更加鲜艳。

喜土质深厚肥沃的酸性土中，稍耐瘠薄。盆栽土用泥炭土、腐叶土和粗沙的混合土壤。

栽培养护要点：用播种或扦插繁殖，12月采收成熟果实，剥下种子藏至次年春播，播后保持盆土湿润，温度20～25℃条件下，2～3周出苗。幼苗高5～7 cm时移植一次，次年即可定植。

扦插宜于春季进行，将一年生枝条剪成8～10 cm段，去掉下部叶片，扦插于河沙或蛭石做的插床上，保温保湿，25℃下4～6周生根。

生长季节每7～14 d施一次液肥。注意盆土不能缺水，否则会引起叶片大量脱落，冬季低温条件下应适当控水。春季换一次盆，盆土用泥炭土、腐叶土、珍珠岩加少量基肥配制，亦可用细沙土盆栽。

生长较慢又易萌发徒长枝，需经常整形修剪。多年老株在室内栽培显得过于庞大时，可结合换盆进行重修剪，去掉大部分枝条，同时把根部剪去一部分，重新盆栽。

十、龙舌兰科

1.金边龙舌兰

生态习性：喜温暖、光线充足的环境，生长温度为15～25℃；耐旱性极强，要求疏松透气的土壤。

栽培养护要点：常用分株繁殖。在早春4月换盆时进行，将母株脱出，把母株旁的蘖芽剥下另行栽植。

盆栽常用腐叶土加粗沙的混合土。生长期每月施肥1次。夏季增加浇水量，以保持叶片翠绿柔嫩，遇烈日时，稍加遮阴。入秋后，龙舌兰生长缓慢，应控制浇水，力求干燥，停止施肥，适当培土。如盆栽观赏，要及时去除旁生蘖芽，保持株态美观。

2.龙血树

生态习性：喜高温多湿，喜光，光照充足，叶片色彩艳丽。不耐寒，冬季温度约15℃，最低温度5～10℃。温度过低，因根系吸水不足，叶尖及叶缘会出现黄褐色斑块。喜疏松、排水良好、含腐殖质营养丰富的土壤。

栽培养护要点：扦插或压条繁殖。植株耐修剪，只要剪去枝干，剪口下部的隐芽就会萌发成新枝，1～5个簇生枝顶。待新生枝长约10 cm或具有7～8片叶，基部已木质化时，即可掰下，扦插于清洁无菌的湿沙中，下部入土 2～3 cm，勿过深，保持 25～30℃及较高的空气湿度，1～2 个月即可生根上盆。

龙血树喜高温，生长期温度低于 15℃进入休眠，越冬最低温度为 5～10℃。喜高湿，生长期间应适当多浇水，并经常叶面喷水，增加空气湿度，湿度不足，叶片常出现横纹。要求光照充足，但强光直射下易引起叶烧，叶色变坏，室内长期荫蔽，叶片会失去美丽的色泽。植株应两年换盆一次，6—7 月进行，选排水良好土壤作为盆土。对于下部叶片脱落，外观不良植株，可剪枝整形，保持优美株形。

生产栽培要防红蜘蛛、螨类、介壳虫的发生。

任务五　观果花卉盆栽

任务分析

观果花卉是年宵花卉市场的宠儿。每到春节，花市都异常热闹，南方人喜欢在家的大门口或阳台摆上金橘等观果花卉来装点节日气氛。观果类盆栽种类虽不多，但既有高档的名品，也有平常百姓能接受的普通盆栽。本任务主要学习观果花卉金橘盆栽生产技术。

任务目标与要求

知识目标：熟悉观果花卉的生产过程，掌握金橘生产技术要点。

能力目标：会对观果的盆栽进行生产管理。

学习要求：线上主动学习，线下认真听辅导。遵守纪律，遵守实训室、实训基地等相关规则，做好笔记，注意安全。

任务实施

金橘盆栽生产技术

二维码 3-7
观果观奇类花卉

金橘别名金柑、罗浮，芸香科柑橘属常绿小灌木，多分枝，通常无刺。花白色芳香，花期 6—8 月。果实小，长圆形或圆形，长圆形的称金橘，味酸；圆形的称金弹，味甜，熟时均为金黄色，有香气。果熟期 11—12 月。

橘谐音为吉，充满吉利的含义，正所谓是“金橘贺岁，大吉大利”。在春节的时候，南方人家喜欢在大门口或者阳台上摆两盆金橘，并挂上红包，特别的吉利。北方冬季寒冷，但金橘作为室内摆放的佳品也成为了人们新宠。金橘除了可以摆放，也可以作为贺礼赠送他人，也有“送吉”的寓意。

金橘在南方可露地栽培，生长旺盛，结果多，是重要的经济树种。近年亦多盆栽作年宵花上市。长江流域及其以北地区多用盆栽，作为观果盆景。

一、嫁接育苗

盆栽金橘要选用枸橘或酸橙作砧木，提高抗寒能力。

枸橘砧木用径粗 0.7 cm 以上的二年生实生苗，接穗要选择抗逆性好、坐果率高的金橘。选择树冠外围或树体中上部发育粗壮的一年生的春梢或夏梢为接穗。

每年春季 3—4 月用切接法进行枝接，6—9 月进行芽接。7 月中旬是枸橘速生期，此时进行嫁接，成活率高，伤口愈合快，接穗生长迅速。

芽接采用单芽贴接的方法。在接穗上选择一个饱满的芽，然后在该芽上方距芽 0.8 cm 处横切一刀，在芽下方 0.9 cm 处，用嫁接刀自下而上，倾斜 45°角，稍用力取下芽片，芽片长 2 cm，呈马耳形稍带木质部。

同样的方法在枸橘砧木距地面 20 cm 处，取下一个芽片，似接穗芽片大小。并要求上下倾斜面儿长，也为 0.5 cm 左右，略带木质部，注意取芽要一刀完成，否则将影响到嫁接的成活率。

将从接穗取下的芽自下而上迅速贴靠砧木的切口处。要保持形成层对准紧贴于切面儿上。用塑料薄膜条儿，自下而上缠平绑紧，绑扎时芽片不要错位，否则会导致嫁接失败。为提高嫁接效果，可在每株砧木上嫁接两个芽。

嫁接后约 10 d，即可视情况为接穗松绑。若在芽片周围有愈伤组织形成即可断定嫁接成功，可将接穗松绑。

嫁接芽片成活后应及时进行剪砧。在距离新接芽上部 1 cm 处以 45°角，自下而上截顶，注意截面的光滑。剪砧后 10 d 左右，下部砧木侧枝迅速生长，为了减少养分流失，及时剪除砧木萌蘖，促进接芽的生长。

二、生产管理

金橘一年开花 2～3 次，约在 5 月、7 月中下旬及 8 月下旬，春花及伏花结果最好，秋后柑果即转黄。秋花结果差，果小，且在入室前不能转黄。

1. 上盆与换盆

金橘盆栽宜选用疏松、肥沃的酸性沙质壤土，可用腐叶土、园土、河沙、厩肥按 3∶4∶2∶1 比例混合，加少量饼肥配制而成。当年嫁接成活的金橘苗，于晚秋 9—10 月上盆。

盆栽金橘每 3 年左右换一次盆，在早春发芽前进行。栽后浇透水，放在通风背阴处，经常向叶面喷水，缓苗 7 d 后，逐渐恢复正常管理，用盆不宜过大。

2. 温光管理

金橘喜阳光充足、通风良好的环境，室外养护要放在阳光充足的地方。光照不足，环境荫蔽往往会造成枝叶徒长，开花结果不多。但在强光、高温、干燥的综合环境下生长不良。最适生长温度 15～25℃，冬季低于 0℃易受伤害，高于 10℃不能正常休眠。

3. 水肥管理

合理的施肥和浇水是盆栽金橘开花结果好的保证。从开花到结果需消耗较多的养分。一般在 4 月至 5 月生长期，以氮肥为主追肥，10 d 左右施 1 次 20%～30%的腐熟饼肥水或人粪尿等，促进发芽和枝叶的生长。5 月中旬后，应施以磷为主的肥料，促进枝条生长成熟，有利于花芽的分化，施肥以20%腐熟鸡粪、鸽粪水或肥液中加入0.2%～0.3%的过磷酸钙，每隔10 d施1次，直至9月。

生长期盆土保持稍湿润，较长时间过干过湿，都会引起落花落果，天旱时，叶片微卷，应立即补充水分。夏季生长旺盛时，应多浇水，并增施腐熟饼肥水，促使果实充分发育增大，色泽鲜艳，提高观果效果。花农经验"干花湿果"，即在花期土壤要稍带干，结果期要稍带湿些，以免落果，特别是在6月下旬，金橘开出第一次花时，容易落花。盆栽金橘在4月要重施催芽肥。6—7月花谢结幼果期要经常得到养分的补充。8—9月要追施磷、钾肥。

4.修剪

要使金橘花繁果茂，除了肥水管理得当外，修剪是一项重要的技术措施。

金橘每年春、秋两季抽生枝条，在5—6月间由当年生的春梢萌发结果枝，并在结果枝的叶腋开花结果。6—7月开花最盛，果实在1月成熟。在春芽萌发前要抓紧做好一次重修剪。将隔年生的病弱枝全部从基部剪去，而将隔年生的健壮枝条留下部2～3芽外上部均需剪掉。每株留3～4枝。如果盆大、生长势好的可多留几枝，这样在春季4—5月可以抽生出十余枝健壮、充实的春梢。当新枝生长到15～20 cm时及时摘心，限制枝叶生长，有利于积累养料促进嫩枝成熟饱满。每次修剪和摘心后及时施肥，以后每旬施磷钾肥。注意疏花、疏果。果实黄熟时停止施肥。夏梢生长期适当控水。待腋芽膨大转白时转入正常浇水。观果后，早春摘除全部果实并换盆。

在6月开花后，如果花朵多，可适当疏花。着生幼果后，视植株生长势要做好疏果工作，一般每根枝条上留3～4个果实。8月当秋梢长出时要及时剪去提高坐果率，使果实大小均匀，成熟整齐。

5.冬季管理

北方于10月上中旬移入室内，放置于阳光充足处，室温保持在10℃左右，控制浇水，7～10 d浇一次即可，清明节后视天气情况移出室外。

6.常见病虫害防治

主要病害有树脂病、炭疽病等，用50%的甲基托布津或50%的多菌灵可湿性粉剂600倍液喷洒。

对天牛幼虫危害的枝干用敌敌畏50倍液注射虫孔或用毒泥塞孔进行防治。对蚜虫、红蜘蛛、潜叶蝇、介壳虫等，常用50%三氯杀螨醇2 500倍液或50%杀螟松1 000倍液喷洒防治。

☞ 考核要点与方法

每位同学根据自己学习的情况回答下列问题，最后教师作出评价，如表3-18所示。

表3-18　金橘盆栽技术考核表

考核内容	考核问题	分值	得分	教师评价
金橘盆栽养护	1.金橘嫁接繁殖的操作要点有哪些？	40分		
	2.金橘修剪的方法。	30分		
	3.查一查金橘有哪些品种用于盆栽生产？	30分		

◈ 知识拓展

常见观果盆栽养护要点

1.佛手

所属科：芸香科

生态习性：常绿灌木或小乔木，喜温暖湿润、阳光充足的环境，不耐严寒及干旱，耐阴、耐瘠薄、耐涝。最适生长温度22～24℃，越冬温度5℃以上。适宜在土层深厚、疏松肥沃、富含腐殖质、排水良好的酸性壤土、沙壤土或黏壤土中生长。

栽培养护要点：可用扦插、嫁接、压条繁殖。

扦插时间以6月下旬至7月上旬为宜。选取1～2年生健壮的枝条，剪成10～12 cm长，留4～5个芽，插入沙或蛭石中，上端留2个芽。插后浇透水，注意遮阴，保持湿润，在25℃条件下20～30 d即可生根。

嫁接于每年3—4月进行，砧木用2～3年生的枸橼、橘或柚的实生苗，选健壮的一年生佛手嫩枝作为接穗切接，也可用芽接或靠接法。

压条可于每年5—6月进行，40 d即可生根。

盆栽基质可用园土、河沙、腐熟有机肥按6∶2∶2比例混合配制。

上盆一般在3月中下旬至4月初苗木萌动前或10月下旬至11月中旬进行。2年换一次盆，取出植株，去掉部分旧基质，剪去烂根、病根，选用稍大的花盆栽植。

在生长期需保持盆土适度湿润，春季进入生长期，应逐渐增加浇水量，3～5 d浇一次水；夏季适当遮阴，每1～2 d浇一次水，每天向植株和花盆周围的地面喷水，以增加空气湿度和降低温度；坐果初期2～3 d浇一次水，立秋后每2～3 d浇一次水。

生长季节每20 d追施一次矾肥水。为保证土壤酸性，要定期浇灌硫酸亚铁500倍液。

修剪宜在休眠期进行，保持3～5个主枝构成树形骨架。春梢于3月中旬剪去，夏季长出的徒长枝可剪去2/5，使其抽生结果枝。立秋后抽生的秋梢，多为来年的花枝，适当保留，以利于第二年结果。

佛手3—5月开的花多为单性花，应全部疏去；6月前后开的花大、坐果率高，可疏去部分细小的花。结果期，抹去枝干上的新芽，果实长到葡萄大小时，适当疏去一部分果实，以利于所留果实的生长发育。

在霜降前将植株移入温室内，保持室温10～16℃，置于光照充足的地方养护，保持盆土湿润，切忌过干或过湿。

2.石榴

所属科：石榴科

生态习性：喜光，喜温亦耐寒。在华中、华北能露地越冬。对土壤要求不严，喜排水良好的沙壤土，略带黏性、富含石灰质的壤土亦宜生长。耐干旱、瘠薄，忌水涝。萌蘖性强。

栽培养护要点：用扦插或压条法繁殖，也可播种，但开花需要时间较长

盆栽石榴要求疏松通气，保肥蓄水，营养丰富的土壤。可按园田土3份、腐叶土3份、厩肥2份、细沙2份混匀后堆集用塑料薄膜盖严，高温杀菌15～20 d，过筛后装盆。

盆栽石榴为保持花繁果丰，应放置于光照充足处，注意盆土干后，枝叶稍呈萎蔫时再浇水，

浇则浇透。注意勤施追肥,生长期应适当摘心,抑制营养生长,促使花芽形成。春季修剪应注意保留健壮的结果枝,短截不充实的弱枝、病枝及徒长枝。

3.冬珊瑚

所属科:茄科

生态习性:喜温暖、湿润的环境,喜光,亦较耐阴。适于肥沃、疏松、排水良好的微酸性或中性土壤。萌枝力强。

栽培养护要点:常采用播种或扦插法繁殖。播种于3—4月间进行,播种土以疏松的沙质壤土为好。播后覆以细土,以不见种子为度,保持床土湿润,约15 d后即可出苗。当幼苗出现3～4片真叶时移植1次,6～8片真叶时即可定植。

扦插春、秋季均可进行,剪取健壮嫩枝扦插,易于成活。

当苗高15 cm时打顶,分枝后再摘心1～2次,使其多分枝,树形匀称美观。定形后可上盆栽植,盆土宜用肥沃、疏松、排水良好的田园土,掺适量沙土,盆底放适量有机肥。上盆初期放置半阴处,以后宜放在阳光充足、空气流通处。浇水见干就浇,雨季要防止积水烂根。

生长期可结合浇水追施腐熟饼肥水。开花结果时,可补施磷、钾肥。冬季移入室内,室温不低于5℃。

任务六　兰科花卉养护

任务分析

兰花是兰科中具有观赏价值的种类,为高雅、美丽而具有神秘色彩的植物,是我国和世界上著名的花卉。兰花与梅、竹、菊并称花中四君子。兰花最大的经济价值为供盆栽观赏和做切花。盆栽生产主要是耐寒兰类和附生兰中的蝴蝶兰、卡特兰等,掌握兰花的特性、盆栽生产与管理技术,可为今后从事花卉的生产与经营打下良好的基础。本任务主要完成春兰、蝴蝶兰的盆栽生产与养护。

任务目标与要求

知识目标:了解兰花的特征特性与分类,掌握盆栽养护要点。
能力目标:会对春兰和蝴蝶兰进行养护管理。
学习要求:线上主动学习,线下认真听辅导。遵守纪律,遵守实训室、实训基地等相关规则,做好笔记,注意安全。

相关知识

兰科是种子植物的大科,广义上的兰花泛指兰科中具观赏价值的种类,狭义上仅指国兰。兰花因形态、生理、生态都具有共同性和特殊性而单独成为一类花卉。

兰科花卉广布于世界各地，主产于热带，约占总数的 90%，其中以亚洲最多，次为中、南美洲。我国有 166 属 1 019 种，以云南、台湾和海南为最多。目前自然界中还有许多有观赏价值的野生兰花有待挖掘和利用。

一、兰花的形态特征

根粗壮，近等粗，无明显的主次根之分，分枝或不分枝；根毛不发达，具有共生菌根，起根毛的作用。

茎有直立茎、根状茎和假鳞茎之分。直立茎一般短缩；根状茎呈索状，较细；假鳞茎是由根状茎上生出的芽膨大而形成。地生兰大多有短的直立茎，而热带兰大多有根状茎和假鳞茎。叶和花都着生在假鳞茎上。

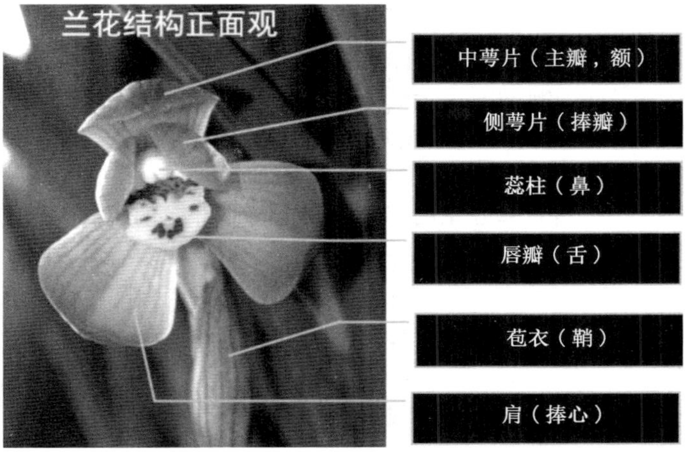

图 3-4　兰花花的结构图

叶形、叶质、叶色都有广泛的变化。一般中国兰叶为线形、带状或剑形；热带兰叶多肥厚、革质，为带状或长椭圆形。

花两性，极少单性，多数具芳香。如图 3-4 所示。花具花萼和花瓣各 3 片，内轮的 3 个花瓣中，上侧两瓣形状相同，称为捧瓣，而下方的一枚高度特化为唇瓣。雌雄蕊合生为蕊柱，俗称“鼻”。

果实是开裂蒴果，每个蒴果中有数万到上百万粒种子。种子内有大量空气，不易吸收水分，盆栽兰胚多不成熟或发育不全，地生兰不具胚乳。

二、兰科花卉的分类

(一)按生态习性分类

可分为地生兰类、附生及石生兰类、腐生兰类。

1. 地生兰类

根系生长于土壤中，通常有块茎或根茎，部分有假鳞茎，有绿色的叶片，花序通常直立或斜上生长。

大多产于温带、亚热带及热带高山。常见栽培的有兰属的春兰、蕙兰、建兰、墨兰、寒兰、台兰、虾脊兰等和兜兰属、杓兰属大部分种类。

2. 附生及石生兰类

附着于树干、树枝、枯木或岩石表面生长的兰类。通常具假鳞茎，其根系大部分或全部裸露在空气中，不具根毛，以特殊的吸收根从湿润空气中吸收水分维持生活，叶片绿色。主产于热带，少数产于亚热带，适应热带雨林气候。常见栽培的有蝴蝶兰属、卡特兰属、石斛属、万带兰属、火焰兰属、蜘蛛兰属等。兰属、兜兰属的某些种也属于附生。

3. 腐生兰类

无绿叶，终年寄生在腐烂的植物体上营腐生生活。常有块茎或粗短的根茎，叶退化为鳞片状，开花时从地下抽出花序。主产于热带、亚热带。常见栽培的著名中药材天麻属于此类，园艺中没有栽培。

(二)按分布地区分类

1. 中国兰

中国兰又称国兰，是指兰科兰属中一些原产中国的地生兰。如春兰、蕙兰、建兰、墨兰、寒兰、春剑等。主要原产于亚洲的亚热带，尤其是中国亚热带雨林区。一般花较少、较小，但具芳香气味。花、叶都具有很高的观赏价值，主要为盆栽观赏。

按开花时期分为 4 大类：春季开花的春兰、台兰，夏季开花的蕙兰，秋季开花的建兰、漳兰，冬季开花的墨兰、寒兰等。

春兰别名草兰、山兰、朵朵香，一茎一花。兰科兰属，原产于我国长江流域及西南各省，是中国兰的代表。根肉质白色，假鳞茎呈球形，叶 4～6 片集生，狭线形，长 20～60 cm，边缘具细锯齿，叶脉明显。花单生，偶有二花者，花葶直立，有鞘 4～5 片，花浅黄绿色，亦有近白色或紫色品种，有香气，花期 2—3 月。品种甚多，抗性强，易栽培，花期正值春节前后，故栽培较普遍，缺点为花少而低，常隐藏于叶丛，故宜用小盆栽苗。

蕙兰别名夏兰、九节兰、九子兰，兰科兰属。根肉质，淡黄色。假鳞茎卵形。叶线形，5～7(9)片，直立性强，幼时对折，中下部横切面呈“V”形，一般较春兰叶长而宽，中脉色浅，迎光时较透明，叶缘有锋利细齿。花葶直立，总状花序，着花 5～13 朵；花多浅黄绿色，香气较春兰稍淡；花期 4—5 月。原产于我国中部及南部，秦岭以南盛产，久经栽培，性耐寒。

建兰别名秋兰、雄兰、秋蕙，兰科兰属。假鳞茎椭圆形，较小。叶 2～6 片丛生，长 30～60 cm，广线形。花葶直立，总状花序，着花 5～7 朵，花浅黄绿色至淡黄褐色，有香气，且香味浓，花期 7—10 月。原产于我国华南、东南、西南的温暖、湿润地区及东南亚、印度，福建和广东广为栽培。

墨兰别名报岁兰、入岁兰，兰科兰属。根长而粗壮，假鳞茎椭圆形。叶剑形，4～5 片丛生，长 50～100 cm，边缘平滑无齿。花茎直立，高出叶面，着花 5～17 朵，芳香，花色由浅绿、褐到深褐，花期 9 月至翌年 3 月。分布于我国福建、台湾、云南等地。

寒兰假鳞茎不显著。叶 3～7 片丛生，直立性强，狭长，长为 35～70 cm。花茎直立，与叶面等高或高出叶面，花疏生，着花 5～10 朵，萼片狭长，花瓣短而厚，有黄、白、青、红、紫等花色，具香气，花期 11 月至翌年 1 月。原产于我国浙江、福建、江西、湖南、广东、广西、云南、贵州等地。通常依花被颜色分为青寒兰、青紫寒兰、紫寒兰、红寒兰等。

中国兰是中国的十大传统名花之一，兰花文化源远流长，人们爱兰、养兰、咏兰、画兰，并当成艺术品收藏。

2. 洋兰

洋兰是对中国兰以外兰花的称谓，主要是热带兰。常见栽培的有卡特兰属、蝴蝶兰属、兜兰属、石斛属、万代兰属等。一般花大、色艳，但大多不具香气，以观花为主。

洋兰主要观赏其独特的花形、艳丽的色彩。可以盆栽观赏，也是优良的切花材料。

三、兰花的生态习性

兰花种类繁多，分布广泛，生态习性差异较大。

(一)对光照的要求

种类不同，生长季节不同，对光的要求也不同。冬季要求充足的光照，夏季忌阳光直射，要遮阴。中国兰要求 50%～60%遮光率，其中墨兰最耐阴，建兰、寒兰次之，春兰、蕙兰需光较多。热带兰有的喜光，有的要求半阴。

(二)对温度的要求

依不同兰类对温度的要求，可分为喜凉兰类、喜温兰类和喜热兰类。

1. 喜凉兰类

原产于高海拔山区冷凉环境下，如兜兰属的某些种、杓兰属、福比文心兰、鸟嘴文心兰等。它们不耐热，冬季最冷温度日温 10℃，夜温 4.5℃，夏季日温 18℃，夜温 14℃。

2. 喜温兰类

原产于温带地区，国兰多属于此类。适宜温度为冬季日温 13℃，夜温 10℃；夏季日温 22℃，夜温 16℃。如兰属、石斛属、燕子兰属、多数卡特兰、兜兰属某些种及杂种、万带兰属某些种等。

3. 喜热兰类

多原产于热带雨林中。不耐低温，适宜温度冬季日温 16～18℃，夜温 14℃；夏季日温 27℃，夜温 22℃。花色艳丽的许多杂交种都是这一类，目前广泛栽培。如蝴蝶兰属、万带兰属的许多种，兜兰属、兰属某些种，卡特兰的少数种及许多属间杂交种。

(三)对水分的要求

喜湿忌涝，有一定耐旱性，土壤水分不宜过多。

要求一定的空气湿度，生长期要求 60%～70%，冬季休眠期要求 50%。热带兰对空气湿度的要求更高，因种类而定。

(四)对土壤的要求

地生兰要求疏松、通气、排水良好、富含腐殖质的中性或微酸性土壤(pH 为 5.5～7.0)。附生兰或石生兰对基质的通气性要求更高，常用水苔、蕨根类做栽培基质。

四、兰花的繁殖

(1)种子繁殖　主要用于新品种的选育，将人工授粉后取得的种子播种在培养基上，种子萌发需要半年到一年的时间，要 8～10 年才能开花。

(2)分株繁殖　适用于具假鳞茎的种类，如兰属、卡特兰属、石斛属、兜兰属等。通常 3～4 年生的植株可用来分株，普通种 3 年一次，名贵种 5 年一次。

冬春开花品种在秋末分株，夏秋开花种类在初春分株。

(3)组培繁殖　广泛应用于兰属、卡特兰属、蝴蝶兰属、石斛属、火焰兰属、万带兰属等的商品化生产。有快速、大量、苗整齐、不带病毒等优点，一株母本在一年内可繁殖百万株。外植体有茎尖、侧芽、幼叶尖、休眠芽或花序，最常用的是茎尖。

五、栽培管理要点

1. 选好栽培基质

地生兰选原产地林下的腐殖土为好，也可人工配制类似的栽培基质。底层要垫碎砖、瓦块以利于排水。热带兰可选用苔藓、蕨根类、树皮等做基质。

2. 选择适当的栽培容器

洋兰可用木框、椰子壳、树蕨板、蛇木等。国兰通常用透气好的瓦盆或专用的兰盆，有利于兰花根系生长。

3. 控制好栽培环境

依种类不同，控制好生长期和休眠期的温度、光照、水分和肥料。

如春兰、蕙兰，冬季应保持在 5℃，高于 10℃则影响来年开花，而墨兰、建兰、寒兰冬季需要 10℃。热带兰差异很大。

兰的浇水多少与次数依种类、容器、基质、植株大小等而有差别。雨水是浇灌兰花的最佳水源。浇兰应用软水。

兰花适于叶面施肥。遵循“薄肥勤施”原则。夏季 10～15 d 施一次。

任务实施

子任务一　春兰养护

春兰有着淡雅的色彩和令人沉醉的幽香，花期 2—4 月，是室内布置的佳品，深受人们喜爱。以北京中山公园内“慧芳园”兰花的养护为例，学习春兰的养护技术。

1. 品种及花苗的选择

春兰常见的名品有荷瓣型的“绿云”“郑同荷”“翠盖荷”“大雪素”，梅瓣型的“宋梅”“万字”“集圆”“西神梅”“蔡梅素”，水仙瓣型的“龙字”，蝶瓣型的“四喜蝶”等。

好的春兰植株高度在 18～20 cm 以上，叶色翠绿有光泽，叶片表面无病斑，新发的小苗叶片的宽度宽于老苗，根系粗壮，根尖白色，很少有断根、烂根的现象。

2. 栽培场地、设施选择

春兰的原生种生长在海拔 300～2 200 m 的山林草坡或林荫下，形成了爱阴凉、喜湿润、喜通风、怕污染的习性。

栽培春兰宜选择空气流通而清新的地方，场地四周多树木，近池塘或小溪，最好在城市的郊区或无工业污染的农村。家庭室内养护最好放在南阳台，夏季适当遮阴。

春兰夏季生长宜在荫棚下。荫棚应建在避西北风、早晨能见到阳光、午后能避烈日的地方。最好能靠近温室，空气流通而又稍湿润。荫棚一般用竹帘、苇帘或遮阳网搭在支架顶部，其荫蔽度最好能自由调节。冬季养春兰的温室最好是全玻璃面的。

3. 基质及盆的准备

(1)基质选择　栽培基质不仅影响兰花的正常生长，而且是许多兰花病虫害的直接来源。

使用安全、良好的基质防治兰花病虫害比栽植后使用药物防治更有效。

我国传统盆栽兰花多用原产地林下的腐殖土，江、浙一带称为“兰花泥”。北方多用泥炭土和自己堆制的腐叶土，添加少量的河沙及基肥。也可单独用苔藓或添加部分颗粒状的碎砖块等做盆栽基质。因苔藓的通气性及吸水力均佳，故能有利于根系和芽的生长，但苔藓本身缺乏营养，并且会随着使用时间长而降低吸水能力，导致透气性变差。因此，必须严格控制浇水量，否则极易造成根部腐烂。通常苔藓使用时间不可超过 1 年，若将苔藓和木炭块、碎砖块或蕨根混合使用，可不必每年更换栽培基质，使用时间可延长到 2 年左右。

煤渣、木炭、发泡塑料等均可搭配，混合使用。

中山公园兰花基质的配方为：椰糠 25%，草炭 25%，脱脂松树皮 20%，干胡桃皮 10%，竹炭 10%，直径为 1.5 cm 的植金石 10%。

(2)盆的选择　最好用瓦盆或紫砂盆，排水和透气性好，兰根不容易腐烂，盆的高度要大于兰根的高度。

4. 上盆

兰花栽植前如有朽根、断根、烂根，应将其剪去，用自来水冲洗干净，再用 800～1 000 倍的高锰酸钾或甲基托布津浸根 10 min 左右，取出放于阴凉处晾干，也可用木板等遮住兰叶在阳光下晾晒，待根变软即可栽植。

先在盆底排水孔上垫好瓦片，再垫上碎石子、炉渣等物，约占盆深的 1/5，其上铺一层粗沙，然后放入消毒后的基质，最后将兰苗放入盆中，将根理顺，让其自然舒展，填充基质至一半时，轻提兰苗，同时摇动花盆，使兰根与基质紧密结合，继续填基质至盆沿，压紧。上留约 3 cm 沿口，以便施肥与浇水。为了美观和增加保湿力，盆面上可铺一层碎白石。上盆后浇透水放荫蔽处。

5. 养护管理

早春与冬季放室内养护，其余时间放在荫棚下。夏天 8—16 时遮光，春兰在夏季荫蔽度宜达 90%左右，春、秋季为 70%～80%即可。

(1)休眠期的管理　每年的 10 月底到 11 月上中旬，连续 5 d 夜间最低温度在 5℃左右，要把春兰移进花房，保证春兰的顺利休眠。花房的遮光率 50%～60%。春兰要放在距地面 1 m 高的架子上，方便管理。

白天温度控制在 5～16℃，夜间 0～5℃，可促进第二年新苗的生长。每天 5℃的温度经过 60 d 春兰可完成春化。

休眠阶段的空气相对湿度小于 40%，花苞的苞片就会变干，影响花苞的生长，要地面洒水增加空气湿度；空气湿度超过 85%要通风排湿，防止病害的发生。

兰花用水以清洁、无污染 pH 以 5.5～6.0 为好。雨水和雪水最好，不含盐碱的河水、井水较好，北方地区的自来水含钙、镁离子较多，长期不处理使用会使叶片上出现一层白霜似的物质，使叶片变硬，影响兰叶的呼吸作用。使用前在水池中贮存 1～2 d，使氯散失后软化使用。

休眠期的春兰生长停滞，需水量少一些，每隔 30 d 左右浇一次透水，让基质土充分吸收水分，浇完透水后 6 d，在盆面补浇一些水，让干些的表土变湿润，使盆土的上下湿度基本一致。

(2)催花管理　逐渐升高温度，加快花苞的生长，以达到催花的目的。还要做好湿度管理，让花苞外的苞片顺利打开，打开的苞片不发干。

在距离预定的花期 20～30 d 时，把具有花苞的春兰移入中温花房，白天温度 18℃左右，夜间最低8℃左右，空气相对湿度控制在65%～85%。10 d左右花苞苞片打开，露出里面的花朵，催花工作就完成了。

还没有打开花苞的移入高温花房，温度白天不能超过28℃，夜间最低温度在18℃左右，空气相对湿度控制在70%～85%。经过7～10 d，春兰的苞片会打开。

春兰移房前4～5 d不要浇水，移房后马上浇一遍透水，让春兰适应新的环境，由于温度升高，蒸发量加大，每隔4～5 d在盆面浇一次水，保持土壤湿润，催好花的春兰可用于展览，也可再搬入低温花房延长花期。

(3)分株、换盆管理　花期后的春兰可继续进行休眠期的管理，休眠期也是分株、换土、换盆的最佳时期。

连续栽种2～3年的春兰，盆内的基质营养变少，有害物质积累增多，需换土，如果盆内的春兰植株太多，要进行分株。

北方换盆在2月份进行，春兰处于休眠期，新根未开始生长，老根的水晶头处于休眠状态，换盆对兰花的生长有好处，不影响根的生长，不会烂根。

换盆前7 d左右不要浇水，有利于脱盆，取出兰株后，抖去基质，露出兰根。用75%的酒精溶液对手和剪刀进行消毒，剪去腐烂及空心的根，剪完根后放在荫处晾根4～5 h，待根发白变软后栽种。

春兰分株时，最少要保持三株相连，即保持有一年苗、两年苗、三年苗老中青三代，对春兰的生长有利，分株时用手摇动假球茎，发现连接处有松动现象，即可在此处切断，分株即完成。

基质各配料充分混匀后即可上盆。植株多的用口径大一些的盆，植株少的用口径小的盆。换盆时先在盆底放个滤水网，网上放一把植金石，避免纤维类材料堵塞漏水口，再放入盆高1/5的基质土，兰花老株在后，新株在前放入盆中1/2后，新苗生长后可在盆的中央，有足够的生长空间。用竹棍拨根让其呈自然状态，填入基质盖住根部后，轻提植株以舒展兰根，调整植株在盆中位置，再用基质土盖住假球茎。栽种好的春兰连续3 d浇大水，每天上午或傍晚浇一次，让基质充分吸收水分。

(4)生长期的管理　春兰生长期是在室外的荫棚中进行的，保证遮光率80%～90%，荫棚内要设有高度1 m左右的水泥架子用来放春兰。

当室外温度连续5 d在5℃时，春兰可移入室外兰场养护。春兰的生长期主要是叶芽和新苗生长及花芽分化阶段。新苗在生长时，先长叶后长根，5月下旬才能长根，生长两年以上的假球茎，在6—8月会开始进入生殖生长形成花芽生长点，9—10月形成花芽，破土形成花苞。

移出花房的春兰连续2～3 d每天在早晨或傍晚浇一次大水，提高盆内基质的湿度，让春兰尽快适应新的环境。盆面基质发白，干下去1 cm左右要浇一次大水，5月底新苗生根后，抗旱性增强，6月份开始一直到入室休眠之前，盆面基质土干2～3 cm再浇一次大水。

空气湿度低于40%时，在上午或傍晚向棚架或地面喷水，增加空气相对湿度。

用充分发酵的各种饼粕、马蹄、牛羊角做追肥。中山公园慧芳园肥料的配方是50 kg的动物蹄角加入150 kg的水放入缸中充分发酵1～2年后使用。香油渣50 kg兑50 kg的水，发酵1～2年后使用。春兰出房后到5月下旬，用发酵好的香油渣原液配肥促叶与芽的生长，6—8月用动物蹄角肥促进花芽分化，9—10月要施用氮磷钾均衡的肥料，用香油渣和动物蹄角肥1∶1配制原液。

在浇水或雨后2～3 d让盆内基质土干一些后，于上午或傍晚施肥，掌握好先淡后浓、薄肥勤施的原则，一般在 4 月中下旬第一次用肥，以后每隔 10～15 d 施一次，直到休眠为止。初次施肥 1 kg 的原液加水 50 kg，第二次 1.5 kg 的原液加水 50 kg，第三次 2～2.5 kg 原液加水 50 kg，以后每次都按第 3 次的浓度施肥即可。每次浇完肥后都要喷一次清水，清洗掉残留在叶心中的肥液。9～10 月叶面喷施 0.1%的磷酸二氢钾溶液，10 d 施一次以补充磷钾元素，促进植株肥壮。

(5)病害防治 兰花常见病害有黑斑病和腐烂病。发现黑斑病尽早剪除病叶(刀具要消毒)，并用杀菌剂喷洒；腐烂病一般为害幼苗，用硫酸铜、甲基托布津、百菌清、多菌灵、代森锌或其他杀菌剂 800～1 000 倍液消毒土壤或喷洒防治。

☞ 考核要点与方法

每位同学根据自己学习的情况回答下列问题，最后教师作出评价，如表 3-19 所示：

表 3-19 春兰养护考核表

考核内容	考核问题	分值	得分	教师评价
春兰生产	1.春兰的怎样鉴赏，有哪些名品？	30 分		
	2.春兰休眠期的管理。	40 分		
	3.查一查建兰如何进行养护管理。	30 分		

子任务二 蝴蝶兰生产

蝴蝶兰为兰科蝴蝶兰属附生热带兰。花有纯白、鹅黄、绯红、紫红、淡黄、橙赤和蔚蓝等色，有不少品种双色或三色。每朵花可开 14～21 d，全株可连续开放 60～70 d，花期 2—4 月。

蝴蝶兰花形丰富、优美，色泽鲜艳，有“洋兰皇后”之称。花期长，生长势强，是目前花卉市场主要的切花和盆花种类，特别适用于家庭、办公室和宾馆摆放。

1.品种选择

粉红花系 该系分三类：小型红花原种，花小而芳香，鲜艳红色，有蜡质光泽；大花类，花径 10 cm 左右，粉红色，唇瓣为深红色，花形整齐，十分美观；深紫红大花系，花深红色，萼片及花瓣边缘有粉红色，唇瓣为深紫红色。

白花系 花萼及两枚侧瓣为洁白色，无斑或条纹，唇瓣白色，上有黄色或红褐色斑点或条纹，有的品种唇瓣红色。

黄花系 花瓣和萼片底色为黄色，上有红褐色或红色斑或条纹。

点花系 花瓣与萼片有大小、疏密不等的红色或紫色斑点，唇瓣为鲜红色，花大型或中型。

条花系 萼片和侧瓣底色为白、黄、红色，上布满枝丫状和珊瑚状的红色脉纹，十分美丽。

2.育苗

大规模生产蝴蝶兰通常采用茎尖组织培养来育苗。

3.栽植前准备

(1)设施准备 蝴蝶兰可以工厂化规模生产，需要设施栽培，生产的温室要有控温系统和遮阴设施及通风设施。水源要充足、方便。

(2)基质准备 蝴蝶兰为典型的热带附生兰，栽培基质应具有疏松透气、透水性、保水性。

一般多用水苔、苔藓、蕨根、蛇木屑、椰糠、蛭石、栎树叶等材料，而以水苔为好。

水苔在使用之前要经过处理。把压缩干燥的水苔浸水处理 4 h 以上，反复清洗 3～4 遍后装入袋内，用高温蒸气消毒处理 50 min，杀死病菌及虫卵、杂草种子。

4. 养护管理

(1)瓶苗驯化　组织培养苗移出瓶之前，要把培育瓶放到栽培温室内，对瓶苗进行驯化炼苗，小瓶要盖个小塑料盖，起到很好的保温作用。温室的温度控制在 24～28℃，空气相对湿度 60%～70%，光照时间控制在 8～10 h，光照强度在 5 000 lx 左右。移栽前 2 d，打开培育瓶的塑料盖通风换气，经过 5～7 d 的炼苗就可以幼苗出瓶了。可出瓶苗的标准，至少 2 叶 1 芯，叶长 3～4 cm，有 3 条完整的根。瓶内苗都达到标准才能出瓶移栽。

(2)上盆与换盆　瓶苗达到出瓶标准后，用镊子轻轻从瓶中取出小苗，用处理好的水苔裹住根系，露出叶子和茎基，装入直径 3.5 cm 的透明营养钵中。注意不可将水苔压得过紧。

蝴蝶兰的成苗每年换一次盆，换盆时先将苗从盆中扣出，把根系周围的旧基质去掉，剪去枯死老根和部分茎秆，再用新基质将根均匀包起来，栽在盆中。

(3)各阶段的管理

①小苗期的管理　上盆后及时向叶面喷水，保证空气相对湿度 60%～80%，2 h 一次。每隔 3 d 向盆中灌水一次。温度控制在 26～27℃。移栽最初两天光照控制在 5 000～7 000 lx，随着小苗的生长，不断增加光照强度，最后控制在 5 000～10 000 lx，每天光照时间 8～10 h，保持温室内通风良好，有利于小苗的快速生长。管理 90～120 d 以后，小苗的叶片长 10 cm 左右，即可进入中苗期的管理。

②中苗及大苗期的管理　将苗从旧盆中取出，不去除水苔，用新水苔包裹住根系后轻轻压入直径 5 cm 的透明营养钵内。喷施 70% 甲基硫菌灵粉剂 800 倍液防病。喷药后 3 d 内不要浇水，通过叶面喷水保持环境湿润，使环境相对湿度控制在 70%～85%。以后每 7～10 d 根部灌水一次，随水追肥，浓度 40 mg/L，光照强度增强至 15 000～20 000 lx，光照时间 10 h，温度控制在 20～25℃，经过 120 d 左右，叶片长 15 cm 左右，即可进入大苗期的管理。

将蝴蝶兰苗换入直径 7.5 cm 的透明营养钵中，管理方法同中苗期，施肥 N：P：K 比例调为 9：45：15，复合肥配成 2 000 倍液浇入花盆中，每隔 10 天施肥浇水一次，当蝴蝶兰的植株具有 4 片以上叶，基部分化出了花芽，要进行催花处理。

③催花期的管理　初期白天温度 22～23℃，夜间 17～19℃，光照强度控制在 15 000～20 000 lx，光照时间 10 h 以上，空气相对湿度控制在 60%～75% 之间，20 d 后会有花梗伸长，这时要施 N：P：K 比例调为 10：30：20 的复合肥 2 000 倍液浇施，浇透基质即可，花梗长到 15 cm 时把花梗夹在支柱上，结束低温处理。

花梗 15 cm 以上到现蕾前，把温室内的温度缓慢升到白天 24～26℃，夜晚 16～18℃。要交替施用 N：P：K 比例为 10：30：20 和 20：20：20 的复合肥，10 d 左右施一次，浓度为 2 000 倍液浇透基质即可。

④现蕾期管理　花梗长度 20～25 cm 时，花蕾出现，温室内的温度控制在白天 21～23℃，夜晚 16～18℃。此期增加光照强度有助于花朵舒展，花色艳丽。不再施肥，发现盆土干燥可浇小水。从现蕾到第一朵花开放需 30 d 左右时间。第一朵花开放后即进入花期。

蝴蝶兰喜通风良好环境。设施栽培时可采用自然通风，最好有专用的强制通风设备通风。

(4)病虫害防治　蝴蝶兰对病虫害的抵抗力较弱，常见病害有软腐病、褐斑病、炭疽病等。

软腐病和褐斑病可用75%百菌清600～800倍液每隔7～8 d喷洒一次，连续喷三次，效果良好。炭疽病采用70%的甲基托布津800倍液或50%多菌灵800倍液喷洒。

温度高时容易发生介壳虫危害，少量发生可人工用棉棒将虫除掉，大量发生可用药剂防治。

☞ 考核要点与方法

每位同学根据自己学习的情况回答下列问题，最后教师作出评价，如表3-20所示：

表3-20　蝴蝶兰生产考核表

考核内容	考核问题	分值	得分	教师评价
蝴蝶兰的养护	1.蝴蝶兰有哪些种类，市场上喜欢什么样的盆花？	30分		
	2.如何进行蝴蝶兰的催花管理？	40分		
	3.查一查卡特兰的盆花养护。	30分		

知识拓展

其他常见兰科花卉养护要点

1.寒兰

生态习性：性喜阴，忌阳光直射，喜湿润，忌干燥，15～30℃最宜生长。35℃以上生长不良。5℃以下的严寒会影响其生长，使寒兰处于休眠状态。

如气温太高、阳光曝晒则很快出现叶子灼伤或枯焦。如气温太低会出现冻伤的现象。

栽培养护要点：寒兰宜种植于空气流通的环境。

寒兰是肉质根，适合采用富含腐殖质的沙质壤土，排水性能必须良好，应选用腐叶土或含腐殖质较多的山土。微酸性的松土或含铁质的土壤，pH以5.5～6.5为宜。

分株繁殖在春秋两季均可进行，每隔3年分株1次。凡植株生长健壮，假球茎密集的都可分株，分株后每丛至少要保存5个连接在一起的假球茎。

分株后上盆时，先以碎瓦片覆在盆底孔上，再铺上粗石子，占盆深度1/5～1/4，再放粗粒土及少量细土，然后用富含腐殖质的沙质壤土栽植。栽植深度以将假球茎刚刚埋入土中为度，盆边缘留2 cm沿口，上铺翠云草或细石子，最后浇透水，置阴处10～15 d，保持土壤潮湿，逐渐减少浇水，进行正常养护。

浇水应本着“干则浇，湿则停，适当偏干”的原则。浇水必须浇透。

对生长旺盛的健壮兰株，可每隔10～15 d施一次稀薄液肥。

在保证不灼伤兰叶的前提下，适当多见阳光，特别是上午9时前的晨光对兰花生长和开花都十分有利。冬春晴天要有40%～50%的遮阴，夏秋晴天要有80%～90%的遮阴。

生长期空气湿度应保持在65%～85%，冬季休眠期空气湿度应为50%～60%。

2.大花蕙兰

生态习性：喜冬季温暖和夏季凉爽。生长适温为10～25℃。喜微酸性水，对水中的钙、镁离子比较敏感。生长期需较高的空气湿度。是兰科中喜光的种类，盛夏遮光50%～60%，秋季多见阳光，有利于花芽形成与分化。

栽培养护要点：常用分株繁殖，大规模生产用组织培养。在植株开花后，新芽尚未长大之前，正处短暂的休眠期。分株前使基质适当干燥，让大花蕙兰根部略发白、略柔软，操作时不易折断根部。将母株分割成2～3丛，分栽上盆，操作时抓住假鳞茎，不要碰伤新芽，剪除黄叶和腐烂老根。

盆栽大花蕙兰常用15～20 cm高筒花盆，每盆栽2～4株苗。盆栽基质用蕨根、苔藓和树皮块的混合物。生长期每半月施肥1次，也可用浓度在0.1%以下，氮磷钾比例为1∶1∶1的复合肥，每周喷洒1次。假鳞茎充实肥大，才能促使花芽分化，多开花。但萌芽力强的品种，要控制叶芽生长，不使养分过多消耗，就必须进行摘芽，使一个假鳞茎着生一个叶芽。

大花蕙兰喜昼夜温差大，白天生长温度在25～28℃，晚间温度在10～15℃，有利于开花蕾生长。若花芽已形成，气温高达28℃以上，将会造成枯萎或落蕾。

3.兜兰

生态习性：喜温暖、湿润和半阴的环境，怕热，怕强光暴晒。喜疏松透气的土壤条件。

兜兰按其习性可分为石灰岩质和酸性沙质岩两种。国内品种中的杏黄兜、硬叶兜、麻栗坡兜、亨利兜等属于石灰岩质；而带叶兜、长瓣兜、飘带兜、香港兜、美丽兜等的绿叶类兜多数属于酸性沙质岩。

栽培养护要点：用播种繁殖法繁殖。栽培基质可用单一性植料或混合性植料，以混合性植料比较适合其生长。石灰岩山地的品种可用腐叶土1份，木炭或碎砖1份，碎蛋壳1份或直接用海浮石粒。属于酸性砂岩山地的则可用腐叶土1份，木炭或碎砖1份或直接用树蕨根栽植。南方多用蕨根、树皮作盆栽材料，而北方适宜用腐叶土，泥炭土比较保湿。盆底1/4的部分填充碎砖等的粒状物，以利于排水透气，上面再用腐叶土等栽植。

兜兰喜半阴，春夏秋应遮去70%的阳光，冬季遮去50%左右。保持盆土的湿润。在干燥季节应经常向花盆四周洒水，以保持较高的空气湿度。开花后可保持偏干些。在生长季节新芽萌发以后，可2～3周施一次稀薄的液体肥料。有机肥不能施到叶面上，否则易引起叶面腐烂。多数种类的兜兰不耐寒，冬季室温夜间应在5℃以上，白天高于夜间5～10℃，一般叶的正面和背面有紫红色大理石样花纹的种类需要较高的温度，在高温多湿的夏季，注意通风。

4.石斛

生态习性：喜温暖、湿润和半阴环境，喜疏松透气的土壤。不耐寒。生长适温18～30℃，生长期以16～21℃更为合适，休眠期16～18℃，夜间温度为10～13℃，温差保持在10～15℃最佳。石斛忌干燥、怕积水，

夏秋遮光50%，冬春遮光30%为宜。光照过强茎部会膨大、呈黄色，叶片黄绿色。但日照充足，秋季开花好，开花数量多。

栽培养护要点：可用扦插与分株法繁殖。

扦插宜在梅雨季节进行，选用嫩枝插入珍珠岩或河沙中，插后注意保湿与遮阴，待生根后即可移栽。

分株可在开花后进行，将母株从盆中倒出，分成2～3丛，每丛要带有3～4条老枝条，根部洗净后稍阴干，种植在木框或四壁有洞的盆中，栽培基质宜用透气与排水性能好的蕨根、泥炭

藓、松树皮、粗河沙等配制。浇透水后放置在半阴处。

栽培场所必须光照充足，保持通风。

春、夏季生长期，应充分浇水，使假球茎生长加快。9 月以后逐渐减少浇水，使假球茎逐趋成熟，促进开花。石斛兰对空气湿度要求较高，盆内以保持湿润为最佳状态，旺盛生长期盆内不可积水，否则易腐烂。经常向周围的地面喷水，提高空气湿度。

生长期每 10 d 施肥 1 次，秋季施肥减少。根据生长时期的状况调节氮、磷、钾的比例，进行叶面喷雾或者灌根。冬季休眠期停止施肥。

栽培 2～3 年以上的石斛，应及时更换植料。花后换盆。需用泥炭、苔藓、蕨根、树皮块和木炭等轻型、排水好、透气的栽培基质。盆底多垫瓦片或碎砖屑，以利于根系发育。

换盆时要少伤根部，否则遇低温叶片会黄化脱落。

任务七　仙人掌及多浆植物

任务分析

多肉多浆盆栽是市场的宠儿，它们千姿百态，有的小巧玲珑、有的憨态可掬，抗旱性强，可粗放管理，很受年轻人的喜爱。仙人掌类体态奇特，棱形各异，刺形多变。掌握仙人掌类及多浆花卉的管理技术，可为今后从事花卉的生产与经营打下良好的基础。

任务目标与要求

知识目标：掌握仙人掌类及多浆花卉盆栽养护要点。

能力目标：会对金琥和多肉盆栽进行养护管理。

学习要求：线上主动学习，线下认真听辅导。遵守纪律、遵守实训室、实训基地等相关规则，做好笔记，注意安全。

相关知识

知识点一　仙人掌类及多浆植物的特征特性

一、多浆植物的概念

广义的多浆植物指茎、叶或根特别粗大或肥厚，含水量高，并在干旱环境中有长期生存能力的一群植物。多浆植物全世界有 10 000 余种，分属 40 多个科，其中仙人掌科的种类较多，因而栽培上又将其单列为仙人掌类植物，而将其他科的植物称多浆植物。多浆植物包括景天科、凤梨科、番杏科、大戟科、萝藦科、菊科、百合科、龙舌兰科、马齿苋科、葡萄科、鸭跖草科、酢浆草科、葫芦科等植物。

二、多浆植物的特性及分类

(一)多浆植物的特性

多浆植物大多为多年生草本或木本,少数一、二年生植物。个体上相差较大,大的可高达几十米,小的只有几厘米。

具有明显的生长期及休眠期。部分原产于南、北美热带地区的仙人掌类植物,原产地有明显的旱季与雨季,长期生长在该地的仙人掌植物形成了生长期及休眠期交替的习性。对于某些多浆植物也同样如此,在管理上休眠期要控制好水及温度条件。

大多有较强的耐旱能力。多浆植物体态趋于球形和柱形,在不影响贮水体积的情况下,能最大限度减少蒸腾的表面积。能较长时间地忍耐干旱,番杏科的生石花,从盆中取出用纸包裹数月都不萎缩。鬼脚掌根部切除不令其生根,18 个月后栽入培养土,仍可生根生长。

(二)从形态上分类

可分为叶多浆和茎多浆植物。叶多浆植物贮水器官是叶片,叶形变异大,如石莲花、玉露等。茎多浆植物的贮水器官是茎,茎呈多种变态,呈绿色能代替叶片进行光合作用,叶片退化或仅在茎初生时具叶。如仙人掌、光棍树等。

(三)观赏特点

仙人掌类体态奇特,棱形各异,刺形多变;多浆植物多数种类具有特异的变态茎,扁形、圆形、多角形、不规则形等。如生石花的茎为球状似卵石;山影拳茎发育不规则,棱数不定,拳体呈溶岩状堆积姿态,奇特而典雅。花的色彩、位置及形态也各异。

三、多浆植物对环境的要求及栽培要点

(一)光照

原产沙漠、半沙漠等干热地区的仙人掌类如金琥、龙爪球等旺盛生长季要求阳光适宜、水分充足、气温也高,冬季低温季节是休眠期,在干燥低光强下易安全越冬;原产热带森林中的附生型仙人掌类,终年不需强光直射。冬季不休眠,应给予充足的光照。蟹爪兰、仙人指、伽蓝菜等,是典型的短日照花卉,必须有一定的短日照时间才能正常开花。

(二)温度

除少数原产高山的种外都需要较高的温度。生长期最低温不能低于 18℃,以 25～35℃最适宜。冬季多数在干燥休眠情况下忍耐 6～10℃的低温。仙人掌科的仙人掌属、仙人球属、丽花球属等,越冬时在不浇水完全干旱的条件下,较低的温度促进花芽分化,翌年开花更丰富。

(三)土壤

多数种类要求排水通畅、透气良好的沙土或沙壤土。沙漠地区的土壤由沙与石砾组成,通透性好,氮及有机质含量很低。实验证明用矿渣、碎砖屑等栽培沙漠型多浆植物很成功。但颗粒在 2～16 mm 最合适,pH 要控制在 5.5～6.9 最适。

附生型多浆植物的栽培基质除需良好的通透性外还需含丰富的有机质并保持土壤湿润才有利于生长。

(四)水分

沙漠型多浆植物休眠期需水很少，甚至完全可以不浇水而保持低温干燥安全越冬。生长期要水分充足才能旺盛生长。多浆植物的任何时期根都不能积水。附生类无明显的休眠，要求四季温暖、湿润，可经常浇水或喷水。对有绵毛及细刺或顶端凹入的种类不能从上部浇水，要用浸水法浇水。浇水忌用硬水和碱性水。

(五)肥料

生长期中可每隔 1～2 周施液肥一次，肥料宜淡，浓度以 0.05%～0.2%为宜，施肥时不要沾在茎、叶上。休眠期不施肥，要求保持株型娇小的应控制肥水。附生型如令箭荷花、昙花、蟹爪兰等要求较高的氮肥。

四、多浆植物的应用

此类植物种类繁多，形态奇特，繁殖栽培容易，有的种类如沙漠玫瑰、虎刺梅等花色艳丽，大多耐室内半阴或干燥的环境，是理想的室内盆栽植物。许多国家的植物园和公园常有专门温室展览，是配置岩石园的主要植物材料。除供观赏外，有的种类如芦荟等可作经济作物，是食品、药品的原料；有的如米帮塔仙人掌可做蔬菜；有些仙人掌果实、火龙果可供鲜食；龙舌兰属一些种类的叶片可制耐海水腐蚀的纤维等。

知识点二　多浆植物繁殖

一、播种

多数多浆植物可用播种繁殖，但是种子细小，播种及管理要精细一些才能取得好的效果。仙人掌科的金琥和番杏科的生石花主要用播种繁殖。

播种要选择适期，仙人掌类种子无休眠期，环境适宜时，种子成熟就可随采随播。在白天 25～30℃，夜温 15～20℃的条件下，15 d 内即可发芽。生石花可在 8 月中下旬，新采的种子播种后 4～7 d 内就可以出芽。

播种基质可采用蛭石或沙。播种后保证基质和空气湿润。

移栽应在生长季，幼苗长到足够强壮或太密时再进行。仙人掌类可在播种后的第二年小苗长出棘刺时移栽；具大型叶的观叶种类发芽几周后便可移栽。

二、扦插繁殖

多浆植物一般都能用扦插繁殖，扦插的材料可以是叶子、茎、根、不定芽等，景天科和百合科十二卷属的多浆植物可以用叶插繁殖，摘取叶片前先停止浇水 7～10 d，从外围轻轻取下叶片，晾 2～3 d 后可把叶片放在营养土上即可，扦插后一周后再浇适量的水。遮光、保持 80%的空气相对湿度即可。肉质茎较长的多肉可以把茎切成小段，在阴凉处稍加晾，即可插入基质，生根发芽。石莲花等顶端长势强的植物，可切下顶芽，晾几天后扦插。

注意：在生长季的时候扦插成苗率高；采下的插条不能立即扦插，应置于干燥通风、温暖有散射光处，让伤口愈合后插入基质中；扦插后要控制基质湿度，少浇水或不浇水；插条生根后才能正常给予光照。

三、仙人掌类髓心接

髓心接是仙人掌类植物的特有的嫁接方式，接穗和砧木以髓心愈合而成的嫁接技术。仙人掌科许多种属之间均能嫁接成活，而且亲和力高。三棱剑特别适宜于缺叶绿素的种类和品种作砧木，在我国应用最普遍。而仙人掌属也是好砧木，对葫芦掌、蟹爪、仙人指等分枝低的附生型仙人掌类很适宜。可分平接和插接。

二维码 3-8
仙人掌类髓心接

平接法适用于柱状或球形种类如绯牡丹等。先将砧木上面切平，外缘削去一圈皮，平展露出砧木的髓心。接穗基部平削，外缘削去一圈皮，接穗与砧木接口安接上后，再轻轻转动一下，排除接触面内的空气，使砧穗紧密吻合。用细线纵向捆绑，使接口密接。如图 3-5 所示。

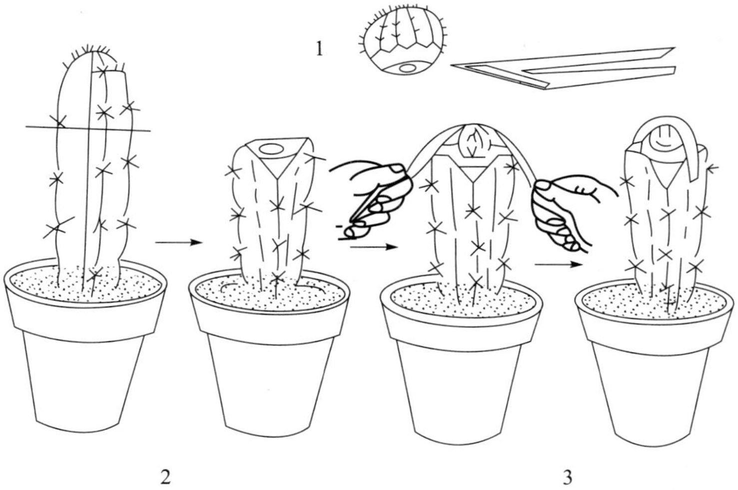

图 3-5　以三棱箭为砧木的平接程序

1. 接穗　2. 切砧　3. 接合固定

插接法　适用于接穗为扁平叶状的种类如仙人指、蟹爪兰的嫁接。用窄的小刀从砧木的侧面或顶部插入，形成一嫁接口，再选取生长成熟饱满的接穗，在基部 1 cm 处两侧都削去外皮，露出髓心；把接穗插入砧木嫁接口中，用刺固定。用叶仙人掌做砧木时，只需将砧木短枝顶端的韧皮部削去，顶部削尖，插入接穗体的基部即成。

仙人掌类嫁接注意事项：

①嫁接时间以春、秋生长季为好，温度保持在 20～25℃下易于愈合。

②砧木与接穗要选用健壮无病，不太老也不太幼嫩的部分。

③嫁接时，砧木与接穗不能萎蔫，要含水充足。如已萎蔫的接穗，必要时可在嫁接前先浸水几小时，使其充分吸水。嫁接时砧木和接穗表面要干燥。

④砧木接口的高低由多种因素决定。无叶绿素的种类要高接，接穗下垂或自基部分枝的种类也要接得高些，以便于造型。鸡冠状种类也要高接。

⑤嫁接后放到阴处，不能让日光直射，7 d 内不浇水，保持一定的空气湿度。约 10 d 就可去掉绑扎线。成活后，砧木上长出的萌蘖要及时去掉，以免影响接穗的生长。

任务实施

子任务一 长寿花的生产

长寿花(伽蓝菜)是一种多肉植物,因为花期较长,又被称作寿星花。肥大光亮的叶片形成低矮株丛,小巧玲珑,株型紧凑,终年翠绿,花朵密集,花色丰富。

性喜温暖湿润,也耐旱,喜光也较耐阴,花期长,抗病性强,养护容易,适宜冬季室内装饰,春夏季室外摆设,观赏效果极佳。是冬春两季理想的观赏花卉。

在国外,长寿花不仅是室内观赏盆花,在室外景观中的应用也非常广泛。目前,这一理念逐步被国内园林设计者接受,并开始将其应用于园林小品中。在现代化的管理条件下,长寿花的生产量能达到 100 盆/(年 · m^2),单位面积产出比红掌、凤梨等大盆花还要高。

1. 繁殖技术

长寿花可以全年进行扦插繁殖,并且在保证温度和光照的条件下可以四季开花。一般生产过程是从 8 月开始进行的。这样可以保证在春节前后上市出售。

长寿花的栽培基质一般是以草炭土为主,配以珍珠岩和蛭石混合而成。三者的比例为草炭、珍珠岩、蛭石 3 : 2 : 1,混合均匀,让其含水量达 60%~70%后用塑料布盖严,发酵 48 h 后备用。

8 月中旬,把母株上的嫩枝取下作为插穗,从嫩枝顶端往下 6~8 cm 处切断,保留 4~5 对叶片。通常用直径 8~10 cm 的营养钵,装好营养土后摆放整齐,喷透水后扦插。插穗插入基质中 1 cm 左右,插后保持营养土湿润,日照强时要遮阴,温度保持在 20~25℃,高于 30℃时要喷水降温,20 d 左右插穗即可生根。

2. 上盆

插后 30 d 生根即可上盆,一般用直径 14 cm 左右的盆,营养土用草炭、珍珠岩、蛭石按 6 : 3 : 1 配制。上盆时先在盆底填入 5 cm 左右的营养土,花苗去除老黄叶,栽入盆的中部,填满营养土,浇一次透水,以利于长寿花的成活与生长。

3. 上盆后的管理

(1)营养生长期的管理 加强水肥管理,促进植株的健壮生长,浇两次水后随水追肥一次。浇水看天气情况,一般间隔 10~15 d;要适当喷水,保证空气湿度和降低温度。施用复合肥,加钙,配合浇水进行,pH 为 5.5~5.8。需要注意的是,施肥前应进行水样分析。每周检测一次盆中基质的 pH 和 EC 值,pH 应为 5.0~6.0,EC 值应为 1.8~2.5。

转盆 长寿花向光性强,生长过程中枝叶偏向光的方向,每隔 15~20 d 转动花盆一次 180°,调整受光面,使其株型生长均匀圆正,姿态优美。

补光 长寿花是短日照植物,光照不足 10 h 则进入生殖生长,影响植株生长,使植株矮小。10 月以后栽的长寿花要进行补光,使光照在 12 h 以上,用 60 W 的白炽灯做为光源,距植株 75 cm 高,每个灯泡之间距离 100 cm,每行灯距离 200~300 cm,每晚补光 2~3 h。长寿花达到理想的株型后,停止补光。

(2)花芽分化期的管理 8 月扦插的长寿花,在 10—11 间植株生长健壮,积蓄养分准备进入花芽分化期了,此期的施肥要增施磷钾肥,控施氮肥。用 3%浓度的磷酸二氢钾浇施,此期减少浇水量，15～20 d浇一次。

为了多开花，控制良好的株型，花芽分化期进行2次摘心。想让长寿花早开花，可进行短日照处理，每天定时用黑布遮光，一般下午17时遮光，第二天8时打开，让日照时数不足10 h，15 d左右就可见花蕾了。

(3)花期管理　当植株的花序伸长时，就进入了开花期，此时就准备上市出售了。不宜进行施肥，只需每隔10～15 d喷水一次，保证不缺水即可。

☞ 考核要点与方法

每位同学根据自己学习的情况回答下列问题，最后教师作出评价，如表3-21所示。

表3-21　长寿花生产考核表

考核内容	考核问题	分值	得分	教师评价
长寿花盆花生产	1.长寿花有哪些好的品种？	30分		
	2.长寿花扦插操作要点有哪些？	40分		
	3.查一查还有哪些长寿花类的多肉有大面积的盆栽生产。	30分		

知识拓展

拓展一　常见仙人掌类养护要点

1.仙人掌

生态习性：喜温暖、阳光充足的环境，生长期间不能低于18℃，以25～35℃最适宜。

冬季低温季节是休眠时期，在干燥和低光照下易安全越冬。

忌水涝，要求排水和通气性能良好的沙质土壤，一般以pH 5.5～5.9最适，不要超过7.0。

栽培养护要点：常用扦插繁殖。以春、夏最好，将取下的茎节晾2～3 d，伤口干燥后扦插，不可插太深，保持基质湿润即可。也可用嫁接、播种法繁殖。

盆栽用的培养土可用园土、腐叶土、粗沙按1∶1∶1的比例配制。也可用腐叶土和粗沙比例1∶1掺匀作培养土。

植株上盆后置于阳光充足处，尤其是冬季需充足光照。仙人掌较耐干旱，4—10月在仙人掌生长期要保证水分供给。通常是气温较高，需水量越多，并掌握“一次浇透，干透浇透”的原则。生长季节适当施肥可加速生长，生长期中每隔1～2周施液肥一次，肥料宜淡，秋凉后少水肥。

2.金琥

生态习性：性喜阳光充足、温暖的环境，喜肥沃、透水性好的沙壤土。越冬温度保持8～10℃，要求干燥。在肥沃土壤及空气流通的条件下生长较快。

栽培养护要点：可用播种、扦插、嫁接法繁殖。

播种在5—9月进行，用当年采收的种子出苗率高。发芽后30～40 d幼苗球体已有米粒或绿豆大小，可进行移栽或嫁接在砧木上催长。

将培育3个月以上的幼苗球嫁接在三棱箭上催长。待接穗长到一定大小时，可切下，晾干伤口后进行扦插盆栽。在土壤肥沃、空气流通的良好环境下，不经嫁接的实生苗生长也很快。

上盆后的实生球或嫁接仔球，应放置在半荫处，忌阳光直射，7～10 d后球体不萎缩即成活。

培养土可用等量的粗沙、壤土、腐叶土及少量陈墙灰混合配制。

球体直径达20 cm时每年换盆、换土1次。球径20 cm以下的，可2～3年换1次土。换盆时，先将自根部开始的四周泥土松动，视球体重量取粗细合适的软绵打成瓶口，套在球体中部偏下，拉紧瓶口结，提出绑好的金琥，清除宿土，修剪枯根和过长的老根。待根部晾干，再将其移入另一盆中，填好周围新土，分几次摇动，直至盆土充实、球体不动为止。换盆后宜放阴凉通风而不受冻害处，再逐渐移至阳光下。

夏季高温炎热期中午应适当蔽荫。在上午10时以前或下午5时以后，可将其置于阳光下，促使多育花蕾，并可避免过分遮阴使球体变长而降低观赏价值。

越冬温度保持8～10℃，并保持盆土干燥。温度太低时，球体会产生黄斑。夏季防雨淋。浇水遵循“干透再浇”原则，注意浇水时不要淋球体。

夏季是金琥的生长旺季，需水量增加。如遇干旱要勤浇水，最好在清晨和傍晚。不能向球的顶部及嫁接部位喷水，以免积水腐烂。

生长季应勤施薄肥，7 d一次。盛夏高温时不施肥。9—10月可7 d施一次，11月至翌年春休眠期不施肥。施肥宜早上9—10时或下午17时以后进行，施肥后隔一天再浇水。

金琥不耐寒，气温降至5℃左右时，可把金琥搬入室内有阳光处，保持盆土干燥，谨防冷风吹袭。

夏季湿、热、通风不良等因素，易受红蜘蛛、介壳虫、粉虱等病虫危害，应加强防治。

3.令箭荷花

生态习性：性喜温暖、湿润、光照充足、通风良好的环境，但在炎热、高温、干燥的条件下要适当遮阴。要求肥沃、疏松和排水良好富含腐殖质的微酸性土壤，有一定抗旱能力。

栽培养护要点：令箭荷花可扦插、嫁接和播种繁殖。扦插繁殖，于开花后剪取隔年老茎为插穗，长6～8 cm为宜，插穗先晾2～3 d，剪口干燥后插入事先准备好的潮湿的沙土中，插入2～3 cm深，置于半阴凉处，7 d后逐渐以散射光锻炼，20 d后可生根成活。

培养土可采用山泥、河泥、腐叶土拌匀后栽植，也可用腐叶土、园土、堆肥土、沙按4∶3∶2∶1比例混合配制。

加强施肥管理，生长期要用腐熟的饼肥、麻酱渣或马蹄片水兑水稀释，每15 d浇一次。3月施肥最重要，以磷肥为主，辅以氮肥，现蕾期应增施磷肥。盆土不干不浇水。

春、秋两季要放在阳台朝南处，且要通风透光；夏季高温季节要避免暴晒，置盆于阴凉而不受直射阳光照射之处，为了提高湿度须向周围地面喷水；入冬前需搬入室内置放在阳光充足之处。

期及时抹去过多的侧芽及基部的枝芽，减少养分消耗。生长过程中要不断进行整形，设竹竿予以支撑，可编成各种造型，提高观赏价值。

4.蟹爪兰

生态习性：附生类多浆植物，喜温暖、湿润及半荫的环境，喜通气排水性能良好，富含腐殖质的微酸性沙质壤土。生长适温15～25℃，冬季低于10℃生长明显缓慢，低于5℃呈半休眠状态。冬春季元旦前后始花。夏季要遮阴、避雨、秋凉后移至温暖、阳光充足处。

栽培养护要点：常用扦插和嫁接法繁殖。

要注意肥水管理，盆土不可过干过湿，干透浇透，否则会造成花芽脱落。每隔10～15 d施1次腐熟稀释的有机液肥，要特别注意施花前肥、花后肥。

入秋后提供冷凉、干燥、短日照条件，促进花芽分化。开花期减少浇水。平时盆内不积水，以免引起烂根和茎节腐烂。

可在花后进行翻盆。翻盆时施足基肥。

5.昙花

生态习性：喜温暖湿润半阴的环境，不耐霜冻，忌强光暴晒。喜富含腐殖质、排水性能好、疏松肥沃的微酸性沙质土。

栽培养护要点：常用扦插繁殖，也可播种。扦插宜在5—6月，选取植株上部1～2年生的成熟的片状枝或基部棒状枝，插条10～15 cm，下剪口应在节下。剪口晾干后，斜插于干净的沙或蛭石中，适当保湿，20 d可生根。

盆栽用土可用腐叶土、园土、河沙按1∶1∶1比例混合，并加入一些腐熟的有机肥。

夏季要放在无直射光的荫棚下养护。生长适温13～20℃，冬季要移入温室，温度保持10～13℃为宜，放在向阳处。

春季到秋季生长期要保持盆土湿润，充分浇水，经常喷水提高空气湿度，但不能用碱性水。夏季避免淋雨。冬季休眠期严格控水。生长期每月施1～2次追肥，追肥以腐熟的饼肥液、粪肥液并加硫酸亚铁效果好。

昙花在夜晚开放，想使其白天开放，在花蕾膨大时，白天将它放在暗室内或用黑布、黑色塑料薄膜做成遮光罩罩住，20时到次日6时用灯光照射。经这样“昼夜颠倒”处理7～8 d后，则可使昙花在白天开放，而且开花时间延长。

拓展二　常见多浆植物养护要点

1.芦荟

所属科：百合科

生态习性：喜光，也耐半阴，喜温暖，不耐寒，冬季最低温度不宜低于5℃，喜排水良好、肥沃的沙质壤土。

栽培养护要点：不同种类可用分株和扦插繁殖。

中国元江芦荟、库拉索芦荟等多用分株法，一株2年生的芦荟，在一年内能分蘖出10～20株小苗，当小苗具有4～5片小叶时，就可从母株上切离，移栽。木立芦荟多用扦插法。于4—5月和8—9月进行。插穗可从成年株顶部取8～10 cm嫩茎，带2～3片小叶，也可取成年株中下部叶腋间的幼芽，一般高度为10～15 cm。取下后放于阴凉处5～7 d，使其茎的切口处收缩干燥，扦插于有遮阴的苗床上或花盆中，保持适当温度，20 d左右即可生根。

芦荟上盆时，宜用腐叶土与沙质壤土混合而成的培养土，用蹄角片作底肥，芦荟有“怕湿不怕干”的说法。土壤水分过多，往往造成植株受损或死亡。

浇水要根据植株不同生长、发育阶段及自然条件来灵活掌握。刚上盆的小苗不宜多浇水；

若空气干燥，气温高，空气流通强，要及时浇水。春、秋季气温在15～25℃时，可5～7 d浇一次水。夏季气温高，蒸发量大，可2～3 d浇一次，冬季使盆土适当干燥，有利于植株越冬。

追肥常用马蹄掌、麻酱渣、动物内脏等有机物经充分发酵而成的液肥，有机物发酵时要适当加入杀虫剂，以杀死蝇蛆等害虫。施肥时不要沾污叶片。

10月中旬入室越冬，室温保持10～15℃，翌年5月初出室养护。

2.条纹十二卷

所属科：百合科

生态习性：喜温暖、干燥和明亮光照的环境，不耐寒，冬季温度要高于10℃。宜肥沃、疏松和排水良好的沙壤土。

栽培养护要点：常用分株和扦插繁殖。全年均可进行分株，常在4—5月换盆时，把母株周围的幼株剥下，稍晾后另栽植于盆中即可。

分株上盆后灌根或浇一次透水。分株后的21～23 d内要节制浇水，以免烂根，每天需要叶面喷雾1～3次。不要浇肥。放在遮阴棚内养护防止太阳光过强。

扦插于5—6月间进行为宜，将肉质的叶片带少许的半木质化部分切下，插于干净的河沙基质中，20～25 d即可生根，根长2～3 cm时移植于盆中最佳。

春、秋是生长季，要保持盆土湿润，每月施肥一次。夏季高温期植株进入休眠状态，适当遮阴。对肥水要求不多，甚至要控肥控水。浇水时间尽量安排在早晨或傍晚温度较低的时候进行。还要经常给植株喷雾。浇水的原则是"间干间湿，不干不浇，浇就浇透"，浇肥时不要浇到植株上。

3.玉露

所属科：百合科

生态习性：喜凉爽的半荫环境，耐干旱，不耐寒，忌高温潮湿和烈日暴晒，怕阴蔽，也怕土壤积水。

主要生长期在春、秋季节。

栽培养护要点：可用分株、扦插繁殖，也可播种育苗。

分株结合换盆进行，也可在生长季节挖取母株旁边的幼株，有根可直接栽种，无根的苗要晾1～2 d，伤口干燥后在培养土中进行扦插，插后保持土壤半干状态，14～21 d后可长出新根。

叶插繁殖，选择健壮充实的带有一些茎部的肉质叶，生长期在蛭石或粗沙等排水良好的基质中叶插，插后保持盆土稍湿润，肉质叶基部易生根发芽，芽大些再另行栽种即可。

宜置于明亮光照处，生长期保持盆土稍湿润，夏季高温时少浇水，秋凉后保持湿润，冬季稍干燥。生长期浇水掌握"不干不浇，浇则浇透"，避免积水，更不能雨淋。

4.虎尾兰

所属科：百合科

生态习性：适应性强，性喜温暖湿润，耐干旱，喜光又耐阴。对土壤要求不严，以排水性较好的沙质壤土较好。其生长适温为20～30℃，越冬温度为10℃。

栽培养护要点：常用分株、扦插繁殖。分株可在春季结合母株翻盆换土时进行。虎尾兰宜丛植，分株时株丛不宜分得过小。

扦插在夏季进行，将叶片剪成5～10 cm长的插穗，按叶生长方向插入基质中，上下方向不可颠倒，约30 d生根。

虎尾兰春、夏季生长速度快，注意保持盆土湿润，并施以腐熟稀释的有机液肥。冬季休眠期控制浇水，否则易引起叶基部腐烂，夏季光照强时应适当遮阴。

5.沙漠玫瑰

所属科：夹竹桃科

生态习性：喜高温、干燥和阳光充足的环境，不耐寒，生长适温25～30℃，冬季温度不低于15℃。喜富含钙质的、疏松透气的、排水良好的沙质壤土；不耐荫蔽，忌涝，忌浓肥和生肥。

栽培养护要点：常用播种繁殖。也可用半成熟枝扦插繁殖。播种培育的植株，能生长出膨大的根部。

家庭栽培时，宜放置阳光或散射光充足的地方，宜用肥沃、疏松及排水良好富含钙质的沙壤土。花期5—12月，花色有红、玫红、粉红、白等。南方温室栽培较易结实。

喜欢高温通风的环境，夏天是沙漠玫瑰的生长季，平均温度都在30℃左右，非常适合其生长；沙漠玫瑰的耐寒性差，冬天宜移入室内栽培。

避免潮湿的环境。在生长期间，水分亦不能过多，必须确定盆土的表面完全干燥后方可浇水。

春夏季适当施肥以补充养分。秋冬是沙漠玫瑰的休眠期，生长非常缓慢甚至停止，停止施肥。

膨大的根部是沙漠玫瑰观赏价值之一，适当增加磷钾肥，可以起到壮根的效果。

6.八宝景天

所属科：景天科

生态习性：性喜强光和干燥、通风良好的环境，亦耐轻度庇荫；不择土壤，要求排水良好，耐贫瘠和干旱，忌雨涝积水。植株强健，管理粗放。性耐寒，华东及华北露地均可越冬，地上部分冬季枯萎。

栽培养护要点：以扦插为主，也可分株繁殖。

扦插时选长势良好无病虫害的母株，剪取长8～13 cm的茎段，去掉基部1/3的叶片，在阴凉处晾1～2 d，斜插入事先平整好的土地中，露出地面的部分以长4～5 cm为宜。扦插后及时喷雾浇水。扦插最佳温度为21～25℃，避开雨季，扦插成活率更高。一般7 d即可生根，插后21～28 d植株即可开始生长，有的最后会长出侧芽。

定植后缓苗期及时松土除草，每14 d浇1次水，以后经常保持土壤湿润，但不能积水。

在植株比较茂密的时候可修剪1～2次，使株丛变矮而紧密，延迟花期。要注意在冬季降霜后，剪除地上部分，浇足冻水保证地下部分能够很好的越冬。

7.玉蝶

所属科：景天科

生态习性：性强健，对环境要求不太严格。在温暖、干燥和阳光充足、通风良好的条件下生长良好，耐干旱，不耐寒，忌阴湿。

可常年放在室内光线明亮处。冬季需5℃以上即可安全越冬。

栽培养护要点：可选择枝插或者叶插，叶插要选择肥厚的叶片扦插。枝插可砍头繁殖，将剪下枝条放置 3～5 d，待伤口完全干燥愈合再插入种植土中，枝插成功率较高。

扦插后应放置于通风明亮无直射光处，光照太强或太暗会抑制叶插的成功率，待小苗长出后，逐渐增加光照。

盆栽营养土可选择透气排水性良好的土壤，如草炭土、园土按 1∶1 的比例配制，

在充足光照的前提下，可给予其足够的水分，干透浇透。

夏季温度 30℃时应适当遮阴，加强通风，节制浇水。

玉蝶属于夏季休眠的多肉植物，但休眠期不明显，喜光照不耐阴，光照不足的情况下很容易株型松散，叶间距增加，叶色变白，叶片拉长甚至下垂。充足的光照下，玉蝶株型紧凑，叶色较为泛蓝，叶片层层叠叠的包裹感很强，盛开如花。

8. 生石花

所属科：番杏科

生态习性：喜冬暖夏凉气候条件。喜温暖干燥和阳光充足的环境，怕低温，忌强光。生长适温为 10～30℃。

喜疏松透气的中性沙壤土。冬、夏两季要对水分适当控制有助蜕皮。

生石花具有“冷凉季节生长，夏季高温休眠”的习性。其生长非常奇特，每年秋季花后植株开始在其内部孕育新的植株，并逐渐长大，随着新植株的生长，原来的老植株皱缩干枯，只剩下一层皮，并被新株涨破，直到最后完全脱去这层老皮。在栽培条件较好的情况下，成年植株每次脱皮后会长出 2 个新株，因此栽培多年的生石花往往呈群生状，而幼株或栽培条件不好只是一株顶替一株，没有新的植株长出。

栽培养护要点：常用播种繁殖。春季 4—5 月播种，因种子细小，一般采用室内盆播，播种后不必覆盖，盆土干时应采取浸盆法浇水，播种后保持温度 15～25℃。约 15 d 发芽。出苗后让小苗逐渐见光。幼苗较小，生长迟缓，管理必须谨慎。一般 3～5 d 浇一次水。实生苗需 2～3 年才能开花。

盆土可用腐殖土 2 份、粗河沙或蛭石 3 份混合配制，掺入少量的骨粉作基肥以及多菌灵、甲基托布津等杀菌药物。

换盆、栽种均在秋季进行，换盆时将植株从土壤中取出，抖掉根部的土，尽量不要伤及须根。对于干枯的老根以及腐烂的根系则予以剪除，换新的培养土栽种。可将不同品种的生石花栽种于一个较大的花盆内，也可单独栽种于一个小花盆中。

春季的 2—4 月是生石花的蜕皮期，此时应停止施肥，控制浇水，使原来的老皮及早干枯。在脱皮基本结束时再追施一次复合肥，使其生长健壮。

浇水掌握“不干不浇，浇则浇透”的原则。浇水时间一般在晚上或清晨温度较低的时候进行，避免雨淋，特别是长期雨淋或暴雨淋，否则会因吸水过多造成植株顶部破裂。

每 20 d 左右施一次腐熟的稀薄液肥。

夏季高温时生长缓慢或完全停止，在通风良好的条件下给予充足的光照，盆土完全干透后浇少量的水。如果在夏季通风不良的温室中栽培，要避免强光直射，并控制浇水，甚至完全断水，使植株在干燥的环境中休眠，度过炎热的夏季。

秋季是主要生长期，也是开花的季节，要求有充足的阳光。光照不足，会使植株徒长，肉质叶变的瘦高，顶端的花纹不明显，而且难以开花。

9. 虎刺梅

所属科：大戟科

生态习性：喜温暖、湿润和阳光充足的环境。稍耐阴，但怕高温，较耐旱，不耐寒。以疏松、排水良好的腐叶土为最好。若冬季温度较低时，有短期休眠现象。

栽培养护要点：主要用扦插繁殖。整个生长期都能扦插，但以 5—6 月进行最好。选取老枝顶端，剪成 6～10 cm 一段。剪口有白色乳汁流出，用温水清洗晾干后，再插入沙床。

插后需保持介质湿润而不过潮湿，约 30 d 后可生根，生根后以单株或 3 株种在盆中。

幼苗需每年翻盆一次，大株可 2～3 年翻盆一次，用排水好的沙质壤土伴以砻糠灰作培养土。生长季节盆土要间干间湿。浇水量要控制，只有在夏季高温时才可多浇水。开花期如水多过湿，会引起落花与烂根。

每年春季施薄肥 2～3 次，秋季可减少施肥量。10 月需移进温室，冬季温室的适温要维持在 15℃以上才能开花。放在温室中阳光照射充足的地方，有利于花多色艳。如果温度较低，则叶片脱落，进入休眠状态。休眠期间，土壤应保持干燥，否则植株易腐烂。

虎刺梅花多发生于新枝顶端，为促使多开花，应行修剪，如不修剪则花少，且株型紊乱。

项目四

切花生产

项目背景

切花生产是花卉生产的重要组成部分，占世界花卉销售总额的60%，是花卉生产的主力军。国际市场对月季、菊花、香石竹、满天星、唐菖蒲、非洲菊、百合及相应的配叶植物的需求量正逐年增加。切花生产成为我国农业产业结构调整的主要方向。随着人民生活水平的不断提高，鲜切花已经成为人们能够接受的消费品，尤其是开业及婚庆，鲜花的装扮会增加喜庆浪漫的色彩；走亲访友带一花束可体现出温馨和关怀。

云南省是我国鲜切花生产量最多、生产面积最大的栽培基地，占我国切花年生产量的40%。辽宁的凌源是北方地区鲜切花生产的重要基地。我国生产的鲜切花除满足国内市场需求之外，大部分出口到日本、新加坡等国。近年来北京、上海、山东、海南等地都开发切花生产基地，切花生产水平在不断地提高。

知识目标

1. 了解切花生产的基本知识；

2. 了解切花、切叶、切枝类花卉生产技术要点。

能力要求

1. 熟悉鲜切花的种类、习性和栽培方式；

2. 能够操作切花菊、切花月季、切花非洲菊、切花百合等鲜切花的种苗繁育与生产管理过程。

学习方法

以线上网络资源、书籍为载体，获取较为先进的新技术信息，启发切花生产栽培的创造性。

任务一　切花类花卉生产

任务分析

切花类花卉是切花生产的主要部分，世界四大鲜切花菊花、月季、唐菖蒲、香石竹都是切花类的，其他如百合、郁金香、满天星等。随着切花花卉在鲜切花市场中所占比重的增大，生产优质的切花对于满足市场需求有重要的意义。本任务从品种的选择、栽培技术、管理、采收保鲜等方面着手，让大家了解掌握切花花卉生产的基本流程，为切花生产打下良好基础。

任务目标与要求

知识目标：切花类花卉的种类、栽培形式、栽培技术要点。
能力目标：会对切花菊、切花月季进行生产管理。
学习要求：线上主动学习，线下认真听辅导。遵守纪律，遵守实训室、实训基地等相关规则，做好笔记，注意安全。

任务实施

子任务一　切花菊生产

切花菊是世界四大切花之一，产量居四大切花之首，具有花型多样、色彩丰富、用途广泛、耐运耐贮、瓶插寿命长、繁殖栽培容易、能周年供应、成本低、高产出等优点，综合国内外发展环境和其本身特点，切花菊产业必将有广阔的发展前景。

日本是世界上切花菊生产大国，占世界切花菊产量的 50%以上，2004 年日本生产切花菊 20 亿枝。日本也是切花菊消费大国，平均每天消费 300 万～400 万枝。但因劳动力成本较高、土地资源缺乏、冬天温度较低，日本国内菊花生产量远远不能满足需求，菊花的生产逐渐向气候适合、生产成本较低的发展中国家转移。世界花卉的稳步增长及产业转移，为我国花卉业进一步发展创造了良好的外部环境。

1. 品种与类型

适宜作菊花切花的品种多是花型圆整、花色纯一、枝干高而花颈短粗、叶片鲜绿、肉厚平展而不大、适于长途运输、瓶插寿命长的品种。切花菊按整枝方式有标准菊和射散菊两种。标准菊每茎顶端着生一朵花，常用大、中花的品种；射散菊是繁花品种，每茎着生多朵花，常用小花型品种。

我国常见切花菊类型与品种见表 4-1 所示。

表 4-1　切花不同类型品种及其花芽分化与发育对日长和温度的反应

（选自潘伟主编《花卉生产技术》）

类型	花期	对温度的反应	对日长的反应	品种
夏菊	华中地区 4—6 月；北方寒冷地区 6—8 月	花芽分化温度为 10℃左右，少数 5℃，高温抑制花芽发育	不敏感	新精兴、白精兴、夏红、金碧辉煌、千代姬和赤壁鏖战等
夏秋菊	7—9 月	花芽分化温度 15℃左右，低温抑制花芽分化	量性短日*	精云、精军、白天惠、宝之山和夏牡丹等
秋菊	10—11 月	花芽分化温度 15℃左右，临界低温 10℃，高温抑制花芽发育	短日	秀芳之力、秋樱、巨宝、日橙、日本雪青和四季之光等
寒菊	12 月至翌年 1 月	花芽分化温度 6～12℃，高温抑制花芽发育	短日	金御园、银正月、寒娘红、寒白梅、寒太阳、神马等

注：* 量性短日即在短日照条件下能正常开花，短日处理能促进开花的类型。

2. 生产所需条件

生产切花菊宜选择开阔向阳、排水良好的场地。土壤要求排水透气性良好，pH 以 5.5～6.5 富含有机质的沙壤土为佳。如果连续种植 2～3 茬菊花，必须轮作，也可对土壤进行消毒。

栽培的设施可以是温室或大棚等可控的场所，要设置育苗的场所，有通畅的道路及排灌系统。

3. 育苗

切花菊生产上育苗多采用嫩枝扦插法。

(1)母株培育　在 9—10 月，将圃地施足基肥后，把脱毒组培苗按密度 25～30 株/m^2 定植。加强肥水管理。植株长到 12～15 cm 时摘心一次，摘去顶芽 1～2 cm 促发侧枝。20 d 后进行再次摘心，促发更多的侧枝做插穗。一般可按母株与栽培用苗 1∶10 的比例确定母株的数量。每株母株可采穗 3～4 次。

(2)扦插床的制作　扦插床一般宽 90 cm，长度根据棚室的实际情况来定。可用砖砌成固定育苗床，也可直接用土，床底部铺一层旧塑料。深度 15～20 cm 的育苗床内填充 10～15 cm 的扦插基质，过道宽 24 cm。

(3)基质的选择　扦插基质可用素沙、珍珠岩、蛭石、草炭，可按四种材料 1∶1∶1∶1 混合使用，也可素沙、蛭石或草炭单独使用。扦插基质不宜重复使用。

(4)采穗扦插　北方地区 11 月至翌年 5 月都可进行切花菊扦插育苗，可根据定植期及是否摘心来确定扦插的时间。

采摘顶芽扦插，在母株上剪取 5～8 cm 的嫩梢，带 5～7 片叶，去除下部叶，保留上部 2～3 片叶，在扦插床上用与插穗粗细接近的木棍按 3 cm×4 cm 扎孔，插穗插入基质中 2～3 cm，压实，浇水。保持温度 15～20℃，空气相对湿度 80%～90%，10 d 左右可生根，20 d 后可移植成苗。

4. 定植前的准备(栽培管理以标准菊生产为例)

(1)整地　将种植地内的土地平整，施足基肥。施入 10～12 m^3/亩的牛粪和氮、磷、钾比例为 1∶1∶1 的复合肥 50 kg。用旋耕机反复旋耕 3 次，让肥料与土壤充分混匀，准备做畦。

(2)做畦　栽培切花标准菊一般做高畦，畦高 15 cm，畦底宽 70 cm，上面宽 50 cm，畦间距

30 cm。做好畦后在畦上铺设滴灌管，每个苗床上间隔 30 cm 铺两根滴灌带，滴头间距以 15～20 cm 为宜。滴灌安装后立即检查滴水效果，确保苗床每一处滴水均匀。安好滴灌后在畦面覆一层黑色地膜增温、保湿、防除杂草。在苗床上铺设网眼为 10 cm×10 cm 尼龙支撑网，网的两端用挡板和铁管固定，网面要绷紧，使每一个网眼呈正方形。

(3)定植　根据栽培季节不同，定植的时间也不同，一般夏季定植在下午进行，冬季一般在晴天的上午进行，如果定植量很大，可在遮阴条件下全天进行。

标准菊定植株行距 10 cm×10 cm，每个网眼定植 1 株切花苗，每畦 4～5 行定植，每亩定植 27 000 株。定植时苗株茎部埋入土中 2 cm，使根系舒展，定植后立即浇透水，浇水后，马上进行扶苗、补苗，根系裸露在外的菊苗，要重新覆土。用遮阳网进行遮阴。

5. 生长期的管理

(1)温度管理　定植前期白天温度应不低于 21℃，最高不超过 30℃，夜温不低于 18℃，最高夜温不超过 20℃；花芽分化后白天降至 20～25℃，夜温降至 16～17℃。

(2)光照　定植后的日照长度不足 14 h，会造成菊花没达到规定高度而提早花芽分化，所以需要人工补光处理。补光时间可根据日长的缩短而逐渐加长，一般从开始的 2 h 到后期的 4 h。补光一般是在夜间 11 时到次日凌晨 2 时，光照强度要求在 50 lx 以上。当植株高度达到 60 cm 时可停止电照，使植株转入生殖生长。补光的标准是每 10～15 m^2 安装 1 只 40 W 的节能灯，光源距花 1.5 m 以下最佳。

(3)肥水管理　菊花喜肥，整地时要施足基肥，整个生长期都要定期追肥。营养生长阶段，随水施入 1%磷酸二氢钾、0.5%尿素两次；现蕾后施入 1%磷酸二氢钾、0.05%硼砂 3～4 次。如果土壤营养状况不良则应该加大施肥频率，可每 10 d 随水施入一次液肥。

菊花营养生长期一般每 5～7 d 浇一次水；花芽分化前 7 d，以偏旱为宜，人为地创造一种“逆境”条件，有利于菊花的营养生长向生殖生长的过渡。到花芽分化中后期应适量浇水，以保证顶部叶片的正常生长。此时期若水分不足，极易造成顶叶小而簇生，严重影响商品价值。

(4)抹芽、疏蕾、提网　腋芽长至 2 cm 时要及时抹掉，抹芽时要做到“三不”，即：不掉叶、不留橛、不落抹。

主蕾边上的侧蕾长到绿豆粒大小时，要及时抹掉侧蕾，抹蕾应根据个人熟练情况以能抹掉侧蕾而不伤及主蕾为原则，不能留橛。

菊株要保持网上部分在 15 cm 左右，当网上高度达到 25 cm 左右时及时提网，提网最好在晴天的下午进行，提网时把花网向外侧绷紧，同时向上提起。

(5)植物生长调节剂处理　因各方面的原因导致花期延误时，可喷赤霉素催花。一般从现蕾之后，用毛笔蘸上赤霉素对花蕾进行处理，每 5 d 左右一次，直至花蕾显色，可使菊花提前开花。由于秋菊的品种不同，使用赤霉素的浓度有很大差异，从 100～1 000 mg/L 不等，使用之前应查好资料或做好田间试验。

(6)病虫害防治

①锈病　10～24℃条件下最易发生，以寒冷、阴雨、日暖夜寒、潮湿天气发生较严重。

可喷洒 80%代森锰锌 500 倍液、25%三唑酮可湿性粉剂 1 500 倍液、20%萎锈灵乳油 400 倍液、25%甲霜灵可湿性粉剂 800 倍液或 75%百菌清可湿性粉剂 500 倍液，每 7～10 d 喷一次，交替使用，连喷 3～4 次，可达到良好防治效果。

②白粉病　高温高湿、光照少、通风不良、昼夜温差 10℃左右时最易感染发病。

发病前喷洒50%托布津可湿性粉剂800～1 000倍液、50%代森铵可湿性粉剂1 000倍液，每周一次，连续喷施4～5次。

③灰霉病 高温多雨、氮肥施用过多、栽植过密以及土壤质地黏重等都有利于灰霉病的发生。

发病初期可喷洒代森锌、多菌灵等杀菌剂。

④潜叶蝇和蚜虫 可用1.8%阿维菌素乳油4 000～6 000倍液，连续喷洒3次，也可用黄板诱杀成虫，22%敌敌畏烟剂温室密闭熏蒸。

6.切花采收与处理

切花的采收要根据气温、贮藏时间、市场和转运地点等综合考虑。

高温和远距离的运输在花开5成(舌状花紧抱，少量外瓣开始伸出)采收。如温度低或近距离运输，可在花开近8成(舌状花大部分展开)时采收。采花应从距地面10 cm处剪断，时间选在清晨或傍晚，有利于切花保鲜。采后去掉下部1/3叶片，用薄膜将花头罩起，按国家主要花卉产品等级标准分级。分级后，每10枝捆成一扎，再插入25 mg/L硝酸银保鲜液中，置于0～2℃冷室中预冷，使之充分吸水，花枝挺实后才能装箱上市。

☞ 考核要点与方法

每位同学根据自己学习的情况回答下列问题，最后教师作出评价，如表4-2所示。

表4-2 切花菊生产考核表

考核内容	考核问题	分值	得分	教师评价
切花菊生产	1.切花菊用什么方法繁殖？	30分		
	2.切花射散菊的生产技术与标准菊有什么不同点。	40分		
	3.查一查菊花还有哪些生产方式？各做一简要介绍。	40分		

子任务二 切花月季生产

切花月季是月季家族的主要成员，是世界四大切花之一。由蔷薇属的原生种经无数次的杂交选育而成，在国外人们习惯将月季称为“玫瑰”(Rose)，其实月季、蔷薇和玫瑰都是蔷薇科蔷薇属，不同种的植物。切花月季是有刺灌木，枝条直立，茎具钩状皮刺。叶互生，奇数羽状复叶，小叶3～5枚。花单生或簇生茎顶，花型优美，花瓣多数且质地硬，重瓣型，花色丰富，在插花艺术中应用广泛。

1.生产基础条件

采用温室或类似的保护设施，宜安装遮光系统、降温系统、淋水系统、防虫网。种植地应选择地下水位低、疏松透气、富含有机质、土壤层40 cm以上的园地，土壤pH为5.5～6.5。肥料以有机肥为主，化肥为辅，微量元素配合使用。

2.品种选择

作为优质切花月季的生产，其品种特性应具备以下基本标准：一般应为高心卷边或高心翘角;重瓣性强,花瓣层数多且排列紧凑;花瓣质地厚实且质感好,外层花瓣整齐,无碎裂现象;花枝和花梗挺拔,支撑力强,具有一定长度;花色鲜艳、纯正、明亮;花朵开放过程较慢,耐插性好。

目前我国切花月季生产的主要品种有:红色系品种的"萨曼莎"(Samantha)、"红衣主教"(Kardinal)、"红成功"(Red Success);粉色系品种的"外交家"(Diplomat)、"索尼亚"(Sonia)、"贝拉"(Blami)、"火鹤"(Flamingo);黄色系品种的"阿斯梅尔金"(Aalsmeer Gold)、"金徽章"(Gold Emblem)、"金奖章"(Gold Eedal)、"黄金时代"(Gold Times);白色系品种的"白成功"(White Success)、"雅典娜"(Athena)、"婚礼白"(Bridal White);其他色系品种有"莫里卡"(Monica)橙色等。

在生产中,各色花栽培面积比例要适当。可以红、朱红、粉红、黄、白配置比例为40%∶15%∶15%∶20%∶10%。

3. 育苗

目前生产上用得较多的是嫁接法和扦插法育苗。扦插苗前期生长慢,产量低,后期生长稳定,产量高,多用于无土栽培。嫁接苗生长势好,切花质量和产量高但种苗成本较高。

嫁接育苗以芽接应用最广泛。砧木可采用"十姊妹""野蔷薇""粉团蔷薇"的实生苗或扦插苗,适宜在15~25℃的生长季节内进行。

扦插育苗在整个生长期内均可进行,一般在4~10月较适宜。选开花7 d左右的半成熟健壮枝条。将枝条剪成10 cm左右,具有2~3个芽的枝段,保留1片复叶,插穗基部蘸生根剂,如IBA或NAA,以促进生根。插穗间距3~5 cm,插入基质2.5~3.0 cm深,插后喷透水。保温保湿即可。

4. 生产管理

(1)整地做畦　切花月季一旦定植即可生产4~5年以上,所以定植前施足充分腐熟的有机肥,深翻土壤至40~50 cm,做成15~20 cm的小高畦,畦宽45 cm,每畦定植双行,床间距40~45 cm。

(2)定植管理　定植的最佳时间是5—6月,定植后一般180 d开始产花。扦插苗宜2~3年后更换,嫁接苗宜4~5年后更换。栽培方式为单畦双行栽培,株距20~30 cm,行距40 cm左右,栽植选择在多云、低温天气,早上和傍晚最佳。

定植后浇足定根水,白天叶面喷水,适当遮阴。3~5 d后即可检查成活情况,如果有大量的白色新根则说明成活。20 d后当有大量的新根发生时,可减少浇水量,适当"蹲苗",促使根系进一步生长,经过30 d后可进行正常管理。

定植后90~120 d内为营养体养护阶段,在此时期内,随时将花蕾摘除。当植株基部开始抽出竖直向上的粗度大于0.6 cm的粗壮枝条时,即可留作开花母枝。

(3)环境管理　切花月季生产最适宜的生长发育温度白天20~26℃,夜间12~16℃。夏季高温不利生长,应及时采取通风、遮阴等措施。若冬季产花,晚上最低温度不能低于10℃。

优质切花月季萌芽和枝叶生长期需要的相对湿度为70%~80%,开花期为40%~60%,湿度高于90%以上易诱发多种病害发生,白天控制在40%,夜间应控制在60%为宜。

每天需保证5~8 h以上的阳光直射才能有利于切花月季的生长。

月季是喜肥花卉。定植前应施足基肥,老植株结合每年冬剪在行间挖条状沟施腐熟的鸡粪、牛粪等有机肥。在生长季节,每隔2~3周结合浇水追施一次薄肥。切花月季需较高的磷肥，氮、磷、钾比例以 1∶3∶1 为好，同时需要注意钙、镁及微量元素的配合施用。在培养开花母枝阶段应加大水肥的供应，使植株枝叶充分生长，为开花打好物质基础；定植初期应使土壤“间干间湿”，进入孕蕾开花期，水肥需要量增大，通常 2～3 d 浇一次水，产花期还可适当叶面喷施 0.2%～0.4%磷酸二氢钾溶液。地面宜覆盖稻草、药渣、锯末等，减少土壤水分蒸发，降低空气相对湿度，减少病虫害的发生。

(4)整枝修剪　整枝修剪是切花月季生产的重要环节，可以控制植株高度，更新枝条，促进切花产量，控制花期。

整枝修剪结合管理分轻度修剪、中度修剪、低位重剪 3 种方法。每天采花就是一种轻度修剪，当产花枝的花蕾有中等大小时，把不合格的短枝、弱枝、病枝剪除掉，对外围的产花枝只摘除花蕾而不剪枝叶，以保持植株的营养面积，增强树势，促进生长旺盛。7—8 月高温期间，不修剪，只摘花蕾，保留叶片。及时检查，除去砧木的萌芽。

中度修剪一般在立秋前后进行，将枝条上部剪掉，留 2～3 片叶，到 9 月下旬就可以进入盛花期。低位重剪在 12 月中下旬进行，把植株回剪到离地面 60 cm 左右的高度，争取在“清明节”产出早春花，到“五一”进入盛花期。新定植的月季，前 2～3 年都要进行低位重剪。

20 世纪 80 年代后，日本和以色列推广应用的折枝、压枝整形技术也是月季栽培重要措施之一，在国内某些地区及花卉生产企业也开始应用。

折枝主要是针对生长初期不能产花而需要疏除的枝，通过弯折加以保留，作为营养枝。小苗定植后最初长出的 3～4 个枝条从基部 3 cm 处向植株两侧弯折，以折伤而木质部不断为宜，枝条被弯曲后，由于植株生长的顶端优势被抑制，从植株基部萌发的枝条生长势强、均匀、长而直立，将其作为开花枝培养。折枝数量以铺满畦面为宜，让叶片能得到充足的光照。

压枝在月季整个生育期都可进行，要把细弱枝及产花长度不够的枝压下，压枝要尽量向下，以突出顶枝生长优势，采取边扭边压的方法。幼苗期压枝时，压枝绳(铁丝或尼龙线)距苗 25～30 cm，在定植畦的两边用铁桩或木桩拉紧并固定。当枝条长度有 40～50 cm 时将枝条压下。压枝时注意各株之间、枝条之间不能相互交叉。植株压枝后会长出脚芽，粗壮的脚芽可培养做切花枝，现蕾后留 4～6 片叶短截作为切花母枝。

(5)剔芽、剥蕾　切花月季萌芽能力很强，产花枝在生长过程中萌发的侧芽、副蕾随时剔掉，集中营养供给主蕾发育。小苗生长期随时剥除花蕾以增强花枝向上生长的能力。

(6)病虫害防治　切花月季病害有白粉病、灰霉病、锈病、黑斑病、冠瘿病、病毒病、线虫病、根腐病等，主要虫害有红蜘蛛、蚜虫、蓟马、卷叶虫、金龟子、介壳虫等，常见生理失调引起的病害有牛头蕾病、落叶病等，要定期防治。

(7)切花采收　采收标准春、秋两季以花瓣露色为宜，冬季以花瓣伸长，开放 1/3 为宜。现多用特制的尼龙网在田间套扎花头以保护。每次采花均在花枝基部第 3 个节芽上 0.5～3 cm 处下剪，以利下部腋芽发育成花枝。花枝剪下后，立即插入盛有水的桶内，水中可放 0.08%的杀菌剂，然后运到车间进行分级包装，每 10 枝或 20 枝扎成一束。

☞ 考核要点与方法

每位同学根据自己学习的情况回答下列问题，最后教师作出评价，如表 4-3 所示。

表 4-3　切花月季生产考核

考核内容	考核问题	分值	得分	教师评价
切花月季生产技术	1. 切花月季芽接育苗的操作要点有哪些？	40 分		
	2. 切花月季修剪的方法是什么？	30 分		
	3. 查一查现在有哪些月季新品种，昆明花市切花月季的价格。	30 分		

◈ 知识拓展

其他常见切花生产技术要点

1. 切花唐菖蒲

植物学分类：鸢尾科唐菖蒲属

生态习性：喜温暖不耐寒，生长适温为 20～25℃，球茎在 5℃以上的土温中即能萌芽。

典型的长日照植物，夏季种的球根都必须在室内贮藏越冬，室温不得低于 0℃。

喜肥沃的沙质壤土，pH 不超过 7；特别喜肥，磷肥能提高花的质量，钾肥对提高球茎的品质和子球的数目有促进作用。

生产栽培要点：播种前施足底肥，结合翻耕，每亩（667 m^2）施腐熟的鸡粪或其他优质农家肥 130～200 kg，13 kg 草木灰，翻耕深度不小于 30 cm。一般做畦面宽 1～1.2 m、沟宽 30 cm 的畦。

种植前要选择厚实浑圆、芽点饱满、表面光滑、无病虫害侵染的种球。

种球种植前需做消毒处理，消毒前应在 25～35℃温水中浸泡 12 h 使外皮软化，常用的消毒药剂有：50%代森铵或 65%代森锌 500 倍液、70%甲基托布津 800 倍液、50%多菌灵或 75%百菌清 500 倍液、0.1%～0.3%高锰酸钾溶液。在消毒剂中浸泡 30～60 min，种球捞出晾干后待播。

如果 7—8 月为供花时间，宜在 4 月中下旬至 5 月下旬种植；如 9—10 月为供花时间，宜在 6 月下旬至 7 月下旬种植。

一般大球疏植，小球密植，春季栽培密度大于秋季。切花种植株行距（10～15）cm×（15～20）cm，种球应距畦边 10 cm。正常播种深度以球茎高度的 2～3 倍为准，一般控制在 6～12 cm。

播种后需浇一次透水，以促进出苗。待苗出齐后控制浇水，促进根的生长。在整个旺盛营养生长期，适时灌水，保持土壤湿润。在植株 3～7 叶期水分要充足，雨水过多时注意田间排水。

唐菖蒲进入旺盛生长期，应及时进行追肥。生长期一般进行三次稀薄追肥即可。3 叶期进行第一次追肥，可用 20～30 g/m^2 的硝酸钙；5 叶期花茎伸长孕蕾时进行第二次追肥，用 20～30 g/m^2 的复合肥补充磷、钾，施；花后进行第三次追肥，施用 20～30 g/m^2 的复合肥，促进新球生长。

切花采收及贮运：远距离运输的切花在花序最下部 1～2 朵小花显色时采收，兼作远距离和近距离运输的在最下部1～5朵小花都显色时采切。

在傍晚或清晨剪取，在植株离地面5～10 cm处斜向剪取。采收后捆扎，立即插入含5% $AgNO_3$、20%～30%蔗糖和20%～30%杀菌剂的水溶液中浸泡24 h后，包装于保湿箱中，在2～5℃下可贮存。

在采收后的贮藏及运输过程中，保持切花直立向上，防止花序顶端弯曲。

2.切花百合

植物学分类：百合科百合属

生态习性：性喜光照充足、冷凉湿润的气候。要求肥沃、富含腐殖质、土层深厚、排水性极为良好的沙质土壤，多数品种宜在微酸性至中性土壤中生长。

忌连作、忌土壤黏重。但不同杂交系要求的生长环境有一定的差别。

生产栽培要点：切花百合的生产品种主要有亚洲百合杂种系（花朵较小，没有香味，颜色多以黄色、白色、粉色为主）；东方百合杂种系（花朵较大，有香味，又叫香水百合，以白色、粉红色为主）；麝香百合杂种系（花朵喇叭形，有特殊的麝香香味，又叫铁炮百合，颜色多为白色）。

百合的切花栽培可根据需要进行常规栽培和促成栽培，栽植前要选好种球，选择生长健壮，无病虫害的新球，亚洲百合的周径为12～14 cm，东方百合的周径在14～16 cm，麝香百合12～14 cm可用于生产。

选土层深厚肥沃的地块，施入充足的有机肥，做高畦种植，一般栽植行距为20～25 cm，株距为8～15 cm，根据品种及鳞茎大小而定，覆土深度以8 cm左右为宜。

出苗后3周开始追肥，前期以氮肥为主，花芽分化后要增施磷钾为主的肥料。大约10 d一次。

在生长期用支柱张网缚扎，防止倾倒；炎热夏季用腐叶土、碎蕨表面覆盖。

百合的病虫害较多，病害多见的有软腐病、腐烂病、花叶病、炭疽病；虫害有根壁虱、蛴螬。

促成栽培　欲使百合在10月至翌年4月开花，可采用促成栽培技术。满足种球对低温的要求可用冷藏法。放在12～15℃条件下处理6周，在8℃下再处理4～5周。抑制栽培需长时间冷藏，先以1℃预冷6～8周。

亚洲百合系在−2℃可贮藏一年以上，东方百合系和麝香百合在−1.5℃条件下贮藏期为6～8个月。经冷藏处理的百合种球，如能满足其生长的温度条件，可在任何时期种植。经冷藏处理的百合鳞茎，自下种到开花一般只需60～80 d。在10月下旬后需加薄膜保温或加温至15℃以上，保持昼温20～25℃、夜温10～15℃，防止白天温度高于25℃及夜晚在5℃以下。

切花采收及贮运：切花百合常在清晨，一般基部2～3朵花着色时采收，用刀在距地面15 cm处切割，保留5～10片叶子，剥去基部10 cm花枝上的叶，分别按品种、花色、花头数、茎秆长度分级。

花枝浸吸预处理液后插入冷清水中贮藏于2～3℃冷库中待运输销售。

3.切花香石竹

植物学分类：石竹科石竹属

生态习性：喜冷凉气候但不耐寒，需阳光充足才能生长良好；适宜的生长温度白天为18～24℃，夜间12～18℃。开花期10～20℃，昼夜温差不超过12℃，可防止萼裂现象发生。喜保肥、通气和排水性能好，腐殖质丰富的壤土。条件合适可周年开花。

生产栽培要点：香石竹切花栽培品种很多，按花茎上花朵大小与数目，分为大花香石竹和散枝香石竹。生产栽培要结合本地区的主要气候环境因子，选择适合当地生长的品种。可依市场消费的需要适当搭配花色比例，如红、粉、白三色各占30%，黄橙与斑杂色共占10%。

香石竹切花生产用苗，可用扦插与组织培养方法培育。

定植前可掺占土壤体积30%～40%的腐熟有机肥耕翻、耙平，并对土壤进行消毒，做高15～30 cm、宽0.8～1.2 m小高畦，以备定植。

香石竹通常从定植到始花需110～150 d。一般5月定植，9月开花；6月定植，12月开花。

适宜的栽植密度为33～40株/m^2，中型花品种可提高到44株/m^2，大花型品种则掌握在35株/m^2左右，以采收第一批花为主的短期栽培，密度可加到60～80株/m^2。定植要遵循浅栽原则，以宿土位置稍露出土面为度，栽后即浇水。

定植前施足基肥，生长期每15d随水施入液肥一次，液肥成分为硝酸钾0.4%，硝酸钙0.25%，硝酸铵0.08%，硫酸镁0.16%，磷酸0.08%，硼砂0.04%。花蕾形成后，每周叶面喷施一次0.2%～0.3%磷酸二氢钾，增强茎秆的硬度。

一般情况5～7d浇清水一次，以滴灌方式最佳。当苗高20 cm后，进行2～3次“蹲苗”；生长开花旺季要及时浇水；冬季要少浇水，防止根部过湿。植株生长期间空气相对湿度保持在75%左右，但花前适当喷水调节湿度，可防止花苞开裂。

从苗高10～15 cm开始拉网，整个生长期张10 cm×10 cm或15 cm×15 cm的网3～4层。隔2.5～3 m立一固定柱，固定网不松弛。随苗长高，不断调整网间距离，间距20～25 cm。

定植后4～6周，进行一次摘心，经过2～3次摘心，可培养8～9个侧枝，摘心定枝后，随植株生长及时抹芽。

生产大花标准型香石竹应及时疏除侧蕾，射散型小花香石竹注意摘除顶蕾，促进侧枝生长整齐。

切花采收及贮运：标准型大花香石竹花朵露色、花瓣初展时即可采收，射散型小花香石竹在有3朵花开放时剪切；需长途运输或贮藏的切花可在蕾期采收，在贮运前宜用保鲜液做预处理，贮运后做催花处理。

香石竹切花采收分级以长度为标准，各国等级对长度要求有所不同。在国际市场上的分级标准是：一级花花梗长55 cm、花朵直径6 cm以上；二级花花梗长45 cm以上，花朵直径5 cm以上；三级花花梗长25 cm以上、花朵直径5 cm以上；裂萼、不整齐花则为四级。

4. 切花非洲菊

植物学分类：菊科大丁草属

生态习性：喜冬暖夏凉、空气流通、阳光充足的环境，生长期最适温度20～25℃，低于10℃停止生长。要求疏松肥沃、排水良好、富含腐殖质、微酸性的沙质壤土。

生产栽培要点：可用分株、组织培养法育苗。

分株繁殖可在3—5月进行，适于一些分蘖力强的品种。先将待分母株切成几株，等伤口愈合后，剪下多余叶片，每个新株带4～5个叶，去掉黑褐老根，浸入含有杀菌剂、生根剂的溶液中 30 min 待栽。

切花生产多用组培苗,组培苗繁殖快,数量多,常用花托做外植体。

非洲菊定植地选择疏松肥沃、富含有机质的微酸性沙壤土,定植前施足基肥,深耕整平,拌入杀菌剂。做小高畦,畦宽 1.0 m,沟宽 40 cm。

保护地全年均可定植,但 4—5 月或 9—10 月最佳。选择苗高 11～15 cm,具 4～5 片真叶的种苗定植。非洲菊定植以浅栽为原则,要求根颈高于土表面 1～1.5 cm,将根部压实,每畦定植 2 行,栽植的株距为 30～40 cm。定植后覆膜保湿,同时用 75%的百菌清可湿性粉剂 500 倍液喷雾一次,7～10 d 后揭膜放风炼苗。

定植后 21 d 内白天保持在 22～25℃,夜间 20～22℃,土壤温度保持 18～20℃;3 周后白天保持 20～22℃,夜间保持 14～16℃。冬季若能维持在 12～15℃以上,夏季不超过 26℃,可以保持周年开花。

定植后要浇一次透水。小苗期宜保持湿润,适当蹲苗,生长旺盛期应供水充足。

浇水施肥以“见干见湿”为原则,并根据气候条件和生长阶段适当调整。春、秋生长旺期,可适当加大肥水,促进生长;夏季高温期或冬季低温期,则以保根促壮为主,适当控制浇水,控制氮肥用量,增施磷、钾肥。浇水应尽量从侧方给水,使株心保持干燥,花期灌溉要注意勿使叶丛中心沾水,否则易引起花芽腐烂。条件允许最好滴灌供水肥。

剥去植株的病叶、发黄的老叶、重叠叶及交叉叶,每分株上应留 3～4 片功能叶,注意近连花蕾的叶片不能剥。

当同一时期植株上具有 3 个以上发育程度相当的花蕾时,保留 1 个主花蕾,将多余的花蕾摘除;幼苗刚进入初花期时,如功能叶未达到 5 片以上或叶片很小,应将花蕾摘除。

切花采收及贮运:切花花枝最适宜采收的时间为花梗挺直、外围舌状花瓣展平、中部花心外围的管状花有 2～3 轮开放、雄蕊出现花粉时。

鲜花采收通常在清晨与傍晚。采收不用刀切,用手轻向外拉即可折断花茎基部,分级包装前再切去下部 1～2 cm,浸入水中吸足水分及保鲜液。用特定的三角塑料套保护花头,20 枝一束。

5. 切花丝石竹

植物学分类:石竹科石竹属

生态习性:原产地中海沿岸及亚洲北部,耐寒性强,能抗 0℃以下低温,切花生产适温为 10～15℃性喜干燥、中性至微碱性、略含石灰质、肥沃而排水良好的沙质壤土。

生产栽培要点:切花生产的种苗可用扦插或组织培养法繁殖。

扦插繁殖的母株来源于组培苗,组培瓶苗出瓶定植后养护 15～30 d 摘心,约 30 d 后进行第二次摘心,两次摘心后的母株经 30 d 以上的培养即可采穗扦插。插穗长 5 cm 左右,有 4～5 节展开的叶,以蛭石做基质。插后养护 20～30 d 可生根。

栽植床做成 10 cm 的高畦,畦宽 100 cm,畦间距 45～50 cm。定植时每畦 2 行,株距 35～50 cm 行距 60 cm 交叉种植。适当浅植。

定植后 30 d 左右,苗具有 7～8 对叶时摘心,摘去顶部 4～5 节。摘心 15 d 左右,侧枝长到 10 cm 左右时抹掉弱枝保留健壮一致的枝。标准大花型的品种留 3～4 个分枝,一般生产可保留 5～7 个分枝。一般 10～15 枝/m^2 作为切花枝培养。进入抽生花枝阶段或用竹竿支撑防倒伏。

切花采收及贮运：采收适期为每个小花枝上花瓣开展达 25%～30%时，先剪中心花枝，从第 1 片大叶以上剪切。长 60～80 cm，留下下部侧枝上的小花开放程度分期分批采收。

采收时最好是早晨或傍晚，采后及时保鲜处理，10 支为 1 束，不同品种分开包装。贮藏温度为 2～4℃。

6. 切花情人草

植物学分类：蓝雪科补血草属

生态习性：性喜干燥凉爽的气候。喜强光照，好石灰质微碱性的壤土。

生产栽培要点：可用播种法繁殖，苗 5～6 片叶时定植。

对硼的需求量较高，在基肥应增加硼的营养。栽培畦做成高 20 cm，宽 60～70 cm，畦间距 40 cm。

每畦双行交叉定植，株行距为 40 cm×40 cm。

在抽生花茎及花序生长发育期，水肥要充足。

切花采收及贮运：当每个小花上花瓣开展达 30%～50%，花序现色时即可采收。

采收时不要从植株基部剪切，应当在一片大叶以上切剪，促进腋芽的萌动生长。

采花宜在早晨或傍晚进行。采后立即用保鲜剂处理，10 支 1 束捆扎，外包以柔软的纸张。2℃条件下可贮存 2～3 周。可做干花。

任务二　切叶、切枝类花卉生产

任务分析

好花需要绿叶配，切叶、切枝类花卉是切花生产的辅助部分，主要是用绿色的叶子或枝做为插花的装饰与陪衬材料。插花应用中的主要衬叶有散尾葵叶、巴西叶、龟背叶、栀子、文竹等，在温暖地区都是露地的绿化植物，不需要特殊的养护。本任务从主要切叶生产种类的天门冬类、银芽柳的栽培管理技术、采收等方面着手，让大家了解掌握切叶、切枝类花卉生产的基本流程，为切叶、切枝类花卉生产打下良好基础。

任务目标与要求

知识目标：切叶类花卉的种类、栽培形式、栽培技术要点。

能力目标：会对文竹进行生产管理。

学习要求：线上主动学习，线下认真听辅导。遵守纪律，遵守实训室、实训基地等相关规则，做好笔记，注意安全。

任务实施

子任务一　天门冬类生产

1.品种选择

切叶天门冬类的主要栽培种有文竹和天门冬，均原产于南非。

文竹别名云片竹、蓬莱竹、山草，百合科天门冬属，常绿蔓性亚灌木状多年生花卉。植株丛生多分枝，老茎半木质化，圆柱形绿色，长可达数米，光滑能攀缘。是传统插花主要应用的叶材。文竹的变种有矮文竹、细叶文竹和大文竹。

天门冬别名武竹、天冬草，百合科天门冬属，多年生草本或亚灌木状半蔓性草本，也可做为切叶材料。

2.播种育苗

播种土用田园土加适量的粗沙与泥炭，做成宽约 1 m 的苗畦。播种前浸种 24 h，可点播入穴或开沟条播，沟间距 3～4 cm，种子间距约 2 cm，覆土厚 0.5 cm，播后浇透水，用塑料薄膜覆盖，保温保湿，避免阳光直射。温度保持 20～24℃，约 30 d 出土。有种芽露土，及时撤掉覆盖膜。

苗高 5 cm 左右，每株有 2 个分枝时进行移苗分栽。为节省温室土地，细小的苗应采用营养钵育苗，每钵内可放 2～3 株苗，待苗高 30 cm 以后定植。

3.定植

(1) 整地做畦　整地时加入适量腐熟农家肥，若在基肥中补充 1%～2%的硫酸钾与农家肥混合效果更好。文竹宜选择温室内半阴处做栽培畦，畦面宽 1 m，长依具体条件而定，每畦栽植 2 行，株行距 15 cm×70 cm。

(2)定植　天门冬的栽种以垄作为好，垄宽 50 cm，高 20 cm。每垄栽种 2 行，交叉列植，株距 30～40 cm，文竹长蔓者可略远些。

4.定植后的管理

(1)环境管理　天门冬类均性喜温暖、湿润、半阴环境。对温度的适应范围较广，在 20～30℃内可生长繁茂，冬季白天室内温度保持在 20～25℃，夜间不得低于 8℃，夏季室温如超过 32℃叶片发黄，生长停止。

天门冬类喜潮湿的环境，但土壤过湿容易烂根。对水的控制应见干见湿，定植后 1～2 周内给予充足的水分，缓苗后中耕、松土、蹲苗，促发新根。为增加空气湿度，可在栽培室内的地面与墙面喷水，促进植株生长。

天门冬类为喜肥植物，生长旺盛期可每周追肥一次，以氮、钾肥为主，可用 2%硝酸钾加 1%硫酸铵或用腐熟豆饼水做土壤追肥，用 0.2%磷酸二氢钾做叶面追肥。

(2)植株管理　文竹苗高 40 cm 以后，在畦的两头立柱子，距地面 30 cm 的高度，用铁丝拉横档；随苗的长高增加架的层数，每层间隔 30～40 cm，供新枝攀附固定。

文竹播种繁殖苗第一年不能切叶，或仅少量疏叶，第二年以后可有收益，第三年后株丛繁茂，产量增加。每次剪切叶片时，要注意保留骨干枝适当的叶片数，为植株提供足够的营养面积。

6～7 年以上文竹的株丛也要分株更新或重新更换种苗，易地栽种。分株前将地上部自地面 10 cm 处剪除，将株丛挖起，依株丛大小分成 2～3 丛，剔除干枯的老根，分别栽植于新整理好的畦或垄上。加强管理，促使新芽萌生，2～3 个月后，新株丛开始形成，待株丛旺盛生长后才能重新采叶。

天门冬和密花天门冬播种苗当年夏秋季后就可有部分产量，在肥水供应充足的情况下，明显高于文竹。

天门冬与密花天门冬植株生长势较强，需每年分栽一次，视株丛大小分切成数块，重新整地、施基肥、栽种。

(3)切叶采收及运输　天门冬叶状枝充分展开和茎干组织充实时适宜采收，采收过早，组织幼嫩易失水萎蔫变色。采收时将枝叶从基部剪下，不要留茬，10 枝一束，装箱备运。文竹叶状枝水平展开，充分变绿时是采收适期，切叶整理分级后，20 枝一束，干贮运输。

☞ 考核要点与方法

每位同学根据自己学习的情况回答下列问题，最后教师作出评价，如表 4-4 所示：

表 4-4　文竹切叶生产考核表

考核内容	考核问题	分值	得分	教师评价
切叶天门冬类生产	1. 文竹用什么方法繁殖？	30 分		
	2. 切叶文竹的生产技术要点。	40 分		
	3. 查一查哪些切叶类生产规模也很大，写出其中某种生产技术。	40 分		

子任务二　银芽柳切花生产

银芽柳别名棉花柳、银柳，原产于日本，我国上海、南京、杭州一带有栽培，杨柳科柳属，落叶灌木。冬芽红紫色，有光泽。花芽肥大，形如笔头。雄花序椭圆状圆柱形，长 3～6 cm，早春先叶开放，初开时芽鳞疏展，包被于花序基部，红色有光泽，盛开时花序密被银白色绢毛，颇为美观，是主要的切花应用部分。切花生产需要雄株。

1. 育苗

以扦插繁殖为主。春季 2 月将枝条截成 10 cm 左右的插穗，基部浸蘸生根剂后直接插入土中，插入深度为插穗长度的 2/3 左右，株行距为 15 cm×20 cm。

2. 生产管理

银芽柳做切花生产常用一年生扦插苗，定植于大田，300～350 株/亩。定植时穴底施足有机肥。银芽柳管理粗放，一般宜在秋季施肥，促进花芽肥大，待冬季剪取花枝后再施肥一次，平时依生长状况适当追肥 1～2 次。银芽柳喜湿耐涝，生长期间要保证水分，特别在夏季要及时灌溉。栽后每年需重剪，促使萌发多数长枝条。

银芽柳常见的病害有立枯病、黑斑病、卷叶病等，虫害主要有夜盗蛾、红蜘蛛、介壳虫等，应及时防治。

3. 切花采收

银芽柳是重要的切枝花卉之一。一般在11月中旬至翌年1月采收，在采收前15 d左右人工去除全部叶片，开花前2～3 d自枝条茎部剪取，剪枝长度控制在60 cm以上为宜。

分级时将生长发育不良及芽苞稀少的枝条剔除，并将具有分叉的枝条和单枝分开，10枝包扎一束，插入清水中浸泡，吸足水后再装箱运出或上市销售。合格的枝条要求芽苞密度适中，每米长度具有38个芽苞，苞大色红。

☞ 考核要点与方法

每位同学根据自己学习的情况回答下列问题，最后教师作出评价，如表4-5所示。

表4-5 银芽柳切枝生产考核表

考核内容	考核问题	分值	得分	教师评价
银芽柳生产	1. 银芽柳用什么方法繁殖？	30分		
	2. 简述银芽柳生产技术。	40分		
	3. 查一查栀子切花生产的技术。	40分		

◈ 知识拓展

其他常见切叶、切枝花生产技术要点

1. 肾蕨

生态习性：肾蕨喜温暖潮湿的环境，生长适温为16～25℃，冬季不得低于10℃。

自然萌发力强，喜半阴，忌强光直射，对土壤要求不严，以疏松、透气、富含腐殖质的中性或微酸性沙壤土生长最好，耐瘠薄。

生产栽培要点：切叶肾蕨地床栽植较好。床宽90～100 cm，每畦栽3行，株距20～25 cm。

可用分株与孢子繁殖。分株繁殖最为常用，每年春季4—5月挖出植株，将根状茎纵切为数份，2～3节为一丛，带上根、叶，分别栽植即可。分株苗栽植后要保持湿度，遮阴并避免风吹。

肾蕨根系分布较浅、具有一定的气生性，因此培养土要求疏松、肥沃，排水良好。

肾蕨不耐严寒，冬季应做好保温工作，防止夜间霜冻及冷风吹袭。保持温度在5℃以上，不受冻害；温度8℃以上时能缓慢生长。

夏季气温高，蒸腾剧烈，必须做好防暑降温工作，注意保持良好的通风，并不断地向植株喷水，这样也可使叶色更加嫩绿。30～35℃时还能够正常生长。春、秋季气温适宜，是肾蕨生长的旺盛时期，应注意通风良好。

肾蕨比较耐阴，只需散射光照射即可，光照过强时，常会造成肾蕨叶片干枯、凋萎、脱落。

肾蕨作为切叶栽培，应注意定期施肥。施肥以氮肥为主，在春、秋季生长旺盛期，每15～30 d施一次稀薄饼肥水，或以氮为主的有机液肥或无机复合液肥，肥料一定要稀薄，不可过浓，否则极易造成肥害。

切花采收与贮藏标准：肾蕨一年四季均可切叶，叶片由绿转至浓绿时叶片已发育成熟，即可采收。

20 支扎成一束，水养后上市。

2. 高山羊齿

生态习性：喜温暖气候，生长在 18～25℃比较适宜，当气温低于 5℃时出现休眠，能短时间忍受 4℃的低温，0℃发生冻害，而温度高于 30℃以上时生长停滞，也出现休眠。

喜阴、喜潮、喜偏酸性土壤的植物。空气相对湿度年平均 82%，土壤要求疏松，pH 5～6。

生产栽培要点：高山羊齿喜肥沃的土壤，由于是浅根系所以要做高畦栽培。定植到收获一般在 18 个月（哥斯达黎加 12 个月），收获周期 6～7 周，可连续采收 7～10 年。亩产 110 000 张左右。

常用的繁殖方法有孢子繁殖、分株繁殖和组织培养法。

气温 15℃左右就可以进行分株，温度高于 28℃时分株要进行遮阴和喷雾降温。

分株采用单芽法，将茎分割成含有 1 个芽的茎段，剪去茎上的叶，保留 5 cm 的叶柄，注意单芽茎段不要埋得太深，以基质覆盖芽 3 cm 左右为宜，若有叶柄则可以判断覆盖基质的深浅。

栽培基质一般以泥炭土、腐叶土、珍珠岩和蛭石按比例配制，现采用基质为腐叶土：珍珠岩：蛭石＝3：1：0.5 的比例进行栽培，采用泥炭土为主的基质栽培最理想，但要求成本也高。

不同生长期，对光线的要求不同，生长初期即抽芽期，要防止光照过强，多遮阴；长到 4 片叶左右，最大光照强度不要超过 35 000 lx，光照太强宜产生叶片灼伤，叶色不正常。休眠期也要保证一定的光照时数，增强植株的抗逆性。若在生长期间光线不足，则植株生长速度减缓，叶片瘦弱，叶柄细长，植株显得萎蔫。

忌闷热干燥，在夏季需多通风、遮阴、增加空气湿度，通风时要注意水分供给，抽芽期更需较高的湿度，要求空气相对湿度为 70%～80%，土壤湿润但不能积水，气温在 21～26℃时，进入生长旺盛期，湿度控制在 65%～70%，保持基质充足的水分，当气温在 10～12℃时，湿度控制在 45%～50%。

保持基质见干见湿，逐步减少浇水，当气温低于 8℃时，要注意控水，降低湿度，控制盆土湿度。一般中午前后浇水。

喜肥，但根系细弱，不宜施重肥，要薄肥勤施。3 次肥水后浇 1 次清水，充足的氮肥会使植物生长旺盛，不足会使植株老叶呈灰绿色并逐渐变黄，叶片细小。

切花采收与贮藏标准：叶片由绿转至浓绿时叶片已发育成熟，即可采收。

20 支扎成一束，水养后上市。

3. 梅花

生态习性：性喜温暖、湿润的气候，一般种类不耐低温，只有杏梅系抗寒性强。对温度敏感，旬平均气温 6～7℃时开花。喜空气湿度大，但花期忌暴雨，要求排水良好，积雨水则易落叶。

喜阳光充足，通风良好的环境。对土壤要求不严，耐瘠薄，以黏壤或壤土为好。

生产栽培要点：可用嫁接与扦插法繁殖。

嫁接砧木可选用桃、山桃、杏、山杏及梅的 1～2 年实生苗。

芽接是梅花常用的繁殖方法，多于7—8月进行，华北一带常在8月下旬至9月上旬进行芽接。采用"T"字形芽接法。选1～2年生健壮枝条中上部饱满的腋芽作接穗，在腋芽的上方约0.5 cm处横切一刀，深达木质部，从腋芽左右各0.5 cm处竖斜切一刀，使接芽成上宽下窄的盾形，削面要平滑，去掉里面的木质部，剪去叶片反留叶柄。在砧木苗基部距地面5～6 cm处选一光滑的皮面，切成一个"T"字形切口，长短大小与接穗相仿。随即把芽片插入接口，使切口密结，最后用塑料条绑扎固定，将叶柄及芽露在外面。嫁接后随时剪除砧木上萌生的蘖芽及剪砧。

宫粉、绿萼、骨里红等易生根品种常用扦插繁殖。

露地栽植宜选择土质疏松、排水良好、通风向阳的高燥地，成活后一般天气不旱不必浇水。每年施肥3次，入冬时施基肥，以提高越冬防寒能力及备足明年生长所需养分，花前施速效性催花肥，新梢停止生长后施速效性花芽肥，以促进花芽分化，每次施肥都要结合浇水进行。冬季北方应采取适当措施进行防寒。

注意修剪整形，合理地整枝修剪有利于控制株型，改善树冠内部光照条件，促进幼树提早开花。修剪以疏剪为主，最好整成美观自然的开心形，截枝时以略微剪去枝梢的轻剪为宜，过重易导致徒长，影响来年开花。多于初冬修剪枯枝、病枝和徒长枝，花后对全株进行适当修剪整形。此外，平时应加强管理，注意中耕、灌水、除草、防治病虫害等。

切花采收与贮藏标准：切枝应在花蕾微露红或每枝上有几朵花半开时采收。就近使用以半开时采切为佳。采收后10枝1束，及时浸水。可用保鲜剂保鲜。

项目五

花卉病虫害防治

项目背景

花卉是经济效益较高的植物，在有些国家的经济收入中占有重要地位。但是由于病虫害的出现经常造成严重的经济损失，影响了花卉的贸易和销售。所以加强花卉病虫害的防治，是保证各种花卉健康生长发育、提高城乡环境绿化、美化和香化效果的必要措施，也是花卉栽培中不可忽视的重要问题。

知识目标

1. 了解常见花卉病害危害症状，掌握其防治原则、基本方法；
2. 了解常见花卉虫害危害症状，掌握其防治原则、基本方法。

能力要求

1. 能识别、会防治花卉常见病害；
2. 能识别、会防治花卉常见虫害。

学习方法

以线上网络资源、书籍为载体，获取较为先进的新技术信息，理论联系实际，学生能够更好的掌握知识结构，题型示例。

任务一 花卉常见病害识别与防治

◈ 任务分析

对养花者来说，最头痛的是花卉染病，最困难的是辨别病症，最担心的是打药无效。各类病害依症状、发生发展规律的不同，防治方法也各异。而同一性质的病害在防治上又具有相似性，所以要想有效及时地防治病害，就要先弄清病害属于哪一类。本任务从主要花卉病害种类和症状等方面着手，让大家了解常见病害识别与防治的方法。

◈ 任务目标与要求

知识目标：了解常见花卉病害种类、发生规律及危害症状，掌握其防治技术。

能力目标：能识别、会防治花卉常见病害。

德育目标：培养学生环保意识、团结协作与吃苦耐劳精神。

◈ 相关知识

知识点一 花卉病害概述

一、花卉病害防治的意义

随着花卉产业的飞速发展，花卉病害已成为困扰花卉产业生产和发展的重要问题，不仅影响花卉的产量，也严重影响花卉的品质和观赏性。

(一)花卉病虫害的基础知识

1. 花卉病害的概念

花卉病害是指花卉在生长发育过程中，因遭受有害微生物(或有害生物)的侵害和不良环境的影响，使其在生理上和外部形态上，发生一系列的病理变化，致使花卉生长不良，甚至引起植株死亡，严重影响观赏性，造成经济损失。

2. 花卉病害的病原

引起花卉生病的直接原因统称为病原，按性质可以分为侵染性病原和非侵染性病原。病毒、真菌、细菌等生物性病原引起的病害称为侵染性病害或传染性病害。凡由非生物病原，如营养、温度、水分等引起的病害称为非侵染性病害或生理病害。

(1)侵染性病原

真菌　是一类没有叶绿素的低等生物,个体大小不一,多数要在显微镜下才能看清。它们主要借助风、雨、昆虫或花卉的种苗传播,通过花卉植物表皮的气孔、皮孔等自然孔口和各种伤口侵入体内,也可直接侵入无伤表皮。在生病部位上表现出白粉、锈粉、煤污、斑点、腐烂、枯萎、畸形等症状。

细菌　比真菌小,是一类单细胞的低等生物。它们一般借助雨水、流水、昆虫、土壤、花卉的病株残体等传播。主要是从植株体表气孔、皮孔、蜜腺和各种伤口侵入花卉体内,引起危害。表现为斑点、溃疡、萎蔫、畸形等症状。

病毒　是极微小的一类寄生物,它的体积比细菌小,必须用电子显微镜才能看到它的形态。病毒主要是通过刺吸式口器的昆虫,如蚜虫、叶蝉、粉虱等传播。种子和花粉也可传播。嫁接时病株与健株接触,无性繁殖材料,如接穗、球茎等都是花卉病毒病的传播途径。以上的传播媒介,在花卉植物上造成的微小伤口将病毒带入体内,使其发病,表现为花叶、畸形等症状。

线虫　是一种低等动物,身体很小,需在显微镜下才能看清它的形态。生活在土壤中的线虫,有些寄生在花木根部,使根系上长出小的瘤状结节,有的引起根部腐烂,常见的有根结线虫病。有的线虫寄生在花卉叶片上,引起特有的三角形褐色枯斑,最后叶枯下垂,如叶枯线虫病。

(2)非侵染性病原

营养条件不适　土壤中缺乏某些营养物质时,可引起植物缺素症,导致植物失绿或组织坏死。如缺氮植物生长缓慢、叶发黄、枝条细弱而短,严重时叶片脱落;缺磷整株叶片呈暗绿色,有时出现紫斑或灰斑,如是花果类植物,则果小而少,且延迟成熟;缺钾引起植物倒伏、组织坏死;缺镁和铁,会引起植物失绿、白化和黄叶等,不同的是缺镁时首先在老叶的叶脉间缺绿,而缺铁则是在较嫩的叶片上发生。碱性土壤由于影响植物对铁的吸收作用,常常发生植物黄化;缺硼开花少而不鲜,大多表现为茎和根顶端分生组织死亡、矮化、畸形;缺锌会引起叶子变小。

温度不适　低温引起幼苗、嫩枝冻害,高温可引起花卉的茎、叶、果灼伤。

有毒物质　工矿区排出的废气、废水、废渣,含有能引起植物发病的有毒物质。一般有毒气体污染植物有以下几个特征:一是有污染源,离污染源越近受害越重;二是污染后有一定的方向性,成扇形或长条状,受阻挡物的影响较大;三是受害普遍,不局限某一种植物,只是敏感程度不同而已。此外,化学药物使用于杏、梅、樱等敏感植物可引起落叶。

水分　水分过多或过少均会对植物造成危害,如水分过多常会产生涝害,水分过少则会引起植物萎蔫甚至死亡。

植物非侵染性病害不仅直接造成损失,还可以为侵染性病害侵入创造条件。

3. 花卉病害的症状

植物发病后的一切不正常的表现称为症状。症状又分病状和病征两部分,病状是指发病植物本身所表现的不正常的状态,如肿瘤、矮化、徒长等。病征是指发病植物感病部位上的病原所表现出的特征，如霉层、小粒点等。但生理病害和病毒病害只有病状而没有病征。

(1)病状的类型

变色 是指病部细胞内色素发生改变，但细胞本身并不死亡，如花叶、黄化。

坏死 是指植物细胞和组织的局部死亡。在叶片上的表现为叶斑和叶枯，在枝梢上的表现为枝枯和溃疡，在幼苗茎基上的表现为立枯或猝倒坏死型病状。

腐烂 是植物组织和细胞的分解与破坏。一般发生在含水量多的幼嫩多肉组织，如根、干、花、果等都可能发生腐烂。

萎蔫 是指植物发生凋萎的现象。萎蔫有病理性萎蔫和生理性萎蔫两种。病理性萎蔫是由植物根茎部的维管束受到病原物的侵害而发生的凋萎现象。生理性萎蔫是由于干旱缺水而引起的凋萎现象。

畸形 是指植物细胞的生长发育受到刺激或抑制而形成的病状。如徒长、矮枝、瘤肿、卷叶。

(2)病征的类型

粉霉病原物 在寄主表面产生白色、黑色、锈色等粉霉状物，是真菌的营养体和繁殖体。

真菌子实体 在植物病部表面产生病原真菌的各种繁殖器官称为子实体。其大小、形状、色泽各异，有的在叶、果病部形成很小的黑色粒点，有的在植物根、茎病部长了大型子实体，导致植物根腐和立木腐朽。

菌核和菌索 在植物受病组织表面产生淡黄色至黑色球形或其他形状的坚硬小粒，是病原菌的菌核。在植物病根或周围土壤中常可见白色根索状物，是由病菌的菌丝集结而成的结构，称根状菌索，其功能是扩大侵染范围。

细菌菌脓 受病原细菌危害的植物，在潮湿条件下，常涌现出乳白色或淡褐色的脓液状物，是病原细菌大量自植物病组织涌溢出来的特征，称菌脓。

二、花卉病虫害防治原则及基本方法

(一)花卉病虫害防治原则

花卉病虫害防治必须贯彻“预防为主，综合防治”的基本原则。从以下三点入手，首先要提高花卉植物本身的抗病虫害能力；二是要创造有利于花卉植物生长发育而不利于病菌和害虫繁殖、生存的良好环境，促进植株健康生长以增强抵抗力；三是要直接消灭病原物和害虫，减少甚至杜绝其传播途径。

(二)防治的基本方法

1. 园艺栽培防治

选用抗病虫品种；根据各种花卉的习性和要求，科学合理地施肥浇水，氮、磷、钾肥要合理搭配才能提高花卉抗病虫害的能力；实行轮作，对常年发生的猝倒病、立枯病、青枯病、枯萎病有较好的防治效果；培育无病虫害的壮苗；加强生产场所的消毒。

2. 生物防治

应用有益的生物天敌或生物的代谢产物,来防治病虫害的方法即生物防治。对人、畜和植物无毒,不污染环境。以菌治菌、以菌治虫、以虫治虫、以鸟治虫是生物防治的方法。

3. 物理及机械防治

目前常应用热处理、超声波、紫外线及各种射线等一些物理、机械方法防治害虫。灯光诱杀、毒饵诱杀、温汤浸种、塑料大棚短期升温都可以起到防治病虫害的作用。应用光电结合的高压网灭虫灯及金属卤化物诱虫灯,其诱虫效果比黑光灯效果好。此外,烈日晒种、焚烧、熏土、高温或变温土壤消毒,或用枯枝落叶在苗床焚烧,都可以达到防治土壤传播病虫害的作用。

4. 药剂防治

是花卉病虫害防治的重要手段之一,当病虫害大发生后,施用化学药剂往往是唯一有效的办法。化学药剂根据防治对象不同,可分为杀菌剂、杀虫剂、杀线虫剂、杀螨剂、除草剂等。

药剂　使用方法有喷雾、喷粉、拌种或浸种、土壤消毒,将药制成毒饵或毒土。在温室、仓库可用易挥发的药剂熏蒸。

喷雾　要求雾细而均匀,叶背是病菌容易侵入的部位,喷头自下而上喷洒效果好。设施内喷雾,宜选择晴天上午进行,防止增加空气相对湿度。

喷粉　宜选择无风晴天的早晨露水未干之前进行。

熏烟　设施内傍晚燃放烟剂。注意燃放质量,不要起明火,影响发烟效果;距离棚膜、花卉苗 0.5 m 以上,防止火灾或花卉烟害;人员撤出,密闭棚室一夜。另外注意掌握好用药量,防止药害。

药剂施用中应注意以下几点:

对症下药　根据防治对象、药的性能和使用方法,对症下药才能收到好的效果。如乙膦铝和甲霜灵对霜霉病和疫病有良好的防治效果,但对白粉病无效。

掌握用药时机　在栽培生产中要掌握病虫害的发病规律,掌握关键时期用药。如发病初期及时用药。防治花卉介壳虫,应在若虫孵化活动阶段施药效果好。

交替用药　以防止病原物和害虫产生抗药性。

控制药量　不同种类或品种的花卉、不同的发育阶段,对药剂的敏感程度有差异。用药时,应严格掌握各种药剂的使用浓度,控制用药量,不要随意增加浓度,防止产生药害。严格按照说明使用,注意安全防护,以防中毒。

5. 植物检疫

植物检疫主要是防止某些种子、苗木、球根、插条及植株等传播的病虫害,由于生产及商业贸易和品种交流活动中,往往在国际或国内不同地区造成人为的传播,而引起各种病虫害的侵入、流行。因此,国家专门制定法令,设立专门机构,对引进或输出的植物材料及产品,进行全面的植物检疫,防止某些极具危害性的病虫害由一个地区传入另一个地区。

知识点二　花卉常见病害症状及防治

一、白粉病类

（一）病害症状

白粉病是植物上发生极为普遍的一种病害。一般多发生在寄主生长的中后期，可侵害叶片、嫩枝、花、花柄和新梢。在叶上初为褪绿斑，继而长出白色菌丝层，并产生白粉状分生孢子，在生长季节进行再侵染，重者可抑制寄主植物生长，叶片不平整，以致卷曲，萎蔫苍白。幼嫩枝梢发育畸形，病芽不展开或产生畸形花，新梢生长停止，使植株失去观赏价值。严重者可导致枝叶干枯，甚至可造成全株死亡。

二维码 5-1
花卉常见病害

花卉植物病害中，白粉病是常见、多发病，如菊花白粉病、月季白粉病、紫薇白粉病、凤仙花白粉病、瓜叶菊白粉病、大丽花白粉病等。其致病菌有：白粉菌属、单囊壳菌、小沟丝壳菌、叉丝壳菌等。

白粉病是月季的一种常见病害，能危害蔷薇属多种植物，病害发生在叶片、嫩梢、花梗和花蕾上。主要特征是在感病部位的表面均布满白色粉层（病原菌的菌丝及分生孢子）。发病严重时，病叶皱缩不平，叶片向叶背卷曲，嫩梢向下弯曲或枯死，花蕾不能正常展开。

（二）防治方法

消灭越冬病菌，秋冬季节结合修剪，剪除病弱枝，并清除枯枝落叶等集中烧毁，减少初侵染来源。

休眠期喷洒 2～3°Bé 的石硫合剂，消灭病芽中的越冬菌丝或病部的闭囊壳。

加强栽培管理，改善环境条件。栽植密度、盆花摆放密度不要过密；温室栽培注意通风透光。增施磷、钾肥，氮肥要适量。灌水最好在晴天的上午进行。灌水方式最好采用滴灌和喷灌，不要漫灌。生长季节发现少量病叶、病梢时，及时摘除烧毁，防止扩大侵染。

化学防治：发病初期喷施 15%粉锈宁可湿性粉剂 1 500～2 000 倍液、25%敌力脱乳油 2 500～5 000 倍液、40%福星乳油 8 000～10 000 倍液、45%特克多悬浮液 300～800 倍液。温室内可用 10%粉锈宁烟雾剂熏蒸。封闭环境，用硫黄熏蒸效果好。

生物制剂：近年来生物农药发展较快，BO-10（150～200 倍液）、抗霉菌素 120 对白粉病也有良好的防效。

种植抗病品种：选用抗病品种是防治白粉病的重要措施之一。

二、锈病类

（一）病害症状

锈病是一类特征明显的病害，因多数孢子能形成红褐色或黄褐色、颜色深浅不同的铁锈状孢子堆而得名。锈病病菌大多数侵害叶和茎，有些也为害花和果实，产生大量的锈色、橙色、黄色，甚至白色的斑点，以后出现表皮破裂，露出铁锈色孢子堆，有的锈病还会引起肿瘤。锈病多发生于温暖湿润的春秋季，在不适宜的灌溉、叶面凝结雾露及多风雨的天气条件下最有利于发生和流行。

花卉植物常见锈病有玫瑰锈病、鸢尾锈病、菊花锈病、贴梗海棠锈病等。

（二）防治方法

在园林设计及定植时，避免海棠、苹果等与桧柏混栽，并加强栽培管理，提高抗病性。

结合园圃清理及修剪，及时将病枝芽、病叶等集中烧毁，以减少病原。

3—4 月在桧柏上喷洒 1∶2∶100 倍的石灰倍量式波尔多液，抑制冬孢子堆遇雨膨裂产生担孢子。

发病初期可喷洒 15%粉锈宁可湿性粉剂 1 000～1 500 倍液，每 10 d 喷洒 1 次，连喷 3～4 次；或用 12.5%烯唑醇可湿性粉剂 3 000～6 000 倍液、10%世高水分散粒剂稀释 6 000～8 000 倍液、40%福星乳油 8 000～10 000 倍液喷雾防治。

入冬后清理枯枝落叶，喷洒 3°Bé 石硫合剂，杀死病芽及病组织内的越冬菌丝体；生长季节适时摘除病叶、病芽；注意植株通风透光，增施磷钾肥，控制氮肥用量，有利于锈病的防治。

三、叶斑病类

（一）病害症状

叶斑病是叶片组织受局部侵染，导致出现各种形状斑点病的总称，主要是半知菌、子囊菌亚门中真菌侵染所致，也有细菌、线虫等为害而产生。叶斑病的类型很多，可因病斑的色泽、形状、大小、质地、有无轮纹等不同，分为黑斑病、褐斑病、圆斑病、角斑病、斑枯病、轮斑病、炭疽病等。叶斑上往往着生有各种点粒或霉层。

叶斑病主要由真菌门中半知菌亚门和子囊菌亚门中的部分真菌危害所致。

以病斑的形状、色泽、轮纹的有无等又分别称作黑斑病、褐斑病、角斑病、圆斑病及软斑病等。花卉植物上的叶斑，既降低观赏性，又造成经济上的损失，如月季褐斑病等。

月季黑斑病病菌侵染叶片、叶柄，也为害嫩梢。叶片受侵染时在正面出现褐色斑点，后逐渐扩大呈圆形、近圆形或不规则形，病斑为紫褐色，边缘呈明显放射状。随着时间推移，病斑中心变为灰白色，并产生许多针头大的黑色小颗粒，此即病菌的分生孢子盘。病斑可相互汇合，致使叶片枯黄，提早落叶。嫩梢染病，病斑为长椭圆形，并稍隆起，暗褐色。叶柄上的病斑与梢上相近。

（二）防治方法

加强养护管理，增强植株的抗病能力；选用无病植株栽培；合理施肥与轮作，种植密度要适宜，以利通风透光，降低湿度；注意浇水方式，避免喷灌；盆土要及时更新或消毒。

消灭初侵染来源，彻底清除病残落叶及病死植株并集中烧毁。休眠期喷施 3～5°Bé 的石硫合剂。

发病期间药剂防治，特别是在发病初期及时喷施杀菌剂，如 47%加瑞农可湿性粉剂 600～800 倍液、40%福星乳油 8 000～10 000 倍液、10%世高水分散粒剂 6 000～8 000 倍液、10%多抗霉素可湿性粉剂 1 000～2 000 倍液、6%乐比耕可湿性粉剂 1 500～2 000 倍液。

选栽抗病品种;入冬时结合修剪,彻底清除枯枝落叶,一并销毁;用1%硫酸铜溶液于休眠季节喷洒植株,杀死病残体上越冬病菌;控制栽植密度或花盆摆放密度,以利于通风;灌水采用沟灌、滴灌或盆边浇水,切忌喷灌。增施有机肥、磷肥、钾肥,提高植株抗病性。发病期间喷洒50%多菌灵可湿性粉剂600~800倍液,或70%甲基托布津可湿性粉剂1 000倍液,或1∶1∶100倍波尔多液,10 d左右喷洒一次。

四、霜霉病类(包括疫病)

(一)病害症状

霜霉病苗期、成株期和开花期均可发生。苗期发病致幼苗变黄后枯死。真叶发病多始于下部叶背面,初生水渍状淡黄褐色周缘不明显的斑,水渍状病斑持续较长时间后,病部在湿度大或有露水时长出白霉或形成多角形病斑。

(二)防治方法

霜霉病菌、疫霉病菌大都以卵孢子在病残组织中越冬,因而应及时清除病残组织并烧毁;从无病株采种,精选种子;换土、轮作或进行土壤消毒。加强栽培管理,改善通风透光条件,温室内要适当降低湿度,最好使用换气扇或暖风机,减少伤口。合理施肥,增施钙肥,控制氮肥用量。及时清除病株销毁,减少侵染来源。

控制好温湿度,做好通风、透光及排湿工作。

药剂防治:在发病早期及时喷药防治,可供选择的药剂有:1∶2∶200的波尔多液、25%瑞毒霉可湿性粉剂600~800倍液、40%乙磷铝可湿性粉剂200~300倍液、40%达科宁悬浮剂稀释500~1200倍液、72%克露可湿性粉剂稀释600~800倍液、47%加瑞农可湿性粉剂稀释600~800倍液、72.2%普力克水剂稀释600~1 000倍液、64%杀毒矾可湿性粉剂稀释300~500倍液。

选用抗病品种。

五、花木煤污病

(一)病害症状

煤污病主要危害寄主植物的叶片,也能危害嫩枝、花器等部位。“黑色煤粉层”是各种煤污病的典型症状。煤污病的病原菌种类多,症状上又有许多差异。如枝孢霉引起的煤污病,发病初期叶片上散生霉点,而后霉点相连成片为黑褐色霉层;散播烟霉引起的煤污病,发病初期叶片上着生疏松的黑色小斑点,而后相连成片,形成质地较硬的黑色煤粉层;多绺孢属的真菌引起的煤污病,发病初期叶片上着生黑色煤粉斑,以后逐渐加厚变硬,煤粉层容易翘起剥落。煤污病的煤粉层呈片状,煤粉层厚易剥落。

(二)防治方法

喷洒杀虫剂防治蚜虫、介壳虫等害虫,减少其排泄物或蜜露,从而达到防病的目的。

在植物休眠季节喷洒3~5°Bé的石硫合剂,杀死越冬的菌源,从而减轻病害的发生。

对寄主植物进行适度修剪,温室要通风透光良好,以便降低湿度,减轻病害的发生。

六、病毒病类

(一)病害症状

病毒病在园林植物中不仅大量存在,而且危害严重。病毒病发生后,使寄主叶色、花色异常,器官畸形,植株矮化,严重时不开花,甚至毁种。

侵染花木的病毒病种类很多,有16个病毒群均含有花木的病毒。病毒由媒介昆虫、汁液、嫁接等方式传播,种子传毒在花卉病毒中占有一定的比例。

(二)防治措施

加强检疫,防止病苗及其他繁殖材料进入无病区,选用健康无病的插条、种球等作为繁殖材料,建立无病毒母本园,避免人为传播。对带毒的鳞茎可在45℃温水中浸泡1.5～3.0 h。

采取茎尖组培脱毒法得到无毒种苗,从而减轻病毒病的发生。

在田间日常管理中,如摘心、抹芽、整枝等过程中,要用3%～5%的磷酸三钠或热肥皂水对手和工具进行消毒。

定期喷施杀虫剂,防止昆虫传播病毒。

发现病株及时拔除并彻底销毁。

药剂防治:近几年来,随着科技的发展,研制出了几种对病毒病有效的药剂,如病毒A、病毒特、病毒灵、83增抗剂、抗毒剂1号等,可根据实际情况选择使用。

七、月季枝枯病

(一)病害症状

该病分布广泛,引起枝梢干枯,发病严重时,甚至全株枯死。病害主要发生于枝条及嫩茎上,初期为红色或紫红色圆斑,后逐渐扩大成较大的病斑,病斑中心灰褐色,稍下陷,边缘紫褐色,略隆起,周围常有一红色晕圈。后期病组织产生黑色小颗粒,即病菌的分生孢子器。发病严重,病斑包围枝条一周时,致使病部以上的枝叶全部枯死。

(二)防治措施

及时修剪并销毁;修剪应在晴天进行,以利于伤口愈合,修剪口可用1%硫酸铜消毒,再涂波尔多液或其他药剂保护伤口。

药剂防治:在生长期内可选用50%多菌灵800～1 000倍液,或用70%甲基托布津1 000倍液,或0.1%代森锌与0.1%苯来特混合液喷洒均可。

八、根癌病

(一)病害症状

根癌病又称冠瘿病、根瘤病,在国内分布广泛。寄主范围广,除危害樱花外,还危害菊花、大丽菊、石竹、天竺葵、桃、月季、蔷薇、梅、夹竹桃、柳、核桃、花柏、南洋杉、银杏、罗汉松等。

主要发生在根颈处,也可发生在主根、侧根以及地上部的主干与侧枝上,发病初期病部膨大呈球形或球形的瘤状物,幼瘤初为白色、质地柔软、表面光滑,以后肿瘤逐渐增大、质地变硬、褐色或黑褐色、表面粗糙龟裂。肿瘤的大小形状各异,草本植物上的肿瘤小,木本植物及肉质根的肿瘤大。由于根系受到破坏，发病轻的造成植株生长缓慢、叶色不正，严重者则引起全株死亡。

(二)防治措施

病土需经热力或药剂处理后方可使用，或用溴甲烷进行消毒，病区应实施 2 年以上的轮作。

病苗须经药液处理后方可栽植，可选用 500～2 000 mg/L 链霉素 30 min 或在 1%硫酸铜溶液中浸泡 5 min。发病植株可用 300～400 倍的"402"浇灌或切除肿瘤后用 500～2 000 mg/L 链霉素或用 500～1 000 mg/L 土霉素涂抹伤口。

外科治疗。对于初起病株，用刀切除病瘤，然后用石灰乳或波尔多液涂抹伤口，或用甲冰碘液（甲醇 50 份、冰醋酸 25 份、碘片 12 份），或用二硝基邻甲酚钠 20 份、木醇 80 份混合涂瘤，可使病瘤消除。

九、杜鹃饼病

(一)症状识别

又称叶肿病，主要危害杜鹃的嫩叶、嫩梢及花。嫩叶受害后，病部初期产生浅色半透明近圆形斑，背面略呈淡红色，以后逐渐扩大成黄褐色，叶抻大变形，正面凹下，背面隆起，呈半球形，表面产生白色至灰白色粉状物，即担子和担孢子。后期病斑变为黑褐色并枯萎脱落。幼芽及花感病后，变厚形成瘿瘤。

(二)防治措施

及时摘除病叶和幼芽，并集中烧毁。

加强栽培管理，合理密植，改善通风透光条件，增加植株抗病能力。

药剂防治：植株发芽前喷药保护，如 3～5°Bé 的石硫合剂等；发病初期喷洒 47%加瑞农可湿性粉剂 600～800 倍液、40%福星乳油 8 000～10 000 倍液、10%世高水分散粒剂 6 000～8 000 倍液、25%代森锰锌悬浮剂稀释 1 000～1 500 倍液、0.3～0.5°Bé 的石硫合剂等。

十、香石竹枯萎病

(一)病害症状

该病为害石竹属植物中的美国石竹、石竹、香石竹等，导致植株枯萎而死。病原是石竹尖孢镰刀菌。此外，还有早熟禾镰孢、燕麦镰孢和大刀镰孢三种。

香石竹在生育期中均可能发病。幼小植株染病，一侧枯萎，另一侧仍正常生长，造成植株畸形。根部受害枯死，则地上部的叶色从深绿色转变为浅绿色，终则变为灰白色。为典型的土传病害，初期植株萎蔫，早晚还能恢复，后期不恢复，病株基部横切面可见维管束明显变色。

(二)防治方法

选用排水良好地块种植；忌连作；从无病健壮的母株上取插条进行繁殖；对扦插床内的基质进行消毒；发病时用 50%多菌灵可湿性粉剂或 75%百菌清可湿性粉剂 500 倍液浇灌病株根际的土壤，可控制蔓延。

十一、灰霉病

(一)病害症状

灰霉病是一类重要的植物病害。寄主范围十分广泛,但寄生能力较弱,只有在寄主生长不良、受到其他病虫危害、冻伤、创伤、植株幼嫩多汁抗性较差时,才会引起发病,导致植物体各个部位发生水渍状褐斑腐烂。灰霉病在低温、潮湿、光照较弱的环境中易发生,因而是冬季日光温室中的常见病。病害主要表现为花腐、叶斑和果实腐,也能引起猝倒、茎部溃疡以及块茎、球茎、鳞茎和根的腐烂,受害组织上产生大量灰黑色霉层。灰霉病在发病后期常有青霉菌和链格孢菌混生,导致病害的加重。

典型的症状特点是叶片正面上产生褐色多角形或不规则形的坏死斑,叶背相应部位产生灰白色疏松的霜霉状物,病原物为低等的鞭毛菌,低温潮湿的情况下发病重。

仙客来、香石竹、天竺葵、四季秋海棠、瓜叶菊等均发病严重。灰葡萄孢菌是最重要的致病菌。

香石竹灰霉病是香石竹常见病、多发病,在花蕾和花瓣上发生居多,老叶较少。花蕾发病,呈现不规则水渍状病斑,严重时变软腐烂,并产生灰色粉状霉层,直接影响切花的产量。

(二)防治方法

大棚、温室注意通风,严格调控好湿度;及时清除发病的花朵与植株,用50%腐霉利或50%扑海因可湿性粉剂1 500倍液,50%多菌灵可湿性粉剂500倍液,或75%百菌清可湿性粉剂500倍液,或50%苯莱特可湿性粉剂1 000倍液,均有一定效果。

生长季节喷施下列杀菌剂:50%扑海因可湿性粉剂1 000~1 500倍液、50%速克灵可湿性粉剂1 000~2 000倍液、45%特克多悬浮液300~800倍液、10%多抗霉素可湿性粉剂1 000~2 000倍液。

十二、炭疽病类

(一)病害症状

花卉植物的炭疽病,是常见的一类病害。主要是炭疽菌属中的真菌所侵染引起,因其有潜伏侵染的特点,常给引种、栽培工作造成损失;又因危害叶片为主,大大降低了花卉观赏价值;若植株嫩枝严重发病,能使切花大幅减产。主要危害的植物有兰花、梅花、米兰、山茶等。

叶片受害,病斑自叶尖或叶缘呈圆形或不规则形向叶基部发展,可扩展至叶片一半或全叶,病斑在病健交界处有明显的边缘。叶上有的病斑呈圆形或椭圆形。病斑中央由黄褐色变为灰白色,边缘暗褐色、稍隆起。叶柄受害,病斑以纵向发展快,逐渐向叶片扩散,自支脉、主脉蔓延至整个叶片,病斑褐色,且向叶柄扩展,直至小枝。重则叶片落尽,枝干枯死。

(二)防治方法

移栽时少伤根。定植的苗木,要加强管护,及时清除病叶,集中处理。起苗时应用70%甲基托布津1 000倍液喷洒,消灭苗木上的病菌。生长季节发病,用1∶1∶100倍的波尔多液,或50%多菌灵可湿性粉剂1 000倍液喷洒。

十三、苗木幼苗猝倒病和立枯病

(一)病害症状

苗木幼苗猝倒病和立枯病是常见的苗期病害。从一、二年生花卉的瓜叶菊、一串红等到宿根的香石竹和球根的唐菖蒲等均有发生。被害植物有3种症状类型。腐烂型,即种子或幼芽还未出土,便被病害侵染而致死;猝倒型,幼苗出土还未木质化,其茎基受病菌为害呈水渍状,进而缢缩褐变腐烂,子叶尚未凋萎,幼苗即倒伏,故称猝倒病;立枯型,苗茎木质化后,根部或根颈部皮层腐烂,并渐枯死,幼苗不倒伏,呈现立枯状。

幼苗猝倒病和立枯病病原主要有腐霉菌、丝核菌和镰刀菌等致病真菌。

(二)防治方法

该病应采取综合防治措施,科学选择圃地,土壤药剂处理,精选种子,适时播种,防止高湿,培育壮苗。种子用60℃的0.5%高锰酸钾溶液处理2h,晾干后播种。幼苗出土后,用50%多菌灵可湿性粉剂800～1 000倍液,或1∶1∶100倍的波尔多液,15 d左右喷洒一次,可控制病害发生。

子任务　花卉常见病害识别

1.材料准备

铅笔、笔记本、花卉病害图片或病害标本15～20种。

2.方法步骤

(1)教师在实训场地现场讲解、指导学生学习识别田间花卉病害,用多媒体图片作补充说明。

(2)学生课余时间上网上课程平台学习花卉病害识别内容。

3.作业

将病害调查结果填入表5-1:

表5-1　常见花卉病害调查表

病害名称	调查地点	发生时期	危害部位	症状特点	对植物的影响

☞ 考核方法与标准

1.正确识别所见花卉病害50分;

2.能够说出病害的病原及防治方法20分;

3.表格填写完整20分;

4.学习态度与报告完成情况10分。

任务二　花卉常见虫害识别与防治

◈ 任务分析

花卉发生虫害后，生产者最担心的是打药无效。各类害虫依形态、发生发展规律的不同，防治方法也各异。而同一性质的虫害在防治上又具有相似性，所以要想有效及时地防治虫害，就要先弄清属于哪一类害虫为害。本任务从主要花卉虫害种类，为害症状等方面着手，让大家了解常见虫害识别与防治的方法。

◈ 任务目标与要求

知识目标：了解常见花卉虫害种类、发生规律及危害症状，掌握其防治技术。
技能目标：能识别、会防治花卉常见虫害。
德育目标：培养学生环保意识；团结协作与吃苦耐劳精神。

知识点一　花卉虫害概述

花卉虫害是指花卉在生长发育过程中，因受害虫食取其叶、枝茎、花、果、根等，造成这些部位缺损、畸形，致使花卉生长不良，甚至引起植株死亡的现象。危害花卉的害虫很多，其发育一般可分为完全变态即卵→幼虫→蛹→成虫 4 个虫期，或不完全变态，即卵→若虫→成虫 3 个虫期。昆虫的食性复杂，口器类型不同，因此，取食方式和危害特点也不尽相同。

花卉植物害虫种类很多，根据其为害部位及其为害方式，常将其分为食叶害虫、吸汁害虫、蛀干害虫及地下害虫等。

食叶害虫主要为鳞翅目的蓑蛾、刺蛾、斑蛾、尺蛾、枯叶蛾、舟蛾、灯蛾、夜蛾、毒蛾及蝶类；鞘翅目的叶甲、金龟子；膜翅目的叶蜂；直翅目的蝗虫等。它们的危害特点是：①取食叶片，削弱树势。②大多裸露生活，虫口密度变动大。③多数种类繁殖能力强，产卵集中，易爆发成灾，并能主动迁移扩散，扩大危害的范围。

吸汁害虫包括同翅目的蚜虫、介壳虫、叶蝉、木虱、粉虱、飞虱，半翅目的蝽象、缨翅目的蓟马、蜱螨目的螨类等。其发生特点是以刺吸式口器吸取幼嫩组织的养分，导致枝叶的枯萎；发生代数多，高峰期明显，个体小，繁殖力强，发生初期危害症状不明显，易被人忽视，扩散蔓延迅速。

蛀干害虫除在成虫期进行补充营养、寻找繁殖场所及配偶活动时较易发现外，均为隐蔽生活，因而造成防治上的困难。一旦林木受害后表现凋萎、枯黄等症状时，往往很难恢复生机。这类害虫一部分能侵害健康树木，另一部分只能侵害由于各种原因导致树木生长衰弱的林木，因而常被称为次期性害虫。

地下害虫种类多、数量大，出苗阶段主要有蝼蛄、何氏东方鳌甲、华北大黑金龟子的幼虫

（蛴螬）、黄褐丽金龟等，常咬食胚轴、子叶造成缺苗断垄。苗期到成株期主要有宁夏胭珠蚧（二年生后）、华北大黑金龟子的幼虫（蛴螬）、金针虫、拟步甲、黄斑大蚊等。其他还有小黄鳃金龟、黄褐异丽金龟子、华北蝼蛄、赤绒金龟子、黑绒金龟子等。

知识点二　常见花卉害虫的危害症状及防治方法

一、刺蛾类

二维码 5-2　花卉常见害虫及防治

（一）危害症状

刺蛾类属鳞翅目刺蛾科，全世界已知达 1 000 余种，我国也有 90 余种。以黄刺蛾、丽绿刺蛾、褐边绿刺蛾、扁刺蛾、桑褐刺蛾发生普遍，为害严重。其食性杂，可危害林木、果树、花卉等上百种阔叶树，严重时可食尽叶片，残留叶脉、叶柄，且幼虫具毒毛，接触皮肤可引起红肿。

成虫体中型、粗短、鳞片松厚，多呈黄、褐或绿色，上具红色或暗色简单的斑纹。幼虫蛞蝓形，头小内缩，胸足小或退化，体上常具瘤和刺，刺入后，使人皮肤痛痒，又称洋辣子。化蛹于光滑而坚硬的石灰质茧内，形似雀蛋。

（二）防治方法

消灭越冬虫茧。可结合抚育修枝、冬季清园等进行。

利用黑光灯诱杀成虫。

初孵幼虫有群集习性，人工摘除虫叶。

药剂防治。中、小龄幼虫可喷施 Bt 乳剂 500 倍液、20%菊杀乳油 2 000 倍液或 50%马拉硫磷 1 000～1 500 倍液或生物杀虫剂灭蛾灵 1 000 倍液。

保护天敌。如上海青蜂、姬蜂等。

二、夜蛾类

（一）危害症状

夜蛾类属鳞翅目夜蛾科。在园林植物上普遍发生的有斜纹夜蛾、银纹夜蛾、臭椿皮蛾、黏虫、变色夜蛾等。

（二）防治方法

清除园内杂草或于清晨在草丛中捕杀幼虫。人工摘除卵块、初孵幼虫或蛹。

灯光诱杀成虫或利用趋化性，用糖醋液诱杀。糖、酒、水、醋 2∶1∶2∶2＋少量敌百虫。

幼虫期喷 Bt 乳剂 500～800 倍液、50%辛硫磷乳油 1 000 倍液、2.5%溴氰菊酯乳油或 10%氯氰菊酯乳油或 2.5%功夫乳油 2 000～3 000 倍液、5%定虫隆乳油 1 000～2 000 倍液、20%灭幼脲Ⅲ号胶悬剂 500～1 000 倍液等。

三、灯蛾类

（一）危害症状

灯蛾类属鳞翅目灯蛾科。在园林植物上常见的有红缘灯蛾、美国白蛾、人纹污白灯蛾等。

(二)防治方法

冬季深翻园地消灭虫蛹。

利用黑光灯诱杀成虫,可取得较好的防治效果。

发现严重时,可喷施2.5%溴氰菊酯乳油1 500～2 000倍液、20%氰戊菊酯乳油4 000倍液、10%多来宝悬浮剂1 500倍液。

生物防治:利用周氏啮小蜂防治美国白蛾效果好。

四、蝶类

(一)危害症状

蝶类属鳞翅目球角亚目。在园林植物上常见的粉蝶科的合欢黄粉蝶、菜粉蝶;凤蝶科的柑橘凤蝶、玉带凤蝶;蛱蝶科的茶褐樟蛱蝶等。以幼虫为害,取食植物叶片。蝶类是一类能给人们带来美的享受的昆虫,在可能的条件下,我们要保护利用这些昆虫。

(二)防治方法

人工摘除越冬蛹,并注意保护天敌。

结合花木修剪管理,人工采卵、杀死幼虫或蛹体。

严重发生时喷施20%除虫菊酯乳油2 000倍液、2.5%溴氰菊酯乳油3 000倍液、20%杀灭菊酯2 000倍液。

五、叶蜂类

(一)危害症状

叶蜂类害虫又名黄腹虫,属膜翅目昆虫纲叶蜂总科,分布很广,包括三节叶蜂科、简复叶蜂科、锯节叶蜂科等种类,世界已知的有4 000多种,我国已知300多种。叶蜂以幼虫群集于植株上取食叶片。严重时将叶片吃光,只留下叶的主脉及枝干,影响树木正常生长,花木失去观赏价值。一年发生1～4代,以卵或幼虫在茧内越冬。不同种类,其发生规律各异。

(二)防治措施

冬春季结合土壤翻耕消灭越冬茧。

寻找产卵枝梢、叶片人工摘除卵梢、卵叶或孵化后尚群集的幼虫。

幼虫危害期喷洒Bt乳剂500倍液、2.5%溴氰菊酯乳油3 000倍液、20%杀灭菊酯2 000倍液、25%灭幼脲Ⅲ号胶悬剂3 000倍液。

六、甲虫类

(一)危害症状

甲虫类属鞘翅目的昆虫,在园林植物上常见有叶甲科的榆蓝叶甲、柑橘台龟甲、杨叶甲、柳蓝叶甲、泡桐叶甲、葡萄十星叶甲、瓢虫科的茄二十八星瓢虫以及金龟子成虫、象甲等。

(二)防治方法

加强植物检疫。

消灭越冬虫源。清除墙缝、石砖、落叶、杂草下等处越冬的成虫,减少越冬基数。

人工震落捕杀成虫或人工摘除卵块。

化学防治：各代成虫、幼虫发生期喷洒 80%敌敌畏和 90%敌百虫 1 000 倍液、40.7%乐斯本 800 倍液或 2.5%溴氰菊酯 2 000～3 000 倍液。也可根施呋喃丹颗粒剂等内吸性杀虫剂。

保护、利用天敌，如寄生蜂、瓢虫、小鸟等来减少虫害。

七、软体动物类

(一)危害症状

软体动物多喜阴湿环境，常在温室大棚、阴雨高湿天气或种植密度大时发生严重。主要种类有：蜗牛、蛞蝓等。蜗牛属软体动物门，腹足纲柄眼目，蜗牛科的一类动物，啃食花卉和观叶植物的花、芽、嫩茎及果，造成叶片缺刻、孔洞及幼苗倒伏、果实腐烂。园林植物上常见是灰巴蜗牛。

(二)防治方法

人工捕捉：发生量较小时，可人工捡拾，集中杀灭。

使用氨水：用稀释成 70～100 倍的氨水，于夜间喷洒。

撒石灰粉：用量为 75～112.5 kg/hm^2。

施药：撒施 8%灭蜗灵颗粒剂或用蜗牛敌(10%多聚乙醛)颗粒剂，15 kg/hm^2；用蜗牛敌、豆饼、饴糖 1∶10∶3 制成的毒饵撒于草坪杀蛞蝓。

八、叶蝉类——大青叶蝉

(一)危害症状

叶蝉属同翅目，叶蝉科。该科昆虫不仅危害农作物，而且还传播植物病毒病。

大青叶蝉以成虫和若虫刺吸寄主植物枝梢、茎叶的汁液危害，在果树上主要是成虫产卵危害。在成虫秋末产卵时会用锯状产卵器刺破枝条表皮呈月牙状翘起，将 6～12 粒卵产在其中，成虫密度大时会使枝条遍体鳞伤，易导致抽条，严重时可致幼树死亡。

大青叶蝉 1 年发生 3 代，以卵在苹果树枝条或苗木的表皮下越冬，在第二年 4 月孵化，孵化后的若虫 1h 后便开始转移到农作物和杂草上取食危害，第 3 代若虫危害晚秋作物和蔬菜，到 9 月下旬，第三代成虫便飞到秋菜地危害，10 月开始飞向果园，将卵产在果树幼嫩光滑的枝条和幼嫩主干上越冬，果园内间作白菜、萝卜、薯类等多汁晚熟作物时，或果园周围种植有这些晚秋作物时，果树受害严重。

(二)防治方法

加强庭园绿地的管理，勤除草；结合修剪，剪除被害枝叶以减少虫源。

设置黑光灯，诱杀成虫。

在成虫、若虫危害期，喷施 40%氧乐果乳油、80%敌敌畏乳油 1 000 倍液、2.5%敌杀死 2 000 倍液、20%杀灭菊酯 2 000～3 000 倍液进行防治。

九、日本龟蜡蚧

(一)危害症状

日本龟蜡蚧属同翅目蚧总科蚧科。主要分布在华东、华中、华南、华北、西南等广大地区，为害严重。此虫食性很杂，寄主有 44 科 100 多种植物，主要有蜡梅、栀子花、含笑、山茶、月季、牡丹等花木。若虫和雌成虫在枝梢和叶片中脉处吮吸汁液危害，并能诱发煤污病，枝枯叶落，甚至整株枯死。

雌虫蜡壳椭圆形，呈龟状，灰白色。若虫介壳白色，呈星芒状。

(二)防治方法

结合修剪，除去受害枝叶和过密枝，以利果园通风透光，减轻为害。

喷药防治。低龄若虫盛发被蜡初期为药剂防治的适期，可喷洒 2.5%功夫乳油 3 000～5 000 倍液，或 48%乐斯本乳油 1 000 倍液，也可选用 95%机油乳剂 100～200 倍液，或松脂合剂 15～20 倍液等喷治。

保护和利用天敌。有多种瓢虫、草蛉捕食，能有效控制该虫为害。

十、吹绵蚧

属蚧总科珠(硕)蚧科，原产于大洋洲，现已广布于热带。在我国除西北地区外，其余各省均有分布，在淮河以北地区多发生于温室内，食性很杂，为害金橘、佛手、茉莉、月季、含笑、山茶、石楠、海桐等 250 多种植物，引起落叶、落果、枝梢枯萎、树势衰弱，甚至全株枯死，同时能诱发煤污病。

形态特征雌成虫橘红色，椭圆形，背面隆起呈龟甲状，体被有黄白色的蜡粉及絮状的蜡丝。腹部后方有白色半卵形卵囊，囊表隆起线 15 条。

防治方法同日本龟蜡蚧。

十一、紫薇绒蚧

又名石榴绒蚧，属于同翅目蚧总科绒蚧科。分布于辽宁、陕西、河北、北京、天津、山西、安徽、江苏、浙江、湖北、江西、湖南、贵州、四川等地区。为害紫薇、石榴等，严重时枝、干布满虫体，刺吸植株汁液，并导致煤污病的发生，造成植株叶黄、脱落，枝条停止生长，甚至枯死，严重影响观赏效果。

雌成虫卵圆形，体紫红色，近产卵时分泌蜡质，形成白色毡绒状蜡囊，虫体与卵包在其中。

防治方法同日本龟蜡蚧。

●花木如诗

提起关于紫薇花的诗句，最有名的当属白居易的“独坐黄昏谁是伴，紫薇花对紫薇郎”。诗人当时正在朝中做官，任中书舍人，“紫薇郎”便是指的这一官职。当时翰林院多植紫薇，管国家政事的“中书省”叫“紫薇省”，其重要官员称为“紫薇舍人”，可见当时人们对紫薇花的重视和喜爱。

十二、橘红片圆蚧

橘红片圆蚧又名红圆蚧、红肾圆蚧、红圆蹄盾蚧，属蚧总科盾蚧科。分布于北京、山东、江苏、安徽、浙江、上海、福建、江西、湖南、湖北、台湾、广东、广西、四川、云南、新疆等地区，为害君子兰、鸢尾、山茶、茉莉、佛手、金橘、迎春花、桂花等。以成虫和若虫寄生在叶和枝干上，尤以叶片正面较多，吮吸汁液。为害严重时，叶早落，甚至导致植株死亡。

雌成虫介壳圆形，橙红色至褐色，中央稍隆起，边缘扁阔，淡橙黄色，介壳透明，可见红色虫体，壳点在中央或近中央，橘红色；雄介壳呈椭圆形，黄灰色，壳偏于前端一侧。

防治方法同日本龟蜡蚧。

十三、蚜虫类

（一）危害症状

属同翅目蚜总科。种类繁多，常见有棉蚜、桃蚜、菊小长管蚜、月季蚜等。分布全国各地，为害扶桑、木槿、蜀葵、石榴、一串红、倒挂金钟、茶花、菊花、紫叶李、夹竹桃、大丽花、仙客来、玫瑰等。以成虫和若虫群集在植株的嫩梢、花蕾、花瓣和叶片，吸取汁液，使叶片皱缩、卷曲或形成瘿瘤，影响开花，同时诱发煤污病。

成虫分有翅和无翅两种类型，若蚜亦分有翅和无翅两型，成蚜、若蚜均有 1 对腹管，可分泌蜡质及信息警戒激素等。

蚜虫以刺吸式口器从植物中吸收大量汁液，使植株长得矮小，叶片卷曲，花蕾不能开放，植株提前老化、早衰。蚜虫能携带病毒，再从刺吸伤口侵入植物，造成二次侵染为害。蚜虫刺吸过多的植株汁液排出体外，招引蚂蚁，感染霉菌，诱发煤污病。

（二）防治方法

注意检疫虫情，抓紧早期防治　盆栽花卉上零星发生时，可用毛笔蘸水刷掉，刷时要求小心轻刷、刷净，避免刷伤嫩梢、嫩叶。刷下的蚜虫及时处理干净，以防蔓延。木本花卉的蚜虫，可在早春刮除老树皮，剪除受害枝条，消灭越冬卵。

保护和利用天敌　蚜虫的天敌种类很多，常见的有瓢虫、草蛉、食蚜蝇、蚜小蜂、蚜茧蜂等。施用农药，应在天敌极少、且不足以控制蚜虫密度时为宜。有条件的地方，应积极开展人工繁殖天敌与进行天敌释放。

药剂防治　蚜虫大发生时，可喷 50%马拉硫磷乳油 800～1 200 倍液。发生在球茎上（如郁金香、百合、唐菖蒲、番红花）的蚜虫，栽培前应将受害球茎浸泡在 50%多菌灵可湿性粉剂 500 倍液中 30 min，再以 50%福美双可湿性粉剂拌后种植。

物理防治　利用黄色板诱杀，在花卉栽培地或温室内，可放置黄色黏胶板诱粘有翅蚜虫，还可采用银白锡纸反光，拒栖迁飞的蚜虫。

十四、粉虱类

（一）危害症状

属同翅目粉虱科。常见有温室白粉虱、橘黄粉虱。分布于东北、华北、华东一带，是一种分布很广的露地和温室害虫。为害瓜叶菊、天竺葵、茉莉、扶桑、万寿菊、非洲菊、一品红、月季、绣球、大丽花、桂花、栀子花、牡丹、柑橘等 70 多种观赏植物。主要以成虫和幼虫群集在寄主植物叶背，吮吸汁液为害。严重时，导致叶片褪色、凋萎，直至干枯，直接影响光合作用和生长发育。此外，成虫、幼虫能分泌蜜露，诱发煤污病。

主要为害春、夏梢，以幼虫群居叶背吸食汁液。其排泄物诱发煤污病，导致植物枝叶发黑，生长减弱，抽梢量减少，严重者，枝条枯死、脱落，降低产量，影响果实品质。

(二)防治方法

加强植物检疫工作,注意检查进入温室的各类花卉,尽可能避免将虫带入;清除温室周围杂草以减少虫源,加强管理,适当修枝,保持通风透光环境,可减轻为害;在幼虫大量孵化或成虫盛发期及时喷药防治,可选用25%亚胺硫磷及50%杀螟松乳油800～1 200倍液,连续喷洒2～3次。

十五、蓟马类

(一)危害症状

在全国各地均有分布。以成虫、若虫主要在花内取食危害,破坏花组织,致使花朵提早凋谢,影响花卉的观赏价值。

蓟马是缨翅目昆虫的通称。以其锉吸式口器刮破植物表皮,口针插入组织内吸取汁液。被害处常呈黄色斑点或块状斑纹,导致嫩芽、心叶凋萎,叶片卷曲、皱缩,甚至全叶枯黄。植物花器被害后,花朵很快就凋谢。有的蓟马还可传播病毒,因此,蓟马类是花卉植物的重要害虫之一。

常见的有黄胸蓟马、烟蓟马、花蓟马、红带网纹蓟马等,分布长江、淮河以南各省,为害栀子花、兰花、晚香玉、白兰等。

(二)防治措施

在少数植株被危害时,可用手捏杀成虫和若虫,或用肥皂水冲洗。

在大面积发生高峰前期,喷洒40%氧化乐果乳油1 500倍液、50%马拉硫磷乳油4 000倍液、10%吡虫啉可湿性粉剂2 000倍液,防治效果良好。

盆栽花木可用3%呋喃丹颗粒剂、15%铁灭克颗粒剂施入土中,每盆3～5 g。

清除杂草,保护天敌。大发生时可用50%杀螟松乳油800～1 200倍液喷雾,隔10 d后再喷一次。

十六、叶螨类

(一)危害症状

俗称红蜘蛛,主要在植物的叶片上吸取植物的汁液,直接破坏叶片的组织,草本、木本、阔叶、针叶、果树、花卉、灌木等都受其害。

叶螨属蛛形纲蜱螨目叶螨总称。常见有朱砂叶螨、山楂叶螨、柑橘全爪螨、酢浆草岩螨等,为害普遍。

主要危害春梢、嫩叶、花蕾、幼果等部位,受害叶片失绿,呈苍白色斑点、斑块或叶片卷曲、皱缩、畸形、出现虫瘿等,严重时整个叶子枯焦似火烤,故朱砂叶螨(红蜘蛛)又有“火龙”之称。

(二)防治方法

园林栽培技术管理与调控　①经常做好清园工作,全面清除杂草枯枝落叶,挖除濒死老树及病虫残株烧毁,冬季深翻改土,可以杀死害虫,改善环境;②科学施肥,增施有机肥和磷钾肥,适时浇灌;冬干春旱,更要经常浇灌,增加园内湿度,促进植株生长健壮,提高抗病虫能力。③对木本花卉植物,刮除粗皮、翘皮,树干束草,诱集越冬螨;对花圃地,冬季灌水,销毁残株落叶，以便消灭越冬虫口。

药剂防治，加强虫情测报　早春用药防治，不仅能压低虫口基数，而且能减少施药次数。药剂可用洗衣粉柴油乳剂200倍液，20%三氯杀螨醇乳油800～1 000倍液，20%螨卵脂600～800倍液，1.8%爱福丁17 000～20 000倍液，胶体硫400倍液，50%螨死净4 000～5 000倍液。

发病初期可喷40%三氯杀螨醇乳油800～1 200倍液或50%三氯杀螨砜可湿性粉剂800～1 200倍液，对杀成螨、若螨、幼螨、卵均有效。最好10～15 d后再喷一次。

十七、天牛类

(一)危害症状

为蛀枝梢及树干的害虫，以幼虫钻蛀植株茎干，在韧皮部和木质部形成蛀道为害，引起主干、主梢生长不良，风折或植株枯死。这类害虫隐蔽生活，防治十分困难，常见有星天牛、菊小天牛、双条合欢天牛、橘绿天牛、桃红颈天牛等。

(二)防治方法

适地适树，采取以预防为主的综合治理措施。选择抗性树种，避免其严重危害；加强管理，增强树势；及时清除园内枯立木、风折木等。加强养护管理，使植株生长健壮，增强抗虫能力；剪除被害枝梢，消灭幼虫；人工捕杀成虫，同时掌握天牛产卵部位，用小刀刮卵；用40%敌敌畏乳油100倍液注入蛀孔内或浸药棉塞孔（用黏土封孔）或用毒签插入蛀孔中，毒杀幼虫。

人工防治　利用成虫羽化后在树冠活动（补充营养、交尾和产卵）的一段时间，人工捕杀成虫。寻找产卵刻槽，可用锤击、手剥等方法消灭其中的卵。用铁丝钩杀幼虫。特别是当年新孵化后不久的小幼虫，此法更易操作。

饵木诱杀

保护利用天敌　如人工招引啄木鸟，利用天牛肿腿蜂、啮小蜂等。

药剂防治　在幼虫危害期，先用镊子或嫁接刀将有新鲜虫粪排出的排粪孔清理干净，然后塞入磷化铝片剂或磷化锌毒签，并用粘泥堵死其他排粪孔，或用注射器注射80%敌敌畏、50%杀螟松50倍液、或采用新型高压注射器，向树干内注射果树宝。在成虫羽化前喷2.5%溴氰菊酯触破式微胶囊。

十八、斑潜蝇类

(一)危害症状

成虫和幼虫均可为害。雌虫以产卵器刺伤寄主叶片，形成小白点，并在其中取食汁液和产卵。幼虫蛀食叶肉组织，形成带湿黑和干褐区域的蛇形白色斑；成虫产卵取食也会造成伤斑。受害重的叶片表面布满白色的蛇形潜道及刻点，最后叶片枯萎。

(二)防治方法

严格检疫，防止该虫扩大蔓延。各地要重点调查，严禁从疫区引进蔬菜和花卉，以防传入。

在斑潜蝇为害重的地区，收获后及时清洁田园，把被斑潜蝇为害作物的残体集中深埋、沤肥或烧毁。

提倡用防虫网防治美洲斑潜蝇，能防止斑潜蝇进入棚室中为害、繁殖。也可用黄板诱杀。

生物防治：释放潜蝇姬小蜂，平均寄生率可达78.8%。

大龄幼虫抗药力强，生产上要在成虫高峰期至卵孵化盛期或低龄幼虫高峰期防治：瓜类、茄果类、豆类蔬菜某叶片有幼虫 5 头、幼虫 2 龄前、虫道很小时，于 8—12 时，首选三嗪胺类生长调节剂 40%灭蝇胺可湿性粉剂 4 000 倍液，持效期 10～15 d。1.8%阿维菌素乳油 4 000 倍液、1%苦参碱 2 号可溶性液剂 1 200 倍液、4.5%高效氯氰菊酯乳油 1 500 倍液、70%吡虫啉水分散粒剂 10 000 倍液、25%噻虫嗪水分散粒剂 3 000 倍液，斑潜蝇发生量大时，定植时可用噻虫嗪灌根，更有利于对斑潜蝇的控制。

十九、地老虎类

(一)危害症状

地老虎类属鳞翅目、夜蛾科。其中以小地老虎分布最广，危害最严重。分布比较普遍，其严重危害地区为长江流域、东南沿海各省，在北方分布在地势低洼、地下水位较高的地区。小地老虎食性很杂，幼虫危害寄主的幼苗，从地面截断植株或咬食未出土幼苗，亦能咬食植物生长点，严重影响植株的正常生长。

(二)防治措施

清除杂草　杂草是小地老虎产卵的主要场所及初龄幼虫的食料，春季细耕整地清除田边杂草，可以消灭部分卵和幼虫。

诱杀成虫　在春季成虫羽化盛期，用糖醋液诱杀成虫。糖醋液配制比为糖 6 份、醋 3 份、白酒 1 份、水 10 份加适量敌百虫及 25%西维因可湿性粉剂 50 g，盛于盆中，于近黄昏时放于苗圃地中。

用黑光灯诱杀成虫　在播种前或幼苗出土前，用幼嫩多汁的新鲜杂草 70 份与 25%西维因可湿性粉剂 1 份配制成毒饵，于傍晚撒于地面，诱杀 3 龄以上幼虫。

人工捕杀　清晨巡视苗圃，发现断苗时，刨土捕杀幼虫。

药杀幼虫　幼虫危害期，喷洒 25%功夫乳油 3 000～5 000 倍液、40.7%乐斯本乳油 1 000～2 000 倍液、30%佐罗纳乳油 2 000～3 000 倍液、25%爱卡士乳油 800～1 200 倍液；也可用 50%辛硫磷乳油 1 000 倍液喷浇苗间及根际附近的土壤。

二十、金龟子类

(一)危害症状

常见种类有铜绿金龟子、大黑鳃金龟子、朝鲜金龟子、苹毛金龟子、小青花金龟子、白星花金龟子等。蛴螬乳白色，头橙黄或黄褐色，体圆筒形，身体呈“C”形蜷曲，具 3 对胸足。

属鞘翅目金龟子科，幼虫称蛴螬，是地下害虫。蛴螬除咬食主、侧根外，还能将根皮剥食殆尽，造成植株枯死。成虫取食园林花卉的叶片和花，严重影响观赏价值。

成虫触角鳃片状，腹部末端露于鞘翅外，蛴螬仅具 3 对胸足，静止时弯曲呈“C”形。

(二)防治方法

施充分腐熟的有机肥，在播种前或幼苗出土前，用幼嫩多汁的新鲜杂草 70 份与 2.5%敌百虫粉 1 份配制毒饵，于傍晚撒布地面，诱杀 3 龄以上幼虫。春季成虫羽化盛期，用糖醋液(配方：糖 6 份，醋 3 份，白酒 1 份，水 10 份)加适量敌百虫或用黑光灯诱杀成虫。幼虫为害期，用 90%晶体敌百虫 500～800 倍液，于根颈处浇灌，毒杀为害苗木的初龄幼虫。

子任务一 花卉害虫及为害状识别

1.材料准备

铅笔、笔记本、花卉病虫图片或病虫标本15～20种。

2.方法步骤

(1)教师在实训场地现场讲解、指导学生学习识别田间花卉病虫,用多媒体图片作补充说明。

(2)学生课余时间上网上课程平台学习花卉病虫识别内容。

3.作业

将病虫调查结果填入表5-2:

表5-2 常见花卉虫害调查表

病虫名称	调查地点	发生时期	危害的花卉	症状特点	对植物的影响

☞ 考核方法与标准

1.正确识别所见花卉害虫及为害状50分;

2.能够说出害虫为害状及防治方法20分;

3.表格填写完整20分;

4.学习态度与报告完成情况10分。

子任务二 农药配制

1.材料准备

杀虫剂、杀菌剂、水、天平、量筒、搅棒、药匙、笔、笔记本等。

2.方法步骤

(1)教师在实训场地现场讲解、指导学生配制药液。

(2)学生课余时间上网上课程平台学习药剂相关知识。

药剂配制方法

(1)计算用药量　例如,用50%多菌灵可湿性粉剂500～600倍液,防治真菌性病害。配制药液前,根据公式计算用药量:

配药容器用药量(g)=配药容器装药液质量(g)÷稀释倍数

(2)配制　药液依据农药配制二次稀释法进行稀释农药。注意配药容器内水不宜过满,防止药液溢出。水质要求最好中性,并且无杂质。严格按照计算用药量配制药液,注意搅拌均匀。

(3)注意事项　化学药剂喷雾防治病虫害要选择晴天无风天气进行,注意农药的使用浓度及喷药质量,观察防治效果。

3. 作业

正确说明配制药剂的步骤。药剂施用中应注意哪些问题?

☞ 考核方法与标准

1. 正确识别计算用药量 30 分;
2. 正确配制操作 50;
3. 学习态度与报告完成情况 20 分。

拓展　花卉病虫害防治常用药剂(表 5-3)

表 5-3　花卉病虫害防治常用药剂

类别	名称	商品类型	防治对象	使用方法
杀菌剂类	百菌清	75%可湿性粉剂	白粉病、霜霉病、黑斑病等真菌病害	一般用 600~1 000 倍液,不能与波尔多液、石硫合剂混用
	多菌灵	25%、50%的可湿性粉剂	多菌灵是一种广谱性杀菌剂,对多种作物由真菌(如半知菌、子囊菌)引起的病害有防治效果	可用于叶面喷雾、种子处理和土壤处理等
	甲基托布津	50%、70%可湿性粉剂,40%悬浮剂	褐斑病、白粉病、锈病、炭疽病、灰霉病、黑斑病等多种真菌病害	每次用 50%可湿性粉剂 700~1 000 倍液,或 70%可湿性粉剂 800~1 200 倍液
杀虫剂类	杀螟松	50%乳油,2%粉剂	棉铃虫、烟青虫、蚜虫、螟、蛾类害虫	用 50%乳油 1 500~2 000 倍液喷雾
	辛硫磷	50%、45%辛硫磷乳油,5%颗粒剂	蚜虫、粉虱	辛硫磷见光易分解,所以最好在夜晚或傍晚使用
	Bt 乳剂	苏云金杆菌微生物农药类(内含 0.2%除虫菊酯类杀虫剂)	主要用于防治鳞翅目害虫的幼虫,桃小食心虫、黄刺蛾、尺蠖蛾和棉铃虫等	浓度为 500~800 倍液
杀螨和线虫类	三氯杀螨醇	20%乳油	红蜘蛛	浓度为 800~1 000 倍液,在扩散初期或盛发期喷雾
	速螨灵	20%可湿性粉剂,15%乳油	红蜘蛛	浓度为 2 300~3 000 倍液喷雾
	棉隆	98%微粒剂	杀灭土壤中各种线虫、病原菌、地下害虫及萌发的杂草种子	每亩用 98%微粒剂 20~30 kg,进行沟施或撒施,盖膜密封 20 d 以上,揭开膜敞气 15 d 后播种
	呋喃丹	35%呋喃丹种子处理剂 3%呋喃丹颗粒剂	多种作物的地下害虫、叶面害虫及线虫 300 多种	沟施、根侧施肥,种子处理(高毒农药)

第二部分

花卉应用

项目六　花卉的室内应用

项目七　花卉的室外应用

项目八　花卉经营与管理

项目六

花卉的室内应用

项目背景

对于我们人类来说，花是美的存在。人们对花卉的欣赏、亲近，由最初的随意性到有目的地培育、系统化地生产、艺术化地塑造、抽象地概括等，这些行为使得花卉渐渐地遍布了我们的生活空间。我们用花卉传递情感，为生活增添情趣。花卉以插花、微景观、盆栽等形式，成为了室内空间装饰的重要部分。本项目以相关知识为基础，以插花、压花、组合盆栽、室内盆栽摆设四个任务为载体，介绍花卉的室内应用方法。

知识目标

1. 掌握插花设计的原理；
2. 掌握压花的方法；
3. 掌握组合盆栽设计原理；
4. 掌握室内盆栽花卉装饰的原则。

能力要求

1. 能设计、制作适合室内装饰的插花作品；
2. 熟练掌握压花的方法，能制作精美的压花作品；
3. 能制作适合室内摆放的组合盆栽；
4. 能为不同的室内环境合理地选择和陈设盆栽花卉。

学习方法

1. 以教材为载体，结合网络课程资源，完成任务；
2. 依托网络教学平台，学习相关拓展知识，完成相关测验。

任务一　室内插花装饰

◈ 任务分析

室内放置的插花作品，会以其美丽的色彩、优美的造型和浓郁的香气，使满室生辉，让人神清目爽。每逢佳节喜庆时，室内插些鲜花更会烘托喜庆的气氛。那么问题来了——居室装饰究竟该如何插花？插花又有什么讲究？插花有什么类型？本任务通过相关知识的介绍和子任务的实施程序，讲述室内插花装饰的设计原理、花材器具、制作技巧等。

◈ 任务目标与要求

知识目标：了解插花的含义及类别，熟悉常见的插花花材和花器，掌握鲜切花的保鲜技术，掌握插花的基本技艺。

能力目标：培养学生利用插花装饰品对室内环境进行装饰的能力。

学习要求：遵守课堂纪律、实训室、实训基地相关规则，认真做好笔记，注意安全。

◈ 相关知识

知识点一　插花的含义和类型

一、插花的概念

插花是一门技术，更是一门艺术，它与建筑、雕塑、盆景、造园等艺术形式相似，是最优美的空间造型艺术之一，所以也常被称为“插花艺术”。插花艺术是以切花材料为主要创作素材，经过艺术构思、设计，将花材加工、组合、排列，来表现造型美、生活美、自然美以及作者思想感情的造型艺术。

插花主要由花材与容器组成，所以狭义的插花艺术是指将鲜切花插在盛水的容器中，制作成摆设花的造型艺术。广义的插花是指凡是利用花卉材料为主要素材进行造型，制成具有观赏效果的花卉艺术品，都可称为插花艺术，既包括使用容器的作品，又包括不使用容器的作品，比如花束、花环等。

二、插花的类别

(一)按用途分类

(1)礼仪插花　主要用于社交、礼仪活动，如庆典仪式、婚丧嫁娶、探亲访友、迎来送往等活动。礼仪插花主要有花篮、花束、花环、花圈、花车、桌花、捧花、头花、胸花、腕花等形式。

(2)艺术插花　主要是为了美化环境和艺术欣赏。艺术插花作品寓意深刻、艺术品位高、造型奇特,主要表现作者的真实情感和艺术情趣,达到以形传神的目的,因此在花材的选择上更广泛、灵活。

(二)按艺术风格分类

(1)东方式插花　以中国和日本为代表的插花艺术形式。东方式插花艺术崇尚自然,注意表现花材的线条美,讲究诗情画意,表现内涵深邃的意境(图 6-1)。东方式插花分为传统东方式插花与现代东方式插花。

(2)西方式插花　以欧美国家为代表的插花艺术形式。西方式插花讲究构图整齐规则、均衡对称,体现雍容华贵的风韵。西方式插花分为传统西方式插花与现代西方式插花。

(3)自由式插花　为东西方插花艺术相互交融产生的插花艺术形式。现代自由式插花的创作讲究创新与个性,创作材料、创作手法灵活多变。

图 6-1　元代端午节庆插花

(三)按插花容器分类

插花容器是艺术插花作品的重要组成部分。由于容器的质地、形状、色彩可以选择,从而为插花艺术创造了更丰富多变的条件。中国式插花讲究整体效果(生活四艺——插花、挂画、点茶、燃香)。古人要求花、器、几架三位一体。不同的构图以及与不同花材花器的组合,达到的效果则是完全不同的。因此,花器是插花的主要依托和装饰。中国式插花常用的六大花器为瓶、盘、缸、碗、筒、篮。

(1)瓶花　瓶花是中国传统插花中的一种重要表现形式,也是最能体现东方式插花风格的插花形式。瓶在我国有平安吉祥之意。瓶花多具崇高感与庄严性,善于表现花材的线条美,尤以表现木本花材的各种线条与姿韵,具高雅、飘逸之风格。

(2)盘花　盘的形状以圆、椭圆为主,代表圆满、团圆的涵义。传统插花将花枝在容器上的立足点称为“地道”,在空间的伸展方向称为“天道”,插花即是“天道”与“地道”的相互结合。因此,此花器尤其适合插作写景式盘花,以表现大自然中花草树木的自然生态习性与风韵,舒展的枝叶、聚集而自然利落的花脚,风情雨露,达到精妙入神的境界。

(3)篮花　俗称花篮,使用各种篮子作为花器插花,自古至今都被广泛应用。传统篮花不仅花篮式样丰富,制作精巧、纹饰华丽,且花枝造型自由多变,与篮子融为一体。插作时强调篮把与篮沿在构图中的运用,充分显现篮把的框景作用和篮沿流畅的弧线之美。巧妙运用虚与实、露与藏的对比关系处理花与器的结合。

(4)缸花　由于缸形多矮壮、稳重,适合配置硕大、鲜艳的花材,如牡丹、芍药、菊花、山茶等,以表现豪华、端庄、隆重之华美。插作时留出 1/3 内壁及水面空间,以避免整体的繁杂、臃肿感。缸花适用于宫殿、大堂等场合。

(5)筒花　传统筒花构图不拘形式,可用各类枝条优美、花色淡雅的名花、名草,充分展现花材优雅的自然风姿。

(6)碗花　其特点为口宽底尖,插作以花插固定花枝,直接由中心点出枝,花脚紧密成把,整体高洁端庄,轻巧利落,多在寺庙插花中用,置于禅房或佛像前,极富宗教色彩。

(四)按花材性质分类

插花按照所用的花材性质不同,可分为鲜花插花、干花插花、永生花插花和仿真花插花。

(1)鲜花　最能表现生命力与自然气息,但鲜花的保鲜期短,是“瞬时艺术”。如图 6-2 所示。

(2)干花　即利用鲜花干燥剂、自然风干、微波炉烘干等方法使鲜花迅速脱水而制成的花。这种花可以较长时间保持鲜花原有的色泽和形态。干花具有植物自身独特的形态,相对真实、自然,同时持久耐用,但色泽与质感和鲜切花相比,区别则比较明显。

(3)永生花　也叫保鲜花、生态花,国外又叫“永不凋谢的鲜花”。永生花是使用玫瑰、康乃馨、蝴蝶兰、绣球等品类的鲜切花,采用高科技手段,经过脱水、脱色、烘干、染色等一系列复杂工序加工而成的干花,永生花无论是色泽、性状、手感几乎与鲜花无异,它保持了鲜花的特质,且颜色更为丰富、用途更高、保存时间 3～5 年。

(4)仿真花　又称绢花,通常是指用绷绢、绉纸、涤纶、塑料、水晶等材料制成的假花。仿真花花色艳丽,造型别致、端庄典雅,保存时间长久,四季如春盛开不谢,所以非常适合家庭、公共场合等装饰(图 6-3)。

图 6-2　鲜花插花

图 6-3　仿真花插花

知识点二　插花的花材与器具

一、插花的花材

植物的花、枝、叶和果实等,经剪切与修整后,都可作为插花材料。根据花材的形态特点,通常将其分为线状花材、块状花材、散状花材、特殊形状花材和衬叶五种。花材除鲜花花材外,还包括干花花材和人造花材等。

(1)线状花材　线状花材是指外形呈线状或长条状的花材。可为直线形的花或花序、枝条、根、长形叶片等,多用于构成插花作品的基本骨架,也称“骨架花”,尤其在东方式插花中应用非常广泛。如唐菖蒲、银芽柳、一叶兰、金鱼草、虎尾兰等。

(2)块状花材　块状花材是指外形呈整齐的团状、块状的花材,是插花常用的花材,特别是西方式插花用量较多，也称“主体花”。其花色丰富、鲜艳，如月季、香石竹、菊花、花毛茛、非洲菊、大丽花等。

(3)散状花材　散状花材是指由许多细碎、星点状的小花构成蓬松轻盈的大花序状的花材，也称填充花材。如小菊花、勿忘我、满天星、情人草等。常散插在主要花材的空隙间、表面或背后，起烘托、陪衬和填充作用，增加作品的层次感，并起到结构过渡、平衡重心、缓和色彩冲突的作用。

(4)特殊状花材　特殊状花材是指花形奇特、别致，形状较大的花材，也称焦点花材。这类花材插花的用量少但常作为焦点花插到重要的位置上，引人注意，如鹤望兰、红掌、百合、马蹄莲等。

(5)衬叶　起陪衬及遮挡花泥的作用的切叶，如龟背竹、棕竹、巴西木、肾蕨、散尾葵、针葵、苏铁、文竹、蓬莱松、天门冬等。

二、插花器具

(一)容器

指用于盛放、支撑和保养花材的容器，同时也是插花作品构图中的重要组成部分。容器的质地有陶瓷、玻璃、塑料、铜质、竹木等，类型有盆、瓶、盘、筒、篮、钵等，形状有圆形、椭圆形、长方形以及异形等。除了专用的花器之外，生活用品中的碗、盆、碟、杯、罐以及废弃的有一定造型的酒瓶等，都可作为花器使用。

容器的选配要根据插花作品的大小、构图的形式、花材的种类、用途、表达的意境以及周围的环境等确定。传统中式摆设的厅堂常选用古色古香的花瓶、浅盆等，西式插花则宜选用一些中性色的花盆、盘，如白色、黑色、灰色、米色、金色、银色等。容器通常是为了陪衬花材的，所以容器选择应避免过分华丽繁复，以免造成喧宾夺主的效果。

(二)插花工具

1.修剪工具

修剪工具主要有：剪刀、小刀、手锯。

剪刀为插花必备工具之一。修枝剪用于剪取木本花枝。普通剪刀用于剪裁纸张、彩带等。

美工刀用于切割花泥，修剪花材，花枝造型等。

手锯用于修剪加工较粗的木本花材。

2.固定工具

插花作品的完成需要使用固定材料，现在应用较多的是剑山、花泥和钢丝网。

(1)剑山　又称花插，是水盆和浅口插花容器的主要固定和支撑工具。用铅铝合金为基座，密布钢钉，形成簇密的钉板，固定花材，形状有圆形、方形、半月形等，大小各异。如图6-4所示。

图 6-4　剑山

(2)花泥　又称鲜花泥、花泥、花泉，是一种吸水性很强的酚醛塑料泡沫块，干时很轻，吸水后很重，有一定支撑强度。使用方便，可随意切割造型，适用于各种敞口花器。缺点是插花后的空洞不能复原，为一次性插花用品。

(3)钢丝网　可放于瓶底固定瓶花插花材料，使花材可以按要求固定于各种角度，也常用于覆盖花泥以固定花泥、连接花泥和加大花泥的支撑力度等。

3. 辅助用具

常用的辅助工具有：铁丝、铁丝钳、绵纸贴布、喷水壶、订书机、除刺器等。

(1)铁丝　铁丝主要用于花卉的整形加固或弱枝及变形花朵的绑扎处理，如对花材进行缠绕、绑扎、支撑、弯曲、造型等。

(2)绵纸贴布　绵纸贴布是指用不同颜色的特殊皱纹纸并在其间加入粘胶制成的包装带，以绿色为多，又称绿胶带或绵纸胶带。主要用来掩盖花材用铁丝加工后的痕迹，显得自然。

(3)订书机　在插花造型的技术处理中，一些需要改变花卉原形的，可用订书机作固定处理。

(4)喷水壶　用于保鲜花材。

(5)除刺器　主要用于花茎去刺，如切花月季。

(6)花胶　主要用来粘贴花材。分为冷胶和热胶，冷胶一般用于粘贴新鲜材料，热胶多用于干花插花和人造花插花。

(7)垫座　垫座是铺垫在插花作品下面摆放作品的花架，其作用是烘托作品、增添美感，通过其均匀构图，完善造型，使整体更为协调统一。垫座的选择在大小、颜色、高矮、方圆上都需要与插花作品取得协调统一，从而起到相得益彰的效果。

(8)插花配件　是一些能起到烘托气氛、深化意境、活跃画面及均衡构图作用的小工艺品，能起到画龙点睛的作用。

知识点三　插花的基本技能

一、花材的处理及保鲜

1. 除外包装

鲜切花的包装，让花枝一直处于高湿的环境中，使花材极易感染病害，及时去除花材的外包装不但可以让花材呼吸畅通，还能有效降低花材周围的湿度、温度，以防感染灰霉病。

2. 去除脚叶和刺

花材除去包装后，先去除茎干下部15～20 cm的叶片(玫瑰要去除叶和刺)，同时注意避免将茎干表皮划伤。叶片浸在水里会滋生细菌，茎干损伤，也易感染细菌。

3. 剪根

用锋利的刀或剪子削除或剪除茎基部4～5 cm，切口呈45°角。某些花茎剪切后会有液体流出，注意不要用接触过汁液的手碰触眼睛或者嘴。剪后可以将花茎底部快速地用火烤，这样能防止汁液渗出。

4. 浸水

鲜花在运输过程中，会有大量细菌附着在上面，所以要用清水冲洗花枝的茎基部。清洗后将花材插在装水的容器中，为了延长保鲜期可以在清水中加入切花保鲜剂，市场上的保鲜剂品种繁多，要选用专业产品。最好使用自来水溶解保鲜剂，保鲜溶液一般3～5 d换一次，如果使用清水则需每天更换。不同花材的浸水高度不一样。建议水深：玫瑰15～20 cm、康乃馨5～

10 cm、非洲菊 5～10 cm、百合 15～20 cm、绣球 20～30 cm。

5. 消毒

所有使用的枝剪、水桶、花瓶等使用之后都要进行消毒，消毒剂可以选用漂白水、巴氏消毒液等。

6. 摆放

将鲜花摆放在阴凉的地方，避免放在靠近暖气或电视的地方，也不宜放在阳光直射的阳台上。成熟的蔬菜、水果以及枯萎了的花卉所散发出来的乙烯会使鲜花很快枯萎。

二、花材处理

(一)花材修剪

花材修剪是插花创作的基础，从一开始直到作品完成都需要对花材进行修剪。

一般草花要用刃尖剪，在节下剪更容易插制；木本花材要斜剪，更容易插制；枝条的长短，要视环境与花器的大小和构图需要而定。

东方式插花对枝条的修剪要求更高，修剪时应注意顺其自然，仔细审视枝条，观察哪个枝条的表现力强，哪个枝条最优美，其余的剪除；平行的枝条只留一枝，以避免单调；重叠枝、交叉枝要适当剪去，有碍于构图、创意表达的多余枝条一律剪除。如图 6-5 所示。

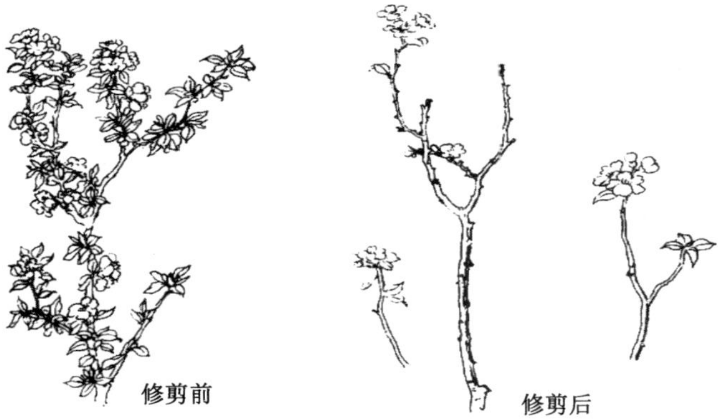

图 6-5 花材修剪

总之要运用自己的经验和智慧，眼明、心细、胆大地决定取舍，才能创造出优美动人的艺术作品来。

(二)花朵的处理

(1)剥花、剥芽 剥花主要指剥除局部花瓣或花朵。

(2)落瓣 是用人工除去花材局部或全部花瓣，改变花材的大小，并创造一种残缺的美感。

(3)去花药 百合花成熟时，雄蕊上的花药裂开，会释放出大量花粉，容易玷污花瓣，影响花朵外形，应在初放时及早摘除。

(三)花材弯曲造型

花材的原始姿态往往不能满足花艺设计的需求，为了使作品富于变化，往往需要对花材做些人工处理，将花材弯成各种曲度，弯曲造型的技巧也是插花者手法高低的分界线。

1. 枝条的弯曲法

在弯曲枝条时，应避开枝条节和芽的部位以及交叉点处，在两节之间进行弯曲最好。弯曲时根据枝条的粗细、硬度不同，采用的手法也应有所不同。粗大的树干可用锯先锯1～2个缺口，缺口深度为枝直径的1/3～1/2，在缺口处嵌入小楔子，使其弯曲。较硬的枝条，可用两手持花枝，手臂紧贴着身体，两个大拇指压着要弯曲的部位，注意慢慢用力，否则很容易折断。若枝条较脆，可将要弯曲的部位放入热水中浸泡一会儿，取出后立刻放入冷水中弄弯。花叶较多的枝条，须先把花叶包扎好，将要弯曲的部位直接放在火上烤，每次烤1～2 min，重复几次，直到枝条变软、弯曲成所需的角度，然后放到冷水中定型。一些柔软的枝条，如银芽柳、连翘等，只需用两个拇指放在需要弯曲处，慢慢地掰动枝条即可。草本花枝，如文竹等纤细的枝条，可用右手拿着枝条的适当位置，左手轻轻旋扭枝条，即可弯曲成所需的形状。

图 6-6　叶片编织的应用

2. 叶片的弯曲造型

柔软的叶片可夹在指缝中轻轻抽动，反复数次叶片即会变弯，力道不同弯曲程度也会不同，也可将叶片卷紧后再放开即会变弯。叶子呈现非自然形状，可用大头针、订书针或透明胶纸加以固定，或用手撕裂成各种形状，复杂的造型也可用编织或粘贴技巧进行造型。如图 6-6 所示。

3. 铁丝在弯曲中的应用

运用铁丝进行组合或弯曲造型，也是较常用的方法。尤其制作胸花或手捧花时，铁丝的运用更为常见。一些花茎如剑兰、非洲菊等不易弯曲，可用铁丝穿入茎干中，再慢慢弯曲成所需的角度。

三、花材固定

花材在经过整理、修剪、弯曲后，要按构思的布局固定下来，才能形成优美的造型。

(一)剑山固定法

东方式插花中，盘花和钵花以及一些瓶花一般用剑山固定。这种固定法可使作品显得清雅，而且剑山能重复利用，非常环保。

剑山固定需一定技巧。一般花材剑山固定时，先将花茎基部剪成斜口，垂直插到剑山上，然后用手轻轻按到想要的角度。

草本花材茎较软，剪口宜与茎垂直，不要剪成斜口，将茎基部直接插在剑山上。如马蹄莲花茎基部容易坏掉的，可先在基部卷上绿胶带，过于柔软细弱的可将其绑在其他枝上，中空宜折的可在花茎中心插入一段其他植物的短茎再插入剑山。

木本枝条较硬，不易插入剑山，也容易把剑山的针压弯，所以将枝条剪斜口，插在针与针之间的缝隙中固定。如需将枝条倾斜插入剑山时，则应先垂直插入，再轻轻把茎压到所需角度。茎干太粗时，要先把基部剪个“十”字切口，切口长度约为剑山针长的两倍，然后再插入，这样较易稳固。如图 6-7 所示。如一个剑山的重量不足以支撑花材的重量时，可以加压剑山，务求稳定。如图 6-8 所示。当应用粗大的树干，无法使用剑山时，可用钉子将树干切口钉在木板上，然后一起放入盆中，用石块盖压木板。

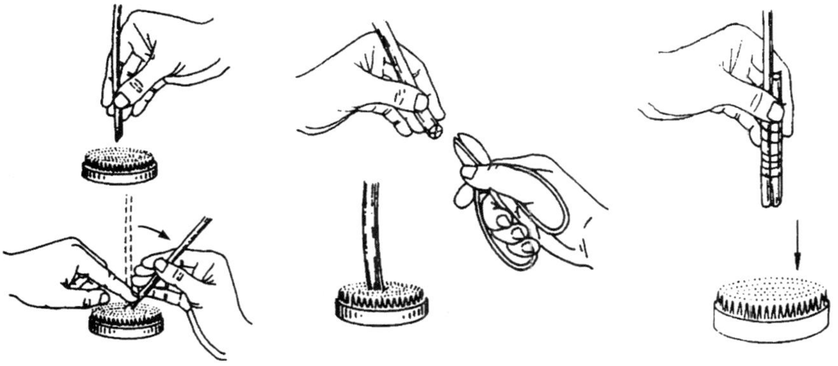

图 6-7 剑山固定

(二)瓶插固定法

瓶插花固定的作用，一是使花枝不会直插入深水中引起腐烂，二是可使花枝处于不同的角度，便于造型。因此要求有较高的固定技术才能使花枝位置稳定。一般有下面几种固定法。

图 6-8 加压剑山

1. 瓶口隔小法

剪取几段比瓶口直径稍长的短枝，轻轻压入瓶口 1～3 cm 处，把瓶口隔成几个小格，也可将几个短枝做成插架进行固定，插架有“一”字形、“十”字形、“井”字形、“Y”字形、“米”字形等。这种用做插架固定花材的方法叫做“撒”(图 6-9、图 6-10)。

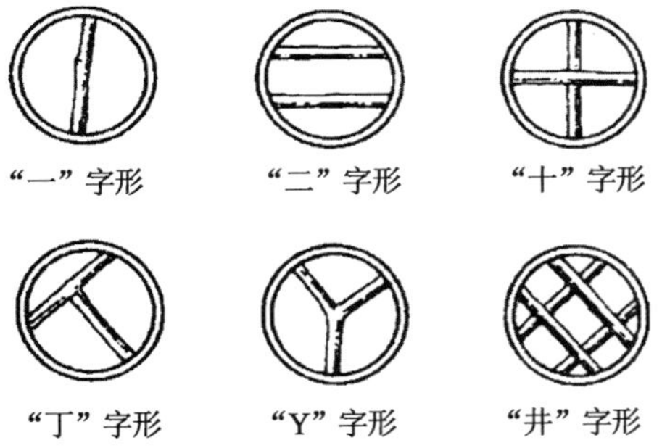

图 6-9 撒口形态

图 6-10 撒

2. 接枝法

在花枝上绑接其他枝条，使枝条与瓶壁和瓶底构成三个支撑点，限制其摆动。木本枝条相接时可把枝条端部劈开裂口，互相交叉夹住。草本枝茎较软，可将竹签横向插入茎内，利用竹签与瓶壁支撑，使花材固定。如图 6-11 所示。

3. 弯枝法

利用枝条弯曲产生的反弹力，靠紧瓶壁得以定位，但注意不能折断，否则会失去作用。这种方法适用于较柔软的枝条。如图 6-11 所示。

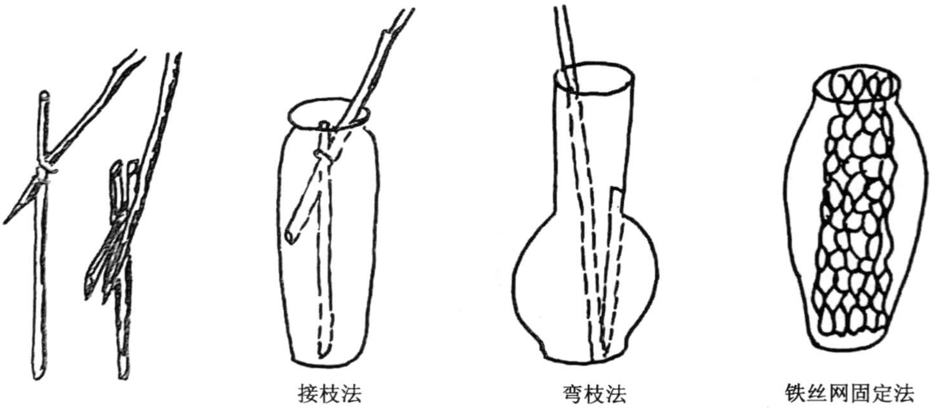

图 6-11　接枝法固定

4. 铁丝网固定法

把铁网卷成筒状放入瓶内，利用铁丝把花材固定。如图 6-11 所示。

(三)花泥固定法

这是目前最流行的花材固定方法，花泥使用方便，固定简便，价格低廉，西式插花更需用花泥才能保证几何图形的轮廓清晰。花泥的使用方法：先按花器口的大小将花泥切成小块，花泥固定好后一般应高出花器口 3～4 cm。然后浸入水中，让其自然下沉(不要用手按，以便内部空气排出)，吸足水后即可拿出使用。为了稳定，可用防水胶带把花泥固定在花器上。当花器较高时，可在花泥下面放置填充物。如花器是竹篮等不能盛水的容器时，则可在花泥下部垫以锡箔纸或塑料袋。插粗茎干时，应用铁丝网罩在花泥外面，以增强支撑能力。将花材插入花泥时应手拿花茎基部，插入花泥 3 cm 左右。

(四)其他固定方法

花材固定的方法千变万化，我们也可以利用身边容易找到的材料，比如石子、钢丝球等进行固定。图 6-12 为石子固定的插花作品。

图 6-12　石子固定(图片来自大友洋老师)

知识点四 插花的设计原理

一、插花造型的原则

插花的造型变化非常丰富，但无论如何变化都必须遵守一些共同的规律才能使作品达到理想的效果。

(一)比例与尺度

比例与尺度是指作品的大小、长短、各个部分之间以及局部与整体的比例关系。比例恰当才能匀称。插花时要视作品摆放的环境大小来决定花型的大小，所谓“堂厅宜大，卧室宜小，因乎地也”。其次是花形大小要与所用的花器尺寸成比例。古有云：“大率插花须要花与瓶称，令花稍高于瓶。假如瓶高一尺，花出瓶口一尺三四寸；瓶高六七寸，花出瓶口八九寸乃佳。忌太高，太高瓶易仆；忌太低，太低雅趣失。”

1. 花形与花器之间的比例

花器单位：花器的高度与花器的最大直径(或最大宽度)之和为一个花器单位。

花形的最大长度为 1.5～2 个花器单位。

花材少、花色深时比例可大，S 形等比例可大。

2. 环境因素

摆放环境空间大时，作品可大，环境空间小时，作品可小。

3. 关于黄金分割

黄金分割比率的基本公式是一条线分成两段，小线段 a 与大线段 b 的长度比恰等于大线段 b 与全线长度之比，即 $a:b=b:(a+b)$，其比值约为 0.618∶1，这是公认为最美的比例。在视觉造型上容易得到统一与变化，为古今中外的建筑物广为应用。此外按等比级数截取枝条的长度，如 2、4、8、16 等等使枝条距离渐渐拉大，也可产生韵律和渐变的强烈效果。

花形的最大长度为 1.5～2 个花器单位即体现了黄金分割原理。黄金分割原理在插花中的应用还体现在：三主枝构图中，一般三个主枝之间的比例取 8∶5∶3 或 7∶5∶3。

(二)均衡

均衡是平衡与稳定，是插花造型的首要条件。

1. 平衡

平衡有对称的静态平衡和非对称的动态平衡之分。

对称平衡的视觉简单明了，给人以庄重、高贵的感觉，但有点严肃、呆板。传统的插法是花材的种类与色彩平均分布于中轴线的两侧，为完全对称。现代插花则往往采用组群式插法，即外形轮廓对称，但花材形态和色彩则不对称，将同类或同色的花材集中摆放，使作品产生活泼生动的视觉效果，这是非完全对称，或称为自由对称。

非对称的平衡有灵活多变而平稳的优美感。非对称没有中轴线，左右两侧不相等，但通过花材的数量、长短、体形的大小和重量、质感以及色彩的深浅等因素使作品达到平衡的效果，就如中国的“秤杆”原理，无论轻重的物件都可用同一杆秤，通过调整秤砣的位置即可平衡。这是非对称平衡的妙处。

2.稳定

稳定是均衡的重要因素,当造型未稳定之前,谈不到均衡形态、色彩、质感、数量乃至运动、空间等都对稳定性有影响,虽然均衡原理偏重于形式方面,但心理感觉也是影响因素,一件作品如表现出头重脚轻、摇摇欲坠、行将倾塌之势,必令人心理紧张,感受不到美感。所以稳定也是形式美的重要尺度之一。一般重心愈低,愈易产生稳定感。所以有上轻下重、上散下聚、上浅下深、上小下大等的要求;颜色深有重量感,故当作品使用深浅不同的花材时,宜将深色的花置于下或剪短些插于内层,形体大的花尽量插在下方焦点附近,否则不易稳定;作品的重心往往放在作品的焦点之处。

此外,插法方面“起把紧,瓶口清”,即插口集中紧凑也能起稳定的作用。重心稳定的插花有如一棵生长旺盛的植物,一丛怒起,具有生命力。又如一棵横倒于湖边的大树,虽已倾斜,但由于树干牢固地生长于大地,浑厚稳定,仍能造成心理的平衡。所以瓶插时,各枝条的插口应尽量集中,使之如出一杆之势,不要杂乱无章,塞满瓶口。

(三)多样与统一

多样是指一个作品是由多种成分构成的。如花材、花器、几架等,花材常常又不只一种。统一是指构成作品的各个部分应相互协调,形成一个完美的有机整体。

一个作品,无论由多少部分组成,都必须表现出统一性,否则就不是一件完整的艺术品,不能产生美感。但过分统一,不注意多样,又会使作品显得呆板。应在统一中求多样。

在插花中如何做到花材虽少而不单调乏味,并有变化;花材多但不显杂乱无章,且有整齐一致的效果,这就是多样与统一的法则。插花造型中,花材与花材之间、花材与花器之间都要做到和谐统一。

实际中常常是多样易作,统一难求。可通过主次关系的搭配、集中、呼应等形式来求得统一。

1.主次

一个作品,主导只能有一个,否则多主即无主。如一个十分漂亮、五彩缤纷或很特殊的花器,其主要功能是供人欣赏,则插入的花只能作陪衬,色彩和数量都不宜过艳过多,让视觉能集中在花器上。而以插花为主的花器则应选用线条简洁的单色素花器,最好是黑、白、灰色等中性色彩。选用花材时,也应以某一品种或某一颜色为主体,千万不要各种色彩或各种花材数量均等,否则就显得杂乱无章了。

作为“主”的部分不一定要量大,或是华丽、强烈、特别,或占领前方位置,或配合主题,起点睛作用,虽然数量不多,只要安排得当都可起主导作用。一旦确定主体后,其他的一切都要围绕主体,烘托主体,不可喧宾夺主。

2.集中

即要有聚焦点、有核心。有聚焦点才有凝聚力,如一朵花,花蕊是其焦点,花瓣是以焦点为核心向外扩散。一株植株,其茎干为其聚点,向外伸展。一个作品,焦点处理十分重要。焦点一般位于各轴线的交汇点,在1/5~1/4高度附近靠近花器处。焦点处不能空洞,应以最美的部位示人。所以焦点花一般都是45°~65°向前倾斜插入,将花的顶端面向观众,各花、叶的朝向应面向焦点逐渐离心向外扩展,才有生气。大型作品可做焦点区域设计,利用组群技巧做出焦点区。

3. 呼应

花的生长是有方向性的。插花时必须审视花、叶的朝向，所谓“俯仰呼应”才能统一。除了注意花材的方向外，重复出现也是一种呼应。尤其是一个作品通过两个组合表现时，则两个组合所用的花材、色彩必须有所呼应，否则不能视作同一整体。当一个大型展位需分别摆放几个不同命题的作品时，亦可考虑彼此的关联性，使整个展位有统一感，如以竹为主体，展位总命题为“竹姿妙韵”，而各个作品分别表现竹枝、竹笋、竹根和竹节，五个作品各有独立命题，但都是竹的姿采，因而能取得整体统一的效果。

(四)调和与对比

调和就是协调，表示气氛美好，各个元素、局部与局部、局部与整体之间相互依存，融洽无间，没有分离排斥的现象，从内容到形式都是一个完美的整体。调和一般主要指花材之间的相互关系，即花材之间的配合要有共性，每一种花都不应有独立于整体之外的感觉。

调和可通过选材、修剪、配色、构图等技巧达到。此外通过对比可使作品更生动活泼和协调。

对比是通过两种明显差异的对照来突出其中一种的特性。如大小、长短、高矮、轻重、曲直、直折、方圆、软硬、虚实等都是一对矛盾，本来不是很高的花材，在其下部矮矮地插入一些花材，便形成对比的效果，但要注意对照物不能太多太强，否则会喧宾夺主，失去对照的意义。

对比还能提高造型情趣，增添作品的活力。如一件作品，要有花蕾、微开的花和盛开的花，形体大小不同才好看，如所有花都大小一样、形体单一，或令其一律面向前方，则十分呆板乏味；硬直的花材，加入些曲枝或软枝可使之柔化，圆形的花、叶加入些长线条的花材，可增添情趣；一排直立的线条令其中有 1～2 条曲折倒挂，破其单一，画面更生动。这就是中国国画画理中的“破”。“破”能产生一种起伏跌宕、平中出奇的意外效果。插花时花器口如果外露，瓶口处一条平直的线往往与花型不相协调，这时应用一些枝叶稍作遮掩，盖去部分瓶口以破其光滑平直，使画面统一协调。

相同或类似元素在一起容易协调，但互不相干甚至反差悬殊的元素合在一起时，就不容易协调，这时要从中找出它们之间的关系，或色彩、或形态或加入某些中介物等手法使其发生新的关系，也是调和的重要手段。如形体差别大时，在对比强烈的空间加入中间枝条，使画面连贯，对比色彩强烈时加入中性色加以调和，使视觉产生流畅舒服的感觉。

(五)一致性

主要是指花材与花器之间的统一和谐关系。可注意以下几点：

一是色彩上，花材与花器色彩相近容易达到一致性，而色彩呈对比色时，应注意调和。花器色彩选择中性色彩，如黑、白、灰、金等颜色，容易与花彩色彩相统一，达到一致性。

二是形式上，东方式花器应插东方式造型，西方式花器应插西方式造型。

三是内涵上，即内容上要和谐，如表现田野风景时，用华丽的玻璃花器就不协调。或插西式插花用很简陋的竹筒等花器也不和谐。

(六)韵律

韵律就是音韵和规律，音有高低强弱、抑扬顿挫等有规律的变化，形成优美动听的旋律。我国古代的诗歌很注意韵律，在造型艺术中，韵律美是一种动感，插花也一样，它通过有层次的造型、疏密有致的安排、虚实结合的空间、连续转移的趋势，使插花富有生命活力与动感。

1. 层次

高低错落、俯仰呼应造就了层次的产生。《瓶史》中有“花夫之所谓整齐，正以参差不伦，意态天然，如子瞻之文，随意断续，青莲之诗，不拘对偶，此真整齐也”之说，所谓“不齐谓之齐，齐谓之不齐”画面要有远景、中景和近景，插花也要插出立体层次，要有高有低、有前有后，要有深度，不能都插在一个平面内。一般初学者只看到左右的分布，而看不到前后的深度，应建立透视的概念，使作品有向深远处延伸之势。所以花枝修剪要有长有短，一般陪衬的花叶其高度不可超过主花，此外深色的花材可插得矮些，浅色的花插得高些，这是通过色彩变化增强层次感。

2. 疏密有致

插花作品中，花朵的布置忌等距，要有疏有密才有韵味，如四朵花则三朵一组间距小些，另一朵宜拉开距离插到较远处，五朵花则三朵一组，两朵拉开距离。

3. 虚实结合

空间对艺术品十分重要，中国国画的布局都留出一角空白，书法也讲究“布白当黑”，如密集一团就看不清字形了。中国古语有云“空白出余韵”，可见空白对韵味的作用。插花也一样，空间就是作品中花材的高低位置所营造出的空位。一个作品如密密麻麻塞满花、叶，则显得臃肿、压抑，中国传统的插花之所以讲究线条，就因线条可划出空间。现代插花十分注重空间的营造，不仅要看到左右平面的空间，还要看到上下前后的空间。空间的安排适当与否也是插花技艺高低的标志之一。

4. 重复与连续

重复出现不但有利于统一，还可引导视线随之高低、远近地移动，从而产生层次的韵律感。花、叶若没有韵律将死气沉沉。

以上各项造型原理是互相依存、互相转化的，疏密不同即出现空间，疏密布置得当，上疏下密即产生稳定的效果，高低俯仰、远近呼应不仅产生统一的整体感，也出现层次和韵味，只要认真领会个中道理应用于插花作品中，即可创作出优美的形体。而一个优良的艺术造型，除了具有外表的形体外，更要透过形体注入作者情感，通过形体表达一定的内涵，令意境和造型交织融合才能动人心弦。

二、插花构图方法

中国插花崇尚自然，构图上避免“四平八稳”“平淡无奇”的手法，力求“稳中出奇”，具有自然美。一般而言，枝叶和花朵的配置要掌握以下构图六法。

(一)高低错落

即花朵的位置要高低前后错开，切忌在同一横线或直线上。花材设计应有立体空间构成表现，即要求在立体空间用点、线、面等造型要素进行有层次的位置排列，上下、左右、前后层次分明而又趋向统一，力求避免主要花朵在同一水平线或同一垂直线上。

(二)疏密有致

每朵花、每张叶都具有观赏效果和构图效果，过密嫌繁杂，过疏显空荡。花材在安排中应有疏有密、自然变化。“疏可走马，密不透风”；疏密相间，错落有致。一般在作品重心处要密，远离作品重心处要疏。作品中要留空白，有疏密对比，不要全都插满。

(三)虚实结合

花为实，叶为虚，有花无叶欠陪衬，有叶无花缺实体；花苞为虚，盛花为实；藤为虚，中心花为实，正面花为实，侧背花为虚；块状花为实，细碎花为虚；面状叶为实，线状叶为虚等。

（四）仰俯呼应

上下左右的花朵、枝叶要围绕中心顾盼呼应，既反映作品整体性，又保持作品均衡感。无论是单体作品还是组合作品，都应该表现出它的整体性和均衡感。花材要围绕重心顾盼呼应，神志协调，既要反映作品的整体性，又能保持作品的均衡性。花材的仰俯呼应应能把观众视线引向重心，产生稳定感。

（五）上轻下重

花苞在上，盛花在下；浅色在上，深色在下，显得均衡自然。花材本无轻重之分，只是因质地、形态和色彩的差异造成心理上的轻重感。质地、外形相似的花材组合在一起，较易取得协调，在此基础上将不同色彩的花材配合也可以取得绚丽多彩又协调统一的效果。一般指形态小的、质地轻的、色彩淡的在上或外（距重心较远），反之要插在重心附近，使作品保持均衡、稳定，显得自然而有生命力。花苞在上，盛花在下；浅色花在上，深色花在下，以保持作品的重心平稳。如盛花在上，下面可插成丛花苞；深花在上，下面可插成丛浅花，以达到作品重心平衡。

（六）上散下聚

指花材各部分的安插基部要像树干一样聚集，拧成一股劲，似为同根生，上部如树枝分散、发挥个性、适当散开、婀娜多姿，使作品既有多变丰实的个性又要有同一性。古语“插花起把要紧”是指花材的基部聚拢在一起，上部自然分散，犹如丛生灌木，自然有序。

插花中掌握了构图六法，就能使画面既有韵律，又稳定，在动势中求得平衡，在装饰中求得自然。

三、色彩的配置

在花艺创作中，为了让作品更加高雅，更加美丽夺目，除了要有优美的造型以外，更重要的是色彩的搭配。

色彩不仅直接表现着形式美，也是表现主题和意境的一种必不可少的手法。掌握色彩配置的原则，科学巧妙地用色，使作品真正起到以色悦目、以色传情的作用是十分重要的。这是插花艺术的基本功之一。

（一）色彩构成

（1）色相　每种色彩都有各自的相貌，是色彩彼此之间相互区别的标志。通常将它们分成原色、间色、复色、补色。

（2）纯度　也叫彩度，指色彩的饱和程度，也可以说是色彩鲜艳程度或色彩中混入无色彩的多少。

（3）明度　色彩明度是指色彩的明暗度。颜色有无色彩和色彩之分。无色彩指的是白、黑、灰，有色彩指的是太阳光谱中的各种颜色。在不同的色相中三原色最亮，间色次之，复色最暗。

（二）色彩的表现机能

（1）色彩的冷暖感　色彩的冷暖感觉是人们在长期生活实践中由于联想而形成的。红、橙、黄色常使人联想起东方旭日和燃烧的火焰，因此有温暖的感觉，所以称为“暖色”；蓝色常使人联想起高空的蓝天、阴影处的冰雪，因此有寒冷的感觉，所以称为“冷色”；绿、紫等色给人的感觉是不冷不暖，故称为“中性色”。色彩的冷暖是相对的。

(2)色彩的远近感　明度高的感觉前进而宽大，明度低的则遥远而狭小。色彩中由近而远的顺序是：黄、橙、红、绿、蓝、紫。插花中根据这种特征，适当调节不同颜色的花材大小比例，以增强作品的层次感。

(3)色彩的轻重感　色彩越深，感觉越重。色彩越浅，感觉越轻盈。颜色深的花材用在低矮处，飘逸的花枝，可以用色彩亮的。利用色彩的轻重感来取得花型的均衡稳定。

(三)花艺色彩设计

蓬勃生机的大自然孕育着世上最丰富的色彩。每一朵花、每一株草、每一棵树甚至同一片叶、同一根花茎、同一个果实都有着不同层次的颜色。色彩的搭配方式，大致分为五种。

(1)单彩色搭配　即使用同一颜色的不同深浅变化的花材进行搭配，如红色单色系的搭配，渐变粉色的搭配等，此列色彩搭配柔和单纯，常表现出优雅的气质。

(2)邻近色搭配　是指由色环上几个相邻的颜色的花材相互配合，如红色与粉色、橙色与香槟色等，通常能表现出温和协调的效果。

(3)对比色搭配　是指在色环上两个(组)相对立的颜色的搭配，比如红色与绿色、黄色与紫色等组合颜色，通常能表现出强烈对比、跳跃感、撞击感的效果。

(4)三角色搭配　在色环上刚好构成等边三角形的三个颜色的搭配在一起称为三角色配色，如红黄蓝三色、橙色与紫色和绿色三色等都属于三角配色，是非常明朗、强烈、活泼的颜色组合方式。

(5)多种颜色搭配　即缤纷色彩的搭配，在色环上包含很多相邻色彩，而且颜色跨度非常大的配色方法。如使用得当它能给人奢华、艳丽的色彩效果，令人感觉到世界的丰富多彩。

花艺色彩与单纯的美术色彩有许多不同之处，美术上的色彩可由颜料随心调配有更多的可控制性，而花材的色彩是自然形成，并多为复色色彩，即一朵花会包含许多不同的颜色，在花艺设计中色彩的搭配则需要对色彩更多的分析与理解。

四、插花造型的形式

插花是一门造型艺术，造型的样式千变万化，归纳起来主要有以下几种基本的构图形式。

(一)东方式插花

东方式插花构图多采用不对称均衡自然式造型，插花注意表现植物的自然姿态，花材的用量较少，追求线条美与意境美。中国传统插花花型多由三主枝构成骨架，再在各主枝周围，长短不一、参差错落的插入辅枝，以加强主枝、填补空间、丰富层次。在中国古代，人们将三大主枝称为：主枝、客枝、使枝。

第三主枝叫“主枝”，简称主，象征君王、领袖、父亲、权威、稳重，为一件作品的重心。第二主枝叫“客枝”，简称客，象征佐相、上宾；有仁、情之特性，和主枝相表里，扶持主枝成势，有出将入相的味道，是主枝的友枝，比主枝高或低。第一主枝叫“使枝”，简称使，象征大将军、兵士、奴仆、使者，直接传达主枝意图。其特征是长度是花器的 1.6 倍或 2 倍，且使枝的活动范围大，格调较低，色宜单纯，注重线条，离宫较远，敏捷轻巧。实际上第一主枝是确定花型大小和基本形态的，第一主枝直立，是直立型，第一主枝倾斜叫“倾斜型”。第二主枝在第一主枝周围，使作品具有一定的深度和广度其高度约为第一主枝的 1/2～2/3。第三主枝往往处在焦点位置，是最美的花朵构成的，其高度为第二主枝的 1/2～2/3。

三大主枝并非仅仅指三枝花材，而是包含插花过程中为各主枝搭配的从枝，也就是说主枝的概念应理解为整个插花作品中的某个部分。从枝的插法没有具体规定，其原则就是让插花作品显得丰满、协调、美观，但有一点是从枝高度不能高过其所在主枝部分的主枝花材。

(1)直立型　以第一主枝呈直立状为准，所有插入花器的花材都自然向上，表现植株直立生长的形态。有盘插直立型和瓶插直立型。

(2)倾斜型　以第一主枝倾斜插于花器的一侧为准，常利用一些自然弯曲或倾斜生长的枝条，表现其倾斜之美。有盆插倾斜型和瓶插倾斜型。

(3)下垂形　又称悬崖型，以第一主枝在花器上悬挂下垂作为主要造型特征的插花形式。

(4)水平形　又称平卧型，以第一主枝平行花器插入伸展向外，三个主枝基本上在一个平面上，枝条间没有明显高低层次变化，只有向左向右水平方向伸缩。

(二)西方式插花

常采用几何构图造型包括对称式造型和非对称式造型。

1. 对称式造型

插花作品的结构以中心轴为对称轴，前后左右插花所用材料基本相同，形状完全对称。此种类型的结构设计简单，作品表现端庄、大方，常用在会议室、餐桌、橱窗等环境装饰。常用的造型形式有：

(1)扇形　由中心焦点位置呈放射状向外伸展，可以用中轴线来划分图案，得到左右相等或重合的形状。

(2)半球形　是半圆球形状构成造型，四面观花型。

(3)三角形　单面观赏的造型，常采用等边或等腰三角形。

(4)半椭圆形　四面观花型，5 个主轴的线状花材作骨架，垂直轴不宜太高，水平轴长度视桌面形状大小而定。然后把各种花材对称均匀地分布，花枝长度不超过各轴线顶端连线，使花型轮廓呈中间高的圆弧形。

另外还有放射形、倒 T 形、塔形等。

2. 非对称式造型

插花中的非对称式造型活泼生动，更具趣味，常用的造型有 L 形、S 形及弯月形。

(1)L 形　插花时先由两大主枝勾出其外形，然后在两枝交点角上插焦点花及辅助焦点，然后加上其他花草补充完整。

(2)S 形　形似英文字母“S”而得名，宜用较高的花器来展现花材下垂的姿态。S 形的两个弧度一般上部比下部略长，但要注意重心的位置要适当。

(3)弯月形　也称新月形，单面观花型，两头尖中间宽，外形弯成曲线。左边较长，重心仍在花器上，主枝在花器中以弧形左右向上成新月形。

(三)现代自由式插花

现代自由式插花无固定的造型模式，形式有创新，传统与现代的文化艺术相结合，多为创作者情感与灵感的表露，比较抽象，耐人寻味，但其变化仍然是在插花造型的基本原则的基础上完成的。

知识点五　插花作品制作

一、立意构思

立意就是确定插花作品主题，即插花作品所要表达的中心思想，要表达什么，怎样表达，要作到心中有数。也可依已有的主题选择特定的造型，适宜的花器、花材来达到叙述主题的效果。立意确定后，未来作品的内容已经确定，但要表现出来，还需要通过构思与构图来确定其表现形式。

二、选材

污染环境和衣物及有毒、有异味、花粉易引起人过敏的植物不宜选用；当地习惯上忌讳的少部分植物不宜使用。

(一)选材原则

(1)根据环境及花器选择花材　在着手创作之前，首先要根据作品摆放的环境位置及花器的形状、色彩，选出适宜的主体花材，以达到互相协调。

(2)根据季节选择花材　随着季节的变化选用花材，表现不同季节的特殊风采是插花创作的诀窍。

(3)根据花卉的发育状态选择花材　不宜选择过分盛开的花材；不同花材最佳开放程度不同。

(4)根据花卉自身的自然形态选择花材　花材的不同形态如：直、曲、横、斜、硬、柔等，适合制作不同的作品，选择花材要根据设计和花材的自然形态选择。

(二)花材种类的选择

花材种类的选择过程中应考虑的主要因素是插花的目的和用途，还应根据花材取得的容易程度和成本决定。

三、造型

造型是把艺术构思变成具体的艺术形象。插花作品造型必须根据立意来选择，如果以装点礼仪、美化环境、烘托气氛为主，宜选用西方式插花造型来表现插花作品。常用造型有十多种。如半球形、球形、水平形等。可以选用单一造型来制作插花作品，也可以将两种或两种以上造型组合来制作复合式造型的插花作品。

四、作品命名

作品命名也是作品的一个组成部分，它不仅可以加强主题表现，而且还可以传达出意境，在作者和观赏者之间架起桥梁，易于引起共鸣，对作品有画龙点睛的作用，大大提高作品欣赏价值。插花作品命名有规定命名和自由命名两种。

1. 规定命名

围绕主题进行构思、选材，同一主题有各种不同的表现形式。

2. 自由命名

作者根据自己的构思进行创作。要求题名与作品表现的内容既要贴切又要含蓄，引起人们寻思，令人回味无穷。其命名常有以下几种：

以花材的象征意义命名：如“凌波仙境”，因水仙有凌波仙子的雅号而命名；用玉兰、海棠可取名“玉堂春”等；以造型命名，“起舞”“喜相逢”等；以诗句命名，“桂花浮月满人间”等；一般性命名，“万紫千红总是春”等。

任务实施

子任务一　花材的整理与保鲜

二维码 6-1　花材的整理与保鲜

1. 材料准备

材料：手套、黑色水桶、玻璃桶、电磁炉、锅、打火机、医用注射器、绿铁丝、细铁丝、去刺器、切花保鲜剂、喷水壶。

植物材料：月季、小菊、高山积雪、木本枝材、文竹、荷花、百合等花材。

2. 目的要求

掌握不同类型切花的整理和保鲜方法，能熟练、合理地整理和贮藏鲜切花。

3. 方法步骤

(1)打开包装　包装使花枝处于高湿环境当中，极易感染病害，特别是月季。及时去除外包装不但可以让叶片呼吸畅通，还可有效降低湿度、温度，以防感染灰霉病(烂头)。所以买来的花材要及时地将外包装去除。

(2)清理叶片和去刺　花材买来之后第二步要清理叶片，带刺的花材要进行去刺处理。

(3)清洗花茎　鲜花在运输过程中，会有大量细菌附着在上面，及时冲洗茎基部可以去除之前携带的部分细菌。用清水冲洗花枝的茎基部。

(4)切口处理

①剪茎　用锋利的剪子或刀(推荐使用刀)在水中 4～5 cm 的茎基部以 45°斜剪。

②扩大切口面积　为保证切花对水分的吸收，有些不易吸水的木本花卉还可采用扩大吸水面的办法，如将茎基部剪成“十”字形切口，也可将茎基部剪成“一”字形切口嵌入木片或石子等都可增大切口面积，利于水分的吸收。

③切口的特殊处理　植物中有许多富含浆汁的花卉，如高山积雪、橡皮树等。当剪断其枝叶后，切口处会有浆汁流出。浆汁流出过多会造成花枝萎谢。阻止浆汁外流通常采用火烧和热水浸烫的办法。

木本植物和枝干质地较硬的植物，施以烧灼法较为合适，将花梗的切口放在火焰上烧灼，待切口不再有浆汁外流方止，但花梗不能烧焦，烧至树液呈半透明胶状即可。

草本植物和枝干质地较嫩的植物，采用浸烫处理较为适宜。在作烧灼、浸烫处理时，要注意保护花朵部分，以免烟气、火焰和蒸气熏炙而伤，必要时可用纸包裹起来。有些花卉在处理后，会出现一时的萎靡不振。这不必担心，不久自会复原。

(5)水养

①水及容器的处理　切花水养前首先要把容器洗刷干净，除了水洗可以用 84 消毒液处

理。水中可加入保鲜剂，抑制细菌的滋生；为了让切花更好地开放，可在水中加入营养液，一些市售保鲜剂中都含有营养液成分。不放保鲜剂的水要每天更换，更换时将花茎下方斜剪 2～3 cm。放保鲜剂的水可 3 d 更换一次，更换同时剪根。

②水深　过高的水位对于鲜花保鲜毫无用处，反而会造成湿度过大，病害扩散；水位过低则吸水效果不佳。不同种类的切花对水养深度要求不同。

(6)贮藏

①冰柜贮存　相对较低的温度有利于延长切花的保鲜期。冰柜保鲜时，冰柜里的温度控制在 5～8℃，冰柜里要有整理箱或水桶，水桶的水深也是 20 cm。冰柜里的花材 3 d 换 1 次水。

②室内贮存　室内保鲜时，最好用空调来调控，温度控制在 15～20℃。

③湿度控制　文竹等叶材对空气湿度要求高，需要喷水、覆盖塑料薄膜保持较高的空气湿度，如果不喷水覆膜就会造成叶材的叶片脱落或萎蔫。

4. 考核要点与方法(表 6-1)

表 6-1　花材整理与保鲜考核标准

考核项目	考核点	分值
学习态度	态度、职业素质	30 分
操作情况	花材整理	10 分
	切口处理	10 分
	水养	10 分
	贮藏	10 分
实习报告情况	完整，准确	30 分

子任务二　花材的固定

1. 材料准备

马蹄莲、柳枝、小菊、巴西叶、花泥、花泥刀、盘、剑山、瓶、玻璃杯、石子、钢丝球、绿胶带、透明胶带。

二维码 6-2　花材的固定

2. 目的要求

掌握常见的花材固定方法。

3. 方法步骤

(1)剑山固定　小菊茎较软，剪口宜与茎垂直，不要剪成斜口，将茎基部直接插在剑山上。马蹄莲的花茎基部容易坏掉的，可先在基部卷上绿胶带。

木本枝条较硬，不易插入剑山，也容易把剑山的针压弯，所以将枝条剪斜口，插在针与针之间的缝隙中固定。如需将枝条倾斜插入剑山时，则应先垂直插入，再轻轻把茎压到所需角度。茎干太粗时，要先把基部剪个“十”字切口，切口长度约为剑山针长的两倍，然后再插入，这样较易稳固。如一个剑山的重量不足以支撑花材的重量时，可以加压剑山，务求稳定。

(2)花泥固定

①浸泡花泥　在容器内放水,让花泥自然吸水,注意不要用手按。

②切花泥　用花泥刀将花泥切割。

③插花　手拿花茎基部,插花时花茎入泥 2～3 cm。

(3)"撒"固定　剪取几段比瓶口直径稍长的短枝,轻轻压入瓶口 1～3 cm 处,把瓶口隔成几个小格,也可将几个短枝做成插架进行固定,插架有一字形、十字形、井字形、Y 字形、米字形等。

4. 考核要点与方法(表 6-2)

表 6-2　花材的固定考核标准

考核项目	考核点	分值
学习态度	态度、职业素质	30 分
操作情况	剑山固定	10 分
	花泥固定	10 分
	"撒"固定	10 分
实习报告情况	完整,准确	30 分

子任务三　中国传统插花——倾斜式盘花

1. 材料准备

直径 30 cm 左右的浅盘、剑山、线条优美的木本枝材、焦点花、小菊等小花型花材、叶材。

2. 目的要求

掌握中国传统插花的一般插法。以图 6-13 为例。

3. 方法步骤

(1)花材修剪　中国传统插花注重线条美,以清疏为美,拿到枝条要剪掉平行枝、交叉枝、病枝,再按照造型要求修剪。

二维码 6-3　花材的加工

(2)放置剑山　将剑山放在盘中左后或右后方直径 1/3 的位置,不要放在横中线和竖中线上。

(3)加水　在盘中加水,淹没剑山,但不要加满,距离盘口 2 cm 左右。

(4)插第一主枝　倾斜式插花作品要表现植物生长的动态美,倾斜度在 30°～60°,要有"疏影横斜水清浅"的临水意境,悠然自得间透着顽强,给人以舒畅的生命美感。

图 6-13　倾斜式盘花

第一主枝的长度取盘的高度和直径之和的 1.5 倍,先垂直插入剑山,再向左侧倾斜 45°左右,调整好姿态,再插入第一主枝的辅枝。第一主枝的辅枝可以选用与第一主枝相同的花材,围绕第一主枝,长度短于第一主枝。

(5)插第二主枝　第二主枝的长度取第一主枝的 2/3,向右后方倾斜 30°左右,再插入第二主枝的辅枝。

(6)插第三主枝　第三主枝也是焦点花,第三主枝的长度取第二主枝的 1/3～1/2,向前倾斜 45°,花要高低错落。见图 6-14。

(7)插填充花　在花的基部插入叶材作为基座,再插入小花点缀。见图 6-15。

二维码 6-4　倾斜式盘花

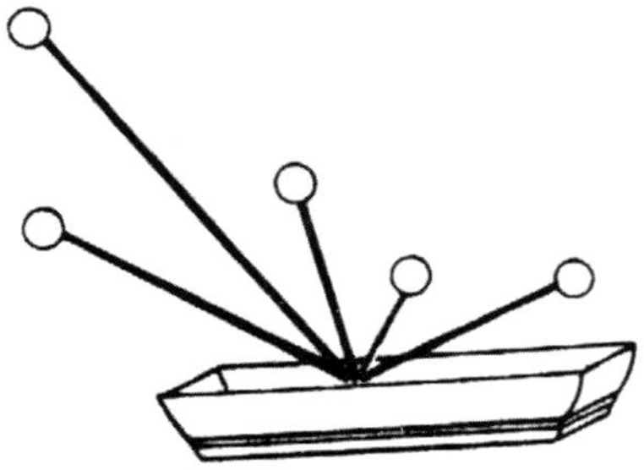

图 6-14　盘花倾斜式造型模式图

图 6-15　倾斜式盘花构图

(8)整理打扫　最后轻微调整花材,整理工具,打扫卫生。

4. 注意事项

需要注意的是:所有花材统一光源;插点要紧凑,不能松散。

5. 考核要点与方法(表 6-3)

表 6-3　倾斜式盘花考核标准

考核项目	考核点	分值
学习态度	态度、职业素质	30 分
操作情况	剑山放置	5 分
	三大主枝	20 分
	整体姿态	5 分
实习报告情况	完整,准确	30 分

子任务四　家居插花小品——变化式三角形插花

1. 材料准备

花泥一块、块状花材、线状花材、散状花材、叶材,根据自己的设计准备。

2. 目的要求

掌握现代自由式插花的基本步骤和方法。

3. 方法步骤

(1)准备花泥　将花泥浸泡,用玻璃纸包好或安放到容器内。

(2)插骨架　用线状花材或叶材定作品的高度、宽度和进深,使整体造型呈三角形。见图

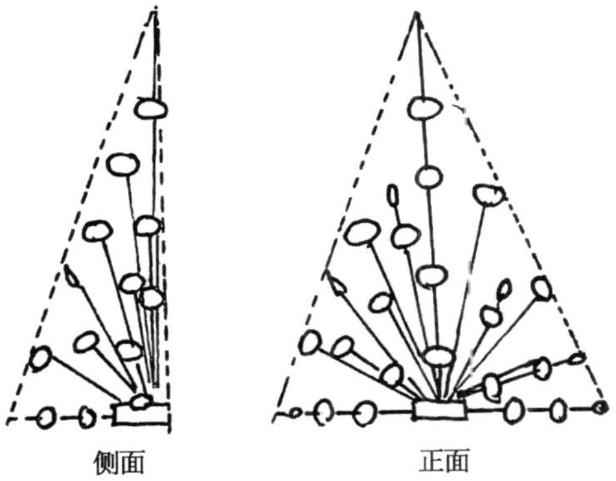

图 6-16 三角形插花的结构图

6-16。

(3)插主体花 在骨架内,疏密有致的插入主体花,插花时注意要上轻下重、上散下聚。

(4)插填充花 将散状花材插入,使作品更加完整。

(5)整理打扫 整理修剪下的花材和工具,打扫卫生。成品示例见图 6-17。

图 6-17 变化式三角形插花

4. 考核要点与方法(表 6-4)

表 6-4 变化式三角形插花考核标准

考核项目	考核点	分值
学习态度	态度、职业素质	30 分
操作情况	色彩搭配	10 分
	整体造型	20 分
	细节处理	10 分
实习报告情况	完整,准确	30 分

任务二 压花制作

◈ 任务分析

通过学习，分析了解压花装饰的含义及制作过程，从而掌握压花装饰的基本技艺，实现能够利用压花装饰品对室内空间环境进行装饰的最终目的。

◈ 任务目标与要求

知识目标：了解压花的含义，熟悉常见的压花花材和用具。
能力目标：掌握压花的基本技艺，培养学生利用压花装饰品对室内环境进行装饰的能力。
学习要求：遵守课堂纪律，遵守实训室、实训基地相关规则，认真做好笔记，注意安全。

◈ 相关知识

平面干燥花(pressed-dried flower)又称为压(押)花艺术，是干燥花类的一个分支，是将植物材料进行定型、压制及干燥处理后，再按花的色彩、形态、质感、韵律等特点适宜搭配，制成的具有绘画风格的艺术制品。压花起源于500多年前的欧洲，其前身是植物标本。到了英国维多利亚女皇时代，压花艺术更是盛行。

知识点一 压花用具

一、采集花材的用具

1. 刀具

采摘花材时使用的刀具有枝剪、剪刀和拉剪等。

一般来说，采摘草本花卉时，依据花材大小和形状选择不同大小剪刀使用即可。但是对于一些坚硬的花茎和枝条，需要使用枝剪。

在采摘一些木本植物的花卉时，花枝很高，需要用一种特殊的工具才能剪下花材，这种工具叫拉剪。

2. 盛花容器

盛花容器包括保鲜袋、塑料袋、花篮、塑料桶等，把采摘的花材分类，每个袋子装一种花材，花材装入塑料袋后，放入吸水饱和的棉花或纸巾，用橡皮筋把袋口扎紧密封，防止花材因为失水而枯萎。

3. 临时压制花材所用工具

有的花材易失水，特别是一些微型的野生花草，需要在野外临时压制，因此需要备用临时压花用的小册子、旧书本或者标本夹、吸水纸或薄海绵。

4. 防护用品

采摘花材之前，还必须准备一些防护用品，如手套、止痒消毒药膏、草帽等。

二、压制花材用具

1. 处理花材的工具

处理花材用的剪刀、镊子、解剖刀和美工刀等，用来解剖和分解新鲜的植物材料。

2. 吸水纸

压制花材时，需要将植物材料整齐地摆放在吸水纸上，具有吸水功能的纸都可以使用，多数为棉质的，可以重复使用。吸水纸有很多种，如废报纸、餐巾纸、厨房用纸、高丽纸、宣纸、毛边纸、棉纸、手工纸等。

3. 压花板

用来压制花材的有木板（有孔或者无孔）、微波压花板和陶瓷片等。

4. 施加压力的工具

在压制花材的过程中，需要施加压力。常见的施加压力的工具有砖块、石头、重书、箱子等；固定压花板用的绳子、带子、不锈钢夹子、螺丝、塑料夹等。

5. 干燥剂和干燥板

压花使用的干燥剂是一类具有干燥功能、可吸收水分的化合物，且具有可恢复性。不同的压花工具采用不同的化学干燥剂，常用的干燥剂有硅胶（又称矽胶）、活性铝土、生石灰、碳酸钙氧化物等。使用最广泛的干燥剂是硅胶，在包装里加入一些蓝色显色晶体，当硅胶干燥时显色晶体为蓝色，当硅胶吸水后显色晶体会由蓝色变为淡紫色，最后变成粉红色。通过加热去掉水分后，硅胶又回到蓝色，这样硅胶可循环再用。

干燥板是将硅胶或其他干燥剂嵌入纸板内的一种干燥材料，也叫吸水板。压制花材时，为了最大限度吸水，把植物材料夹在两块干燥板之间。目前，在日本和美国可以买到压花干燥板，吸水性强，可以重复使用。

6. 密封箱和密封袋

压制花材时，为了创造一个干燥的小环境，我们将硅胶和压花板（压有花）放进一个密封的盒子里，或者将压有花的干燥板放进一个密封的袋子里，这样植物材料内的水分会被干燥剂或者干燥板除去。

压花也需要保存在干燥的小环境中才不会出现花材褪色、发霉等现象，所以保存压花同样也需要密封箱、密封袋和干燥剂。

7. 电器

在压制花材的时候，可能会用到的电器有电熨斗、电子干燥箱、烤箱、微波炉等。

知识点二　花材的选择与处理

一、压花花材的选择

每一种植物都可以制作压花，为了保证压花的效果，我们要对花材进行选择，在采集花材时，要尽可能选择颜色鲜艳的单瓣花、复瓣花及重瓣性少的花。采集的时间一般在春、夏、秋三季，以晴天的上午 8—11 时为佳，在阴雨天采集，花材易发霉腐烂。北方最好在夏秋、南方最好在早春及秋天采集，因此时温度高，湿度小，压制成品率高。采集时的花材应放在相对封闭的环境中，防止过度失水，可放在采集桶或塑料袋子内。

二、分解花材

采摘回来的花材需进行分解，不同花材有不同的分解方法。分解不好，压制的干燥花材可能形状花姿不够优美，无法表现该类花卉的美丽；构图时，花材不好用，作品难以表现出生态美，立体感不强。

一般常用花材包括花瓣、花蕊、花萼（花托）、花梗（茎）、叶、果实等部分。

（一）分解花瓣

压制前可以根据压制方式来分解花朵。花朵的压制分为整朵压、半朵压、分瓣压、整串或整株压制。花瓣的分解方式不同。

1. 整朵压

不用分解花朵，整朵压制。适用于小轮花、单瓣的中大轮花。压的时候，应注意花姿的角度，有正面、侧面、仰角面压制，如石斛兰、蝴蝶兰、非洲菊、水仙、黄槐、虞美人、美女樱等。

2. 半朵压

将一朵花分解成两半来压制。当构图须用侧面角度时，采用半朵压。如石竹、康乃馨、非洲菊等，以及各种小轮花。

3. 分瓣压

将花瓣一瓣一瓣地分解后再压制，压干后重新组合。适用于中、大轮的重瓣花。如玫瑰、牡丹、芍药、荷花、睡莲、菊花、昙花、康乃馨、郁金香等。

4. 整串或整株压

花、花梗、细叶不分解就直接压制。如一串红、满天星、咖喱花、袋鼠枣、紫藤、金鱼草等。

另外，含水量多，质地较厚的花瓣，可在花瓣背面或花瓣根部，用磨砂纸轻轻摩擦，轻轻挤压出一些水分后用卫生纸吸干，使花瓣变薄易于干燥，如百合、石斛兰、蝴蝶兰、朱顶红、爱丽丝（管状花瓣）等；有些管状花瓣的根部比较厚实，除了用磨砂纸轻轻摩擦以外，也可以用美工刀轻轻削薄，以利于缩短干燥时间，如百合、姬百合等。

5. 分解花蕾

可以整个压或二分压。整压适用于小花蕾的压制；对于大一点的花蕾，可将其分解成两半，拔去里面的花蕊、子房后再压制即二分压。

6. 分解花蕊

若采用侧面、仰面时，必须留心压制花蕊。花蕊厚密时，可用镊子平均拔去二成左右。构图时花蕊不必全部用上，数量上能表现其真实感与美感即可。

7. 分解花萼

表现花卉正面姿态时不用花萼；侧面姿态时，以中分法只压半边即可，对于一些花萼很大的花朵，可根据情况用少于一半如 1/3 的花萼，以能表现其真实感与美感为原则。

8. 分解花梗、茎

可以整枝压或剖成两半来压。纤细的花梗整枝压制；较粗硬的花梗则解剖成两半，用美工刀挖除梗或茎中的海绵体，用卫生纸擦干。

(二)分解叶

叶的姿态在写生压花作品中占有非常重要的地位，叶颜色深浅可衬托景深，表现作品的立体感、层次感。叶可以正面压、侧面折边压、仰角折边压、俯角折边压。

正面整片压，使用时正面和背面均可用这样的叶片。侧面折边压、仰角、俯角折边压，表现不同角度生长的叶片姿态，使作品自然、生动，富有立体感。

(三)龙须藤

就构图表现意境理论而言，龙须藤可表现生命蜿蜒坚强，攀爬向上的力量之美。就画面比例与美观而言，用纤细的龙须藤可充实画面空泛部分，将画面填充得更加匀称生动。

(四)分解果实

植物的果实也可以用来压花，如果菜类蔬菜、水果。压制前处理依据果实形态不同而不同。如辣椒，小的整个压，大的对切挖空、侧面压制；豌豆，将豆荚内豆粒剔除，用一层表皮压制；对于番茄、橙、草莓等果肉较多的果实，用刀片切取带果蒂果实不同角度的切面，挖除果肉，再用汤匙将果皮内层尽量刮掉，只留薄薄一层皮来压制，这样构图时可以表现不同大小不同角度的果实。

知识点三　压花的方法

1. 自然重压法

用砖头、石头、箱子或厚书等硬重的其他东西压制。将分解好的花材放于吸水纸上(卫生纸、棉纸、报纸等)，几层吸水纸再铺一层花材，最后用砖头等施以均衡重压即可，放于通风干燥的地方，勤换吸水纸，最好 1 d 换一次，7～10 d 材料就逐渐压干了。花材数量不多时，也可直接用厚书压制花材，用重物压在书上。

自然重压法方便、经济，但由于干燥过程不是密闭式，无法与空气绝缘，处理时间太长，花叶颜色不够理想，如果遇到下雨或潮湿的天气，花材就更容易褪色、发霉。因此，这种方法只适合干燥的季节、干燥的天气。

2. 压花器压制法

压花器是由压花板、海绵、干燥剂、密封盒组成的。压花板是长方形的，其四周有四个孔，用四颗螺丝来固定。将分解好的花材摆放在吸水纸上，再放一层吸水纸和一层海绵，再放吸水纸，摆放花材后再放一层吸水纸和一层海绵，一般可重复放七层左右，最后置于两块压花板中间，拧紧螺丝，放入有干燥剂的密封盒之中，一般 3 d 就可压干花材。

知识点四　压花作品的制作

1. 压花作品的设计与构图

确定作品的主题以及大约用花的数量，要根据花材进行图案设计。压花作品构图时焦点不能过多，避免画面松散。在自然写生构图上要注意中心平稳，画面的对称，构图的空间、距离、间隔应有一定的比例，构图时应注意花材应用要适量。风景画的造景构图要根据主题掌握近景、中景、远景的关系，色彩要合理应用来衬托作品的主题。

2. 背景处理

压花画背景处理可用粉彩法、水墨法、水彩法、金属颜料法、油彩法、喷漆法等。

3. 花材的粘贴

先进行图案的摆放，要先把主花、主叶的花材摆好，然后再摆放点缀花材。图案可简可繁，可模拟植物的自然状态、可制作成平面插花、立体插花、风景花及童话故事等，要注意一定是花压叶，不能叶压花，记住花叶的位置。制作完成后，必须对画面加以保护，才能永久保存，可以用塑料薄膜、密封镜框等保存，不要把成品放在潮湿的地方和阳光直射的地方。

任务实施

子任务一　花材的压制

1. 材料准备

工具材料：剪刀、压花板、镊子、美工刀、密封袋、微波炉。

植物材料：采集的各种花材。

2. 方法步骤

（1）采集花材　采集的时间一般在春、夏、秋三季采，以晴天的上午 8—11 时为佳，尽可能选择颜色鲜艳的单瓣花、复瓣花及重瓣性少的花。

（2）分解花材　参照相关知识中“分解花材”的方法。

（3）压制花材　将分解好的花材摆放在吸水纸上，再放一层吸水纸和一层海绵，再放吸水纸，摆放花材后再放一层吸水纸和一层海绵，一般可重复放 7 层左右，最后置于两块压花板中间，拧紧螺丝，放入有干燥剂的密封盒之中，一般 3d 就可压干花材。也可以将花材放入压花板，用微波炉烘烤。

（4）贮藏　将压好的花材分类存放在密封袋中。

3. 考核要点与方法（表 6-5）

表 6-5　花材的压制考核标准

考核项目	考核点	分值
学习态度	态度、职业素质	30 分
操作情况	花材选择	10 分
	分解花材	10 分
	压制效果	20 分
实习报告情况	完整，准确	30 分

子任务二　相框艺术压花

1. 材料准备

材料：相框、乳白胶、水彩、白板纸、压花材料。

2. 目的要求

掌握艺术压花作品的制作程序，培养审美情趣。

3. 方法步骤

（1）设计　确定作品的主题、大致的材料与用量，进行图案设计。

(2)绘制背景　在卡纸上绘制背景，如果是满贴或是白背景就可以省略此步骤。
(3)粘贴　按照设计用乳白胶将压花材料粘贴在白板纸上。见图 6-18。
(4)安装相框　将粘贴好的作品安装到相框里。见图 6-19。

图 6-18　粘贴完的压花作品

图 6-19　制作完成的压花相框

4. 考核要点与方法(表 6-6)

表 6-6　相框艺术压花考核标准

考核项目	考核点	分值
学习态度	态度、职业素质	20 分
操作情况	构图设计及花材选择	20 分
	背景绘制	10 分
	粘贴效果	20 分
实习报告情况	完整，准确	30 分

任务三　室内盆花装饰

任务分析

通过学习分析了解盆花装饰的含义及种类，从而掌握盆花装饰的基本技艺，实现能够利用盆花对室内空间环境进行装饰的最终目的。

任务目标与要求

知识目标：了解盆花装饰的含义及种类，掌握盆花装饰技艺的相关知识。
能力目标：培养学生通过所学知识能够利用盆花对室内空间环境进行装饰的能力。
学习要求：遵守课堂纪律、实训室、实训基地相关规则，认真做好笔记，注意安全。

◈ 相关知识

室内盆花装饰是在人为控制的室内空间环境中，科学、艺术的将自然界的盆栽花卉等有关素材引入室内，创造出充满自然风情的美感和满足人们生理与心理需要的空间环境。

知识点一　室内盆花装饰植物选择

(一)家居环境中选择花卉的基本要求

1. 对人体无害

为确保人体健康，应选择无毒、无恶臭、无不良分泌物、不散发刺激性异味及无利刺的植物。

2. 株型合适

普通居室空间相对狭小，以形态优美、小巧玲珑、婀娜多姿者为上品，这样才显得雅致。厅堂等较大的空间，选择株大枝张的植物则更显气派。

3. 根系浅小

室内植物的栽培容器小，土壤基质少，因此，要选择主根短、须根发达或浅根性、根系不大的植物。

4. 管理方便

由于现代生活节奏快、时间紧，应注意选择易于养护、管理较为粗放的植物种类。

(二)根据室内光照条件来选择

有强光直射的地方(如朝南的窗台、阳台)，宜布置喜阳植物，多数花色艳丽的植物都喜阳(如瓜叶菊、三色堇、水仙、郁金香、一品红等)。

散射光充足的地方，宜布置耐阴植物(如君子兰、吊兰、春兰、玉簪、文竹等)。

光线极弱的地方不太适宜植物生长，但可以轮换地布置植物。

(三)根据室内的湿度和温度条件来选择

在温度和湿度变化比较自然的地方，只要是适合当地栽培的室内花卉都可以选择。

如果室内的温度和湿度变化与自然条件差异明显时，如北方冬季家里有暖气，温度恒定且湿度低，只能选择那些对温度和湿度变化适应能力强的花卉。

知识点二　室内盆花装饰原则

(一)主次分明

室内植物装饰应有明确的主题思想，并以这一主题思想作主调来构图，使植物与室内的氛围、家具及各种装饰物组合成一幅立体的美丽画面。如客厅是接待客人、家庭成员聚会等社交活动的场所，应体现出热情、大度、好客的主题思想，在构图上宜宽敞大方。应选择具有一定体量和色泽的植物。而书房是学习、写作与思考的地方，应选择姿态优美、小巧玲珑、色泽淡雅的植物来装饰。

(二)虚实得当

用于装饰室内的植物布置必须疏密相间、高低错落、层次起伏，使植物装饰的室内空间显得虚实得当和错落有致。

"室雅何须大，花香不在多"，室内植物装饰切忌"以多取胜"，多则有实无虚、拥挤杂乱。反之，如果太少，又会显得孤零飘落、独木难支。

(三)注意风格

室内植物装饰一定要注意风格，所选用植物(包括容器)的风格与室内的氛围要相互协调统一。

例如：中式古典建筑，室内应陈设中式家具及装饰物，宜选择姿态蟠曲、清秀雅致的梅、兰、竹、菊、松、柏等植物和古朴、典雅的容器来装饰，以传统字画作衬景；而西方现代建筑，应陈设西式家具、现代化设施及装饰物，最好选择雍容华丽、色泽鲜艳的外来植物进行装饰。

(四)讲究比例

装饰植物所占空间与室内空间大小、家具及陈设的比例，植物与盆、架间的比例都要协调。

(五)色彩协调

室内环境是浅色调、亮色调或采光好的，应用颜色深沉的观叶植物及花色艳丽的花卉来装饰；室内环境色调较深或光线不足的，宜用淡色调植物来进行衬托。

色彩的选择与运用还应与季节和时令相协调。如夏季可选用色彩淡雅的种类(如冷水花、亮白花叶芋等)；冬季可选用红、橙、黄等色彩热烈的植物；在喜庆的日子里，可摆放欢快、热烈、鲜艳的植物；而在悲痛的日子里，应该摆放色彩单一而凝重的植物。

(六)布局均衡

室内植物装饰中，植物布局的均衡有对称性与不对称性两种情况。

1. 对称均衡

即在轴线左右两侧用同样形状、大小、体量和色泽作对称布局。如走廊两边摆放种类、大小、形状和颜色几乎相同的盆栽，在客厅沙发两侧陈列同样种类、大小、形状和颜色的植物。这些都属于对称性均衡布局。

2. 不对称均衡

即在轴线两侧布局形体明显不同的植物。如在客厅沙发一边摆放一盆体量较大的棕竹或印度榕，而在另一边高几架上置放一盆桩景树。这样的组合，虽不对称，但给人以一致的体量感，使人觉得既协调又自然。

(七)合理布置

1. 点状布置

是指独立或成组团设置的装饰植物，摆放在地上或几架、柜橱、桌面和台面上，或吊挂于空中。点状布置的植物往往是室内引人注目的景观点，不要在其周围陈列与其高低、形态、色彩等类似的物品，以便突出点状布置的植物。

2. 线状布置

是指将装饰植物布置成一排或几排。可摆放在地上，也可摆放在窗台及橱、柜顶部，还可以悬挂在墙壁上或天花板上。需要注意在室内用作线状布置的植物，其体形、大小、颜色上都要求尽量一致，以便使其外貌达到整体统一。如图 6-20 所示。

3. 面状布置

是指通过植物布置使室内装饰植物形成一个相对独立的画面景观。面状布置在植物的选择上要尽量做到高矮搭配、色彩协调、品种多样。由于面状布置需要占据较大的面积，所以一般只能用于装饰空间较大的客厅或阳台和露台。

如在客厅沙发群的背面和两侧采用高度合适的植物来进行面状布置，不仅能对沙发群起到衬托作用，还能让坐在沙发里的人们有一种回归自然、返璞归真的感觉。如图 6-21 所示。

图 6-20　线状布局

图 6-21　面状布局

知识点三　家居环境盆花装饰原则

(一)玄关装饰

玄关是从室外到室内的过渡地带，是居室进门处的一个隔断。因房型不同或房主风格不同而千差万别，没有一个定式。大多用花窗、玻璃、鞋柜等和客厅隔断。

玄关装饰是主人居室风格的首次展示，其优美的布置能给人留下良好的第一印象，是热情主人致来客的欢迎词，更能在一天归来时给您温馨慰藉与融融生趣。

一般来说，玄关的空间很小，对植物的生长有所限制，所以多采用体量较小的悬垂和吊挂植物。如果想在视觉上扩大这一空间范围，可以利用镜子的对称模拟空间效果，这样不仅能增加视觉空间范围，也在视觉上增加了装饰植物的数量。

光线的缺乏往往是玄关植物装饰最大的问题，可以适时把植物根据需要进行调整和轮换。

(二)客厅的装饰

客厅是接待来客和家庭成员聚集的场所，还可兼作餐室，一般都陈设有沙发、坐椅、茶几、电视或音响等。客厅的植物装饰，应尽量突出主人的情趣和修养。

如果家庭的客厅面积较小，可在客厅中间部位的沙发背后布置株型小而高度较大的观叶植物(如棕竹、富贵竹、南洋杉、散尾葵等)作绿色背景，在角落等较大的剩余空间摆设大型植物、或在几架上摆放迎春、悬崖菊、紫罗兰、吊兰、蔓生天竺葵、常春藤等悬垂观叶植物。

空间较大的客厅，可在入口醒目处摆设较大而庄重的盆景或盆栽五针松、黑松或罗汉松等；客厅中央可用体量高大、枝叶舒展的南洋杉、榕树类、棕榈类、苏铁等分割空间；墙角、柜旁、沙发边、窗边等角隅处的地面上直接摆设大型观叶植物(如龟背竹、苏铁、橡皮树、棕榈类、龙血树、鹅掌柴等)，或用花架摆设兰花、君子兰、仙客来、四季秋海棠、水仙花等的大丛盆花。

客厅内的茶几、桌上可摆放插花、瓶栽或小型盆栽植物(如非洲紫罗兰、网纹草、彩叶草、观叶海棠等)，迎客墙面可壁挂栽植吊竹梅、吊兰、天冬草、垂盆草、蕨类、常春藤、绿萝等植物。

(三)书房的装饰

书房是读书、写作的地方,应突出安静文雅、朴素大方的特点。观叶植物宜选择体态轻盈、姿态潇洒、文雅娴静的种类,如用文竹、中国兰、蕨类、天门冬等。观花植物宜采用文化内涵高雅的种类,如梅、兰、菊、水仙等。

写字台上可摆放一盆小巧细致的肉质多浆植物,以及文竹、袖珍凤尾竹等小型植物或微型盆景。书柜顶端和窗台顶部可配置枝叶下垂而潇洒的花叶常春藤、吊竹梅或绿萝等。墙壁上可结合字画悬挂壁挂植物。

(四)卧室的装饰

卧室是人们休息、睡眠的场所,具有很强的私密性。卧室植物装饰宜体现温馨、宁静、舒适的情调。

卧室摆放的植物宜少而精,且以 CAM (景天酸代谢途径)植物为最好。CAM 植物的气孔在白天是关闭的,光合作用制造的氧气到晚上才释放出来,这样就会对人们的身体健康很有好处。

CAM 植物包括仙人掌科、凤梨科、龙舌兰科的大部分植物和百合科的肉质多浆植物。

卧室的花卉布景在色彩运用上应考虑多用淡雅的色彩而少用艳丽的色彩,以便给人柔和轻松的感觉。如矮柜、床头柜、梳妆台、窗台可选用线条优美、造型优雅的插花,也可用植株矮小的盆栽观叶植物、水养植物和飘柔轻盈的藤蔓植物,花卉可考虑淡雅或清香型,如水仙、茉莉、月季等。

卧室花卉不宜过多,3～5 盆即可,花卉太多会产生压抑感,且影响夜间空气。放置于卧室的植物一般忌枝叶过于高大或香味浓烈,以免影响主人的睡眠质量。

(五)餐室的装饰

餐室要求卫生、安静、舒适,宜以淡雅的色调为基调。餐柜顶上可放置垂吊植物。餐桌上可摆放一小型瓶插花或盆插花,早春以报春、桃花为主,夏季以百合、马蹄莲、晚香玉、荷花等为主,秋季以菊花或瓜果蔬菜为主,冬季以一串红、长寿花、月季、康乃馨、剑兰等为主。角隅处可摆设凤梨类、棕榈类、变叶木等观叶植物或色彩缤纷的观花植物,并根据季节进行更换,如春季用兰花,夏季用紫苏,秋季用秋菊,冬季用一品红等。

(六)厨房的装饰

厨房是烹制美味佳肴的场所,用绿色植物点缀可改变厨房单调乏味的空间,令人减轻疲劳,以轻松的心情去烹饪菜肴。

厨房面积一般不大,可供植物装饰的空间较为狭小,所以布置时不能零乱,切忌在妨碍操作的位置上摆设花卉。要充分利用窗台、橱柜、冰箱或墙面进行装饰。

由于厨房一般光照较弱,且油腻重、空气湿度大、温度高,因此在植物的选择上,要以较耐阴、生命力强、有净化空气能力的植物种类为主,如蕨类、常春藤、吊兰等。如采光较好也可以种植一些欣赏性和实用性兼具的水培蔬菜、瓜果和盆栽香料植物,如五彩椒、彩叶莴苣、盆栽番茄、微型茄子、袖珍南瓜等,对于调节心情、增加食欲、美化环境都有很好的作用。

(七)卫生间的装饰

卫生间一般包括浴缸或淋浴器、洗脸池、便池(便器)等,其光线较暗、空气湿度大、有异味等。

宜选择适应性强、株型玲珑、叶色碧绿的耐阴观叶植物，如蕨类、冷水花、常春藤等进行装饰。

浴缸一角、窗台上、贮水箱上可摆设一盆小型、碧绿的盆栽植物，或将其壁挂在墙面上，或在排水、进水等管道上吊挂悬垂植物。

（八）阳台的装饰

阳台植物装饰中要充分利用空间，可以采用垂吊、植屏、组合花架盆栽、壁挂等方法加以布置。如将垂吊植物吊挂在阳台顶部，喜阳的花卉种在阳台外缘或组合花架上部，高大的植物摆在阳台的角落，矮小的耐阴植物摆放在下部空间。

阳台的植物装饰要留有相当空间，这样既可避免妨碍主人到阳台上晾晒衣物、休闲放松等活动，又不致使人感到拥挤不堪、杂乱无章。

阳台植物装饰要注意选择花期不同的植物，做到四季有花，次第开放。

阳台植物装饰要特别注意安全，首先要确保摆设的植物不致超过阳台的负重能力，还要确保植物及其容器牢固地固定在阳台上，严防坠落伤人。

知识点四　办公环境盆花装饰原则

据国外的研究机构调查人们在鸟语花香、山清水秀的环境中工作，工作效率会提高，心情会觉得舒畅而精神也会振奋，且能激发想象和思考能力。于是世界各国的大城市都在想方设法在钢筋林立的大厦中创建绿洲。在这方面做得较好的是日本的东京。由于东京是世界人口最稠密的城市之一，人多地少，没有闲置土地来搞绿化，于是他们就专门培育出适合在屋内和大厦屋顶生长的花草树木来，不但美化了环境、净化了空气，还节省了能源。而欧美一些做设计创意的公司，为了激发员工的工作效率都把办公室装修得接近自然环境，有的公司干脆把办公室搬到郊区去，让员工们直接在自然环境中工作。

一、办公室花卉装饰的作用

（一）对室内外空间的过渡与延伸作用

二维码 6-5　办公室环境的花卉

植物是自然界的一部分，人们在有绿色植物的环境中，会感到仿佛身处大自然中。将植物引进室内，使室内空间兼有外部大自然的因素，达到内外空间的自然过渡和延伸，这能使人减小突然由自然环境进入到封闭的室内空间的不适感觉。为此，我们可以在建筑入口处设置花池、盆栽或花棚；在门廊的顶部或墙面上作悬吊绿化；在门厅内作绿化甚至绿化组景；也可以采用借景的办法，通过玻璃和透窗，使人看到外部的植物等，使室内室外的绿化景色互相渗透，连成一片，使室内的有限空间得以扩大，又完成了内外过渡的目的。

（二）分割、调整、提示作用

1.限定与分割空间

建筑内部空间由于功能上的要求常划分为不同的区域。如开敞办公室中的工作区与走道；有些公司办公区中需要划分谈话休息区与工作区。这些多种功能的空间，可以采用绿化的手法把它们加以限定和分隔，使之既能保持各部分不同的功能作用，又不失整体空间的开敞性和完整性。限定与划分空间的常用手法有利用盆花、花池、绿罩、绿帘、绿墙等方法作线型分隔或面的分隔。

2. 调整空间

利用植物绿化，可以改造空旷的大空间。在面积很大的空间里，可以筑造景园，或利用盆栽组成片林、花堆。这样，既能改变原有空间的空旷感，又能增加空间中的自然气氛。空旷的立面可以利用绿化分割，使人感到其高度、大小适宜。

二、办公室环境植物选择

办公室最好选用管理简单并且维持时间长的植物材料，如各种观叶植物。可根据办公室面积大小、朝向、光照等情况选择大小、色彩、株形的绿色植物，总的原则是摆放的植物宜株形端庄、舒展，以暖色为主。可以是观叶的铁树、澳洲杉、橡皮树、龟背竹、绿萝、散尾葵、凤梨类、巴西铁、棕竹、花叶芋、孔雀芋等耐阴性观叶植物；观花的火鹤花、金苞花、蟹爪兰、爪叶菊、大花蕙兰，以及象征吉祥如意、贵宾临门的仙客来，寓意百年好合的百合花等，都可在宾主之间、上下级之间营造出温馨气氛和亲切感觉。

较大的办公室摆放的植物，在数量和体量上可以适当多些、大些，在几架上可点缀吊兰、常春藤等洒脱多姿的悬垂植物，也可以摆放别具诗意的水石盆景及插花。文竹、兰花等置于办公桌一隅，更显出主人的高雅脱俗。在选择摆放树木盆景时应以耐阴较好的树木为主且不能长时间在室内摆放，松、柏都属阳性植物，如果用来摆放，时间更应缩短，否则生长会受到不利影响。

三、办公室植物摆放规则

办公室盆栽植物的摆放也有自己的“规矩”。以下几个方面特别需要注意：

忌将植物放在人员经常走动的地方，这样既影响人的行动，也不利于植物成长；忌植物过大与办公室不协调。植物在居室中比例过大，会使整体布置失去平衡感；忌植物放在房间中央；忌采光不好。植物放置于通风采光不好的房间，不仅对植物生长不利，同时人们也不能很好地观赏，达到放松心情的目的。

办公室的植物装饰，最好能与整个室内环境布置同时进行。采用灵活自然的安排方式，使办公室家具形象与植物装饰协调，特别注意植物装饰要设在不易为过往的人碰到的地方，而且要避免遮挡视线。办公室的面积大小不同，装饰的手法常常也有所区别。对于办公室面积较小的，可充分利用窗台、墙角以及办公用具等点缀少量植物。如在墙角摆放小型散尾葵或龙血树；在窗台摆放 1～2 盆花叶芋、变叶木、白纹合果芋、金边虎尾兰等；也可在无人走动的窗前垂布 1～2 盆绿萝、花叶鸭跖草、迷你龟背竹等；在办公桌上点缀小型的非洲紫罗兰、豆瓣绿、冷水花、四季海棠；公文柜及墙壁空白处靠挂观叶植物等。

现代办公室趋向大空间，宽大开敞，室内用大量的植物替代了艺术品陈设，使室内更有生机。在开敞式办公室内还可用植物进行空间划分，分隔或不同大小的房间来利用，用绿化分隔空间显得自然，空间易形成相互渗透，视觉流通，比用隔断或屏风灵活得多。

任务实施

子任务　封闭式阳台花卉装饰

1. 材料准备

材料：常春藤、吊兰、垂盆草、天竺葵、藤本月季、朱顶红、红豆杉、睡莲等盆栽花卉。

2. 目的要求

掌握不同朝向、不同采光条件的阳台植物选择方法，能设计阳台的花卉装饰。

3. 方法步骤

(1)现场踏勘　了解阳台的大小、朝向、采光条件、冬季供暖条件等环境因素。

(2)确定风格　选择喜欢的风格才能有针对性地选择花卉。

(3)选择花卉　根据环境条件、设计风格选择合适的盆栽花卉。

(4)布置花卉　为了提高空间的利用率，增加空间的层次感，花卉的布置形式尽量多样化，如悬垂式、藤棚式、附壁式、花架式、花箱式等形式相结合。

4. 考核要点与方法(表 6-7)

表 6-7　封闭式阳台花卉装饰考核标准

考核项目	考核点	分值
学习态度	态度、职业素质	30 分
操作情况	花卉选择	10 分
	花卉组合	10 分
	整体效果	20 分
实习报告情况	完整，准确	30 分

任务四　室内组合盆栽

任务分析

随着社会的发展，人民生活水平的提高，单一品种的盆栽花卉因为色彩单调，已经远远满足不了市场景观美化需求，而组合盆栽因其色彩组合、艺术形色丰富，观赏性高有望成为今后花卉产业的主流方向。通过学习分析了解组合盆栽的含义及种类，从而掌握组合盆栽的设计和制作基本技艺。

任务目标与要求

知识目标：了解组合盆栽的含义及种类，掌握组合盆栽设计和制作相关知识。

能力目标：能设计、制作组合盆栽。

学习要求：遵守课堂纪律、实训室、实训基地相关规则，认真做好笔记，注意安全。

◈ 相关知识

组合盆栽是指选用一种或几种生长习性相似的观赏植物，运用艺术的原则和配置手段，经过人为设计后，将其合理搭配并种植在一个或几个容器内的花卉应用形式。它不仅要发挥个体花卉特有的观赏特性，更要达到各种花卉间相互协调、构图合理的效果，表现整个作品的群体美、艺术美和意境美。

知识点一　组合盆栽的类型

一、根据栽培容器划分

1. 碟上庭院

顾名思义，就是利用各式碟、浅盘、茶杯等没有排水孔、开口平坦的器皿作为容器，将植物合植于其中，利用庭院景观设计的各种手法和基本原理，构建微缩庭院式组合盆栽。碟上庭院可以利用生活中的各式容器制作，体积较小，节约空间。由于大多数碟、盘等体积小而无排水口，在制作时应选生长速度较慢的植物材料，比如常春藤、合果芋、肾蕨、袖珍椰子及多肉植物等。

2. 槽中庭院

利用种植箱、种植槽等作为容器合植植物，并通过装饰、艺术等手法创作成微缩庭院，多置于窗台、阳台、露台之上或庭院之中，是现代城市住宅或公寓养花和室内外造景的良好选择。其植物材料的选择十分灵活，可以根据具体的环境条件和主人喜好而定。

3. 钵中庭院

将花钵、花盆等作为容器创作组合盆栽。花盆和花钵是最传统的组合盆栽容器，其形态、材质多样，在家庭园艺中的应用十分广泛。

4. 玻璃花房

玻璃花房是利用玻璃容器或透明的塑料容器栽培植物，如蕨类、竹芋、小凤梨类、卷柏等，展现迷你庭院风光。根据形态不同，玻璃温室一般有瓶式和鱼缸式 2 种。

5. 其他

通过旧物改造、趣味饰品等，利用无限的创意，创作与众不同的组合盆栽。如利用蛋壳、南瓜壳等材料作为容器，制作植物特色组合盆栽；或是利用废弃的锅、碗、瓢、盘等作为容器，栽植多肉植物，创作别致的“沙漠植物景观”；或是随手拾起一段朽木，植上几株绿意盎然的植物，以创造“枯木逢春”的景象等；甚至在一双破旧的球鞋里植入几株草花，也别有韵味。

二、根据观赏方式划分

1. 台面庭院

将组合盆栽置于桌面、台面、楼梯、过道等作为有生命的绿色装饰品。可选择中小型组合盆栽，放置在桌上、窗台等台面上，既能美化空间，增加生活情趣，又能改善室内环境。

2. 空中庭院

所谓空中庭院，就是将藤本植物等种植在容器中，利用其花或叶子向下生长的特性形成良好的景观，并将其挂在空中欣赏。空中庭院的运用形式比较灵活，能够合理利用垂直空间形成多角度观赏的缩微庭院景观。常用来制作空中庭院的植物材料有吊兰、常春藤、绿萝、旱金莲、垂吊矮牵牛等。

3. 壁挂植物画

壁挂式组合盆栽不占地面面积，且布置灵活，特别适合对面积较小的空间进行立体绿化装饰。制作壁挂植物，可利用画框或半圆形壁盆、壁篮等容器固定在墙面上栽种植物材料，如报春花、倒挂金钟、天门冬等。

4. 缩微庭院

将多种植物以艺术化的手法共同栽植于较大的种植容器中，并以适当的配饰作为装饰，如木、石、玩具鸟兽等，共同组成一个类似于庭院的小型植物群落，即缩微庭院。

5. 立体庭院

利用构架摆放或悬挂组合盆栽，形成立体组合盆栽景观，既可以节约空间，又增加了盆栽观赏的层次。

6. 礼品盆花

就是将盆花作为礼品销售。其观赏效果好，清洁卫生，便于携带且观赏时间更长。结合室内装饰和个人品位，以植物实际需要的养护条件进行设计，把各种有吉祥含意的植物，经过色彩搭配，加上适当的包装，即可成为适宜的应景礼品设计。年宵花是礼品盆花最主要的销售产品，如蝴蝶兰、红掌、佛手等。为提高年宵花经济价值和观赏价值，常以组合盆栽的形式进行销售。

三、根据植物材料划分

1. 观叶植物组合盆栽

以观叶植物为主，重点突出植物体量、叶形、色彩和质感的协调与变化，如常春藤类、彩叶草、文竹、袖珍椰子等。

2. 观花植物组合盆栽

制作观花植物组合盆栽，要根据对观赏期的要求选择植物材料。需长期观赏的一般选择花色丰富、花期较长的植物种类，球根花卉和宿根花卉是良好的选择，但大多数植物在花期过后容易出现衰老现象，从而影响整体效果，应及时更换材料。短期观赏的，只需根据美观和艺术方面的要求选择材料即可。

3. 观果植物组合盆栽

制作观果植物组合盆栽，一般选择秋后果实累累、色泽鲜艳的植物种类，如胡颓子、石榴、金橘等。

4. 多肉植物组合盆栽

多肉植物也叫肉质植物、多浆植物，或者多肉花卉，其形态特别，养护容易，如仙人掌科、垂盆草、石莲花等。利用多肉植物组合造景能够形成别具特色的植物景观。

5. 水生植物组合盆栽

宜选择喜水湿或水生植物，如水仙、千屈菜、黄菖蒲等，可选择较大体量的容器，如盆、桶等，以表现自然界中水景植物景观；也可选择玻璃容器，以创造晶莹剔透的观赏效果。

知识点二　组合盆栽的设计原则

(一)植物对环境的适应性一致

不同种类的花卉和品种对环境有不同的适应性。种植在同一盆中的植物应尽量选择对温度、水分、光照、土壤(基质)酸碱度等生态因子的要求都相似的种类。例如,天南星科、竹芋科、蕨类都喜阴耐湿;仙人掌和龙舌兰科、景天科都喜光耐旱;凤梨、彩叶草、天竺葵都喜光喜温等。生态习性相似的种类种在一起,容易护理。

(二)主题明确

任何一件艺术作品要表达一定的寓意,都有一定的主题。主体植物放在最吸引眼球的地方,通过独特的花色、花形及植物姿态进行表达。

(三)注意多样与统一

多样性在于发挥个体花卉的姿态、颜色、韵味美,多样的花卉植物可以增加空间变化丰富作品内涵,多样是统一前提下的多样。

统一性则需表现作品的整体效果,强调其整体美感,统一是多样的统一。

为了更容易达到多样统一的效果,常常选用同种的不同品种花卉或同属的不同种植物进行设计。

如用不同品种的凤梨组合,大松果与平头组合、莺歌与丹尼斯组合进行盆栽都有不错的观赏性,组合效果极佳。

另外,选用相近特性的植物进行组合,不仅能够达到多样统一的效果,而且方便水肥管理。如选用均为多肉类的仙人掌科植物与景天科植物组配。

盆栽的主体是植物,尽管各种植物在形态、体积、色泽上千差万别,但总体上共性多于差异性,在绿色这个基调上得到统一。因此,在整体造型时注意色彩、位置、形态的统一搭配,不要有分离排斥现象,从内容到形式都是一个完善的整体。

> ●**花木如诗**
>
> 林间新绿一重重,小蕾深藏数点红。
>
> ——金·元好问《同儿辈赋未开海棠》

(四)色彩和谐

观叶植物的组合盆栽要强调植物色彩斑纹的变化,利用植物叶片颜色的深浅,将同色系、质地类似的多种植物或品种混合配植,来强化作品的色彩。而制作观花植物组合盆栽,选定主花材时,一定要有观叶植物配材,颜色交互运用,也可采用对比、协调、明暗等手法去表现,使作品活泼亮丽,呈现视觉空间变大的效果。不同植物色彩及质感的差异,能提高作品的品位,使作品更加耐人寻味。

夏季用白色或淡黄色特别清爽,春季用粉彩色系特别浪漫柔情。深浅绿色的观叶植物搭配组合香花亦十分高雅。如圣诞节欢愉的红与绿色、春节喜事的大红色等都可以作为设计的主调。但色彩对比的变化要有共通之处,不宜全同或全异。

(五)均衡协调

均衡主要指平衡与稳定。在植物配置时,要权衡整体,使各部分让人感到平稳而优美。妥善处理植株的形态、大小、色彩、质感等，可以达到均衡视觉的效果。在组合植物时常采用上轻下重、上小下大的原则。

组合盆栽的前后、左右及上、中、下各部分要布置适宜。一般下部花卉要生长茂盛、枝叶下垂，给人以稳重感；上部花卉要挺拔、有向上感；细叶植物靠后以示远景；大叶植物表示近景。注意色调一致性，避免给人视觉上和情绪上造成冲突感。

（六）时间和空间

在花卉植物配置时，既要考虑当前观赏效果，还要留有足够的空间，以便日后植株长大时有充足的生长空间并保持较好的观赏效果。在设计时还应注意层次结构。组合盆栽花卉种植数量不宜过多，应根据容器的大小来确定花卉数量，一般小盆 2～3 种配合，中盆 3～5 种配合，大盆花 5～7 种配合。在花卉组合盆栽时，应使花卉之间保留适当的空间，以保证日后花卉长大时有充分的生长环境。同时，整体作品不宜有拥塞之感，必须有适当的空间，让欣赏者发挥自由想象的余地。

（七）比例合适

指在一特定范围内各种植物形体之间的相互比较。如大小、长短等的比例关系。在组合盆栽中上、中、下段高度常用的比例为 8∶5∶3，接近黄金分割比率。

（八）韵律与动感

在盆栽设计中，韵律美是一种动感，它利用植物的高低起伏、弯环曲折的变化、种植的疏密虚实等，能使人产生一种有声与无声交织在一起的节律感。

任务实施

子任务　组合盆栽的设计制作

1. 材料准备

花盆、基质、花卉、小铲、水壶等。

2. 方法步骤

（1）构思创意　组合盆栽在种植前应进行构思创意，构思创意有多种途径：根据花卉品性构思；根据物体图案构思；根据环境色彩构思；根据器皿涵义构思。

组合盆栽中创意巧妙，常能制造出深邃、耐人寻味的意境，从而给人以美的享受。

首先要确定主题品种。一个组合盆栽要用到多种花卉，突出的只有 1～2 种，其他材料都是用来衬托这个主题品种的。主花的颜色也奠定了整个作品的色彩基调，选择主题品种和制作目的、用途以及所摆放的位置密不可分。

其次，植物的生长特征也是制约选择花卉品种的一个重要因素，这对作品的整体外观、养护管理等都是十分重要的。其他如容器种类、样式、大小的选择，应与所选花卉相协调。

（2）栽培器皿及装饰品的准备　栽培器皿要求美观、有特色，艺术观赏价值高。主要有紫砂盆、瓷盆、玻璃盆器、纤维盆、木质器皿类、藤质器皿类、工艺造型盆类及通盆类等。装饰品类有很多，如小动物、小石块、小蘑菇、小灯笼、小鞭炮、树枝、松球等。

（3）栽培基质　组合盆栽所用基质既要考虑花卉的生长特性，又要考虑其观赏所处的环境。基质总的要求是通气、排水、疏松、保水、保肥、质轻、无毒、清洁、无污染。主要有泥炭、蛭石、珍珠岩、河沙、水苔、树皮、陶粒、彩石、石米等。

(4)花卉的选择　根据作品创意选择花卉。花卉种类很多，有花形美观、花色艳丽、花感强烈的焦点类花卉；有生长直立，突出线条的直立类花卉；有枝叶细密，植株低矮的填充类花卉；有枝蔓柔软下垂的悬垂类花卉。

(5)盆花的组合　先对栽培基质、器皿、工具等进行消毒。取器皿先垫防水层、装饰纸(视情况而定)，加少许塑料泡沫、陶粒作垫层。先放入主题花卉调整好位置和方向，再放入其他衬托花卉，加入少量的基质进行固定。观察花卉整体布局是否符合构思创意要求，调整恰当位置和方向，再填充基质，压实固定。盆面遮盖装饰材料。对花卉枝叶作适当修剪，浇透水，放在阴凉处培养。浇透水后根据作品要求配置其他小饰物。

3. 考核要点与方法(表 6-8)

表 6-8　组合盆栽设计制作考核标准

考核项目	考核点	分值
学习态度	态度、职业素质	30 分
操作情况	花卉选择	10 分
	组合盆栽的设计	10 分
	组合盆栽的	20 分
实习报告情况	完整，准确	30 分

项目七

花卉的室外应用

项目背景

城市化带来了现代文明，同时也造成了一系列问题，最主要的问题是生态环境的破坏。自然给人以健康和美的享受，人们渴望与自然共融。现代社会的人们既向往自然又离不开城市化的便利。为了改善并保护生态环境，满足人们对自然的渴求，以植物造景为主，融生态、保健、科学、文化和艺术为一体的生态园林成了现代园林发展的主要方向，同时花卉在园林中的应用情况也成为评价园林优劣的重要指标。

知识目标

1. 掌握花坛的设计原理与种植施工方法；
2. 掌握花境的设计原理和种植施工方法；
3. 了解屋顶绿化和垂直绿化的设计和施工方法。

能力要求

1. 能设计小型的花坛并施工；
2. 能设计花境并施工。

学习方法

1. 以教材为载体，结合网络课程资源，完成任务；
2. 依托网络教学平台，学习相关拓展知识，完成相关测验。

任务一　花坛的设计与施工

任务分析

了解花坛的布置与施工需要的理论知识和实际操作步骤，能根据花坛的类型特点，选择合适的花卉进行布置。

◈ 任务目标与要求

知识目标:掌握花坛的设计原则与方法;掌握花坛的植物配置与施工方法。
能力目标:能够进行花坛的设计与植物选择配置;能够进行花坛的施工与管理。
学习要求:遵守实训室、实训基地等相关规则,做好笔记,注意安全。

◈ 相关知识

花坛是人类应用不同花卉造景的一种形式,起源于西方园林,初定义花坛是指在具有几何形轮廓的种植床内,种植各种不同色彩的观花、观叶与观景的园林植物,从而构成一幅富有鲜艳色彩或华丽纹样的装饰图案以供观赏的园林应用形式。

花坛常设在广场和道路的中央、两侧及周围;建筑物的前方;风景区视线的焦点及草坪上等。可做为主景,亦可做为配景。样式与色彩的多样性可供设计者有广泛的选择性。

花坛的设计首先应考虑其风格、体量、形状诸方面与周围环境相协调,其次才是花坛自身的特色。花坛的设计包括花坛的风格设计,外形轮廓、花坛的高度、边缘处理,花坛内部的纹样、色彩的设计及植材的选配等。

知识点一　花坛的类型

在我们的城市园林中所采用的花坛样式多种多样,无论从何种角度分类都是以观赏功能为基本点组成的生态景点。为更好地对花坛进行理解和应用,现将在园林中常用的几种花坛形式归纳如下。

一、依空间位置分类

(1)平面花坛　花坛与地平面基本一致,或有微小坡度,便于排水和管理,可从不同角度观赏。

(2)斜坡花坛　花坛与地平面呈一定角度,一般根据地势位于坡地上,大多单面观赏。

(3)立体花坛　立体花坛又名“植物马赛克”,起源于欧洲,是指运用一年生或多年生小灌木或草本植物种植在二维或三维的立体构架上,形成植物艺术造型,是一种园艺技术和园林艺术的综合展示。它代表了当今世界园艺的最高水准,被誉为世界园林艺术的奇葩。立体花坛作品因其千变的造型、多彩的植物包装,外加可以随意搬动,被誉为“城市活雕塑”“植物雕塑”。

(4)高台花坛　为了分隔空间或受地形、地势限制,设置的高于地面的花台。

(5)下沉花坛　花坛设置低于地平面,可由高处俯视整体效果,也可走近花坛细赏。

二、依花卉材料分类

(1)一、二年生草本花卉花坛　花坛主体花材为一、二年生草花,具有颜色绚丽、花型整齐、花期集中的优势。但是观赏期相对较短,需及时更换以保持繁花似锦的效果,因维护费用比较高,一般适用于重点区域。

(2)宿根花卉花坛　主要以宿根花卉为主的花坛,优势是一次栽植,可观赏数年,管理起来较简便。由于其栽植位置固定,一般用于远景或非主要区域。

(3)球根花卉花坛　用球根花卉布置的花坛,花色丰富鲜艳,株型整齐,具有良好的景观效果。但是大多球根花卉花期较短,花后休眠,需更换或配植其他植物保持景观,投资费用较大。适用于重点区域的坡地或有一定地形的区域。

(4)混合花坛　由多种草本和木本观赏植物组成的花坛。主要优势是色彩丰富,景观壮丽,观赏期相对较长。要求有较高的设计、种植、管理的水平。

三、依花坛设计主题形式分类

(1)盛花花坛　又叫花丛花坛,以展示开花时花坛的整体效果为主,表现出不同花卉的种或品种的群体及其相互配合所显示的绚丽色彩与优美外貌。这种花坛要求图样简洁明快,轮廓鲜明、对比度强。

(2)模纹花坛　由低矮的观叶植物或花叶兼美的植物组成,表现出精美的图案或文字等,包括毛毡花坛、浮雕花坛和彩结花坛。通常需利用修剪措施以保证纹样的清晰。

(3)主景花坛　有明确的主题,可形成独立的景点,常构成景观中心的花坛,常用在广场、建筑物前、交叉路口处,大多为大型立体花坛。

(4)衬景花坛　主要作为背景,起衬托和点缀作用的花坛。大多用在雕塑、宣传牌、建筑等前面或周围。

(5)造型花坛　以植物材料为主根据主题塑造出各种形态的造型,常为人物和动物造型,也包括花堆、花台及文字花坛。

(6)主题花坛　利用多种植物形态各异、色彩丰富的特点,塑造出突出主题思想的综合园林景观。

(7)标记花坛　利用花卉组成各种徽章、图案或字体陪衬主体,起到宣传、标志或纪念的作用。

(8)基础花坛　为掩饰建筑物、小品以及植物基部,在其周围布置花堆或花带,使之与地面衔接处更加协调自然。

四、依花坛之间的关系分类

(1)独立花坛　单体花坛独立设置。一般作为广场、建筑物前庭、交叉路口等特定环境的中心。

(2)连续花坛　同一环境中设置多个小花坛,大多形状相同,也可轮廓发生变化,但要遵循统一的规律。常设置在道路两侧或广场周隔,产生连续的花坛景观效果。

(3)花坛群　由相同或不同形式的多个单体花坛组成,在构图或景观上具有统一性。多设置在面积较大的区域。

知识点二　花坛的设计原则

一、花坛的风格和形式

花坛的风格要与作为主景的建筑物风格相协调,如在民族风格的建筑前设计花坛,应选择有中国传统风格的图案纹样和形式;在现代风格的建筑物前可设计有时代感的一些抽象图案,形式力求新颖。

设计好风格后再考虑花坛自身的特色与形式。在公园的出入口应设置规则整齐、精致华丽的花坛，一般以模纹花坛为主；主要交叉路口或广场上可布置鲜艳的花丛花坛，配以绿色草坪效果较好；纪念馆、医院的花坛则以严肃、安宁、沉静为主题。

二、花坛的大小及外形设计

花坛的大小需与花坛设置的广场、出入口及周围建筑的高低及横宽成比例，一般不应超过广场面积的1/3，不小于1/5。出入口处设置花坛以美观不妨碍游人路线为原则，在高度上不可遮住出入口处视线。为了便于观赏和管理，独立花坛直径都在10 m以下，平面过大在视觉上会引起变形，必要时可采取组合式布置。带状花坛的宽度在2～4 m为宜，长度及段落的划分则依环境而定。

花坛的外部轮廓应与建筑物边线、相邻的路边和广场的形状协调。作为主景设计的花坛一般采用辐射对称、四面观赏的外形，而作为建筑物陪衬可采用左右对称、单面观赏的轮廓。带状花坛也采用左右对称的轮廓。长方形的广场设置长方形的花坛就比较协调，圆形的中心广场也以圆形花坛为好，三叉路口的花坛设置马鞍形、三角形或圆形均可。

三、花坛的背景

背景的设计和选择决定花坛效果的好与坏。因此，设置花坛应与背景的设计与选择同时考虑，如果是以建筑物作为花坛的背景，应该注意花坛内选择用花的色彩要与建筑物的色彩有明显的区别，必须使花坛的色彩醒目、突出，与背景色彩不重复；花坛内植物的高度，体量还应与背景取得协调。

四、花坛的边缘设计

花坛的边缘设计方法很多，可设边缘石和矮栏杆，也可在花坛边缘种植一圈装饰性的植物。边缘石有砖、条石等，一般高度设10～15 cm，最高不超过30 cm，宽度为10～15 cm，若兼坐凳功能可增至50 cm；矮栏杆主要起保护作用，可有可无，高度要小于40 cm。矮栏杆和边缘石都要与周围道路与广场的铺装材料相协调，在色调上一般选择白色或墨绿色。若为木本植物花坛，矮栏杆可用雀舌黄杨、金叶女贞、紫叶小檗、金山绣线菊等绿篱代替，装饰性的植物还可以是草皮、葱兰、韭兰、麦冬、吉祥草等。

五、花坛高度与层次设计

要从方便观赏的角度考虑，凡四面观的花坛，一般要求中间高四周低，倾斜角5°～10°，最大25°，既有利于排水又增加了花坛的立体感。要达到中间高四周低的要求有两种方法：一是堆土法，即在种植床中堆出中间高四周低的土基，再将高度一致的植材按设计的要求进行种植；另一种方法是直接选择不同高度的植材进行种植，把高的种在中间，矮的种在四周即可。两侧观的带状花坛则要求中间高、两侧低或平面布置；单面观的花坛要求前排低、后排高。

种植土厚度视植材的种类而异，一、二年生草本花卉保证20～30 cm厚土壤，多年生花卉及灌木为40 cm厚的种植土层。

六、花坛内部纹样设计

对于花坛内部纹样设计来说，色彩鲜艳的花坛，图案力求简单；图案复杂的花坛，色彩不能太杂。

模纹花坛主要为了表现纹样的华丽，因而花坛的外轮廓线要简洁，面积不宜过大，尤其是平面花坛，面积过大在视觉上易造成图案变形的效果。内部纹样可以复杂些，但点缀及纹样不要过于窄细。纹样粗、宽，色彩对比才会鲜明，图案才会清晰。盛花花坛的外部轮廓多是几何图形或几何图形的组合，不要在有限的面积上设计繁杂的图案和大色块。一个花坛即使用色很少但图案复杂也会显得花色分散，表现不出整体效果。可参考图 7-1。

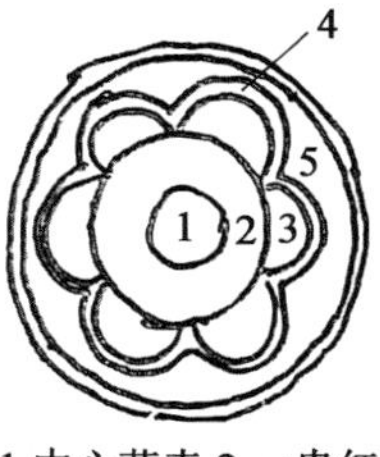

1.中心花卉 2.一串红
3.大丽花 4.一串红
5.旱黄菊

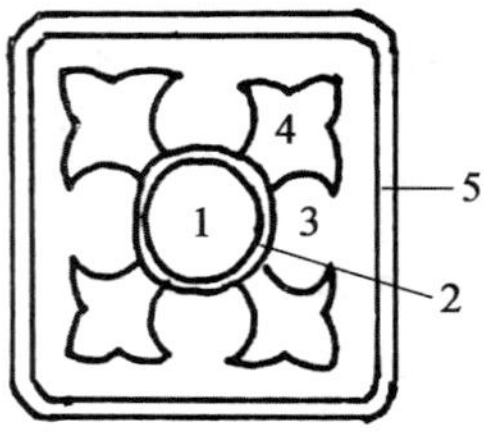

1.矮鸡冠花　2.孔雀草
3～5.五色草，依次为绿草、花大叶、黑草

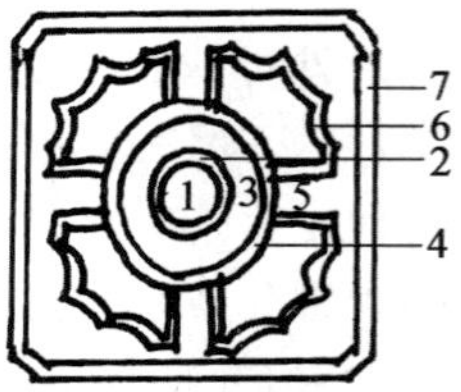

1.中心花卉　2.中高草花
3.低矮草花　4～7.依次为花大叶、绿草、小叶红

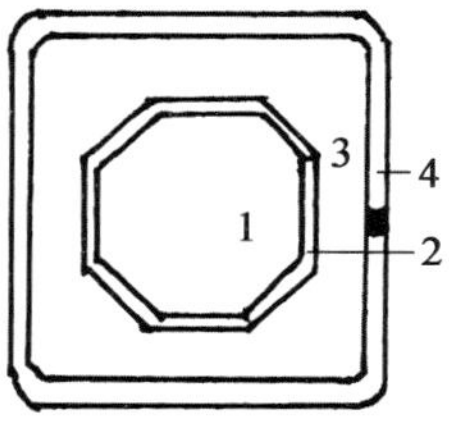

1.紫色鸡冠　2.黄菊
3.混合色小丽　4.孔雀草

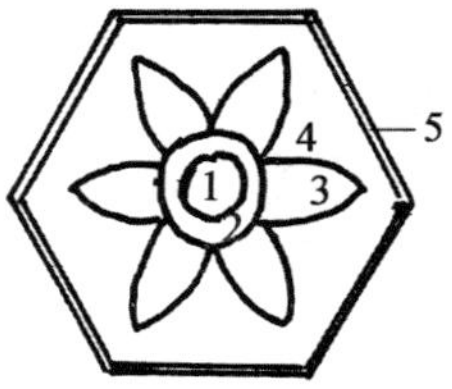

1.中心花卉　2.各式草花（分段色）　3～6.各色五色草

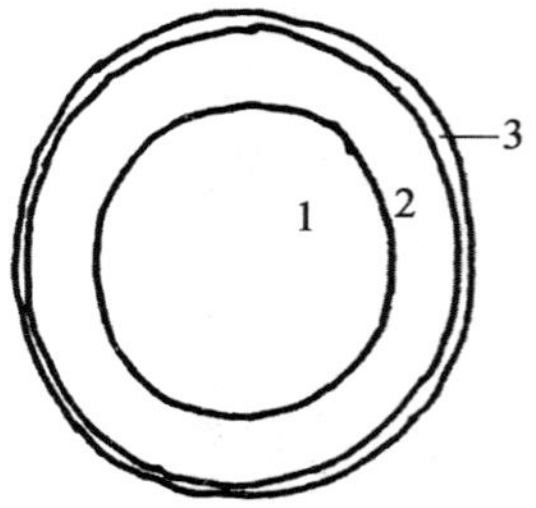

1.旱菊（混合色）2.红色鸡冠花　3.荷兰菊

图 7-1　花坛内部图案纹样示例

七、花坛的色彩

花坛内花卉的色彩是否配合得协调，直接影响观赏效果。花坛的色彩应与所在环境有所区别，既起到醒目和装饰的作用，又与环境协调。盛花花坛在色彩设计上要求鲜明、艳丽，要精心选择不同花色的花卉搭配。一般认为红、橙、粉、黄为暖色，而绿、蓝、紫为冷色。白色为中间色，给人以调和的感觉。用暖色所配置的花坛能表现出活泼的气氛，而冷色则给人以沉静、凉爽及深远的感觉，显得庄重肃静。

进行花坛色彩设计时要注意配色不能太多，一般花坛 2～3 种色，大型花坛 4～5 种色。要对各色彩的花纹宽窄、面积大小有所考虑。有时为了达到视觉上的大小相等，冷色用的比例要相对大些。模纹花坛在色彩设计上用浅色（如黄、白）做底色，深色（如红、粉）做文字效果较好。

八、花坛植物的选择与配置

花坛进行花卉配置时要避免株高的参差不齐，图案杂乱不清。花坛中心可选用较高大而整齐的花卉材料，如美人蕉、毛地黄、高金鱼草等，也有用苏铁、云杉及修剪的球形黄杨、水蜡、龙柏等。花坛的边缘植物搭配得好,能起到画龙点睛的作用,可配置一圈、两圈,高度要低于内侧花卉。如花坛主栽是色彩简洁的可用枝条舒展的丛生福禄考作镶边;若花坛主栽花卉松散,周围可用整齐的德国景天作镶边。

不同类型的花坛选择花坛植物的种类有所差别。盛花花坛大多布置在城市公园中,大型建筑前广场上人流较多的热烈场所,常设在视线较集中的重点地块。要求四季花开不绝,因此必须选择生长好、高矮一致的花色鲜明艳丽、花朵繁茂、在盛开时几乎看不到枝叶又能良好覆盖花坛土面的花卉品种。

常用的一、二年生花卉有三色堇、金鱼草、紫罗兰、石竹类、百日草、万寿菊等。早春盛花花坛也可选用水仙、郁金香、风信子等球根花卉,因其植株叶少,容易使土面裸露,所以要在株间配置低矮而枝叶美观的二年生花卉如三色堇、雏菊、花亚麻等作为衬托;也可用植株高过主要观赏的球根花卉,而高出部分为轻盈的小花着生于疏松的大花序上的种类,如霞草、高雪轮、蛇目菊等,使小花似雾状或繁星状罩于其上,会收到良好的效果。但无论何种配置方式,都应注意陪衬种类要单一,花色要协调。

模纹花坛多设于广场中央以及公园、机关单位入口处,特点是应用各种不同色彩的彩叶植物或观花植物,主要表现植物群体形成的华丽纹样,要求图案精美细致,有长期的稳定性,可供较长时间观赏。花坛中心在不妨碍视线的条件下,还可选用整形的桧柏、小叶黄杨以及苏铁、龙舌兰等。布置时常选低矮、细密的生长缓慢的多年生植物或枝叶细小、株丛紧密、萌蘖性强、耐修剪的观叶植物,并通过修剪使图案纹样清晰、维持较长的观赏期。可选择景天、萱草、小檗、五色苋类、四季海棠、半边莲、雏菊、彩叶草等。有时为了使图案更清晰,还可选用白绿色的白草种在两种不同色草的界限上,以突出纹样的轮廓。

知识点三　花坛的施工与养护

一、盛花花坛的种植施工

盛花花坛又叫花丛花坛,以展示开花时花坛的整体效果为主,表现出不同花卉的种或品种的群体及其相互配合所显示的绚丽色彩与优美外貌。这种花坛要求图样简洁明快,轮廓鲜明、对比度强。

1. 整地

整地是花坛施工的基本步骤,花坛施工前应先翻整土地,去除砖、瓦、石块、树根等杂物,如土质过差应客土,将表层 30 cm 表土进行更换,如土壤贫瘠要先施足基肥,再整平,然后按照设计图施工操作。

2. 定点放样

如果花坛面积不大,一般根据图纸规定直接用皮尺量好实际距离,用白粉或沙做出明显的标记。如花坛面积过大,可改用方格法放线。放线时要严格按照图纸的尺寸进行,注意先后顺序,不要踩坏已放好的标记。

3. 起苗栽植

裸根栽植的要随起随栽,起苗时要尽量少伤根。栽植时根据技术操作要求,一般按由内向外、自上而下的顺序进行。四面观或双面观的盛花花坛从中心向外栽植,单面观的花坛要自后向前栽,株行距应一致,以开花时叶片正好遮掩地面为宜,高矮要求一致,栽后浇透水。

二、模纹花坛的种植施工

模纹花坛又称图案式花坛、绣花式花坛，主要由低矮的观叶植物或花、叶兼美的花卉组成，表现群体组成的精美图案或装饰纹样、文字等，包括毛毡花坛、浮雕花坛和彩结花坛。通常需利用修剪措施以保证纹样的清晰。模纹花坛表现的图案纹样除平面的文字、钟面、花纹等外，也可以是立体的造型，称立体花坛。常见的立体造型有花篮、花瓶、动物或亭、桥、柱、长城、华表、日晷等建筑小品，它们是以竹木或钢筋为骨架的泥制造型，在其表面种植五彩草而形成的一种立体装饰物。

(1)整地　可参考盛花花坛的操作，但对于模纹花坛的地表平整度要求较高，为了防止花坛出现下沉和地面不均匀的现象，在施工时应增加1～2次的镇压。

(2)上顶子　模纹式花坛的中心多数栽种变叶木、苏铁等球形盆栽植物，也有在中心地带布置高低不同的盆栽植物，称为上顶子。要先栽上顶子植物。

(3)放线定点　上顶子植物栽好后，把其他花坛部分翻耕均匀，耙平，再按图纸的纹样进行定点放线。模纹花坛的连续图案可按图案的单元用竹子或铅丝做成模板，再将花坛分隔成若干单元，按模板纹样逐个放出灰线。纹样的绘制要由中心开始，逐渐向外推移，放大样允许有小的误差，可利用花苗冠幅的大小来调整。同时要确定种植的品种、颜色等。

(4)栽植　模纹花坛栽植时，应先栽植图案边线，然后再栽植图案内部；浮雕花坛先栽植凸出的阳纹部分，然后栽植凹下的阴纹。

较大面积的花坛栽植施工时，为避免操作时人为踩实已经整平的土壤，可用较长的跳板搁置在花坛上，操作者可蹲在木板上栽植。栽种前可先用木槌子插眼，再将草插入眼内用手按实。要求做到苗齐，地面达到横看一平面，纵看一条线。为了强调浮雕效果，施工人员事先用土做出形来，再把草栽到起鼓处，则会形成起伏状。株行距视五色草的大小而定，一般白草的株行距离为3～4 cm，小叶红草、绿草的株行距离为4～5 cm，大叶红草的株行距离为5～6 cm。平均种植密度为每平方米栽草250～280株。最窄的纹样栽白草不少于3行，绿草、小叶红、黑草不少于两行。花坛镶边植物火绒子、香雪球栽植距离为20～30 cm。

当种植大致完成时，在远处观察效果并进行相应调整直至完善。用水管把每一株植物都要浇透水。

花坛栽植完毕后应进行清场，将残花、垃圾运走，搞好现场卫生。当大型组合式花坛换花时，若人员紧缺可分区块，利用几天的时间分批完成。这样不仅减少对白天观赏效果的影响，也可克服班组人员的调度问题。

三、花坛的养护管理

1.水肥管理

五色草花坛浇水除栽好后浇1次透水外，以后应每天早晚各喷水1次。

在观赏期内要根据花坛的土壤情况以及花卉生长的特性进行水分供应。夏季宜在清晨或傍晚浇水，且应防止将泥土反溅到茎叶上。立体花坛适用喷水的方式进行，盆花装饰的花柱或特定造型花坛，有条件的情况下花坛布置时可设滴灌设施，既节水又可使水分供应均匀。

一般情况下，在花坛栽植时已施足了基肥，能满足观赏期的需要，但某些特殊应用的花卉如做花柱的四季海棠、矮牵牛等，可以用营养液滴灌的手段进行追肥，以延长花期。模纹花坛中的观叶植物可用叶面喷肥法进行补肥，保持叶色的正常状态，施肥的浓度一定不能过高。

2. 更新与修剪

花坛的更新是保证重点景观完美的一项措施。平时花坛内要及时清除残花、黄叶、杂草、垃圾，及时补种、换苗，补种时防止种子落入花坛土壤而萌发小苗，以免影响花坛的图案的清晰度。模纹花坛植物生长期要经常修剪，以保持 10～15 cm 高，否则会影响图案的清晰度。

修剪是保证五色草花纹好坏的关键。草栽好后可先进行 1 次修剪，将草压平，以后每隔 15～20 d 修剪 1 次。有两种剪草法：一为平剪，纹样和文字都剪平，顶部略高一些，边缘略低。另一种为浮雕形，纹样修剪成浮雕状，即中间草高于两边。

3. 植物的更换

各种花卉都有一定的花期，花坛要求每季有花，所以必须根据季节和花期经常更换花卉的种类，每次更换都要按照绿化施工养护中的要求进行。一级花坛每次换花期间白地裸露不得超过两周；二级花坛每次换花期间白地裸露不得超过 20 d。

任务实施

子任务一 模纹花坛的设计与施工

1. 模纹花坛设计

教师与学生实地考查，对花坛将要布置的区域范围或对象进行有针对性的调查、测量。依据花坛设计原则要求，选择(绘制)适宜的设计图，做好种植设计，编写说明。依据设计方案，提出种苗计划、施工要求及注意事项。

2. 花坛施工

(1)实施前的准备

①设备、工具准备　运输工具、塑料周转箱、铁锹、耙子、枝剪、水管、喷头等。

②花卉材料的准备　时令草本花卉 1 200～1 600 盆，主要由红、黄、白、粉等各色一、二年生花卉和各色温室多年生花卉组成。

(2)花坛施工

①整地　可参考盛花花坛的操作，但对于模纹花坛的地表平整度要求较高，为了防止花坛出现下沉和地面不均匀的现象，在施工时应增加 1～2 次的镇压。

②上顶子　模纹式花坛的中心多数栽种盆栽植物，也有在中心地带布置高低不同的盆栽植物，称为上顶子。要先栽上顶子植物。

③放线定点　上顶子植物栽好后，把基他花坛部分翻耕均匀，耙平，再按图纸的纹样进行定点放线。模纹花坛的连续图案可按图案的单元用竹子或铅丝做成模板，再将花坛分隔成若干单元，按模板纹样逐个放出灰线。纹样的绘制要由中心开始，逐渐向外推移，放大样允许有小的误差，可利用花苗冠幅的大小来调整。

④栽植　模纹花坛栽植时，应先栽植图案边线，然后再栽植图案内部；浮雕花坛先栽植凸出的阳纹部分，然后栽植凹下的阴纹。

当种植大致完成时，在远处观察效果并进行相应调整直至完善。用水管把每一株植物都要浇透水。

花坛栽植完毕后应进行清场，将残花、垃圾运走，搞好现场卫生。当大型组合式花坛换花时，若人员紧缺可分区块，利用几天的时间分批完成。这样不仅减少对白天观赏效果的影响，也可克服班组人员的调度问题。

3. 考核要点与方法(表 7-1)

表 7-1 模纹花坛的设计与施工考核标准

考核项目	考核点	分值
学习态度	态度、职业素质	30 分
操作情况	花坛的设计	10 分
	花卉施工	10 分
	花坛的养护	20 分
实习报告情况	完整，准确	30 分

子任务二 立体花坛的设计与施工

1. 施工前的准备

一座立体花坛的制作过程可不简单，设计定稿后，就要进行场外施工。按图纸用钢材焊好骨架，如果构架太大，则需要先切割成小块，以方便运输。苗木的培育从 120d 前就要开始。构架在展出现场安装稳固后，就可以按设计的品种、颜色往上栽种植物。种植完毕，将植物表面修剪平整，整个立体花坛作品的制作才告完成。

2. 造型设计和制模

选择合适的人物、动物、物体雕塑等进行骨架结构和造型设计，根据体量和受力大小配置不同规格的角钢焊制支撑骨架。为防止后期填充栽培基质时出现基质下沉现象影响植物生长，应在适当高度位置处分设挡板。再以钢筋制作立体花坛模型，钢筋的间距以 5～15 cm 为宜，过密则不便于后期植物栽植，过稀则栽培基质易漏出，立体花坛易变形。此道工序关系到效果的好坏，故应严格按照造型设计图进行施工，防止比例失调。图 7-2 为 2019 年国庆长安街“美丽中国”立体花坛设计图。

图 7-2 2019 年国庆长安街“美丽中国”立体花坛设计图

3. 场地准备

按照图纸对场地进行初步整平和地形塑造，低的地方填方，高的地方挖方。与此同时，场地内石块儿、垃圾等杂物进行清理搬运。

4. 罩网和栽培基质填充

以遮阳网作为立体花坛的外壳罩在模型上，从下向上边缝制边填充栽培基质，基质以蛭石、黏土为主，可适当添加海棉条、草屑、农家肥等成分，做到既保水保肥又增加拉力。

5. 植物材料选用和栽植

传统立体花坛植物材料主要以五色草、佛甲草等为主。五色草植株矮小，分枝力强，枝繁叶密，耐修剪，叶色多变，色泽鲜艳，性喜温暖而畏寒，耐干热忌低温，在含腐殖质的肥沃沙壤或壤土上生长良好。为了丰富色彩，可搭配选用金叶景天、佛甲草、彩叶草、四季海棠、仙人球等。植物材料应采用穴盘苗，因其根部较小易于栽植，栽后缓苗期短。图 7-3 为 2019 年国庆长安街“美丽中国”立体花坛。

图 7-3　2019 年国庆长安街“美丽中国”立体花坛

6. 养护与修剪

植物材料缓苗后移到光线充足处或立体花坛布展处进行正常养护，五色草、彩叶草等比前两周少浇一点水，以植株保持生机不萎蔫为度，晴天、风大、气温高时浇水可稍多。

7. 考核要点与方法(表 7-2)

表 7-2　立体花坛的设计与施工考核标准

考核项目	考核点	分值
学习态度	态度、职业素质	30 分
操作情况	花坛的设计	10 分
	花坛施工	10 分
	花坛的养护	20 分
实习报告情况	完整，准确	30 分

任务二 花境的设计与施工

任务分析

了解花境的布置与施工需要的理论知识和实际操作步骤,能根据花境的类型特点,选择合适的花卉进行布置。

任务目标与要求

知识目标:掌握花境的设计方法与花卉的配置。
能力目标:培养学生主动学习、查阅资料、使用参考书、独立思考和工作的能力;学生能进行花境的设计与配置。
学习要求:遵守纪律,遵守实训室、实训基地等相关规则,做好笔记,注意安全。

相关知识

花境起源于英国,是一种古老的花卉应用形式。花境是以树丛、林带、绿篱或建筑物作背景的带状、自然式的花卉布置,通常由几种花卉经过艺术设计,以自然的块状混合配植而成,表现花卉自然散布生长的花卉应用形式。见图 7-4。

花境是花卉应用中较为特殊的种植形式,它不同于花坛、花台、有几何形状的种植池,也不像花带,花境的种植界限错综复杂。花境一般利用露地小乔木、灌木、宿根花卉、球根花卉及一、二年生花卉,种植在树丛、绿篱、栏杆、绿地边缘、道路两旁及建筑物前,以带状自然式栽种,营造的是一种“虽由人作,宛自天开”的景观效果。花境呈现的是植物的个体生长的自然美和

图 7-4 花境

群体美，富有野趣。但又不同于纯自然生长的组团，设计中花镜需要讲究节奏与韵律，需要自然而不失整齐，纷繁却不至凌乱。好的花境植物种类丰富、季相变化明显、立面错落、层次丰富、群体稳定、景观持久，而且花境一次投入，多年可赏，顺应目前提倡的节约型园林理念。

知识点一 花境的类型

一、按花境应用场所分类

（一）城市道路边的花境

城市道路车流、人流量大，人驻足仔细观赏花境的可能性不大，所以道路两边的花境一般弱化花卉的个体，强调花境的色彩感、面积感、突出整体效果。为了管理简便，植物的选择应以抗性强、耐干旱贫瘠、观赏期长的灌木及宿根花卉为主。在设计上，由于路上车速较快，花境每种植物的团块不应太细碎，其中主要团块应在 10 m^2 以上，可在主团块周围或中间栽种一些花灌木、彩叶小灌木等稍小的团块，也可布置一些小品以增加景观的生动性和丰富感，如道路较长，可以约 50 或 100 m 作为一个单元，增加景观的节奏和韵律感。

（二）公园中的花境

花境在公园中基本有两种类型，一种是布置在林缘、路边、建筑物外墙处的装饰性配景；另一种是以花境为主体的植物配置。由于公园有专职人员养护花境、能投入较多的财力，所以公园里的花境景观更为多样化和精细化。

1. 林缘花境

在公园的林缘，花境以乔灌木为背景，以草坪为前景，沿林缘布置自然式花境。所选择的植物应作为乔灌木与草坪的过渡，高矮适中，野趣感强，色彩清淡，质感轻盈，能与背景与前景自然地融为一体，形成层次丰富、山野烂漫的景观。

2. 园路花境

在公园道路边的花境，要供人们随时驻足观赏，所以一般较精细，植物选择多样化，植物团块可相对较小，层次丰富。可以在道路单侧布置单面观花境，也可在道路两边布置对应式花境。在布置园路花境时应注意前缘的花卉不应有太强的侵占性，否则如果花卉侵占路面会影响道路的功能。

3. 主景花境

在公园中，以花境为主景，一般布置在宽阔的草坪上或是用于节日庆典或举办花展的场地。布置在草坪上的花境以岛状花境为主，面积可大可小，根据空间及视线的转变加以布置，在丰富景观、增加趣味性的同时可以起到分隔空间的作用。节日庆典或花展时布置的花境，为了快速形成景观效果，一般多用一、二年生花卉，配上花灌木及宿根花卉，表现花卉最灿烂的景观。

（三）私家庭院花境

由于每个家庭的审美和喜好不同，私家庭院花境是最具个性化的花境，任何花卉，任何一种花境，只要喜欢，并能与建筑物协调都可以应用在私家庭院上。作为设计师，应该挖掘每个家庭的喜好及需求，为不同家庭设计适合的庭院花境景观。

二、按设计形式分类

(1)单面观花境　这是最传统的花境形式,大多临近道路设置,花境常以树丛、绿篱、建筑物、矮墙等为背景,前面为低矮的边缘植物,整体前低后高,供一面观赏。

(2)双面观花境　这种花境没有背景,多设置在草坪上或树丛间,植物种植是中间高两侧低,供两面观赏。

(3)对应式花境　在园路的两侧,草坪中央或建筑物周围设置相对应的两个花境,这两个花境呈左右二列式相互呼应。

三、按植物选材分类

(一)一、二年生草本花卉花境

植物材料全部为一、二年生草本花卉的花境。一、二年生草本花卉品种繁多,花型花色丰富艳丽,花期和高度、植物形态高度统一,因此很适合布置规则式的花坛和花境。现今的草本花卉大多都呈规模化生产,品种繁多,四季供应,弥补了宿根花卉早春和冬季无花萧条的景象。种植难度低,景观效果容易控制,能够快速成景,这些都是草本花境的优点。但时令草本花卉大都异常显眼,色彩饱和度高,容易吸引眼球,同时也容易让人审美疲劳,因此在搭配时更应注重色彩设计。草本花卉在高度和形状上高度统一,尤其是低矮型的品种非常平面化,因此在以团块为主的花境中,平面呈现呆板,立面呈现过于程式化,人工痕迹过于严重。另外草本花卉大都生命周期短暂,需要常年更换,也不利于景观和经济环保的可持续性。

(二)宿根花卉花境

植物材料全部为宿根花卉的花境。宿根花卉种类繁多,是观赏园艺植物中最大类群,花色花型、叶色叶形状、形态质感也异常丰富,这为花境搭配组合创造了无穷的可能性。单个品种的花期有长有短,时间上春夏秋都能延续,因此群体搭配时,此起彼伏,各个季节的观赏效果都有不同,富于变化,最大程度地延续了花境的持续性和丰富性。

宿根花卉花境在很长一段时间内都是花境的主流形式,是花境中色彩、季相,群体美和个体美的主要植物语言,从花境发展初期到现在,都经久不衰。但大多数的宿根花卉具有很强的季节性,主要的花期都集中在春夏季,秋冬季大都休眠,冬季景观整体异常萧条。

(三)球根花卉花境

球根花卉组合成的花境,球根花卉大都花期集中在春季和早夏,此时宿根花卉、观赏草和灌木大多刚苏醒处于生长期,球根花卉弥补了此不足,因此球根花卉大多都用于春季布置。

球根花卉大多具有修长的花梗,从基部串出来的花梗往往高出叶子许多,花梗上再开出独特的花朵,这使得球根花卉在立面呈现上极具高挑的线性性质,这是多数宿根和草本花卉所不具备的。尤其是一些高脚杯花型的球根,比如郁金香、百合非常优雅迷人,而一些球状花絮的比如大花葱、百子莲更是非常独特,非常容易成为视觉焦点。

球根花卉由于球根本身储存大量养分,从种植到开花只要达到温度需求,生长快速,开花早,花期集中,养护简单。缺点是球根花卉尤其是早春开花的品种花期普遍很短,花后迅速进入休眠,叶子和植株枯黄枯萎,影响观赏效果。此时大多采用套种的手法进行弥补,或者在其周边种植匍匐、延展性强的植物作为作为补充，快速填充休眠的球根空地。

（四）观赏草花境

以多年生观赏草为主。观赏草大都对土壤、环境气候都有极强的适应性，栽培管理维护都极为简单，造价也相对经济，因此具有极强的推广价值。

观赏草由于五彩斑斓的色彩、随风摇曳的动感、或柔美细腻或粗放的质感、斑驳滤镜般的光影效果，在现代景观中运用得越来越多。在快节奏的钢筋水泥城市，观赏草野趣之态、自由肆意之姿，符合了现代都市人渴望追求自由、释放压力、回归自然的心理需求。观赏草类既可独立成景塑造各种体验，也几乎可与任何植物搭配，近年来广受欢迎，大有风靡之势。

缺点是观赏草大多发芽较晚，春季百花盛放的时节，大多数观赏草整体形态远没有成形，花序也大多在晚夏抽穗，虽然观赏草花序也繁多，但总体花朵不如宿根花卉丰富夺目。因此如果追求春季效果和花朵，大多会配置适量的宿根花卉作为补充。另外观赏草大都生性强健，部分品种自播和蔓延，多年生长后对其他品种有一定的侵略性，种植时这些品种需要谨慎考虑。

（五）灌木花境

由各种灌木组成的花境。灌木品种众多，观赏性强。花、叶、果、枝、干、形，色、香、味、都俱佳。多数灌木都可以修剪控制塑造成各种形态，在体量上是其他花卉所无法比拟的。灌木在结构层次、水平块面、立面形态、背景塑造、群落结构上都处于主体地位。

木本植物相比其他花卉生长相对缓慢、体量大，种植后可多年保持不变，常绿植物冬季也可观赏，落叶植物虽然落叶，整体形态结构还在，是混合型花境中绝对的主题结构植物。木本植物大多数对环境要求不严，平常只需要基本的日常维护修剪控制造型等，相对来说维护管理简便。

灌木花境的缺点是木本植物尤其是成型植株，大多价格较贵，初期投入成本高，之后维护相对经济。灌木多年生长，如果不控制，几年后体量大增，形态和整体结构容易失控。相比宿根花卉和观赏草，木本植物在质感上是笨重、粗犷、厚实的阳刚之美，柔美细腻则不足。观赏期长，群落结构稳定，但层次不明显。

（六）混合花境

综合运用多种不同种类的植物材料组合而成的花境。混合花境通常以灌木作为骨架结构，保持整体结构的稳定性，常绿灌木更是冬季的主要景观保证，一、二年生植物、宿根花卉、球根花卉、观赏草作为填充材料。

混合花境所用的植物材料丰富，多是复层组合，能够形成稳定的植物生态群落，特别是木本植物比例占多数时，更像自然界自然丛林的生长状态。木本植物材料的可塑性和空间体量，使混合花境在立面空间、结构层次、形体多样性塑造上具有天然优势。不同类型植物材料的多样性，保持了景观的呈现的丰富性和观赏周期的持续性，特别适合四季花境。

混合花境的缺点是要兼顾四季景观的均衡性，与其他花境类型相比，盛景就相对表现平淡，在木本植物占绝对主角的前提下，宿根花卉、观赏草都处于从属地位，在节奏和韵律塑造上难有连贯性，往往不能充分施展表现力。材料丰富多样，观赏期长。

知识点二　花境的设计原理

一、花境主题设计

在花境设计时，设计师往往会首先确定花境的主题与风格，色彩主题花境和生态主题花境是最常见的花境主题。

（一）色彩主题花境

色彩是花境中最重要的组成和表现部分，色彩是花境设计中最常用的主题，花境按色彩可分为单色、双色、混色花境。

单色花境即整个花境由单一色系的植物组成，和其他类型的花境一样，单色花境同样可以多品种多种组合方式搭配营造各种氛围，亦遵循花境营造的各种普遍规律。以蓝色主题花境为例，自然界植物中，纯正蓝色花是几乎没有的，大多是各种深浅不一的蓝，如天蓝、湖蓝、宝蓝和蓝紫色的混合。虽然是做蓝色的单色花境，但同样需要对同一色系但深浅不一的蓝色花植物进行组合，同时在株型、高度、叶片质感和花型等方面应该有所变化和对比。

双色花境则由两种主要颜色构成，比如蓝色单色花境如果觉得略沉闷，则可以在蓝色中加入其他颜色，比如可以设计成蓝白色主题花境，蓝白色搭配会更加清爽自然，也可设计成蓝紫色主题花境，紫色和蓝色是近似色，可以自然过渡又能相互衬托和延伸，增强彼此的特质，共同拓宽表现范围。为了使蓝色变得明丽活泼，则可设计成蓝黄主题花境，蓝色属于冷色，黄色属于亮色，黄色能增加蓝色的效果，两者结合能创造一个清新又明快的效果。不同于蓝色与其他轻柔的颜色搭配整体效果偏冷，产生宁静忧郁的氛围，蓝黄色构成的花境轮廓鲜明、整洁美观，让人精神振奋、耳目一新。双色花境在设计时需注意，两种颜色要有主次。

混色即由多种颜色构成的花境。这类花境色彩丰富，或以暖色为主配以冷色，或者以冷色配以暖色，或是多色无明显规律的自然组合，或是依据色彩的渐变规律来安排主题。

（二）生态主题花境

生态是园林景观设计中永恒的主题，随着节约型园林理念的深入，出现了节水抗旱、低养护花境等设计主题。这类生态主题花境主要选择低养护的灌木、宿根花卉、观赏草等植物，加以覆盖等技术措施达到节水的目的。

二、花境种植床的尺度设计

（一）三分之一原则

如果把花境布置在道路或草坪的一侧，则花境的宽度最好是道路或草坪宽度的1/3，假设道路12 m宽，则花境的宽度为4 m左右。如果花境布置在道路或草坪两侧，则每侧花境的宽度为道路或草坪的1/6，假设道路的宽度为12 m，则每侧花境的宽度为2 m。

如果是草坪面积太大，无法应用这一原理，则可将花境宽度设计成背景高度的1/3，建设花境的背景建筑高9 m，则花境可设计成3 m。

（二）黄金分割定律

整个艺术界和自然界都公认黄金分割定律是完美的比例，我们在设计花境时也可使用黄金分割定律。如设计岛状花境时，花境的长度与宽度的比例可以是 5∶3。

三分之一原则与黄金分割定律是一般指导原则，不是在任何情况都适用。通常，单面观花境的宽度为 1.5～2.3 m，混合花境的宽度为 2.5～4 m，岛状花境的宽度在 2～4 m。

三、立面设计

（一）植物高度设计

在花境设计中，单面观花境最好把较高的植物放在后面，把较低的植物放在前面。双面观花境则将较高的植物放在中间，较低的放两边，利于双面观赏。但需要注意的是，前低后高或中间高两面低是趋势，而不是完全按照植物高矮规则排列，可在前面穿插中等的植物，在中间穿插一些稍矮或较高的植物，以避免花境过于呆板，但所穿插的植物布置的团块应较小，这样就能形成高低错落的景观。

（二）植株轮廓设计

不同的植物有不同的轮廓，我们一般将植物的株型抽象成水平线条型、竖直线条型、独特姿态型。如八宝景天、小菊等顶端多呈水平状，适宜表现水平线条；鼠尾草、毛地黄、大花飞燕草多呈竖线型，在花境中能表现竖线条效果；荷包牡丹、蓝刺头等姿态独特的植株可做视觉焦点。在轮廓设计时，水平线条型植物应与竖直线条型、独特姿态植物穿插布置，不能只用一种轮廓的植物，混合使用才能形成良好的立面层次。

（三）塑造地形

塑造地形也是一种能改善花境立面层次的方法。可以把花境的地形设计成高低起伏的地形，但高低起伏不宜过大，一般 1 m 以内。

四、色彩及季相设计

（一）色彩设计

在花境的色彩设计中可巧妙地利用不同花色来创造空间或景观效果。如把冷色占优势的植物群放在花境后面，在视觉上有加大花境深度、增加宽度的感觉；在狭小的环境中用冷色调组成花境，有空间扩大感。

花境夏季景观可使用冷色的蓝、紫色系花；早春或秋天用暖色的红、橙系列花。在安静休息区可选冷色系花，在气氛热烈的活动区可选择暖色系的花。

（二）季相设计

一个理想的花境应四季有景观，即使寒冷的地区也应做到三季有景。花境的季相是通过不同观赏期的植物按照一定的规律组合实现的。首先列出春季开花的植物，并将春季开花的植物分散布置在整个花境中，在纵向层次上，将春季开花的植物布置在临近中部的位置。将夏季开花的植物按照高矮规律分散布置在春季开花植物的前后，这样夏季夏花的枝叶花朵就会遮挡春花枯萎的花。将秋季开花的植物和夏花的植物前后交迭，如果秋花植物少可临时增加一些一、二年生花卉，也可种植一些观赏草，以延长花境的观赏期。

五、花境平面设计

(一)植物团块组合方式

植物团块的组合方式有很多种,不同的团块组合方式由植物种类决定,也决定了花境的风格。常见的植物团块组合方式有:拟三角形组合,各个植物团块以不同大小的三角形相互嵌入,这种花境适用于植物种类少的花境,表现出极强的韵律感;飘带形组合,各个植物团块呈飘带形,飘带一般与主观赏面呈45°角,这种组合方式流动性较强,植物丰富可用这种布置方式,突出优美流畅的景观效果;半围合形组合,由一些半围合的大团块中包围着一些小团块,大团块与小团块的植物高低错落,互相包容,具有趣味性和神秘感;自由斑块组合,各植物团块依据自身大小,设计成大小不等的团块,通过大大小小的团块交错配置形成丰富的景观,虽看似无规律可循,但在尺度、色彩、立面、季相等方面都要仔细考量。

(二)植物团块的尺度

植物团块的尺度不是一成不变的,它与植物大小、花境大小、设计意图都有关系。一般植物体量大则团块大,植物体量小则团块相对小。花境大团块相对大,花境小团块相对小。竖线条型植物团块不宜过大,过大则竖线条感不明显,水平线条型植物团块不宜过小,过小则横线条感不明显。大多植物团块在1～5 m^2,在特别大的花境上某些个别团块也可达到5～10 m^2。

六、花境植物的选择

花境植物的选择应该能适应当地的气候条件,灌木、宿根花卉能安全越冬越夏,还要考虑植物对水分、土壤、光照的要求,如水边的花境应选择喜湿植物,林缘花境要选择稍耐阴植物等。其次,要选择抗性强、不易感染病虫害的植物,以及养护管理简单的植物。另外,要选择优美、观赏期相对长的植物。

知识点三　花境的施工方法

(一)整地

先要除草、整地施基肥,适当处理地形高低和边缘不规则轮廓。花境施工栽植后可多年应用,因此要有良好的土壤条件,土质过差时应客土。通常混合式花境土要深翻60 cm左右,去除砖头、石块等杂物,40 cm土层内施入有机肥,然后平整放线。

(二)放线

按平面图纸用白灰或沙在植床内放线。对有特殊土壤要求的植物要对土壤进行特殊处理,如有的植物要求排水好,可在种植区土壤下层添石砾;有些植物根分蘖性过强,易侵扰其他植物,可在种植区边挖沟,填入石头、瓦砾等进行隔离。

(三)种植

按设计方案进行育苗或购苗,然后栽入花境。栽植时,先种高耸的区块和控制高低的构图花卉品种,再种平面和边缘的轮廓花卉品种,即先栽植株较大的花卉,再栽植植株较小的花卉;先栽宿根花卉,再栽一、二年生草花和球根花卉。栽植密度以植株覆盖床为限,若栽小苗,可初期密些,开花前适当疏苗。

栽植后浇透水。对植物进行调整、补充直至完善。

(四)花境的养护

花境栽后要及时对生长过密情况进行调整、更新，管理中要注意灌溉和中耕除草，混合式花境中花灌木应及时修剪，花期过后及时去除残花等。早春或晚秋可更新植物，如进行分株或补栽工作，清理落叶并施入腐熟的有机肥。

任务实施

单面观花境设计与施工

1. 花境设计

实地考查，对花境将要布置的区域范围或对象进行有针对性的调查、测量。依据花境设计原则要求，设计或选择适宜的设计图，拟订花境布置方案、做好种植设计，编写说明。依据设计方案，提出种苗计划，施工要求及注意事项。

2. 花境施工

(1)实施前的准备

①设备、工具准备　铁锹、耙子、尺子、白灰、园林枝剪等。

②花卉材料的准备　根据实地情况选择安排。

(2)花境施工

①种植前的土壤准备　先要除草、整地、施基肥，适当处理地形高低和边缘不规则轮廓。花境施工栽植后可多年应用，因此要有良好的土壤条件，土质过差时应客土。通常混合式花境土要深翻 60 cm 左右，去除砖头、石块等杂物，40 cm 土层内施入有机肥，然后平整放线。

按平面图纸用白粉或沙在植床内放线。对有特殊土壤要求的植物要对土壤进行特殊处理，如有的植物要求排水好，可在种植区土壤下层添石砾；有些植物根分蘖性过强，易侵扰其他植物，可在种植区边挖沟，填入石头、瓦砾等进行隔离。

②花境种植　按设计方案进行育苗或购苗，然后栽入花境。栽植时，先种高耸的区块和控制高低的构图花卉品种，再种平面和边缘的轮廓花卉品种，即先栽植植株较大的花卉，再栽植植株较小的花卉；先栽宿根花卉，再栽一、二年生草花和球根花卉。栽植密度以植株覆盖床为限，若栽小苗，可初期密些，开花前适当疏苗。

要掌握不同花卉品种的生长习性和观赏价值，如栽植的深浅、高低、疏密等。注重色块效果和排列组合。

栽植后浇透水。对植物进行调整、补充直至完善。要充分体现花境的特点，如林缘野生花卉散生的那种自然的野趣。所种植的花卉要有整体的生态效果，更要具有局部生机勃勃的组合搭配。

3. 花境的养护

花境实际上是一种人工的群落，需要精心养护管理才会保持较好的自然景观。一般花境可保持 3～5 年的景观效果。

花境栽后要及时对生长过密情况进行调整、更新，管理中要注意灌溉和中耕除草，混合式花境中花灌木应及时修剪，花期过后及时去除残花等。早春或晚秋可更新植物，如进行分株或补栽工作，清理落叶并施入腐熟的有机肥。

4. 考核要点与方法（表 7-3）

表 7-3　花境的设计与施工考核标准

考核项目	考核点	分值
学习态度	态度、职业素质	30 分
操作情况	花境的设计	10 分
	花境施工	10 分
	花境的养护	20 分
实习报告情况	完整，准确	30 分

知识拓展

拓展　垂直绿化

垂直绿化是利用植物材料沿建筑立面或其他构筑物表面攀附、固定、贴植、垂吊形成垂直面的绿化。不仅占地少、见效快、绿化率高，而且能增加建筑物的艺术效果，使环境更加整洁美观、生动活泼。在城市用地越发紧张的今天，利用垂直绿化来增加绿化覆盖率、改善居住环境显得尤为重要。

一、垂直绿化的形式

1. 墙面垂直绿化

建筑墙面的绿化应选择生命力强的吸附类植物，如爬山虎、紫藤、常春藤、凌霄、络石等。使其在各种垂直墙面上快速生长。围墙一般分为实砌墙和栅栏墙。实砌墙墙体一般为砖或石材；栅栏围墙一般为铁艺围墙或型钢围墙。在绿化时，可用棚架形式栽植攀缘植物。

2. 庭院垂直绿化

应用具有缠绕性和长蔓性藤本，在略加牵引扶持下，攀爬在园林花架、简易棚架及与墙面保持一定距离的垂直支架上，或用草本的蔓生植物以及有经济效益的葡萄、猕猴桃等，在铁丝、绳索、枝条的牵引下，攀缘简易棚架等，这种方式不仅简单易行，而且藤本植物生长迅速，容易见效，点缀装饰小游园和庭院等。

3. 住宅垂直绿化

阳台和窗台是楼层的半室外空间，是室内外的节点。阳台和窗台绿化的方式也是多种多样的，如将绿色藤本植物引向上方阳台、窗台构成绿幕；可以向下垂挂形成绿色垂帘，也可附着于墙面形成绿壁。阳台宜选用喜欢光照、耐旱、根系浅、耐瘠薄的一、二年生草本植物，也可用多年生植物。这样，不仅管理粗放，而且花期长，绿化美化效果较好。

4. 室内垂直绿化

常规的室内垂直绿化一般采取悬垂式盆栽，给人以轻盈、自然而浪漫的感觉。用塑料、金属、竹、木等制成吊盆或吊篮种植一些枝叶悬垂的观叶花卉，直接放置厨顶、高脚几架或挂于墙面使其朝外垂下。随着科学技术的创新，利用垂直面栽植槽栽植、安装人工基盘、垂直面种植和墙面贴植等技术，室内绿化的形式也变得丰富、新颖起来。

5. 屋顶绿化

屋顶一般分为平屋顶、坡屋顶和其他形式屋顶，屋顶绿化是人们根据建筑屋顶结构特点、荷载和屋顶上的生态环境条件，选择生长习性与之相适应的植物材料，通过一定技艺，在建筑物顶部及一切特殊空间建造绿色景观的一种形式(图 7-5)。屋顶绿化不仅仅是绿地向空中发展，节约土地、开拓城市空间的有效办法；也是建筑艺术与园林艺术的完美结合，在保护城市环境，提高人居环境质量方面起着不可忽视的作用。屋顶绿化工程可以分为：草坪式、组合式、花园式。

图 7-5 屋顶绿化

6. 护坡绿化

护坡绿化是指对具有一定落差坡面起到保护作用和美化作用的一种绿化形式。包括大自然的悬崖峭壁、土坡岩面以及城市道路两旁的坡地、堤岸、桥梁护坡和公园中的假山等。护坡绿化要注意色彩与高度要适当，花期要错开，要有丰富的季相变化。根系庞大、牢固的攀缘植物用于土坡可稳定土壤，美化土坡外貌。这种绿化方式可用的植物种类较多，具体又因坡地的种类不同而要求不同 。

7. 市政设施垂直绿化

市政设施垂直绿化包括城市桥梁垂直绿化、高架桥垂直绿化、景观构筑物垂直绿化等形式。随着科学技术的发展，垂直绿化的形式也越来越新颖丰富，设计时应注重灵活运用点式、线式和面式布局，强调与周边环境的协调融合和养护成本的经济合理。

二、垂直绿化的植物选择

垂直绿化的立地条件都比较差，所以选用的植物材料一般要求具有浅根性、耐贫瘠、耐干旱、耐水湿、对阳光有高度适应性等特点。属于攀缘蔓性植物的有爬墙虎、地锦、络石、牵牛、常春藤、凌霄、葡萄、茑萝、雷公藤、紫藤、爬地柏等；属于阳性植物的有太阳花、五色草、鸢尾、景天、草莓等；属于阴性植物有虎耳草、三叶草、留兰香、玉簪、万年青等。除了一般要求的尽可能速生和常绿外，各地还可根据环境要求、功能要求、绿化方式、生态要求和目的等选择适合的品种。

三、垂直绿化的技术支持

垂直绿化的相关技术包括：栽植攀缘、垂吊植物、垂直面栽植槽栽植、安装人工基盘、垂直面种植、墙面贴植、标准模块垂直绿化系统等。

其中标准模块垂直绿化系统，在植物选择和色块组成上可以更自由选择，且具有现场安装快、成活率高等特点，其中自动控制的滴灌施肥系统、湿度感应预警系统、叶面给水微喷系统、远程监控系统等在立体绿化行业、垂直绿化中已成为中高端绿化的首选。

目前垂直绿化的解决方案不外乎"模块法"和"平板布袋法"两大流派。

模块法，适合大面积的室外工程项目，特别是超高、超大面积的项目。优点是工期快、上墙面快、后期成活率高，与其他工程配合比较顺手。缺点是必须要支撑结构，造价较高，需要专业大棚前期培育，另外一般来说要专业的建筑和装修的行业人士进行设计、施工、管理。

"模块法"通过在墙壁外表面建立构架支持容器模块，基质装入容器，形成垂直于水平的绿化。它把树木，灌木，花草及其他自然生态系统的组成部分，通过栽培介质有机的垂直融入建筑的表皮。如图 7-6 所示。

图 7-6 模块法结构图

平板布袋法，优点就是造价便宜，重量轻（系统 30 kg/m^2 重），不需要支架也无需专用的栽培介质，有比较丰富的施工经验。缺点是养护麻烦，植物成活率是个大问题。同时植物也必须经过精挑细选。另外目前看，大型室外项目存在一定的施工配合难度。

"平板布袋法"由三部分组成：一个不锈钢框架；一个 PVC 层以及一个毛毡层。首先不锈钢框架被固定在墙体上，这提供了一个有效的隔热和隔音系统；10 mm 厚的膨胀 PVC 片被固定在钢架上面，这一层为整个构筑增加坚固度并起到防水作用。最后聚酰胺毛毡层钉在 PVC 层上面，起到防腐蚀作用，植物根茎可以穿过毡层向四周渗透。灌溉系统采用一种特殊液体肥料保持毡层湿润状态。液体肥料是模仿雨水特性制作的，滴滴答答从绿色覆盖物流到下面。

案例分析——新加坡樟宜机场垂直绿化

樟宜机场 3 号航站楼室内景观航站楼室内布置了大面积的东南亚热带雨林的垂直绿化景观。该项目获得 2009 年 ASLA 综合设计荣誉奖。

"该项目是景观设计的未来，设计非常令人惊叹。你想象不到的是，这里的植物竟然可以生长，挑选的植物不仅各不相同，而且别出心裁。"——2009 年 ASLA 专业奖评审团。

航站楼内一个植物构成的植被毯不仅把这个计划中的大楼分成陆侧区和空侧区，同时也垂直地连接了登记区和下客区，而之前这两个区是被安全玻璃屏分开。

绿色植被毯不只是作为装饰之用，同时也很醒目地体现出建筑内的优良环境，说明了大型

图 7-7 航站楼内部景观

的建筑内的环境也能拥有人性化的设计。

这个垂直绿化是建筑的最具区别性的特征，有 50 英尺高、1 000 英尺长，整栋建筑才 1 300 英尺长，它有助于缩小内部巨大的空间。

垂直绿化早已不是简单的用攀缘植物做成的护坡绿化，它已经发展成为一种应用更广泛、技术更先进、管理更容易的新型绿化方式，不管是室内还是室外，我们都可以用垂直绿化来丰富美化空间，增加绿化面积，改善生活环境。垂直绿化不应该只是简单的在垂直面上种上植物，它也是一门环境艺术。在技术性问题被不断攻破后，垂直绿化也应该像平面绿化一样，更加讲究设计感和艺术性，考虑它与周围环境的融合，垂直绿化在营造园林景观上也能发挥巨大的作用。

项目八

花卉经营与管理

项目背景

花卉已经成为我国国民经济发展中的高效产业，在调整我国农业产业结构、提高农民收入等方面，起到了重要的作用。

花卉业的发展也促进了城市生态环境和人民生活环境质量的改善。

花卉经营的特点有花卉经营的集约型，花卉经营的专业性，花卉经营的高技术性。花卉经营分为专业经营和分散经营两种方式。

花卉产品营销渠道是花卉生产发展的关键，是联系花卉生产和社会消费的纽带，是花卉经营的重要环节。目前我国花卉产品到达消费者手中的主要渠道是通过花卉市场和花店，进行花卉的批发零售。

知识目标

1. 了解花卉产业结构与经营方式、花卉营销渠道；
2. 掌握花卉生产计划制定要点；
3. 掌握花卉租摆含义、操作方法与要求。

能力要求

1. 培养学生主动学习、查阅资料、使用参考书、团队协作、独立思考和工作的能力；
2. 会制定花卉生产计划，能进行花卉生产技术管理与成本核算；
3. 培养学生花卉租摆经营、管理的能力。

学习方法

以线上网络资源、书籍为载体，以生产实地为研究对象，获取较为先进的信息和技术，启发花卉经营与管理的创造性。

任务一 花卉生产管理

任务描述

学生3～5人为一组,以网络、书籍等为载体,或到花卉市场、花卉生产企业调查学习,了解花卉产业结构与经营方式、花卉营销渠道、花卉生产计划制定、花卉生产技术管理与成本核算。学生以小组为单位编写某一企业花卉经营、管理报告,提交汇报文档和PPT,完成项目工作任务。

任务目标与要求

知识目标:了解花卉产业结构与经营方式、花卉营销渠道,掌握花卉生产计划制定要点。

能力目标:培养学生主动学习、查阅资料、使用参考书、团队协作、独立思考和工作的能力;会制定花卉生产计划,能进行花卉生产技术管理与成本核算。

学习要求:遵守纪律,遵守实训室、实训基地等相关规则,做好笔记,注意安全。

知识点一 花卉生产计划的制定

花卉生产计划是花卉生产企业经营计划中的重要组成部分,通常是对花卉企业在计划期内的生产任务做出统筹安排,规定计划期内生产的花卉品种、质量及数量等指标,是花卉日常管理工作的依据。生产计划是根据花卉生产的性质、花卉生产企业的发展规划、生产需求和市场供求状况来制定的。

制定花卉生产计划的任务就是充分利用花卉生产企业的生产能力和生产资源,保证各类花卉在适宜的环境条件下生长发育,进行花卉的周年供应,保质保量、按时提供花卉产品,并按期限完成订货合同,满足市场需求,尽可能地提高生产企业的经济效益,增加利润。

花卉生产计划通常有年度计划、季度计划和月份计划,对花卉每月、季、年的花事做好安排,并做好跨年度花卉连续生产。生产计划的内容包括花卉的种植计划、技术措施计划、用工计划、生产用物资供应计划及产品销售计划等。其具体内容为种植花卉的种类与品种、数量、规格、供应时间、工人工资、生产所需材料、种苗、肥料农药、维修及产品收入和利润等。季度和月份计划是保证年度计划实施的基础。在生产计划实施过程中,要经常督促和检查计划的执行情况,以保证生产计划的落实完成。

花卉生产是以营利为目的,生产者要根据每年的销售情况、市场变化、生产能力等,及时对生产计划做出相应的调整,以适应市场经济的发展变化。

知识点二　花卉生产技术的管理

花卉生产技术管理是指花卉生产中对各项技术活动过程和技术工作的各种要素进行科学管理的总称。技术工作的各种要求包括：技术人才、技术设备、技术信息、技术文件、技术资料、技术档案、技术标准规程、技术责任制等技术管理的基础工作。技术管理是管理工作中重要的组成部分。加强技术管理，有利于建立良好的生产秩序，提高技术水平，提高产品质量，降低产品成本等，尤其是现代大规模的工厂化花卉生产，对技术的组织、运用工作要求更为严格，技术管理就愈显重要。但技术管理主要是对技术工作的管理，而不是技术本身。企业生产效果的好坏决定于技术水平，但在相同的技术水平条件下，如何发挥技术，则取决于对技术工作的科学组织及管理。

一、花卉技术管理的特点

多样性　花卉种类繁多，各类花卉有不同的生产技术要求，业务涉及面广，如花卉的繁殖、生长、开花、花后的贮藏、销售、花卉应用及养护管理等。形式多样的业务管理，必然带来不同的技术和要求，以适应花卉生产的需要。

综合性　花卉的生产与应用，涉及众多学科领域，如植物与植物生理、植物遗传育种、土壤肥料、农业气象、植物保护、园林规划设计等。因此，花卉技术管理具有综合性。

季节性　花卉的繁殖、栽培、养护等均有较强的季节性，季节不同、采用的各项技术措施也相应不同，同时还受到自然因素和环境条件等多方面的制约。为此，各项技术措施要相互结合，才能发挥花卉生产的效益。

阶段性与连续性　花卉有其不同的生长发育阶段，不同的生长发育阶段要求不同的技术措施，如育苗期要求苗全、苗壮及成苗率高，栽植期要求成活率高，养护管理则要求保存率高和发挥花卉功能。各阶段均具有各自的质量标准和技术要求，但在整个生长发育过程中，各阶段不同的技术措施又不能截然分开，每一个阶段的技术直接影响下一阶段的生长，而下一阶段的生长又是上一阶段的延续，每个阶段都是密切相关，具有时间上的连续性，缺一不可。

二、花卉技术管理的内容

建立健全技术管理体系目的在于加强技术管理，提高技术管理水平，充分发挥技术优势。大型花卉生产企业(公司)可设以总工程师为首的三级技术管理体系，即公司设总工程师和技术部(处)，部(处)设主任工程师和技术科，科内设各类技术人员。小型花卉企业可不设专门机构，但要设专人负责，负责企业内部的技术管理工作。

(1)技术责任制　为充分发挥各级技术人员的积极性和创造性，应赋予他们一定职权和责任，以便很好地完成各自分管范围内的技术任务。一般分为技术领导责任制、技术管理机构责任制，技术管理人员责任制和技术员技术责任制。

技术领导的主要职责执行国家技术政策、技术标准和技术管理制度；组织制定保障生产质量、安全的技术措施，领导组织技术革新和科研工作；组织和领导技术培训工作；领导组织编制技术措施计划等。

技术管理机构的主要职责做好经常性的技术业务工作，检查技术人员贯彻技术政策、技术标准、规程的情况；管理科研计划及科研工作；管理技术资料，收集整理技术信息等。

技术人员的主要职责按照技术要求完成下达的各项生产任务，负责生产过程中的技术工作，按照技术标准规程组织生产，具体处理生产技术中出现的问题，积累生产实际中原始的技术资料等。

(2)制定技术规范及技术规程　技术规范是对生产质量、规格及检验方法作出的技术规定，是人们在生产中从事生产活动的统一技术准则。技术规程是为了贯彻技术规范对生产技术各方面所做的技术规定。技术规范是技术要求，技术规程是所要达到的手段。技术规范及规程是进行技术管理的依据和基础，是保证生产秩序、产品质量、提高生产效益的重要前提。

技术规范可分为国家标准、部门标准及企业标准，而技术规程是在保证达到国家技术标准的前提下，可以由各地区、部门企业根据自身的实际情况和具体条件，自行制定和执行。

三、生产成本核算

花卉种类繁多，生产形式多样，其生产成本核算也不尽相同，通常在花卉成本核算中可分为单株、单盆和大面积种植核算。

单株、单盆成本核算单株、单盆成本核算，采用的方法是单件成本法，核算的过程是根据单件产品设置成本计算单，即将单盆、单株的花卉生产所消耗的一切费用，全部归集到该项产品成本计算单上。单株、单盆花卉成本费用一般包括种子购买价值，培育管理中耗用的设备价值及肥料、农药、栽培容器的价值、栽培管理中支付的人工工资，以及其他管理费用等。

大面积种植花卉的成本核算进行大面积种植花卉的成本核算，首先要明确成本核算的对象。成本核算对象就是承担成本费用的产品，其次是对产品生产过程耗费的各种费用进行认真的分类。其费用按照生产的费用要素可分为：

①原材料费用　包括购入种苗的费用，在生长期间所施用的肥料和农药等。

②燃料动力费用　包括花卉生产中进行的机械作业、排灌作业，遮阴降温、加温供热所耗用的燃料费、燃油费和电费等。

③薪酬费用　生产及管理人员的工资及附加费用。

④折旧费　在生产过程中使用的各种机具及生产设备按一定折旧率提取的折旧费用。

⑤废品损失费用　在生产过程中，未达到产量质量要求的，应由成品花卉负担的费用。

⑥其他费用　指管理中消耗的其他支出，如差旅费、技术资料费、邮电通讯费、利息支出等。

花卉生产管理中，可制成花卉成本项目表，科学组织好费用汇集和费用分摊，以及总成本与单位成本的计算，还可以通过成本项目表分析产品成本构成，寻求降低花卉成本的途径等。

任务实施

制定某花卉基地年生产计划

1. 生产情景

某花卉基地有日光温室 4 栋(每栋使用面积为 667 m^2)，露地 3 335 m^2。2020 年计划生产迎“五一”劳动节用的一串红和万寿菊花苗共 3 万株。露地鲜切花唐菖蒲 2 000 m^2、百合 1 334 m^2；温室鲜切花非洲菊、康乃馨各一个生产温室。

2. 计划内容

参照花卉生产技术，结合生产实际要求，在花卉种类、种植面积，种子、种球、肥料、农药、生产调节剂等物资数量，育苗、定植及采收时期，产量、产值等方面制定详细计划。

（1）种植材料品种数量及播种、扦插期准备　见表 8-1。

表 8-1　花卉种类、品种、数量、播种期

花卉种类	品种	数量	播种期/（年/月/旬）	备注
一串红	红色	70 g	2019/11/下	设施育苗
万寿菊	黄色	60 g	2019/2/上	设施育苗
唐菖蒲	晓日红	根据球茎大小 1.3 万～2.7 万个/亩	2020/4/中至 2020/5/中	露地生产
百合	亚百	1.5 万～2 万个/亩	2020/4/中	露地生产
非洲菊	粉后	3 500～4 000 株/亩	购苗	温室生产
康乃馨	白西姆	1.2 万株	购苗	温室生产

（2）肥料种类、数量准备　见表 8-2。

表 8-2　肥料种类、数量　　kg

花卉种类	磷酸二铵	三元复合肥	尿素	硝酸钾	硫酸铵	过磷酸钙	磷酸二氢钾	有机肥	备注
一串红		5	5					5 000	①必须用腐熟的有机肥 ②叶面肥喷施浓度不宜过高
万寿菊		5	5					5 000	
唐菖蒲		15	5			15	0.5	15 000	
百合		10	5				0.5	10 000	
非洲菊	10		10	2.5	8		1.5	15 000	
康乃馨	10	50	10	5	3		2	15 000	

（3）农药种类及数量准备　见表 8-3。

表 8-3　农药种类、防治对象、适用花卉及适用方法

农药种类	防治对象	适宜花卉及使用方法	药量准备
1.8% 阿维菌素乳油	白粉虱、斑潜蝇	非洲菊露地及温室使用。稀释 1 000～1 500 倍均匀喷雾	20 mL 瓶装 10 瓶
10% 异丙威烟剂	瓜蚜	一串红、万寿菊、非洲菊温室生产使用。温室熏烟（每亩用量 200 g，密闭温室，直接分点点燃）	25 g×8 片/盒，准备 20 盒
20% 三氯杀螨醇	螨类	非洲菊、康乃馨、百合防治红蜘蛛。800～1 000 倍液喷雾	0.5 kg 瓶装 2 瓶
72% 农用链霉素	细菌性病害	康乃馨温室生产。200 mg/L 喷雾	15 g 包装 12 袋

续表8-3

农药种类	防治对象	适宜花卉及使用方法	药量准备
50%多菌灵可湿性粉剂	苗期猝倒病、立枯病、真菌病害	一串红、万寿菊播种，配制药土(8～10 g兑10～15 kg细土)，唐菖蒲种球处理(500～600倍液浸泡30 min)，所生产花卉真菌类病害喷施预防(500～600倍液喷雾)	500 g包装3袋
25%三酮可湿性粉剂	锈病	康乃馨等。1 000～1 500倍液喷雾	50 g包装5袋
50%腐霉利可湿性粉剂	灰霉病	非洲菊等低温期喷施，防灰霉病。1 000～2 000倍喷雾	35 g包装8袋
硫黄粉	棚室消毒	温室使用前熏烟消毒(与锯末混匀后分堆点燃，密闭24 h)	每亩用量1.5～2.5 kg，可准备6～10 kg

(4)植物生长调节剂准备　见表8-4。

表8-4　植物生长调节剂种类、数量、应用、适宜花卉

植物生长调节剂种类	数量	应用	适宜花卉
切花保鲜剂	300 mL	切花保鲜	唐菖蒲、百合、非洲菊等鲜切花
生根粉	20袋	促进生根	唐菖蒲、百合、非洲菊等鲜切花

(5)定植期、采收期、预计产量、产值　见表8-5。

表8-5　花卉种类、定植期、采收期、预计产量、产值

花卉种类	定植期	采收期	预计产量	预计产值/万元
一串红	4～5片叶	5月1日	1.5万株	3
万寿菊	4～5片叶	5月1日	1.5万株	3
唐菖蒲	2020年4月15日至2020年5月15日	6月30日至8月30日	2万枝左右	4
百合	4月中旬	6～8月	3万枝	3
非洲菊	4月中旬至5月上旬	10月上旬始花	8万～10万枝	5～6
康乃馨	6月下旬至7月上旬	11月中下旬至翌年7月	10万枝	8

任务二　花卉经营管理

◈ 任务描述

以网络、书籍、市场、基地为载体，学生3～5人为小组，通过学习分析了解花卉租摆的含义与意义，掌握花卉租摆的操作方法与要求，通过协议签订、设计、摆放、养护、调换等过程来实现花卉租摆的经营。学生以小组为单位设计花卉租摆的过程，提交汇报文档和PPT。

◈ 任务目标与要求

知识目标：掌握花卉租摆含义、操作方法与要求。
能力目标：培养学生花卉租摆经营、管理的能力。
学习要求：遵守课堂纪律、实训室、实训基地相关规则，认真做好笔记，注意安全。

知识点一　花卉的产业结构与经营方式

一、花卉的产业结构

(1)切花　切花生产要求栽培技术水平高，我国切花生产主要集中在经济发达的地区，但在生产成本较低的地区也有生产。

(2)盆花与盆景　盆花是我国目前生产量较大，应用范围最广的花卉，也是目前花卉产品的主要形式。盆景广泛受到人们的喜爱，近年来我国盆景出口量逐渐增加，可在出口方便的地区安排生产。

(3)草花　应根据市场的具体需求组织草花生产，一般来说，经济越发达，城市绿化水平越高，对此类花卉的需求量也就越大。

(4)种球　种球生产是以培养高质量的球根花卉的地下营养器官为目的的生产方式，它是培育优良球根花卉的前提条件。

(5)种苗　种苗生产是专门针对为花卉生产公司提供优质种苗的生产形式。所生产的种苗要求质量高，规格齐备，品种纯正，是形成花卉产业的重要组成部分。

(6)种子生产　花卉种子公司从事花卉种子的制种、销售和推广，并且肩负着良种繁育、防止品种退化的重任。

二、花卉经营的特点

(一)花卉经营的专业性

花卉经营必须要由专业机构来组织实施，这是由花卉生产、流通的特点所决定的。花卉经营的专业性还表现在作为花卉生产的部门，每一个公司或企业仅对一两种重点花卉进行生产，这样使各生产单位形成自己的特色，进而形成产业优势。

(二)花卉经营的集约性

花卉经营是在一定的空间内最高效地利用人力、物力的经营方式，它要求技术水平高，生产设备齐全，在一定的范围内扩大生产规模，进而降低生产成本，提高花卉的市场竞争力。

(三)花卉经营的技术性

花卉经营是以经营有生命的新鲜产品为主的事业，而这些产品从生产到销售的各个环节，都要求相应的技术，如花卉采收、分级、包装、贮运等，都必须严格按照技术规程办事，因此，花卉经营必须有一套完备的技术做后盾。

三、花卉的经营方式

(一)专业经营

在一定的范围内，形成规模化，以一两种花卉为主集中生产，并按照市场需要进入专业流通的领域。此方式的特点是便于形成高技术产品，形成规模效益，提高市场竞争力，是经营的主体。

(二)分散经营

以农户或小集体为单位的花卉生产，并按自身的特点进入相应的流通渠道。这种方式比较灵活，是地区性生产的一种补充。

知识点二　花卉产品营销渠道

花卉产品的营销是花卉生产发展的关键环节。产品的主要营销渠道是花卉市场和花店，进行花卉的批发零售。

一、花卉市场

花卉市场的建立，可以促进花卉生产和经营活动的发展，促使花卉生产逐步形成产、供、销一条龙的生产经营网络。目前，国内的花卉市场建设已有较好的基础。遍布城镇的花店、前店后场的区域性市场、具有一定规模和档次的批发市场，承担了80%的交易量。我国在北京建立了国内第一家大型花卉拍卖市场——北京莱太花卉交易中心后，又在云南建立了云南国际花卉拍卖中心，该市场以荷兰阿斯米尔鲜切花拍卖市场为蓝本进行运作，并通过这种先进的花卉营销模式推动整个花卉产业的发展，促进云南花卉尽快与国际接轨，力争发展成为中国乃至亚洲最大的花卉交易中心。

花卉拍卖市场是花卉交易市场的发展方向，它可实现生产与贸易的分工，可减少中间环节，有利于公平竞争，使生产者和经营者的利益得到保障。

二、花店经营

花店属于花卉的零售市场，直接将花卉卖给消费者。花店经营者应根据市场动态因地制宜地运用营销策略，紧跟时代潮流选择花色品种，想顾客之所想，将生意做好、做活。

(一)花店经营的可行性

开设花店前,应对花店经营与发展情况做好市场调查分析,作出可行性报告。报告的数据主要包括所在地区的人口数量、年龄结构,同类相关的花店,交通情况,本地花卉的产量与消费量,外地花卉进入本地的渠道及费用等。可行性报告应解决的问题有花卉如何促销、花卉市场如何开拓、如何取得主要用花单位的供应权、训练花店售货员和扩展连锁店等。同时,还应根据市场调查花店的经营形式、花店的规模、花店的外观设计等。

(二)花店经营形式

花店经营形式可分为一般的和高档的,有零售或批零兼营的,零售兼花艺服务等。经营者应根据市场情况、服务对象及自身技术水平确定适宜的经营形式。

(三)花店的经营规模

花店经营模式应根据市场消费量和本地自产花卉量来确定,如花木公司可在城市郊区,建立大型花圃,作为花卉的生产基地,主要生产各种盆花、各式盆景和鲜切花,在市中心设立中心花店,进行花卉的批发和零售业务。个人开设花店可根据花店所处的位置和环境,确定适当的规模和经营范围,切不可盲目经营。

(四)花店门面装饰

花店的门面装饰要适应花卉生长发育规律,最好将花店建成如同现代化温室。上有透明的天棚和能启闭自如的遮阴系统,四旁为落地明窗,中央及四周为梯级花架。出售的花卉明码标价,顾客开架选购,出口设花卉结算付款处。为保持鲜花新鲜度,盆花除要定期浇、喷水外,还应设立喷雾系统,以保持一定的空气湿度,并通风良好,冬有保温设施,夏有降温设备,四季如春,终年鲜花盛开,花香扑鼻,使顾客在花香花色的诱惑下,难以空手而归。

(五)花店的经营项目

花店的经营项目常见的有鲜花、盆花的零售与批发;花卉材料的零售与批发,如培养土、花肥、花药等,缎带、包装纸、礼品盒等的零售服务;花艺设计与外送各种礼品花的服务;室内花卉装饰及养护管理;花卉租摆业务,婚丧喜事的会场,环境布置;花艺培训,花艺期刊、书籍的发售,花卉咨询及其他业务等。

此外,还有多种营销花卉的渠道,如超级市场设立鲜花柜台、饭店内设柜台、集贸市场摆摊设点、电话送花上门服务、鲜花礼仪电报等。

三、花卉的分级包装

花卉的分级包装是花卉产业贮、运、销的重要环节之一。花卉分级包装的好坏直接影响花卉的品质和交易价格。分级包装工作做得好,很容易激发消费者购买的欲望,提高消费者的购买信心,促进产品市场营销。

(一)盆花

1. 分级和定价

出售的盆花应根据运输路途的远近、运输的速度、气候条件等情况选择花朵适度开放的盆花准备出售,然后按照品质、株龄和生长情况,结合市场行情定价。

观花类盆花主要分级依据是株龄的大小、花蕾的大小和着花的多少。观叶盆花大多按照主干或株丛的直径、高度、冠幅、株形以及植株的丰满程度来分级，而苏铁及棕榈状乔木树种，则常按老桩的重量及叶片的数目来分级。观果类花卉主要根据每盆植株上挂果的数量，确定出售价格。

2. 包装

盆花在出售时大多数不需要严格的包装。大型木本或草本盆花在外运时需将枝叶拢起后绑扎，以免在运输途中折断或损伤叶片。幼嫩的草本盆花在运输中容易将花朵碰损或震落，有的需要用软纸把它们包裹起来，有的则需设立支柱绑扎，以减少运输途中晃动。

用汽车运输时，在车厢内应铺垫碎草或沙土，否则容易把花盆颠碎。用火车长途运输时，必须装入竹筐或木框，盆间的空隙用毛纸或草填衬好。对于一些怕相互挤压的盆花，还要用铝丝把花盆和筐、框加以连接固定，否则火车站不给办理托运手续。

瓜叶菊、蒲包花、四季海棠、紫罗兰等小型盆花，在大量外运时为了减少体积和重量，大多脱盆外运，并且用厚纸逐棵包裹，然后依次横放在大框或网篮内，共可摆放 3～5 层。各类桩景或盆花则应装入牢固的透孔木箱内，每箱 1～3 盆，周围用毛纸垫好并用铝丝固定，盆土表面应覆盖青苔保湿。

包装外的标签必须易于识别，要写清楚必要的信息，如生产者、包装场、生产企业的名称、花卉种类、品种或花色等。若为混装，标记必须写清楚。

(二)切花

1. 分级

切花的分级通常是以肉眼评估，主要基于总的外观，如切花形态、色泽、新鲜度和健康状况，其他品质测定包括物理测定和化学测定，如花茎长度、花朵直径、每朵花序小花数量和重量等。在田间剪取花枝时，应同时按照大小和优劣把它们分开，区分花色品种，并按一定的记数单位把它们放好，以减少费用和损失。

肉眼的精确判断需要一个严格制定并被广泛接受的质量标准，国际上广泛使用的是欧洲经济委员会(ECE)标准和美国标准(表 8-6)。对某些特定花种的分级标准除上述要求外，还包括一些对该种的特殊要求，如对香石竹，注意其茎的刚性和花萼开裂问题。对于月季，最低要求是切割口不要在上个生长季茎的生长起点上。

表 8-6 一般外观的 ECE 切花分级标准

等级	对切花的要求
特级	切花具有最佳品质，无外来物质，发育适当，花茎粗壮而坚硬，具备该种或品种的所有特性，允许切花的 3%有轻微缺陷
一级	切花具有良好品质，花茎坚硬，其余要求同上，允许切花 5%有轻微缺陷
二级	在特级和一级中未被接受，但满足最低质量要求，允许切花的 10%有轻微缺陷

美国标准其分级术语不同于 ECE 标准，采用“美国蓝、红、绿、黄”称谓，大体上相当于 ECE 的特级、一级和二级分类。我国农业部在 1997 年对月季、唐菖蒲、菊花、满天星、香石竹等切花的质量分级、检测规则、包装、标志、运输和贮藏技术等做出了行业标准。

2. 切花的包装

出售的切花要按品种、等级和一定的数量捆扎成束，捆扎时既不要使花束松动，也不宜太紧。每捆的记数单位因切花的种类和各地的习惯不同，通常根据切花大小或购买者的要求以10、12、15或更多捆扎成束。总之，凡是花形大、比较名贵或容易碰损的切花，每束的枝数要少，反之每束的枝数可多。

大多数切花包装放在用聚乙烯膜或抗湿纸衬里的双层纤维板箱或纸箱中，以保持箱内的湿度。包装时应小心地将用耐湿纸或塑料套包裹的花束分层交替、水平放置于箱内，各层间要放置衬垫，以防压伤切花，直至放满。对向地性弯曲敏感的切花，如水仙、唐菖蒲、小苍兰、金鱼草等，应以垂直状态贮运。

知识拓展

花卉租摆

随着物质、文化生活水平的不断提高，人们对绿化、美化环境的意识在逐渐加强，花卉租摆作为一种新的行业也逐渐兴起。

一、花卉租摆的含义

花卉租摆是以租赁的方式，通过摆放、养护、调换等过程来保证客户的工作生活环境、公共场所等始终摆放着常看常青、常看常新的花卉植物的一种经营方式。花卉租摆不仅省去了企事业单位和个人养护花卉的麻烦，而且专业化的集约经营为企事业单位和个人提供了以低廉的价格摆放高档花卉的可能，符合现代人崇尚典雅，崇尚自然的理念。

二、花卉租摆的具体操作方法及要求

(一)花卉租摆的条件

(1)养护基地　从事花卉租摆业必须有一个花卉养护基地，有足够数量的花卉品种作保证。一般委托租摆花卉的单位，如商场、银行、宾馆、饭店、写字楼、家庭等花卉摆放的环境与植物生长的自然环境是不同的，大多数摆放环境光照较弱，通风不畅，昼夜温差小，尤其在夏季有空调、冬季有暖气时，室内湿度小，给植物的自然生长造成不利影响，容易产生病态，甚至枯萎死亡。花卉摆放一段时间后可更换下来送回养护基地，精心养护，使之恢复到健康美观的状态。更换时间一般根据花卉品种及摆放环境的不同而不同。

(2)管理技术　要有过硬的养护管理技术，掌握花卉的生长习性，对花卉病虫害要有正确的判断，以便随时解决租摆过程中出现的问题。

(二)花卉租摆的操作过程

(1)签订协议　花卉租摆双方应签订一份合同协议书，合同内容应对双方所承担的责任和任务加以明确。

(2)租摆设计　包括针对客户个性进行花卉材料设计、花卉摆放方式设计和对特殊环境要求下的花卉设计。视具体情况，如有的大型租摆项目还要制作效果图，使设计方案直观易懂。

(3)材料准备　选择株型美观、色泽好、生长健壮的花卉材料及合适的花盆容器；修剪黄叶，擦拭叶片，使花卉整体保持清洁；节假日及庆典等时期为烘托气氛还可对花盆进行装饰。

(4)包装运输　将花卉进行必要的包装、装车并运送到指定地点。

(5)现场摆放　按设计要求将花卉摆放到位，以呈现花卉最佳观赏效果。

(6)日常养护　包括浇水保持叶面清洁，修剪黄叶、定期施肥、预防病虫害发生。

(7)定期检查　检查花卉的观赏状态、生长情况，并对养护人员的养护水平进行监督考核。

(8)更换植物　按照花卉生长情况进行定期更换及按照合同条款定期更换。

(9)信息反馈 租摆公司负责人与租摆单位及时沟通,对租摆花卉的绿化效果进行调查并进行改善,对换回的花卉精心养护使其复壮。

(三)花卉租摆材料选择

在进行花卉租摆时,所用花卉与环境的协调程度直接影响到花卉的美化作用。从事花卉租摆要充分考虑到花卉的生理特性及观赏性,根据不同的环境选择合适的花卉进行布置,同时要加强管理,保证租摆效果。选择的材料好,不仅布置效果好,而且可以延长更换周期,降低劳动强度和运输次数,从而降低成本。在具体选择花卉时,主要是根据花卉植物的耐阴性和观赏性以及租摆空间的环境条件来选择。

首先,要考虑花卉植物的耐阴性,除了节日和重大活动在室外布置外,一般要求长期租摆的客户都是室内租摆,因此,选择耐阴的花卉显得尤为重要。耐阴的花卉主要有万年青、苏铁、棕竹、八角金盘、一叶兰、龟背竹、君子兰、肾蕨、散尾葵、发财树、绿巨人、针葵等。

其次,要考虑花卉植物的观赏性。室内租摆以观叶植物为主,它们的叶形、叶色、叶质各具不同观赏效果。棕榈、蒲葵属掌状叶形,使人产生朴素之感;椰子类叶大,羽状叶给人以轻快洒脱的联想,具有热带情调。叶片质地不同,观赏效果也不同,如榕树、橡皮树具革质的叶片,叶色浓绿,有较强的反光能力,有光影闪烁的效果。纸质膜质叶片则呈半透明状,给人以恬静之感。粗糙多毛的叶片则富有野趣。叶色的变化同样丰富多彩,美不胜收,有绿叶、红叶、斑叶、双色叶等。总之,只有真正了解花卉的观赏性,才能灵活运用。

另外,在进行花卉摆放前要对现场进行全面调查,对租摆空间的环境条件有大致了解,设计人员应先设计出一个摆放方案,不仅要使花卉的生活习性与环境相适应,还要使所选花卉植株的大小、形态及花卉寓意与摆放的场合和谐,给人以愉悦之感。

(四)花卉租摆的管理

(1)起运管理 在养护基地起运花卉植物时,应选无病虫害,生长健壮,旺盛的植株,用湿布抹去叶面灰尘使其光洁,剪去枯叶黄叶。一般用泥盆栽培的花卉都要有套盆,用以遮蔽原来植株的不雅部分,达到更佳的观赏效果。

(2)摆放期管理 在摆放过程中水的管理很重要,尤其是在冬季、夏季有空调设备的空间,由于有暖风或冷风,使得植物叶面蒸发量大,容易失水,管护人员要根据植物种类和摆放位置来决定浇水的时间、次数及浇水量,必要时往叶面上喷水,保持一定的湿度。浇水时,对水质也要多加注意。此外,还应经常观察植株,及时剪掉黄叶、枯叶,对明显呈病态有碍观赏效果的植株及时撤回养护基地养护。由于打药施肥容易产生异味,对环境造成污染,所以一般植物在摆放期间不喷药施肥,可根据植株的需要在基地进行处理。

(3)换回植株的养护处理 植株换回后要精心养护,使之能够尽早恢复健壮。先剪掉枯叶、黄叶再松土施肥,最后保护性地喷一次杀菌灭虫药剂,然后进行正常管理。

花卉租摆服务业必然会随着我国社会经济的飞速发展,随着人们对花卉植物千年不变的情结而蓬勃发展,走进千家万户,走进每一个角落。

第三部分

实验实训指导

实验实训1　花 卉 分 类

一、目的

通过对花卉进行分类，使学生能够识别不同类型的花卉，了解常见花卉的原产地、形态特征、生态习性和栽培方式，从而指导花卉生产和为园林应用而服务。

二、时间与地点

一年四季均可，一般在花卉温室、实训基地、一体化教室、花卉市场进行。

三、材料与用具

1. 材料

各种类型的花卉实物、花卉书籍、花卉图片、花卉网络。

2. 用具

记录板、放大镜、卷尺、笔、笔记本、手机、照相机等。

四、方法与步骤(可分数次进行)

1. 由教师指导识别300～500种或品种，并按生活型、栽培方式、观赏特性、系统分类和原产地气候型等进行分类。

2. 学生3～5人一组，通过观察分析并对照识别手册或相关专业书籍，记载花卉主要观赏部位的形态，并记忆花卉中名和学名，归纳其所属类别。

3. 观察不同生长条件或栽培方式下花卉生长发育表现，了解各类花卉种或品种的生态习性。

五、作业与思考

1. 每次重点识别开花植物5～10种，按多种分类法分类，并填写下表。
2. 掌握10～20种常见花卉所属原产地气候型。
3. 花卉依原产地的分类与依生活型和栽培方式的分类的关系如何？
4. 理解花卉分类的意义。如何评价各种分类法的优缺点？

花卉分类与识别记录表

序号	植物名称	科属	类别	生长环境	生长状况	备注

实验实训 2　花卉种类识别

一、目的

通过现场教学与学生自主学习，使学生掌握常见一、二年生花卉、宿根花卉、球根花卉、水生花卉、木本花卉及多浆植物的种类、形态特征、生态习性、观赏特性及应用形式，进一步巩固识别常见的花卉。

二、时间与地点

一年四季均可，一般在花卉温室、实训基地、一体化教室、花卉市场进行。

三、材料与用具

1. 材料

花卉实物、花卉书籍、花卉图片、花卉网络。

2. 用具

记录板、放大镜、卷尺、笔、笔记本、手机、照相机等。

四、内容与操作方法

(1)指导教师带领学生到实习场地进行现场讲解和识别，使学生初步了解各种花卉的主要识别特征，掌握花卉隶属的科属和分类中所属的类型、生态习性、观赏特征、园林用途等。

(2)学生分组参考实习材料进行自学，记牢各类花卉观赏部位、生长周期、株高、叶片色彩、花的颜色与形状、应用形式等。

(3)学生提问、教师答疑。

五、思考与作业

1. 重点识别一、二年生花卉植物 30～40 种，宿根花卉植物 20～30 种；球根花卉植物 20～30 种；水生花卉植物 20～30 种；木本花卉植物 30～40 种；多浆植物 20～30 种，并分期填写下表。

2. 每类花卉掌握 30～40 种花卉植物形态特征、生态习性与园林用途。

花卉识别记录表

序号	植物名称	科属	分类所属	形态特征	生态习性	园林用途

实验实训3　种子采收与识别

一、目的

花卉种子千变万化，通过教师讲解种子采收注意事项与识别要点，使学生掌握花卉种子的外部形态特征和采收方法，防止不同种类（或不同品种）种子混杂，以保证品种种性和栽培计划的顺利实施。

二、时间与地点

夏秋季节，一般在温室、大棚、露地花卉生产基地、园林风景区、公园、街边宅旁绿地、花圃等处、一体化教室进行。

三、材料与用具

1. 材料

常见花卉如凤仙、三色堇、半枝莲、千日红、君子兰、瓜叶菊、百日草等常见的一、二年生、宿根、球根花卉种子及果实。

2. 用具

枝剪、采集箱、布袋、纸袋、天平、卡尺、直尺、镊子、白纸板等。

四、内容与操作方法

（一）种子采收

在花圃或校园内选取优良采种母株，适时采收，采收时根据不同种类的种子特点分别进行。

（1）干果类种子　干果类如蒴果、蓇葖果、荚果、角果、坚果等，果实成熟时自然干燥，易干裂散出；应在充分成熟前，行将开裂或脱落前采收。某些花卉如凤仙、半枝莲、三色堇等果实陆续成熟散落，须从尚在开花植株上陆续采收种子。

（2）肉质果种子　肉质果成熟时果皮含水多，一般不开裂，成熟后自母体脱落或逐渐腐烂。如浆果、核果、梨果等。待果实变色、变软时及时采收，过熟会自落或遭鸟虫啄食。若等果皮干后才采收，会加深种子的休眠或受霉菌感染。如君子兰、石榴等。

（二）种子识别

1. 按种子大小分类

（1）按粒径大小分　大粒（粒径≥5.0 mm）、中粒（2.0～5.0 mm）、小粒（1.0～2.0 mm）、极小粒（＜0.9 mm）

（2）用千粒重表示　可任选几种数量较多的花卉种子进行千粒重称量，以此确定种子大小。

(3)用一克种子或百克种子所含粒数表示。

2.按形状分类

有球状、卵形、椭圆形、镰刀形等多种形状,可根据材料情况详细确定。

3.按色泽分类

观察种子表面不同附属物,如茸毛、翅、钩、突起、沟、槽等,可对照实物描述。

五、思考与作业

1.重点识别20～30种花卉种子或果实,填写下表。

2.牢记种子采收方法和外部形态特征,种子采收的依据是什么?如何确定不同类型花卉的种子采收期。

3.采收成熟度与种子生活力关系如何?

4.种子识别的意义如何?

种子采收识别记录表

序号	种子名称	科属	识别要点	果实类型	千粒重	其他

实验实训4 播　　种

一、目的

播种是植物繁殖的主要方式之一,通过教师讲解几种花卉的播种实训,使学生了解花卉繁殖是繁衍后代,保存种质资源的手段,只有将种质资源保存下来且繁殖一定的数量,才能为园林所应用,并为花卉选种、育种提供条件。使学生掌握不同花卉的繁殖方法、有性繁殖的基本环境条件、播种技术和播种苗管理等技术环节要点。

二、时间与地点

保护地一年四季均可,露地春夏秋三季,一般在温室、大棚、露地花卉生产基地、花圃等处。

三、材料与用具

1.材料

植物材料:三色堇、雏菊、矮雪轮、羽衣甘蓝等(秋播)、一串红、凤仙花等种子(直播)、播种沙、土等。

2.用具

播种苗床、盆、锄头、耙子、网眼筛、铁锹、烧水壶、地膜等。

四、方法与步骤

播种方法分为地播和盆播,以盆播为例。

(1)播种用土准备。采用混合土,配合比例如下:

细小种子　腐叶土5、河沙3、园土2

中粒种子　腐叶土4、河沙2、园土4

大粒种子　腐叶土5、河沙1、园土5

在使用前消毒(蒸汽或药剂)并筛过,细小粒种子用网眼2～3 mm细筛筛土;中、大粒种子用4～5 mm网眼筛子筛土。土壤含水量适当。

(2)用碎盆片把盆底排水孔盖上,填入1/3碎盆或粗沙砾,其上填入筛出的粗粒混合土,厚约1/3,最上层为播种用土,厚约1/3。

(3)盆土填入后,用木条将土面压实刮平,使土面距盆沿2～3 cm。

(4)用"浸盆法"将浅盆下部浸入较大的水盆或水池中,使土面位于盆外水面以上,待土壤浸湿后,将盆提出,过多的水分渗出后,即可播种。

(5)细小种子宜采用撒播法。为防止播种太密,可掺入细沙与种子一起播入,用细筛筛过的土覆盖,以不见种子为度。中、大粒种子用点播或条播法,播后覆土。

(6)覆土后在盆面上盖玻璃或报纸等,以减少水分蒸发,并置于室内阴处。

(7)播后管理。应注意维持盆土湿润,干燥时仍然用浸盆法给水,幼苗出土后逐渐移于光照充足处。

地播技术相对简单,但要注意播种床床面平整,表土细粒,利于排水。播种前土壤湿度适中;注意播后覆盖,防冻(秋播)、防雨(南方)、防旱(北方)等。

五、注意事项

(1)混合土主要是保证良好的土壤性能。所用的壤土应为中性,沙则为不含炭、淤泥、贝壳等夹杂物的清洁河沙。

(2)播种时期依不同种类和市场需要而定,但必须保证良好的萌发条件。如:温度20～30℃,水分70%左右,喜光种子最好用玻璃覆盖。

(3)种子播种应精选。若用15%甲醛消毒,应用清水冲洗干净。有些种子需要浸种催芽。

六、思考与作业

1. 比较地播与盆播花卉技术要领及适用对象。
2. 种子繁殖适用于哪些花卉?有何优缺点?
3. 观察种子出苗情况。按播种期、出苗期、第一片真叶出现期、分苗期等时期记载。

实验实训5　矮牵牛生产技术

一、目的

矮牵牛是园林绿化经常应用的花卉,通过教师的讲解示范矮牵牛生产技术,使学生掌握矮牵牛品种选择、播种方法、栽培管理等技术环节操作,能够独立实践矮牵牛生产繁育过程。

二、时间与地点

保护地一年四季均可，温室、大棚育苗床、阳畦、花盆内、种植箱等。

三、材料与用具

1. 材料

矮牵牛种子（普通种子或丸粒化种子）、百菌清、培养土（山皮土、田园土、蛭石等）、复合肥等。

2. 用具

铁锹、直尺、耙子、喷壶、筛子、小钵、细沙、刮板、遮阳网、薄膜、移植铲等。

四、内容与操作方法

（1）播种期的确定　播种期一般依据用花期来安排。

（2）品种选择　矮牵牛有很多的品种，垂吊型有“清浪”系列、“潮波”系列、“波浪”系列；大花单瓣型有“大地”系列、“梦幻”系列、“超级瀑布”系列；大花重瓣型有“双瀑布”系列、“二重奏”、“荣光混色”、“奏鸣曲”、“情人”等系列；多花单瓣型有“毛毯”系列、“海市蜃楼”系列；多花重瓣型有“二重唱”系列、“水果馅饼混色”等。

（3）种子购买　可以从中国林木种子公司、泛美种子公司、班纳利种子公司、塞诺种子公司、酒泉金秋园艺种苗有限公司等购买。

（4）种子数量的确定　依据培育花卉的数量、千粒重、发芽率（壮苗率）、损耗等进行确定。

（5）播种

常规播种　精细整地，去除杂物，保持土壤湿润疏松，百菌清进行土壤消毒（山皮土不用），浇透水，上覆一层薄土，种子与细沙混合撒播，再覆盖一层薄薄的土，夏季播种盖好遮阳网，冬季在大棚内需要遮盖小拱棚。出苗后去除覆盖物，注意通风换气，小苗长到3～5片真叶可以进行移栽。

箱播　用木箱或塑料箱做播种的容器，箱高10 cm左右，播种基质用园艺蛭石，厚度在箱子高度的2/3，搂平浇透水，将种子均匀撒播在箱内，不用覆土，冬季盖上玻璃，夏季盖好黑色薄膜保湿，出苗后及时去除覆盖物，通风给弱光。小苗子叶展开后及时分苗，半阴处养护。

（6）栽培要点　根据需要进行摘心，观察植株进行追肥。

五、思考与作业

1. 矮牵牛播种量如何计算？

2. 矮牵牛的园林用途有哪些？

实验实训6　分株繁殖

一、目的

分株是植物繁殖的主要方式之一，通过教师的讲解示范，使学生懂得分株繁殖的原理及基本方法。

二、时间与地点

保护地一年四季均可，温室、大棚、花卉实训场。

三、材料及用具

1. 材料

萱草、一叶兰等植物，培养土。

2. 用具

枝剪、浇水壶、花盆、铁锹、移植铲等。

四、内容与步骤

(1)将待分株的植物从盆中取出，用枝剪剪去枯、残、病、老根，并抖落部分附土。

(2)将根际发生的萌蘖与母株分开，并作适当修剪。

(3)按新植株的大小选用相应规模的花盆，用碎盆片盖于盆底的排水孔上，将凹面向下，盆底用粗粒或碎砖块等形成一层排水物，上面再填入一层培养土，以待植苗。

(4)用左手拿苗放于盆口中央深浅适当位置，填培养土于苗根的四周，用手指压紧，土面与盆口应留适当距离，土面中间高，靠盆沿低。

(5)栽植完毕后，用喷壶充分喷水，置阴处数日缓苗，待苗恢复生长后，逐渐放于光照充足处。

五、注意事项

(1)分株繁殖一般于休眠期进行。

(2)新植株不宜过小，以免影响开花。

(3)分离植株时要小心操作，以免伤植株茎、叶；分株时注意保留块根上的发芽点，若发芽点不明显，可先于温室催芽。

(4)新栽植时尽量避免窝根。

六、思考与作业

1. 如何确定分株繁殖时间？

3. 按下表记载实训内容。

分株繁殖记录表

植物种类名称	分株日期	分株分根数(丛)	成活数(丛)	成活率(%)

实验实训7　扦 插 育 苗

一、目的

扦插是植物繁殖的主要方式之一，扦插有很多种方法，通过教师讲解示范扦插育苗，使学生掌握花卉扦插繁殖的原理和主要技术要点。

二、时间与地点

保护地一年四季均可，温室、大棚、花卉实训场。

三、材料用具

1. 材料

菊花、虎尾兰、豆瓣绿、秋海棠、景天类等。

2. 用具

全光喷雾设施、繁殖床、沙、剪刀或小刀等。

四、方法与步骤

依选材不同，扦插的种类及方法不同。

1. 茎插（以菊花为例）

(1)选合适的菊花母株，用小刀或剪刀截取长5～10 cm的枝梢部分为插穗；切口平剪且光滑，位置靠近节下方。

(2)去掉插穗部分叶片，保留枝顶2～4片叶子。

(3)整理繁殖床，要求平整、无杂质、土壤含水量50%～60%。

(4)将插穗插入沙床中2～3 cm。

(5)打开喷雾龙头，以保证其空气及土壤湿度。

(6)给予合适生根环境。

2. 叶插

(1)全叶插　以豆瓣绿为材料。以完整叶片为插穗。将叶柄插入沙中，叶片立于沙面上，叶柄基部就发生不定芽（直插法）。

以秋海棠为材料。切去叶柄，按主脉分布，分切为数块，将叶片平铺沙面上，以铁针或竹针固定于沙面上，下面与沙面紧接。而自叶片基部或叶脉处产生植株（平置法）。

(2)片叶插　以虎尾兰为材料。将一个叶片分切为数块，分别扦插，使每块叶片上形成不定芽。将叶片横切成5 cm左右小段，将下端插入沙中。注意上下不可颠倒。

五、注意事项

(1)选取的插穗以老嫩适中为宜，过于柔嫩易腐烂，过老则生根缓慢。

(2)母本应生长强健、苗龄较小，生根率较高。

(3)扦插最适时期在春、夏之交。

(4)适宜的生根环境为:温度 20～25℃;基质温度稍高于气温 3～6℃,土壤含量 50%～60%;空气湿度 80%～90%;扦插初期,忌光照太强,适当遮阴。

六、思考与作业

1. 软材扦插如何保留叶片? 为什么?
2. 其他扦插方法还有哪些? 举例说明。
3. 按以下表格记录实验结果。

扦插记录表

扦插日期	扦插株数	应用激素浓度及处理时间	插条生根情况			生根株数	成活率/%	未成活原因
			生根部位	生根数	平均根长			

实验实训 8　金娃娃萱草生产技术

一、目的

金娃娃萱草是园林绿化常用的一种花卉,通过教师的讲解示范金娃娃萱草生产技术,使学生掌握金娃娃萱草生产技术要点,能够独立实践金娃娃萱草生产繁育过程。

二、时间与地点

春季为主,秋季为辅,露地、塑料大棚。

三、材料与用具

1. 材料

金娃娃萱草种子、金娃娃萱草花茎上的腋芽、金娃娃萱草块茎和块根、基肥、竹签、细沙等。

2. 用具

剪刀、铁锹、耙子、细眼喷壶、水管、小钵、刮板、移植铲等。

四、内容与操作方法

(1)分株繁殖　春秋两季将老株挖起分栽,每丛 2～3 个芽,株行距 0.5 m 左右,栽前施基肥,经常灌水,保持土壤湿润。

(2)扦插繁殖　春季剪切花茎上的腋芽 5 cm 左右,用比插穗略粗的竹签在基质上打孔,深约 2 cm,然后将插穗顺着扎孔插入,用细眼喷壶洒水,用遮阳网遮阴,2 周即可生根。

(3)播种繁殖　春秋天播种,点播或条播均可。

(4)管理　粗放管理,经常浇水。

五、思考与作业

1. 金娃娃萱草园林用途有哪些？
2. 金娃娃萱草的形态特征是什么？

实验实训9　芍药生产技术

一、目的

芍药是中国传统十大名花之一，通过教师的讲解示范芍药生产技术，使学生掌握芍药生产技术要点，能够独立实践芍药生产繁育过程。

二、时间与地点

秋季，露地、盆栽。

三、材料与用具

1. 材料
芍药不同品种的植株、芍药不同品种的种子、堆肥等。
2. 用具
剪刀、铁锹、耙子、移植铲等。

四、内容与操作方法

(1)品种选择　单瓣型品种、金蕊型品种、白头翁型品种、半重瓣型品种、重瓣型品种等。

(2)分株繁殖　秋季将根株掘起，振落附土，依据自然长势用利刀切分成数段，每段带粗根数条及新芽3～4个，注意不能断根伤芽。分株后马上进行栽植，也可阴干1～2 d，伤口愈合后栽植。穴植，底部施堆肥，株行距50～100 cm，栽植深度以芽上覆土2～4 cm为标准，注意根系之间一定要填满土壤、不留空隙。早春发芽，酌情施液肥。

(3)播种繁殖　种子9月成熟，在蓇葖果开裂之前进行种子采收，随采随播。播种前将种皮擦破，点播，株行距4～6 cm，覆土厚度约2.5 cm。上覆蒿草防寒。翌年春季萌芽，至夏秋之交，施液肥3～4次，促进幼苗生长。秋季后将幼苗掘起移栽，株行距30～40 cm，注意要施基肥

(4)管理　芍药喜光，不耐阴；切花剪切注意留有底部2～3片大叶；秋季茎叶枯黄后，应将植株自基部刈割，并在植株四周开沟施堆肥。

(5)病害防治　芍药常有锈病、叶斑病、炭疽病、疫病等病害，注意防治。

五、思考与作业

1. 为什么说春分分芍药，到老不开花？
2. 芍药的形态特征是什么？

实验实训 10　分球繁殖技术

一、目的

球根花卉种类繁多，其地下膨大部分有的是变态的茎，有的是变态的根，分球繁殖是球根花卉主要的繁殖方法，通过教师讲解示范分球繁殖技术，使学生掌握不同球根花卉分球繁殖的要点。

二、时间与地点

春秋季节，露地与保护地、实训室。

三、材料与用具

1. 材料

唐菖蒲、百合、风信子、大丽花等球根花卉。

2. 用具

喷壶、切割刀、铁锹、剪刀、遮阳网等。

四、内容与操作方法

1. 唐菖蒲球茎

(1)秋季掘出球茎晒干，除去干枯老球。

(2)将新球与子球剥离，分别贮藏。

(3)春季分别栽培子球与新球。

2. 百合鳞茎

(1)自然分殖法　待鳞茎自然分化形成数个新鳞茎后，分离栽培。

(2)扦插繁殖　百合开花后(6—7 月)掘起鳞茎，干燥数日后，待表面稍皱缩时剥下，鳞片基部向下斜插于基质内，覆土 3～4 cm，以后会在鳞片基部长出数个小球，小球经过 3～4 年培养就会开花。

3. 风信子鳞茎

(1)刻沟法　6 月掘起鳞茎使其充分阴干，一个月后，在鳞茎基部切割成放射形或十字形切口，深约 1 cm，敷以硫黄粉防腐，然后将鳞茎倒置(切口向上)放于贮藏架上，秋季伤口间及发根部位会长出极小的小球。将生有小球的鳞茎栽培于排水良好的圃地，第二年掘起可得子球，子球培养 3～4 年即可开花。

(2)挖孔法　母球掘起后充分干燥，于 8 月择天晴干燥时，将球底部挖掉约达全球的 1/4～1/3，切口要光滑，根盘要保留。然后切口朝上，将球倒置贮藏，到了秋季，伤口处即可长出小球。栽植时，将球倒栽，使子球长大，此法比较上法会多出一倍的子球。

4. 大丽花块根

大丽花根上无芽，芽在根茎上（茎与根的交界处），分割繁殖一定要带上芽切分。

五、思考与作业

1. 球根花卉分哪五类？
2. 球根花卉的用途有哪些？

实验实训 11　美人蕉生产养护技术

一、目的

美人蕉观赏期长，管理简便，深受人们的喜欢。通过教师讲解示范美人蕉生产养护技术，使学生掌握美人蕉常用的种类、繁殖的方法、栽培管理技术要点。

二、时间与地点

春季、秋季。露地与保护地。

三、材料与用具

1. 材料

各种美人蕉根茎、美人蕉种子、沙土等。

2. 用具

切割刀、花盆等。

四、内容与操作方法

1. 种类选择

兰花美人蕉（意大利美人蕉、翻瓣美人蕉）、绯红美人蕉、姜芋、黄花美人蕉（柔瓣美人蕉）、白粉美人蕉、小花美人蕉等。

2. 繁殖方法

(1)分根繁殖　春季进行，沈阳地区为提早开花，将根茎于 2—3 月间用沙栽于温室的栽培床内，保持 20～25℃，当芽眼刚开始展开时，即着手分割其根茎，把它们切成带有 1～2 芽眼的小块，然后栽植于小盆内，至 4 月移植露地冷床，晚霜过后再移植于露地，这样可以提早开花 2 个月以上。

(2)播种法　于育成新品种时采用，播种前种子用小刀将种皮剥开，3 月中下旬在温室内用木箱播种，2～3 周发芽，当小叶有 2～3 枚，气候温暖时栽于露地，间距 30 cm，夏季注意施肥，加强管理，9 月即能开花。

3. 栽培管理

美人蕉生长健壮但是不耐寒，喜欢轻松肥沃的土壤，阳光充足防风良好地段开花更佳，土壤水分宜充足，否则生育不良。晚霜后 3—5 月间栽植，暖地宜早，寒地宜晚。盆栽用矮性品种，盆土用有机质的壤土加少量河沙，6 寸盆栽一芽，栽后灌水，保持土壤湿润，酌情施肥。美人蕉经霜 1～2 次后，茎叶枯死就要掘起根茎贮藏于窖内或室内，温度保持在 5～7℃。

五、思考与作业

1. 美人蕉繁殖的方法是什么？
2. 美人蕉观赏的部位是什么？

实验实训 12　嫁接繁殖操作

一、目的

嫁接是花卉繁殖的主要方式之一，通过教师讲解示范各种嫁接的方法，使学生掌握不同花卉嫁接繁殖的技术及其要点，结合实际生产实践能够独立进行操作。

二、时间与地点

温室一年四季均可，露地春夏。实训室、实训基地进行。

三、材料与用具

1. 材料

菊花（接穗）、青蒿（砧木）、仙人掌类砧木、仙人球、蟹爪兰、月季砧木、月季接穗等。

2. 用具

嫁接刀、塑料条、枝剪、绑绳等。

四、内容与操作方法

1. 菊花枝接

（1）选砧木　于秋冬或初春到野外找青蒿苗，挖回栽于苗床培养。

（2）砧木整枝　除去部分枝叶，保留嫁接用枝。

（3）用劈接法嫁接　在距主茎 12～15 cm 处切断青蒿，用嫁接刀，从切断面由上而下，纵切一刀；将菊花接穗修成楔形，插入青蒿枝纵切口，使其形成层吻合，用柳皮套或苦荬菜草茎套好或用塑料条绑扎。

青蒿枝保留 1～2 片叶子，待愈合后再摘去。

嫁接完毕套袋，遮阴、保湿。

2. 月季“T”字形芽接

芽接时，必须将砧木处理好后再削接芽，做到边采边接，若远距离采集接穗时，要注意接穗枝条的保湿处理，做到随接随削，保持接芽的水分，提高成活率。

（1）削接穗　在芽下方 1 cm 处横切一刀，宽度 1.5～2 cm，然后在芽左右两侧各切一刀，使之成为盾形芽片。

(2)嫁接方法　在砧木距离地面 10～15 cm 选一光滑处，横切一刀，长度与盾形芽片宽度一致，然后在中间轻切一刀，长度与盾形芽片高度一致，将芽片沿开口轻轻推入，注意形成层紧密结合，然后用塑料条包扎好，不要透气。

(3)苗期管理　10～15 d 检查成活，不活补接；成活后要除萌；新梢长到 10～15 cm 解绑；芽接苗长到 30～40 cm 剪砧木；及时施肥、浇水；注意防治病虫害。

3. 仙人掌类嫁接

(1)平接法　将三棱剑留根颈 10～20 cm 平截，斜削去几个棱角，将仙人球下部平切一刀，切面与砧木切口大小相近，髓心对齐平放在砧木上，用细绳帮紧固定，勿从上浇水。

(2)插接法　选仙人掌或大仙人球为砧木，上端切平，顺髓心向下切 1.5 cm。选接穗，削一楔形面 1.5 cm 长，插入砧木切口中，用细绳扎紧，上套袋防水。

五、思考与作业

1. 如何提高嫁接成活率?
2. 填写嫁接记录表。

嫁接记录表

树种		嫁接方法	嫁接株/枝数	成活率	未成活原因
砧木	接穗				

实验实训 13　压条繁殖操作

一、目的

压条繁殖就是将接近地面的枝条，在其基部堆土或将其下部压入土中，较高枝条则以湿润土壤或者青苔包围枝条被切伤部分，给予生根的环境条件，待生根后剪离，重新栽植成一独立新株的繁殖方法。通过教师的讲解示范，使学生掌握压条繁殖技术及注意事项。

二、时间与地点

早春发芽期进行，也可以在生长期进行。实训基地训练。

三、材料与用具

1. 材料

适合压条的花卉植物材料、生根粉、聚乙烯塑料薄膜、砖块、铁丝、苔藓等。

2. 用具

刻刀、修枝剪等。

四、内容与操作方法

(1)偃枝压条　在早春植株生长前，选连翘(或迎春、蔓生蔷薇、络石、扶芳藤、铁线莲、地锦枸杞、八仙花、棣棠等花卉)一、二年生健壮枝条，除去叶片及花芽，压弯并在中间部分用刀割一斜舌状缺刻，用铁丝或砖块压住枝条，使其固定于土内，生根后分离新株。

(2)壅土压条法　选锦带花枝条(或海桐、杜鹃、牡丹、木槿、紫荆、侧柏、贴梗海棠、黄刺玫)，在枝条准备埋入土中部分的树皮环割 1～3 cm 宽，在伤口涂上生根粉后再埋入基质中使其生根。

(3)空中压条法　生长季节在紫藤(或红瑞木、扶桑、八角金盘等花卉)大树母株上选好枝梢，将茎部环割并用生根粉处理，用水藓等保湿，外用聚乙烯膜包密，两端扎紧即可。生根后在休眠季节剪下栽植。

五、思考与作业

1. 空中压条如何注意环割宽度与保湿?

2. 填写压条记录表。

压条记录表

树种	压条方法	压条枝数	成活率	未成活原因

实验实训 14　花木的整形修剪

一、目的

通过教师的讲解与实际操作使学生了解整型修剪的意义，掌握各种植物造型的方法。

二、时间与地点

植物休眠期与生长期进行整形修剪，实训基地进行实训。

三、材料与用具

1. 材料

紫荆、月季、榆叶梅、连翘、迎春、碧桃、紫薇、石榴、夹竹桃、女贞、黄杨、刺柏等植物材料。

2. 用具

手剪、剪枝剪、大平剪、小锯等。

四、内容与操作方法

1. 花灌木的整形修剪

(1)新栽的花灌木修剪　要保持内高外地低、成半球形。蔬枝应该外密内稀，为减少损耗养分，一般都要进行重剪。对于有主干的碧桃应该保留 3～5 个主枝，主枝要中短截，主枝上的侧枝也要进行中短截。修剪后要使树冠保持开展、整齐和对称。对于无主干的紫荆、连翘、月季等多从地表发出许多枝条，应选 4～5 枝分布均匀、健壮的作为主枝，其余的齐根剪去。

(2)早春开花的花灌木　榆叶梅、连翘、迎春、碧桃等，花芽是上一年形成的，应在花后轻短截。

(3)夏季开花的花木　紫薇、石榴、夹竹桃、月季等，要在休眠期重短截。

2.绿篱整形修剪

(1)定植时　按照规定高度、宽度剪去多余部分，对于主干粗大的用手剪，注意不要使主枝劈裂，后用大平剪修理平面。

(2)养护期修剪　每次不要剪得太轻，否则形状不易控制。

(3)修剪期间　对于女贞、黄杨、刺柏篱一年要 3～4 次，对于玫瑰、月季、黄刺玫绿篱应在花后修剪，对各种植物造型要经常修剪，修剪要求高度一致，三面平直、棱角分明。

3.球形类的造型修剪

球形类的主要修剪方法是打尖，特别是生长旺季，必须定期进行摘心或剪梢。具体修剪方法是：当大叶黄杨、小叶黄杨、龙柏球、桧柏球、水蜡球等苗木长到一定高度时，修剪枝梢使苗冠成圆球形。当分枝抽出 20～25 cm 时，再次修剪枝梢形成次级侧枝，使球体逐年增大。同时去除徒长枝、病虫枝和畸形枝。成型后每年生长期进行 2～3 次短截，促使球面密生枝叶。

4.垂枝类的造型修剪

垂枝类苗木如龙爪槐、垂枝红碧桃、垂枝的杏、垂枝榆等，主要是要扩大树冠及调整枝条均匀分布。为此嫁接后要附以支架，将萌条放在支架上，使其平展向外生长，第一年冬季进行重短截，剪口留向上芽，发芽后如剪口有向下的芽要及时疏去，以促使上芽生长形成树冠。第二年冬剪时还要进行重短截，再留向上剪口芽，疏除向下芽，如此就能不断扩大树冠。

5.藤本类的修剪

紫藤、地锦、凌霄以及爬蔓的蔷薇类，其主干多为匍匐生长，苗木出圃做地被植物可以任其生长，常按照设计要求有多种整形方式，如棚架式、凉廊式、悬崖式等，苗圃整形修剪的主要任务是养好根系，并培养一至数条健壮主蔓，修剪方法是重截或近地面回缩。

6.草本蔓性花卉整形技术

主要整形修剪措施有抹芽、除蘖、摘心、剪梢、支架和绑扎等。

五、思考与作业

1.大枝锯截避免撕裂树皮的三锯法两锯法是什么？

2.绿篱类修剪三面平直是指哪三面？

实验实训 15　荷花种植技术之盆栽荷花分藕繁殖技术

一、目的

荷花是中国传统十大名花之一，盆栽荷花分藕繁殖是荷花繁殖的主要方式，通过教师讲解示范操作，使学生掌握场地的选择、确定分藕时期、工具与材料的准备、种藕的选择与剪取、容器的准备、装填盆土、种藕的栽植等技术环节。

二、时间与地点

长江流域以清明前后最适宜，北方 4 月下旬均可栽培。在荷花实训基地进行学习训练。

三、材料与用具

1. 材料

藕种、肥料（以有机肥为主）、盆土等。

2. 用具

水管、木棒、铁锹、陶盆、紫砂盆、瓷盆、釉盆、小彩缸、塑料盆等。

四、内容与操作方法

(1)分藕时期　我国南北纬度高低相差较大，大地回春早晚不同，分藕时期必须因地制宜，灵活掌握。气温上升至 15℃时，荷花顶芽萌动。长江流域以清明前后最适宜，北方 4 月下旬均可栽培。

(2)种藕的选择与剪取　藕分主藕、子藕和孙藕，三者都可做盆栽藕种。种藕要求品种纯正、藕身完整、色泽鲜明、未被破损、至少有 2 节以上充分成熟的藕身，顶芽生长健壮、无病斑为好。

(3)容器的准备

容器的种类　盆栽荷花可以用盆、缸、碗等不漏水的容器，常用陶盆、紫砂盆、瓷盆、釉盆、小彩缸、塑料盆等。

容器的选择　根据品种选择容器，微型品种可以选择直径 10～20 cm、深 7～15 cm 的容器，小型品种可选直径 15～25 cm、深 10～19 cm 的容器，中型品种可以选直径 29～35 cm、深 20～25 cm 的容器，大型品种可以选直径 35 cm 以上、深 20～40 cm 的容器。

(4)填装盆土

①盆土的选择　盆土可用塘泥、河泥、稻田土、菜园土、田园土等较肥沃的土壤，其中以未受污染的塘泥最佳。荷花不能重茬，盆土在使用一年后要换成新土进行新一年的种植。

②盆土填装与处理

装盆　按照盆深度的 1/2～2/3 装土。

施基肥　以腐熟的有机肥为主，不要施用速效化肥，29 cm 直径的盆施用 50 g 左右。

泡土　在盆中加水将土泡软，用木棒搅拌成泥浆，泥浆沉淀后留有 2～3 cm 清水层即可分藕栽植。

(5)种藕的栽植　种藕栽植埋头露尾，一盆栽 2～3 支。沿盆壁内侧用一只手扒开泥浆，深度 10～15 cm，用另一只手中指护住顶芽，把藕头向下倾斜 20°～30°栽入盆中，再将泥浆复原，注意尾节应露出水面。其余种藕沿盆壁按照同方向用同一方法栽植，使其首尾相连。

五、思考与作业

1. 盆栽荷花分藕繁殖技术要点有哪些？

2. 盆栽荷花为什么要藏头露尾？

实验实训16　花卉生产设施设备、器具识别

一、目的

通过教师现场讲解各种园艺设施、器具，使学生了解园艺设施的种类、结构、形式、建造特点及使用情况，为花卉进行保护栽培，满足一定的生产需求提供指导。

二、时间与地点

一年四季均可。在连栋温室、日光温室、塑料大棚、冷棚内进行学习训练。

三、材料与用具

1. 材料

各种园艺设施、器具。

2. 用具

皮尺、钢卷尺、照相机、手机、温度计、湿度计、照度计等。

四、内容与操作方法

(1)以基地管理人员人介绍为主，学生重点了解各种设施所属保护地的历史、种类、结构、建筑特点及使用情况等。

(2)学生分组进行设施设备、器具识别。

(3)学生分组进行某些性能指标测定。如温室跨度、南向坡面倾斜度、繁殖床高、宽，室内照度、温湿度等。

五、思考与作业

1. 温室内部常有哪些设施设备？

2. 温室依据设置的位置分为哪三类？

实验实训17　设施内小气候观测

一、目的

使学生熟练掌握花卉生产场地温度、光照、水分、空气的测定技术。

二、时间与地点

一年四季均可。在连栋温室、日光温室、塑料大棚、冷棚内进行学习训练。

三、材料与用具

土壤酸碱度测定仪、光照度测定仪、风速测定仪、温湿度测定仪，记录表、记录笔、电脑、手机等。

四、内容与操作方法

(1)实训教师结合生产场地的实际，讲解示范、操作土壤酸碱度测定仪、光照度测定仪、风速测定仪、温湿度测定仪的使用技术，强调操作注意事项。

(2)学生分组在具体的生产场地测定土壤酸碱度、光照强度、风速流量、温湿度。

五、思考与作业

1. 记录好土壤酸碱度、光照强度、风速流量、温湿度。

2. 对设施内小气候进行分析。

实验实训 18 菊花的花期控制技术

一、目的

通过教师讲解示范菊花的花期调控技术，为菊花的四季均衡生产和节日用花的供应开拓广阔的前景。通过本次花期调控实验，使学生掌握花卉期调控的基本方法和途径，为生产和科学研究服务。

二、时间与地点

春秋季节为好。在菊花生产温室进行学习训练。

三、材料与用具

1. 材料

菊花、药品 IAA、NAA、GA_3、乙烯剂、CCC 等。

2. 用具

剪刀、喷雾器等。

四、内容与操作方法

(一)日长处理对花期的影响

1. 电照

(1)电照时期依栽培类型和预计采花上市日期而定。11 月下旬至 12 月上旬采收，电照期 8 月中旬至 9 月下旬；12 月下旬采收，电照期间为 8 月中旬至 10 月上旬；1—2 月采收，电照期 8 月下旬至 10 月中旬；2—3 月采收，电照期间为 9 月上旬至 11 月上旬。

(2)电照的照明时刻和电照时间:以某一品种为例,分连续照明(太阳落山时即开始)和深夜12时开始两种,比较花期早晚。

(3)电照中的灯光设备:用60 W的白炽灯作为光源(100 W的照度),两灯相距3 m,设置高度在植株顶部80～100 cm处。

(4)重复电照:重复电照的时间分10 d、20 d和30 d三组比较花芽分化早晚及切花品质(如舌状花比例,有无畸变等)。

2. 遮光处理

(1)遮光时期:8月上旬开始遮光。10月上旬开花的品种在8月下旬,10月中旬开花的品种在9月5日,10月下旬至11月上旬开花的品种在9月15日前后终止遮光。根据基地现有品种进行遮光处理,并比较不同时期、不同品种催花效果。

(2)遮光时间和日长比较:一般遮光时间设在傍晚或者早晨。分4种情况比较花期早晚:①傍晚7时关闭遮光幕,早晨6时打开的11 h遮光处理;②傍晚6时到早晨6时遮光的12 h处理;③傍晚和早晨遮光,夜间开放的处理;④下午5时到9时遮光,夜间开放处理。

注意用银色遮光幕在晴天的傍晚保持在0.5～11 lx较好,最高照度不超过21～31 lx(即阅读报纸的照度)。

(二)温度调节对花期的影响

菊花从花芽分化到现蕾期所需温度因品种、插穗冷藏的有无,土壤水分的变化和施肥量以及株龄不同而异。一般以最低夜温为15℃,昼温在30℃以下较为安全。

在实验中将营养生长进行到一定程度而花芽分化还未进行的盆栽菊分为两组:一组放在夜温15℃、昼温27～30℃的室内,(光照状况控制和自然状态相近),另一组置于自然状态下,观察比较现蕾期的早晚。

(三)栽培措施处理对花卉花期的影响

(1)将盆栽菊花摘心,分留侧芽与去侧芽、留顶芽二组处理,观察两者现蕾期的早晚。

(2)对现蕾的盆栽菊进行剥副蕾留顶蕾与不剥蕾二组处理,观察蕾期的长短。

(四)生长调节剂的处理对花期的影响

(1)生长激素类设置IAA25、50、75、100 mg/L;NAA25、50、75、100 mg/L和NAA500 mg/L+GA3各50 mg/L以及对照共10个处理,每周喷一次,比较各处理现蕾期的早晚以及蕾期发育时间的长短。

(2)设计乙烯利100、200、300、400 mg/L以及乙烯利200 mg/L、GA350 mg/L及对照共6个处理,每周喷一次,比较各处理现蕾期的早晚和蕾期发育时间的长短以及植株的形态,尤其是基部枝条发育上的变化。

五、思考与作业

1. 观察并记载各实验处理结果。

2. 秋菊是短日照植物,还是长日照植物?要使菊花在元旦开花,应采取哪些具体措施?

实验实训 19　培养土的配制

一、目的

花卉种类繁多，生态习性各异，对栽培基质的要求各不相同。满足花卉生长发育的基本条件，必须配制合适的培养土并进行消毒。通过教师的讲解示范，使学生了解各类（或各种）花卉常见的栽培用土，掌握一般培养土的配制与消毒的方法。

二、时间与地点

温室内一年四季均可，露地春夏秋三季。在花卉实训场地室内外进行。

三、材料与用具

1. 材料

园土、落叶、厩肥、人粪尿、河沙、堆肥土、泥炭、蛭石、水藓、椰子纤维、骨粉、砻糠灰、塘泥、针叶土、消毒材料等。

2. 用具

铁锹、筐、筛子、耙子、消毒设施等。

四、内容与操作方法

（1）腐叶土的配制　按一定比例将园土、落叶厩肥、人粪尿等分层堆积成塔状，从塔顶中心倒入人粪尿后，以塑料膜或塘泥密封。半月至二十多天左右翻动一次，1～2 月即可制成腐熟的腐叶土。将腐叶土与河沙按不同比例混合，可制成各种用途的栽培用土。

（2）常用盆栽用土配制方法（按体积计）　园土 6 份＋腐叶土 8 份＋黄沙 6 份＋骨粉 1 份或泥炭 12 份＋黄沙 8 份＋骨粉 1 份等。

（3）按下列配比配制各类花卉培养土

一般草花类：腐叶土或堆肥土 2 份＋园土 3 份＋砻糠灰 1 份；

月季类：堆肥土 1 份＋园土 1 份；

一般宿根类：堆肥土 2 份＋园土 2 份＋草木灰 1 份＋细沙 1 份；

多浆植物类：腐叶土 2 份＋园土 1 份＋黄沙 1 份；

茶类、杜鹃类、秋海棠类和地生兰类：腐叶土 9 份一黄沙 1 份；壤土 1 份＋腐叶土（或泥炭）3 份＋砂 1 份；

气生兰、热带凤梨类：椰子纤维或木炭块。

（4）按不同用途配制介质

扦插介质　珍珠岩＋蛭石＋黄砂为 1∶1∶1（上海）；壤土＋泥炭＋砂为 2∶1∶1，每 100 L 另加过磷酸钙 117 g，生石灰 58 g（国外）。

育苗介质　泥炭＋砻糠灰为 1∶2；泥炭＋珍珠岩＋蛭石为 1∶1∶1（上海）；

假植及定植用土　腐叶土＋河砂＋园土分别为4：2：4和4：1：5。

(5)测定培养土的酸碱度。

(6)培养土的消毒　太阳暴晒、药物消毒、高温消毒等。

五、思考与作业

1. 记录各种培养土配制的过程。

2. 讨论山皮土需要消毒吗？

实验实训20　上盆、换盆技术

一、目的

上盆是盆花栽培与欣赏的第一步，是将已育好的种苗植入花盆的操作过程，是盆花养护管理中的基本环节。种类不同、规格各异的花卉幼苗植株需要相应的营养空间和合适的培养土；植物生长一定阶段后，盆土物理性质变劣，养分丧失或为老根所充满，故必须换盆以维持正常的生长发育。通过教师的讲解示范，使学生熟练掌握盆花管理中上盆、换盆及翻盆的基本操作技术。

二、时间与地点

上盆在温室内一年四季均可进行，换盆一般在植物生长与休眠季节进行。在花卉实训场地室内外进行操作。

三、材料与用具

1. 材料

三色堇、孔雀草、一串红、白兰、杜鹃、山茶、朱顶红、百合、菊花等需要换盆的植物、各种培养土。

2. 用具

枝剪、铁锹、花铲、各种规格的花盆、喷水壶等。

四、内容与操作方法

1. 上盆

(1)选2～3种播种苗或扦插苗从播种或扦插苗床挖起。

(2)选择与幼苗规格相应的花盆，用一块碎片盖于盆底的排水孔上，将凹面朝下，盆底可用粗粒或碎盆片、碎砖块，以利排水，上面再填入一层培养土，以待植苗。

(3)用左手拿苗放于盆口中央深浅适当位置，填培养土于苗根周围，用手指压紧，土面与盆口留有适当高度(3～5 cm)。

(4)栽植完毕，喷足水，暂置阴处数日缓苗。待苗恢复生长后，逐渐移于光照充足处。

2. 换盆

(1)选 2～3 种盆栽花卉。

(2)退盆　分开左手手指，按置于盆面植株基部，将盆提起倒置，并以右手轻扣盆边，土球即可取出(不易取出时，将盆边向他物轻扣)。

(3)土球取出后，对部分老根、枯根、卷曲根进行修剪。宿根花卉可结合分株，并刮去部分旧土；木本花卉可依种类不同将土球适当切除一部分；一、二年生草花按原土球栽植。栽入新盆中(同上盆操作)。

(4)换盆后第一次浇足水，置阴处缓苗数日，保持土壤湿润；直至新根长出后，再逐渐增加浇水量。

五、思考与作业

1. 新盆为什么要退火?
2. 盆栽植物为什么要换盆?

实验实训 21　盆栽花卉的水肥管理技术

一、目的

通过教师讲解示范操作盆栽花卉浇水、施肥技术，使学生掌握盆栽花卉浇水、施肥的原则，结合实际情况能够进行盆栽花卉的水肥管理。

二、时间与地点

一年四季。在温室、大棚等实训场地内外进行操作练习。

三、材料与用具

1. 材料

沤肥水、有机肥、无机肥、盆花等。

2. 用具

喷雾器、喷壶、移植铲、浇水管等。

四、内容与操作方法

(1)教师指导常规栽培管理的施肥、浇水工作。

(2)盆花的根外追肥：用 0.2%的尿素稀释液喷花卉叶片；盆土施用颗粒状有机复合肥。

(3)按照“见干见湿、宁干勿湿、宁湿勿干、间干间湿、浇则浇透”浇水原则进行浇水。

五、思考与作业

1. 盆花浇水的原则有哪些?
2. 施肥的方法有哪些?

实验实训 22　瓜叶菊的盆花生产

一、目的

瓜叶菊是年宵花卉，世界广泛栽植。通过教师讲解示范瓜叶菊盆花生产，使学生掌握瓜叶菊繁殖的方法及栽后的管理技术。

二、时间与地点

瓜叶菊的盆花生产一般 6 月播种，元旦开花。在日光温室内进行。

三、材料与用具

1. 材料

瓜叶菊种子、瓜叶菊插条、遮阳网、播种箱（浅盆）、细沙、肥料等。

2. 用具

剪刀、喷雾器、细孔喷壶等。

四、内容与操作方法

(1)品种选择　瓜叶菊"小丑"系列、多花型瓜叶菊、"纪念品"混色瓜叶菊等。

(2)繁殖方法　播种时间依据品种类型与开花时间而定。年宵盆花一般选用早花品种，7 月下旬播种，春节开花。6 月下旬播种，元旦开花。

播种采用播种箱或浅盆，盆土为腐叶土 3 份、壤土 1 份、河沙 1 份，加少量腐熟的基肥混合而成。播种前容器与培养土要充分消毒，种子与少量细沙混匀后撒播，播后覆土以不见种子为度。用浸盆法浇水或用喷雾法使盆土湿润，忌喷水，然后置于遮阴背阴处。出苗后逐渐除去遮阳网，炼苗。

(3)栽培管理　幼苗长出 2～3 片真叶进行第一次移植，盆土为腐叶土 3 份、壤土 1 份、河沙 1 份，移植后用细孔喷壶浇透水，置于阴凉处，缓苗后每隔 10 d 施稀薄液肥 1 次，天气转凉后施肥浓度加大，气温低于 10℃移入温室。当幼苗长到 5～7 片真叶进行最后 1 次移植，选用直径为 13～17 cm 的盆，盆土为腐叶土 2 份、壤土 2 份、河沙 1 份配制而成，适当施用豆饼、骨粉或过磷酸钙作基肥。浇好水置于全光照中，生长期间注意要经常转盆，逐步拉大盆距。一般每隔半个月施肥 1 次，在花芽分化前 2 周停止施肥并控制浇水。

五、思考与作业

1. 瓜叶菊播种时为什么要掺入细沙？

2. 瓜叶菊播种时期如何确定？

实验实训23 君子兰的盆花生产

一、目的

通过教师讲解示范君子兰的盆花生产技术，使学生掌握君子兰的盆花生产中培养土的配制方法、播种育苗技术、上盆、换盆、浇水、施肥等技术要点。

二、时间与地点

一般在11—12月播种进行盆花生产。在日光温室内进行学习练习。

三、材料与用具

1. 材料

大花君子兰、腐叶土或草炭土、高锰酸钾、复合肥等。

2. 用具

花盆、穴盘、水桶、塑料薄膜、移植铲、喷壶、喷雾器、遮阳网等。

四、内容与操作方法

(1)基质配制方法　土料粉碎、过筛。按照君子兰培养土的配制比例配制培养土。测定培养土的酸碱度。培养土的消毒。

(2)君子兰的繁育技术

播种育苗　穴盘消毒，填土料，播种，1穴1粒，浇透水覆膜。

君子兰的分株繁殖　花后进行，用到从君子兰根茎处自然生长部位切开，晾晒1 d，然后上盆、浇透水，置于半阴处缓苗。

君子兰的栽培　君子兰具有1～2片叶时就可以上盆，缓苗后进行管理。

(4)定期浇灌矾肥水，夏季遮阴、冬季温室栽培，注意防止夹箭。

(5)换盆　君子兰2～3年要换盆，一般在休眠期进行。

五、思考与作业

1. 君子兰鉴赏标准有哪些？

2. 君子兰夹箭如何处理？

实验实训24 仙客来的盆花生产

一、目的

通过教师讲解示范仙客来的盆花生产技术，使学生掌握仙客来播种繁殖与栽培管理技术要点及注意事项。

二、时间与地点

9—10 月播种，在日光温室中进行学习实践。

三、材料与用具

1. 材料

仙客来种子、仙客来小苗、基质、有机肥、复合肥、多菌灵、硫酸铜溶液。

2. 用具

播种箱、窗纱、瓦片、木板、喷壶、塑料薄膜、遮阳网等。

四、内容与操作方法

(1)品种选择　大花型、平瓣型、钟型、皱边型品种。

(2)播种繁殖　9—10 月播种，基质由腐叶土、河沙、马粪等比配制。种子温水浸种 2～3 h 后清洗黏着物，然后用湿布包裹催芽，芽萌动后用多菌灵或 0.1%硫酸铜溶液浸泡 30 s，晾干后再播种。点播，种子株行距 2 cm 左右。播种后覆土、浇水，覆盖塑料薄膜。

(3)移栽　小苗长到 1 片真叶就可以移栽，用土与播种用土一致。移栽时应该使小球顶部露出土面 1/2，栽后置于阴凉处，缓苗后适当浇水施肥。

(4)四季管理

秋季管理　重点是上盆、浇水、施肥、转盆、光照。上盆要加迟效复合肥，10 月转盆是管理的关键，表土不干不浇，10 月后充分见光。

冬季管理　仙客来白天温度 18～22℃，夜间 10～12℃。仙客来严禁缺水、缺肥。

春季管理　4 月换盆越夏。

夏季管理　自然休眠期，花后停止浇水施肥，放置在通风阴凉处。幼小植株夏季要降温、透光、浇水。防止休眠。

五、思考与作业

1. 仙客来夏季管理的关键技术是什么？
2. 如何让仙客来夏季不休眠呢？

实验实训 25　杜鹃盆花栽培

一、目的

杜鹃花栽培历史悠久，通过教师讲解杜鹃盆花栽培，使学生掌握杜鹃花的繁殖技术及栽培管理要点。

二、时间与地点

春季换盆，5—6 月扦插繁殖，荫棚、温室内进行实践锻炼。

三、材料与用具

1. 材料

杜鹃花植物材料、插床、吲哚丁酸、毛鹃砧木、矾肥水等。

2. 用具

剪刀、塑料薄膜、花盆、浇水壶、喷雾器等。

四、内容与操作方法

(1)品种类型:东鹃、毛鹃、西鹃、夏鹃。

(2)种苗繁殖

扦插繁殖　5—6 月进行,剪取半木质化的嫩枝作为插穗,长 5～8 cm,去除基部叶片,保留上部 4～5 枚叶片,插穗用(300～500)$\times 10^{-6}$ mg/L 吲哚丁酸浸泡后插于插床内,深度为插穗 1/3,插床顶部密封塑料薄膜。

嫁接繁殖　毛鹃作砧木,西鹃作接穗,劈接法。放半阴处,接穗成活进行剪砧。

(3)盆栽管理

盆土　腐殖质丰富、疏松、透气的酸性土壤。

换盆　在春季进行,小苗每年 1 次,老株 2～3 年 1 次。

环境　整个栽培过程需要半阴环境,冬季冷室越冬,地面必须是土地。

施肥　杜鹃喜肥,但忌浓肥,宜薄肥勤施,大量盆栽浇灌矾肥水为好。

浇水　生长旺季,盆内水分充足,浇水浇透;冬季表土 2 cm 变干再浇水。

五、思考与作业

1. 杜鹃花盆栽技术要点有哪些?

2. 茂盛的杜鹃为何不开花?

实验实训 26　绿萝盆栽技术

一、目的

绿萝是优良的室内观叶植物,通过教师的讲解示范绿萝盆栽,使学生掌握绿萝的习性、繁殖的方法及绿萝盆栽技术要点。

二、时间与地点

扦插 5 月进行,修枝更新在 6 月进行,温室内一年四季都可以栽培,在荫棚、日光温室内进行实践训练。

三、材料与用具

1. 材料

绿萝植物材料、肥料等。

2. 用具

剪刀、花盆、浇水壶、喷壶、喷雾器等。

四、内容与操作方法

(1)扦插繁殖　5 月进行，剪取带 2～3 个节，长 15～30 cm 的枝条插入扦插基质中，或剪切带有气生根的茎段直接扦插也可。也可水养繁殖。

(2)盆土　用腐叶土与壤土混合配制。

(3)上盆　小苗根长 3～5 cm 即可上盆。

(4)浇水　生长期及时浇水，保持土壤湿润，炎热夏季注意要经常喷水保湿。

(5)施肥　生长期每隔半个月施肥 1 次。

(6)温度光照管理　室内摆设，每隔 2～4 周移到光线较强处恢复，深秋移入中温温室。冬季温室不能低于 15℃。

(7)枝条修剪　过长需要剪短或设架造型，长期在室内盆栽观赏的，有叶片脱落的时候，注意要在 5—6 月修剪更新，促使基部萌发新根。

(8)换盆　每 2～3 年换盆 1 次。

五、思考与作业

1. 绿萝盆栽技术要点有哪些?

2. 绿萝能够生根吗?

实验实训 27　一品红花期调控技术

一、目的

一品红是典型的年宵花卉，通过学习一品红花期调控技术，使学生掌握其促成和抑制栽培技术要点。

二、时间与地点

一品红生长发育时期，在连栋温室内进行学习实践。

三、材料与用具

1. 材料

一品红、矮壮素、百菌清、硫酸亚铁、复合肥、赤霉素、基质等。

2. 用具

剪刀、移植铲、喷壶、喷雾器、遮阳网、遮光设备、修枝剪、花盆等。

四、内容与操作方法

(1)一品红的促成栽培　根据用花时间安排花期调控时间，如国庆节用花，应该在8月中旬进行遮光处理。每天下午5时至早晨8时为遮光时间，单瓣品种45～55 d，重瓣品种55～65 d。遮光必须严格，不能间隔。

盛夏进行处理时，气温高于35℃时，下午浇足水，在地面喷水降温，晚上10时把棚架打开半部分，通风降温2～3 h。处理期间每周施1次液体肥料。

(2)一品红的抑制栽培　要使一品红春节进入盛花期，可用加光的方法进行，延长花期。

五、思考与作业

1. 记录一品红花期调控的技术环节。
2. 如何避免一品红落叶？

实验实训28　春兰养护

一、目的

通过教师讲解示范春兰养护技术，使学生掌握春兰的习性、繁殖方法、养护管理要点。

二、时间与地点

一年四季，在兰花温室内进行学习实践。

三、材料与用具

1. 材料

春兰小苗与成株、培养基质等。

2. 用具

浇水壶、喷水壶、移植铲、兰盆。

四、内容与操作方法

(1)春兰习性　耐寒力较强。长江南北均有分布。

(2)分株繁殖　春兰春天开花，分株适宜在秋末(9—10月)生长停止时进行。

(3)生长时期　春兰有两个生长时期，花芽生长时间从8—3月，中间有两个多月的休眠期，主要生长期在春季；叶芽及新假鳞茎的生长主要在夏季，少量在秋季，冬季为休眠期。

(4)栽培管理　春兰讲“春不出(因为寒霜、冷风、干燥)、夏不日(忌烈日炎蒸)、秋不干(宜多浇水施肥)、冬不湿(处于相对休眠期、藏室内少浇水)”的口诀。

①春兰需光照较充足。

②盆土养分充足、疏松、排水良好、土壤酸碱度中性。

③盆：以瓦盆为好。

④浇水与喷水：雨水、雪水最好。夏季在清晨或傍晚喷水、喷雾多次，夏秋不可干、冬春不可湿。

⑤施肥：施肥要“宜勤而淡，切忌骤而厚，盛夏严冬不追肥”。

⑥防雨防风：夏季防雨防风。

⑦修剪摘花、防寒保暖：花后修剪；冬季保暖，控水增光。

五、思考与作业

1. 怎样给春兰浇水？

2. 春兰如何过冬？

实验实训29　蝴蝶兰生产栽培技术

一、目的

蝴蝶兰经济价值很高，市场应用广泛，深受人们的喜爱。通过学习使学生掌握蝴蝶兰上盆、换盆、栽培管理、整形等生产技术。

二、时间与地点

蝴蝶兰生长季节，在连栋温室内学习。

三、材料与用具

1. 材料

蝴蝶兰、苔藓、松树皮、椰壳、松针土、高锰酸钾、百菌清、硫酸亚铁、复合肥、赤霉素、遮阳网等。

2. 用具

营养钵、剪刀、移植铲、喷壶、喷雾器等。

四、内容与操作方法

(1)基质处理　苔藓、松树皮、椰壳高温消毒。

(2)上盆技术　把高温消毒的苔藓、松树皮、椰壳，除去多余水分，把蝴蝶兰根部包好，栽入营养钵中，置于遮阴棚内。

(3)栽培管理　每天喷水，生长期保持75%～80%的空气相对湿度，缓苗期要保持85%～95%的空气相对湿度；薄肥勤施，百菌清每隔7～8 d喷1次。

(4)抽箭后的管理　及时绑扎，使株型整齐。

五、思考与作业

1. 蝴蝶兰是附生类植物吗？
2. 蝴蝶兰能够 1 年两次开花吗？

实验实训 30　长寿花盆栽技术

一、目的

长寿花是多年生常绿多浆花卉，通过教师讲解示范长寿花盆栽技术，使学生掌握长寿花繁殖的方法及栽培管理技术要点。

二、时间与地点

一年四季均可，在日光温室内进行学习训练。

三、材料与用具

1. 材料
长寿花、复合肥等。
2. 用具
剪刀、浇水壶、花盆、培养土、铁锹、移植铲等。

四、内容与操作方法

(1)繁殖方法　扦插繁殖，带叶茎插，也可以剪取带柄叶片进行扦插。
(2)光照管理　一年四季放在有阳光直射的地方。
(3)浇水　依照“见干见湿”原则，不可过湿。
(4)肥料管理　定期追施腐熟液肥或复合肥。
(5)修剪　花后修剪残花。
(6)换盆　翻盆换土，促发新枝。

五、思考与作业

1. 长寿花缺肥会产生什么症状？
2. 长寿花属于哪一类花卉？耐旱吗？

实验实训 31　金橘盆栽技术

一、目的

金橘为重要的盆栽观果植物，通过教师讲解金橘盆栽，使学生掌握金橘繁殖的方法及盆栽技术要点。

二、时间与地点

谷雨前后嫁接，5月换盆，在日光温室内进行实践学习。

三、材料与用具

1. 材料

枸橼或柠檬实生苗砧木、金橘植物、有机肥等。

2. 用具

浇水壶、喷壶、喷雾器、水桶、花盆、刻刀等。

四、内容与操作方法

(1)繁殖方法　以枸橼或柠檬实生苗砧木，在谷雨前后嫁接，采用切接法。

(2)盆土　疏松肥沃酸性土壤。

(3)浇水　浇水适量，做到干花湿果。

(4)施肥　幼苗期加强肥水，两年生以上的苗每月施2～3次腐熟有机肥，摘心后及时追肥。

(5)疏花疏果　根据开花结果的情况，适当疏花疏果。影响结果的植株可行环状剥皮。

(6)换盆　盆栽金橘两年换1次盆，时间约在5月。冬季移入温室向阳处。

五、思考与作业

1. 金橘盆栽技术要点有哪些？
2. 橘子与橙子区别是什么？

实验实训32　切花菊生产

一、目的

通过学生亲身参加切花菊生产实践操作，促使学生了解切花菊的生产流程，掌握主要技术环节的操作要领。

二、时间与地点

切花菊生产时期，日光温室内学习。

三、材料与用具

1. 材料

切花菊种苗、肥料、杀虫剂、杀菌剂、遮阳网、保鲜剂。

2. 用具
喷壶、剪枝剪、芽接刀、冰柜、尼龙绳、铁丝、木桩、铁锹、锤子、铁钉、放大镜、水桶等。

四、内容与操作方法

(1)种苗扦插扩繁　依据生产面积确定种苗数量。
(2)整地做畦　依据菊花种类确定畦面长宽高,翻地、细碎、平整、作畦。
(3)定植　依据菊花种类确定栽植密度,定点定植,拉线控制株行距,及时浇水扶正。
(4)架网　立支架,绑铁丝、张网操作。
(5)摘心抹芽　摘心、抹侧芽、抹侧蕾。
(6)水肥管理　浇水方式、时间、浇水量、施肥种类、施肥时期依据菊花种类与环境条件进行。
(7)采收保鲜　依据采收标准进行采收,采后及时分级整理、保鲜。

五、思考与作业

1. 记录切花菊的生产过程。
2. 切花菊常见病虫害有哪些?

实验实训33　切花月季常规修剪技术

一、目的

月季是中国传统十大名花之一,通过教师讲解示范切花月季常规修剪技术,使学生了解切花月季生长周期,掌握常规修剪技术及注意事项。

二、时间与地点

月季生长期、栽培月季的日光温室。

三、材料与用具

1. 材料
进入生长阶段的切花月季。
2. 用具
剪枝剪、芽接刀、铁丝、竹竿、铁锹、水桶、塑料袋等。

四、内容与操作方法

(1)剔除下部萌蘖枝芽,疏去弱小枝条,摘除病残叶片,剪除畸形花及残花等。
(2)修剪枝条,注意修剪强度。
(3)清理残枝落叶,打扫卫生。

五、思考与作业

1. 观察修剪后的反应。
2. 制定修剪方案的计划。

实验实训34　天门冬栽培技术

一、目的

天门冬是插花中常用的叶材，通过教师讲解天门冬栽培技术，使学生能够掌握天门冬繁殖的方法及栽培养护要点。

二、时间与地点

种子成熟后进行播种繁殖，秋季进行分株繁殖。在花卉生产日光温室内进行。

三、材料与用具

1. 材料

天门冬种子、天门冬母株、育苗床等。

2. 用具

切刀、营养钵、修枝剪等。

四、内容与操作方法

(1)播种繁殖　种子成熟后随采随播，待小苗长到4 cm以后移栽到营养钵中。

(2)分株繁殖　将母株挖起，用利刀将根团切成2～4份，抖落切伤的纺锤状肉质根，分别栽种畦中，极易成活。

(3)管理　3年以上枝条老化，枝条失色，因此"养小不养老"。夏季遮阴浇水，薄肥勤施，冬季不施肥，注意防冻。

(4)采收保鲜　枝条充分展开就可采收，从基本剪下，清水中保鲜，不用保鲜剂。

五、思考与作业

1. 天门冬为什么"养小不养老"?
2. 天门冬的根是什么形状的?

实验实训35　银芽柳切花生产

一、目的

银芽柳是艺术插花常用的花材，通过教师讲解切花生产技术，使学生掌握银芽柳切花繁殖的方法及主要的栽培管理技术。

二、时间与地点

春秋季节，花卉实训基地进行。

三、材料与用具

1. 材料

银芽柳枝条、沙床、肥料。

2. 用具

剪刀、平茬刀、铁锹、冷室或地窖。

四、内容与操作方法

(1)扦插繁殖　早春萌芽剪插穗，长 10 cm，插入沙床中，成活后移栽。

(2)定植　株行距 50 cm×50 cm，留主干 10～15 cm 短截促进分枝。

(3)施肥　生长期施肥 7～8 次。

(4)采收枝条　秋季进行，藏于冷室或地窖。

(5)去除苞片　枝条捆扎成束烘烤去除苞片。

五、思考与作业

1. 银芽柳观赏部位是什么？

2. 银芽柳能染色吗？

实验实训 36　花卉常见病害识别与防治

一、目的

花卉病害严重影响花卉的质量，通过教师讲解花卉常见病害识别与防治，使学生了解常见花卉病害危害症状，掌握其防治原则、基本方法，从而能识别、会防治花卉常见病害。

二、时间与地点

露地夏秋季节，温室一年四季均可。病害实训室。

三、材料与用具

1. 材料

病害标本、病害图谱、载玻片、盖玻片、蒸馏水、吸水纸等。

2. 用具

显微镜、挑针、镊子、放大镜。

四、内容与操作方法

(1)田间观察　采集新鲜标本,对照病害图谱,观察识别常见病害,注意区别,并做记录。

(2)室内观察　用挑针挑取真菌少许制片并镜检,观察其孢囊梗的形状和分枝特点,孢子囊的形状、颜色,分生孢子的形状等。

五、思考与作业

1. 花卉常见病害有哪些?
2. 花卉常见病害如何防治?

实验实训37　花卉常见虫害识别与防治

一、目的

花卉虫害对花卉的生长发育造成不可估计的损失,通过教师讲解花卉常见虫害识别与防治,使学生了解常见花卉虫害的特点特征,掌握其防治原则、基本方法,从而能识别、会防治花卉常见虫害。

二、时间与地点

露地夏秋季节,温室一年四季均可。虫害实训室。

三、材料与用具

1. 材料

虫害标本、虫害图谱、活体昆虫等。

2. 用具

镊子、扩大镜。

四、内容与操作方法

(1)田间观察　采集新鲜昆虫标本,对照虫害图谱,观察识别常见虫害,注意区别,并做记录。

(2)室内观察　观察虫害标本、虫害图谱,鉴别不同虫害。

五、思考与作业

1. 花卉常见害虫有哪些?
2. 花卉常见虫害如何防治?

实验实训38 花材的整理与保鲜

一、目的

花材的整理是艺术的保鲜，花材的保鲜是生命的延续，通过教师讲解示范花材的整理与保鲜，使学生能够掌握保鲜的技术方法、花材整理的技巧。

二、时间与地点

一年四季均可，在花艺实训室进行。

三、材料与用具

1. 材料

花卉植物材料、酒精灯、蜡烛、保鲜剂等。

2. 用具

剪刀、修枝剪、花器、胶带、去刺器、注水工具等。

四、内容与操作方法

1. 花材整理

花材整体姿容整理：疏枝、剪叶。

花朵的处理与造型：剥花剥芽、落瓣、去花药、补强。

枝条的处理与造型：金属丝缠绕校形、铁丝穿心、枝条弯曲、去刺。

叶的处理与造型：金属丝支持造型、修叶变形、摩叶弯曲造型、卷叶造型、叶片弯折造型、叶片撕裂造型、叶片打结造型、叶片翻翘造型等。

2. 花材保鲜

保持水质清洁：经常换水。

水中剪切：防止空气进入导管。

切口灼烧：防止切口堵塞和微生物腐败。

切口浸烫：适于吸水性差和含乳汁的花卉。

扩大切口：增加吸水量。

注水抢救：注意花头要露出水面。

使用保鲜剂：营养补充物质、杀菌剂、乙烯抑制剂。

灌水、注水法：水生花卉适宜。

五、思考与作业

1. 花卉如何保鲜？

2. 花材如何整理？

实验实训39　花材的固定

一、目的

花材固定是插花造型的基本技法，通过教师讲解示范不同花材的固定的方法，使学生掌握花泥、剑山、支架等固定方式及其注意事项。

二、时间与地点

一年四季均可，在花艺实训室进行。

三、材料与用具

1. 材料

花卉植物材料、花泥等。

2. 用具

剪刀、修枝剪、花器、胶带、去刺器、小刀、剑山等。

四、内容与操作方法

(1)花泥固定　将花泥吸足水分，然后按照花器大小切成块，高出容器2～3 cm。为了稳固花泥，需要用防水胶带将花泥固定在花器上。花篮放置花泥需要用塑料纸包好，容器较大或花枝较粗需要在花泥上用铁丝网罩好。

(2)剑山固定　先在容器内注好水，深度为浸没剑山。如插直立枝条，枝条基部剪成平口直接插入即可；如做倾斜造型，枝条基部剪成斜口，再直立插入，然后根据构图需要压到所需的倾斜度；如花枝太小太细，可在基本绑扎一小段或套插于其他短茎中；较粗的花枝在花枝基本剪成十字形或一字形；花材过重可以用2～3个剑山组合在一起，增加稳定性。

(3)瓶插固定　瓶口隔小法固定(做一字撒、Y字撒、井字撒固定)，丁字形固定，枝接法固定，弯枝法固定，铁丝网固定。

五、思考与作业

1. 花材的固定的方法有哪几种？
2. 撒为什么能够固定花材？

实验实训40　倾斜式盘花

一、目的

倾斜式盘花是中国传统插花，通过教师的讲解示范使学生掌握倾斜式盘花制作材料的选择、插制的要点及制作的步骤。

二、时间与地点

一年四季均可，在花艺实训室进行。

三、材料与用具

1. 材料

花卉植物材料等。

2. 用具

剪刀、花器、胶带、去刺器、小刀、剑山等。

四、内容与操作方法

1. 主枝选择

(1)第一主枝　选择枝条弯曲、线条流畅的花材做第一主枝，长度为容器高与宽和的1.5～2.0倍。

(2)第二、第三主枝　第二主枝是第一主枝长度的1/2～2/3，第三主枝是第二主枝长度的1/2～2/3，第二、第三主枝协调平衡第一主枝。

(3)辅枝　第二、第三主枝如无法与第一主枝协调，可在第二、第三主枝后放置辅枝。

2. 制作步骤

(1)将剑山放入盘底偏东或偏西的位置。

(2)插入第一主枝，使之前倾30°～60°，第二、第三主枝与第一主枝构成倾斜式构图骨架。

(3)将焦点花插入造型高度下部约1/3处。

(4)插入主枝的辅枝。

(5)插入主体花，完善造型。

五、思考与作业

1. 倾斜式盘花制作关键点是什么？

2. 盘花立足点有哪些？

实验实训41　变化式三角形插花

一、目的

变化式三角形插花是标准式的变形形式，花样灵活多变，不拘一格，把三角形的插花进行绝妙的诠释。通过教师讲解示范变化式三角形插花的制作，使学生了解三角形插花的制作要点，掌握三角形插花制作技艺。

二、时间与地点

一年四季均可，在花艺实训室进行。

三、材料与用具

1. 材料

花泥、花卉植物材料等。

2. 用具

剪刀、花器、胶带、去刺器、小刀等。

四、内容与操作方法

(1)花泥准备　将花泥按照容器口的形状切好，放入容器中，花泥需要高出容器口 2～3 cm。

(2)插主花　第一主枝是容器高度与宽度之和的 1.5～2.0 倍，插在花泥中后部 1/3 偏左偏右的位置，并向后倾斜 15°；第二主枝长度是第一主枝的 1/3～1/2，成水平状，分别插于花泥左右，第三主枝长度是第二主枝的 1/2，插于花泥前方。

(3)插焦点花　在第一、第三主枝之间以 45°角插于花泥中央靠后位置。其余花材插于左右、上下、前后两侧，注意花与花之间留有空隙。

(4)插填充花　主花插好后在有空隙的地方适当插入填充花及叶材。

五、思考与作业

1. 写出变化式三角形型插花技术要点。

2. 明确三角形型插花技术要点。

实验实训 42　花材的压制

一、目的

花、叶采摘下来吸色或保色后，都要趁其新鲜、舒展、强壮时立即进行压制。这样压好的花和叶才能平坦，形状好看，保持颜色。通过教师的讲解示范使学生掌握花材的压制的方法与注意事项。

二、时间与地点

一年四季均可，在花卉实训室进行。

三、材料与用具

1. 材料

鲜花材料、纸巾、比较厚的书本、石头、报纸、杂志、硅胶。

2. 用具

剪刀、收集袋、压花板或标本夹、电熨斗、压花器等。

四、内容与操作方法

1. 重石压花法

将排列好花叶的报纸或杂志水平码放在通风良好的平台上，中间夹入几张干燥的、没有夹花的报纸或杂志。找一块干净干燥的硬纸板，放在上述报纸杂志层的最上面，硬纸板上压放准备好的砖头或重石块，使其向下的压力最好能达到 10 kg 以上。3 d 后，打开压花纸和杂志，查看花叶的情况，然后将夹有花叶的书纸，上、下、中间互相调换位置，再压上硬纸板和砖头重石块，再继续压好。过 4～5 d，就可以打开夹有花叶的书纸，这时花叶已经压平干燥，压制过程完成。

2. 压花板或标本夹压花法

使用压花板或标本夹的压花法，与上述重石压花法大同小异。

3. 电热压花法

(1)电熨斗压花法 将电熨斗加热到 140℃左右，熨衣板上放上几本大一些的杂志，上面再铺上几张吸水纸，依照熨斗底部的大小将花叶排列在吸水纸上，再盖上白布或纱布，用力压上熨斗。熨斗不要前后左右移动，经过 30～60 s 的熨压，即可除去花叶中约 90％的水分，剩余 10％的水分，为了摊平整理花叶的形状，可再用重石压花法或压花板压花法，压制一个晚上即可。

(2)电热干燥器压花法 进行花叶的压制前，调整好压花器的温度和压力，然后将花叶并排放在压花纸中，一层一层铺好，盖好压力板和压花器的盖子。插上电源，打开开关，压制 5 h 左右即可完成整个过程。

4. 硅胶脱水压花法

每层吸水纸上放一块薄的泡沫海绵。压花的层数依据放置容器的大小而定，但最多的以不超过 7 层为宜。数层吸水纸摆放后，两边用带孔的木板夹住，四角用螺钉压紧或四边用金属夹子夹紧，然后将其放入能密封的塑料容器中，容器内放入用粗布袋装的硅胶。将容器密封后放在温度为 20℃左右、比较干燥的室内，3～4 d 后花材即可干燥。

五、思考与作业

1. 压花的方法有哪些？
2. 压花应该注意的安全事项有哪些？

实验实训 43 相框艺术压花

一、目的

相框艺术压花是漂亮又有生机的摆设，通过教师讲解示范相框艺术压花过程，使学生掌握相框艺术压花的魅力，从而能够独立进行设计与制作相框艺术压花。

二、时间与地点

一年四季均可，在花卉实训室进行。

三、材料与用具

1. 材料

鲜花材料、双层相框、纸巾、比较厚的书本。

2. 用具

透明胶水、剪刀、收集袋等。

四、内容与操作方法

(1)采集、收集各种花卉植物材料。

(2)整理花卉植物材料：花草收集来之后，将茎尽量剪短，叶子也要去掉一些，才能让整朵花比较单薄，方便一会儿压制。

(3)花朵排放：花朵都修剪加工好之后，把它们放在干净的纸巾上，注意花朵要铺开成一层，不要互相接触，更不要堆在一起。

(4)花朵包纸：盖上另一张纸巾(如果纸巾够大，对折也可以)，要将花朵完全盖住。

(5)花朵压制：将花朵放在比较厚重的书本内页里。

(6)设计：根据采集、压制的花卉材料进行艺术设计，做好图案的勾画。

(7)制作：把花朵安排在设计好的位置上，稍微用透明的胶水固定一下，让它们不会滑动。胶水不要多。

(8)压上另一块玻璃，把它们一起装入相框里面。

五、思考与作业

1. 植物材料如何选择与整理?

2. 设计灵感与艺术构思来源有哪些?

实验实训 44　阳台花卉装饰

一、目的

阳台花卉装饰一直是老百姓喜欢的事，通过教师讲解示范使学生了解阳台适宜养什么样的花，懂得阳台养花注意问题，如何管理好阳台的花卉。

二、时间与地点

一年四季均可，一般在温室、办公室、花卉实训室进行操作。

三、材料与用具

1. 材料

各种适宜阳台的花卉、药品、培养土等。

2. 用具

温度计、湿度计、照度计、喷壶、花架、移植铲、喷雾器等。

四、内容与操作方法

(1)阳台养花五个要点　光照的利用、温度的调整、湿度的增减、风寒的防御、安全的必要。

(2)阳台养什么花　阳性花卉为主、中性花卉为辅,南阳台一般不养阴性花卉。

(3)阳台花卉的选择与排列

阳台花卉的选择　东阳台适宜选择耐阴及短日照花卉,如山茶、含笑、朱顶红等;南阳台选择苏铁、月季、扶桑、米兰、石榴、多肉、茉莉等;西阳台选择牵牛、地锦、凌霄、金银花、茑萝、葡萄等攀缘花木,遮挡烈日;北阳台选择万年青、秋海棠、南天竹、橡皮树、天门冬、文竹、玉簪等。

阳台花卉的排列　讲究艺术布局、整齐、美观、不杂乱,注重层次美感,强调色彩美。

(4)管理阳台花卉　合理利用空间,既要紧凑、又不拥挤,不堆放杂物。随着季节的变化进行管理,夏季高温搭棚遮阴、早晚浇水;冬季御寒注意保暖,在中午浇水。注意病虫害的防治。及时换盆、转盆、翻盆。

五、思考与作业

1. 阳台花卉装饰要点是什么?

2. 如何管理好阳台的花卉?

实验实训45　室内组合盆栽的设计制作方法

一、目的

通过教师讲解示范室内组合盆栽的设计制作,使学生熟悉多种花卉盆栽组合的要领,能够根据要求进行组合构思设计,熟练掌握操作多种植物的盆栽技能。

二、时间与地点

一年四季均可进行,一般在日光温室、连栋温室等花卉实训基地进行操作练习。

三、材料与用具

1. 材料

凤梨、兰花、铁线莲、花烛、大岩桐等多种植物材料,培养土、水苔等。

2. 用具

各种花盆、丝线、枝剪、喷壶、移植铲等。

四、内容与操作方法

(1)室内组合盆栽的设计构图:依据设计原则、植物生长发育特性结合现有植物进行组合构图设计。

(2)在教师的指导下进行修改完善构图。

(3)按照设计构图选择植物材料,并对植物材料进行必要的整理。

(4)选择配套的花盆,备好必要的捆绑、连接等技术材料。

(5)栽培植物,遵循设计原理、强调构图中心及造型原则。

(6)调整、展示整体美、艺术美、生态美。

(7)浇水养护。

五、思考与作业

1. 组合盆栽应用的场所有哪些?

2. 组合盆栽设计要素原则有哪些?

实验实训 46　花坛的设计与施工

一、目的

花坛是在具有一定几何轮廓的种植床内,种植各种不同色彩的观花、观叶与观景的园林植物,从而构成一幅富有鲜艳色彩或华丽纹样的装饰图案以供观赏的空间。通过教师讲解示范体花坛的设计与施工,使学生能够掌握体花坛的设计与施工技术要点。

二、时间与地点

设计一年四季均可,花坛施工需要在春夏秋三季完成。一般在学校园林技术专业施工现场完成。

三、材料与用具

1. 材料

图面材料、绘图纸、花卉材料等。

2. 用具

经纬仪、标杆、皮尺、测绳、木桩、记录本、绘图板、丁字尺、三棱比例尺、三角板、圆模板、量角器、铅笔、绘图笔铅笔刀、橡皮、插图片、曲线板、圆规、透明胶带、毛刷、计算机及绘图软件、打印机等。

四、内容与操作方法

1. 花坛设计

(1)花坛的大小　在广场上设置花坛，最大不能超过广场面积的 1/3，最小不能小于 1/10，花坛直径在 7～10 m 以下，带状花坛长度不小于 2 m，也不宜超过 4 m。

(2)花坛的边缘设计　可设边缘石和矮栏杆，也可种植装饰性的植物。常用材料有天冬草、垂盆草等。

(3)花坛的高度　多面观花坛：能从四周 360°观赏，大都是圆形、椭圆形、矩形、菱形、多边形、多角形，花坛大都在中央，人们可以从四周观赏。倾斜角 5°～10°，最大 25°。单面观花坛，草本植物保证 20～30 cm 厚的土层，多年生及灌木 40 cm 厚的土层。

(4)花坛的外形轮廓　可自然可规则。

(5)花坛的色彩　花坛的色彩应与所在环境有所区别，既起到醒目和装饰作用，又要与环境相协调，融于环境之中。进行花坛色彩设计时要注意配色不能太多，一般花坛 2～3 种色，大型花坛 4～5 种色。

(6)植物选择　多选用植株低矮、生长整齐、花期集中、株丛紧密而花色艳丽的种类。一般还要求便于经常更换及移栽布置。常选用一、二年生花卉。盛花花坛植材应选用花色鲜明艳丽、花朵繁茂、在盛开时几乎看不到枝叶又能良好覆盖花坛土面的花卉。模纹花坛应选低矮、细密的植物以形成精美细致的图案，选用生长缓慢的多年生植物或枝叶细小、株丛紧密、萌蘖性强、耐修剪的观叶植物，并通过修剪使图案纹样清晰、维持较长的观赏期。

2. 花坛施工

(1)施工前的准备　效果图准备；施工详图准备；材料准备：水泥、沙子、红砖、文化石、花岗岩、钢筋、模板、矮牵牛(紫色、粉色)、一串红、移植铲、线绳、铁锹、耙子、石灰粉、粗砂、抹子、水管。

(2)平整场地　土层厚度在±30 cm 以内的填、挖、找平。

(3)定点放线　龙门板制作；挂线、撒灰线。

(4)挖沟槽

(5)基础施工　砂垫层：向沟槽内回填 300 mm 厚粗沙，并踩实；砖基础；原土回填：砖基础砌筑完成后，用原土回填，夯实。方便墙体砌筑。

(6)墙体施工　砌体工程。

(7)钢筋混凝土压顶

制作模板：模板 120 mm 高围合好后，用 50 mm×40 mm 木方固定。

钢筋制作：受力筋 3Φ12 钢筋，分布筋 Φ12。

混凝土浇筑：浇筑 C20 混凝土，用振捣棒振捣。养生 7 d 后，可拆除模板。

(8)花岗岩压顶　用 350 mm×50 mm×600 mm 花岗岩压顶(外侧倒圆角)。

(9)贴面　抹 20 mm 厚 1∶3 水泥砂浆找平；用 1∶3 水泥砂浆粘文化石，清理现场，花坛砌筑完成。

(10)植物栽植　客土：清理建筑垃圾土，回填田园土；绘图纸；按照图纸放线；植物栽植。

五、思考与作业

1. 花卉在园林中起到的作用有哪些？

2. 花坛设计注意事项有哪些？

实验实训 47 花境的设计与施工

一、目的

花境也叫境界花坛，即沿着花园的边界或路缘种植花卉，也有花径之意。花境是园林绿化常见的形式，深受人们喜欢。通过教师讲解与示范花境设计与施工，使学生掌握设计的要点与具体施工的步骤及注意事项。

二、时间与地点

春夏秋三季进行，一般结合学校校园绿化进行。

三、材料与用具

1. 材料

图面材料、绘图纸等。

2. 用具

经纬仪、标杆、皮尺、测绳、木桩、记录本、绘图板、丁字尺、三棱比例尺、三角板、圆模板、量角器、铅笔、绘图笔、铅笔刀、橡皮、插图片、曲线板、圆规、透明胶带、毛刷、计算机及绘图软件、打印机等。

四、内容与操作方法

1. 花境设计

(1)同一季节中花卉的颜色、姿态、体形及数量的调和对比。

(2)要有四季变化。

(3)花境的长轴要分段布置，体现节奏和韵律；短轴不能过长或过窄。单面观混合花境4～5 m，单面观宿根花卉2～3 m，双面观花境4～6 m为宜。

(4)单面观花境需要有背景，可以是树墙、高篱、墙基、栅栏，以绿色、白色为宜。

(5)植物选择以宿根、球根及一、二年生花卉为主。

2. 花境施工

(1)施工前的准备　效果图、施工详图、材料准备。模板、矮牵牛(紫色、粉色)、一串红等植物材料、移植铲、线绳、铁锹、耙子、石灰粉、水管等。

(2)平整场地　土层厚度在±30 cm以内的填、挖、找平。

(3)定点放线

(4)植物栽植　客土：清理建筑垃圾土，回填田园土；绘图纸；按照图纸放线；植物栽植。

五、思考与作业

1. 花境设计的要点有哪些？

2. 花境的作用有哪些？

参考文献

1. 陈俊愉. 中国花经[M]. 上海：上海文化出版社，1990.
2. 刘燕. 园林花卉学[M]. 北京：中国林业出版社，2006.
3. 曹春英. 花卉栽培[M]. 北京：中国农业出版社，2009.
4. 包满珠. 花卉栽培[M]. 北京：中国农业出版社，2001.
5. 北京林业大学园林系花卉教研室. 花卉学[M]. 北京：中国林业出版社，1990.
6. 彭东辉. 园林景观花卉学[M]. 北京：机械工业出版社，2007.
7. 章守玉. 花卉园艺[M]. 沈阳：辽宁科学技术出版社，1980.
8. 金波. 花卉宝典[M]. 北京：中国林业出版社，2006.
9. 张树宝. 花卉生产技术[M]. 重庆：重庆大学出版社，2006.
10. 杨先芬. 花卉栽培[M]. 北京：中国农业出版社，1998.
11. 鲁涤非. 花卉学[M]. 北京：中国农业出版社，2004.
12. 何清正. 花卉生产新技术[M]. 广州：广东科学技术出版社，1991.
13. 吴国兴. 草本花卉保护地栽培[M]. 北京：金盾出版社，2001.
14. 陈俊愉，等. 园林花卉[M]. 上海：上海科学技术出版社，1983.
15. 刘师汉. 实用养花技术手册[M]. 北京：中国林业出版社，1994.
16. 赵祥云. 百合[M]. 北京：中国农业出版社，2000.
17. 施振周. 园林花卉栽培新技术[M]. 北京：中国农业出版社，1999.
18. 义鸣放. 唐菖蒲[M]. 北京：中国农业出版社，2000.
19. 康亮. 园林花卉学[M]. 北京：中国建筑工业出版社，1999.
20. 龙雅宜. 切花生产技术[M]. 北京：金盾出版社，1997.
21. 孟庆武，等. 春季花卉[M]. 北京：中国农业出版社，2000.
22. 熊丽，等. 香石竹[M]. 北京：中国农业出版社，2000.
23. 秦魁杰. 温室花卉[M]. 北京：中国林业出版社，1999.
24. 成海钟. 切花栽培手册[M]. 北京：中国农业出版社，2000.
25. 吴少华. 鲜切花栽培和保鲜技术[M]. 北京：科学技术文献出版社，1999.
26. 邵莉楣. 观赏蕨类的栽培与用途[M]. 北京：金盾出版社，1994.
27. 孟庆武，等. 夏季花卉[M]. 北京：中国农业出版社，2000.
28. 孟庆武，等. 秋季花卉[M]. 北京：中国农业出版社，2000.
29. 冯天哲，等. 养花大全[M]. 北京：中国农业出版社，1998.
30. 周武忠. 花与中国文化[M]. 北京：中国农业出版社，1999.
31. 韦三立. 观赏植物花期控制[M]. 北京：中国农业出版社，1999.
32. 吴诗华. 家庭养花技术手册[M]. 北京：中国农业出版社，1998.
33. 董少华. 南方名优花卉栽培[M]. 北京：中国农业出版社，2000.
34. 胡兆熹. 农业企业经营管理学[M]. 北京：农业出版社，1994.

35. 胡绪岚. 切花保鲜新技术[M]. 北京:中国农业出版社,1996.
36. 孟庆武,等. 冬季花卉[M]. 北京:中国农业出版社,2000.
37. 孟庆武,等. 热带亚热带花卉[M]. 北京:中国农业出版社,2000.
38. 邱国金. 园林植物[M]. 北京:中国农业出版社,2001.
39. 潘文明. 观赏树木学[M]. 北京:中国农业出版社,2001.
40. 曹春英. 花卉栽培[M]. 北京:中国农业出版社,2012.
41. 韩春叶. 花卉生产技术[M]. 2 版. 北京:中国农业大学出版社,2018.
42. 龚维红,朱永兴. 园林苗圃[M]. 郑州:黄河水利出版社,2015.
43. 何钢. 园艺产品营销[M]. 北京:中国农业大学出版社,2016.